常用电气设备及线路安装与维修（第二版）

CHANGYONG DIANQI SHEBEI JI XIANLU ANZHUANG YU WEIXIU

主　　编　卜树云

副 主 编　吕文春

参　　编　杨　莹　阳溶冰　袁敏锐　朱家红

主　　审　邓开陆　阳廷龙

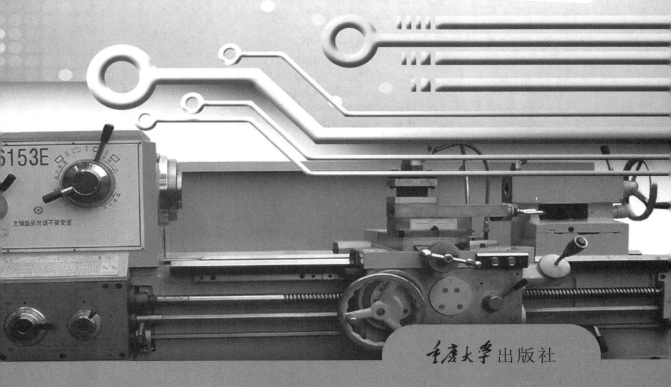

重庆大学出版社

内容提要

本教材内容包括：低压电器的基本结构、工作原理、技术参数、选择方法和典型电路的安装调试，以及机床电气控制线路安装、调试、维护等工作技能。

本书可作为中等职业学校维修电工类专业课程的学生用书，也可供维修电工技能培训之用。

图书在版编目(CIP)数据

常用电气设备及线路安装与维修／卜树云主编.--2版.--重庆：重庆大学出版社，2020.8

国家中等职业教育改革示范学校建设系列成果

ISBN 978-7-5624-8326-7

Ⅰ.①常… Ⅱ.①卜… Ⅲ.①电气设备—设备安装—中等专业学校—教材②电气设备—维修—中等专业学校—教材③输配电线路—安装—中等专业学校—教材④输配电线路—维修—中等专业学校—教材 Ⅳ.①TM05②TM07③TM726

中国版本图书馆CIP数据核字(2020)第018690号

常用电气设备及线路安装与维修

(第二版)

主　编　卜树云

副主编　吕文春

主　审　邓开陆　阳廷龙

策划编辑：曾显跃

责任编辑：文　鹏　　版式设计：曾显跃

责任校对：关德强　　责任印制：张　策

*

重庆大学出版社出版发行

出版人：饶帮华

社址：重庆市沙坪坝区大学城西路21号

邮编：401331

电话：(023) 88617190　88617185(中小学)

传真：(023) 88617186　88617166

网址：http://www.cqup.com.cn

邮箱：fxk@cqup.com.cn (营销中心)

全国新华书店经销

重庆俊蒲印务有限公司印刷

*

开本：787mm×1092mm　1/16　印张：19.25　字数：447千

2020年8月第2版　2020年8月第4次印刷

印数：4 021—5 020

ISBN 978-7-5624-8326-7　定价：49.80元

编审委员会

前　言

本书的编写是从职业需求入手，以培养中级维修电工为目标，合理确定学生应具备的能力结构与知识结构，对教材内容的深度、难度作了较大程度的调整，集中体现职业教育“以能力培养为主线，以职业技能训练为核心”，突出职业教育的特色。通过2个项目14个任务的学习，使学生掌握电气控制的基础知识和基本技能，建立电气安装、设备维护和检修所必需的知识和技能。

本书采用工学结合的“以项目引领、以任务驱动”的方式编写，以低压电器为“点”，以典型电气控制线路为“线”，以机床控制线路为“面”来组织和安排教学内容，强化知识的应用性、系统性和拓展性，使教材内容更加符合学生的认识规律，易于激发学生的学习兴趣，强化职业素质教育和实践技能培养。

本书采用一体化教学方法，重点培养学生的实际操作能力，力求涵盖有关国家职业标准(中级)的知识和技能要求。在内容选择上，以维修电工的岗位能力要求为出发点，要求学生在熟悉低压电器的基本结构、工作原理、技术参数、选择方法和安装要求的基础上，掌握电气控制线路的接线原则和检查方法，具备电气控制线路识图和独立分析的能力；以车床、摇臂钻床、铣床为主要研究对象，使学生掌握典型机床电气控制线路特点及故障检查和分析方法，具备设备的安装、调试、维护等工作技能；将理论和实际有机结合，通过以项目引领任务驱动的教学手段，在有限的教学时间内使学生掌握电气控制的基础知识和基本技能。同时根据科学技术发展对劳动者提出的新的要求，合理更新教材内容，尽可能多地在教材中充实新知识、新技术、新设备和新材料等方面的内容，力求使教材具有较鲜明的时代特征。在内容的承载方式上，力求图文并茂，尽可能使用图片或表格形式将各个知识点生动展示出来，从而提高教材的可读性和亲和力。

本书由一线双师型教师卜树云、吕文春、杨莹、阳溶冰、袁敏锐及云南能源职业技术学院朱家红教师编写，卜树云主编；由主管教学副院长邓开陆和技训中心主任阳廷龙及企业专家李长寿审稿，邓开陆主审。

本书可作为技工院校工业自动化、机电一体化、电气工程等相关专业的学习教材，也可作为机电类中级工的培训教材，还可作为广大维修电工的参考资料。

由于时间仓促，加之编者水平有限，书中的缺点和不足之处在所难免，恳请广大读者和业内人士批评指正。

请将意见和建议发至 p13988950425@126.com 或 1767360018@qq.com。

编　者

2020 年 5 月

目　录

绪　论

1.电力拖动及其组成

电力拖动是指用电动机拖动生产机械工作机构使之运转的一种方法。由于电力在生产、传输、分配、使用和控制等方面的优越性,电力拖动获得了广泛应用。目前在生产中大量使用的各式各样的生产机械,如车床、钻床、铣床、造纸机、轧钢机等,都采用电力拖动。

(1)电力拖动系统的组成

电力拖动系统作为机械设备的一部分,一般由4个子系统组成,如下图所示。

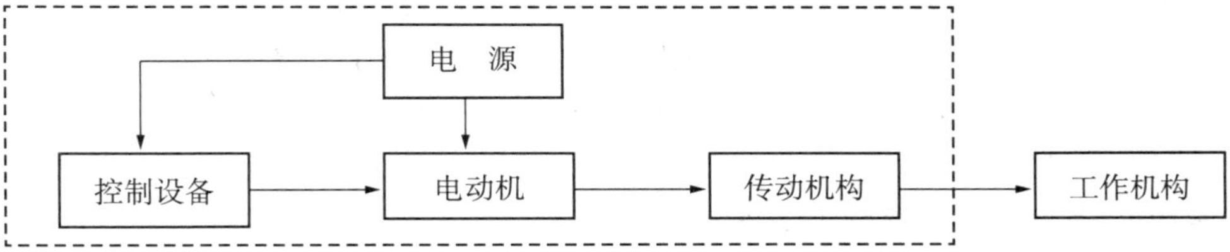

1)电源

电源是电动机和控制设备的能源,分为交流电源和直流电源。

2)电动机

电动机是生产机械的原动机,其作用是将电能转换成机械能。电动机可分为交流电动机和直流电动机。

3)控制设备

控制设备用来控制电动机的运转,由各种控制电动机、电器、自动化元件及工业控制计算机等组成。

4)传动机构

传动机构是在电动机与生产机械的工作机构之间传递动力的装置,如减速箱、传动带、联轴器等。

(2)电力拖动的特点

1)方便经济

电能的生产、变换、传输都比较经济,分配、检测和使用比较方便。

2)效率高

电力拖动比蒸汽、压缩空气的拖动效率要高,且传动机构简单。

3）调节性能好

电动机的类型很多，具有各种运行特性，可适应不同生产机械的需要，且电力拖动系统的启动、制动、调速、反转等控制简便、迅速，能实现较理想的控制目的。

4）易于实现生产过程的自动化

由于电力拖动可以实现远距离控制与自动调节，且各种非电量（如位移、速度、温度等）都可以通过传感器转变为电量作用于拖动系统，因而能实现生产过程的自动化。

（3）电力拖动的发展过程

按电力拖动系统中电动机的组合数量来分，电力拖动的发展过程经历了成组拖动、单电动机拖动和多电动机拖动三个阶段。

19 世纪末，电动机逐步取代蒸汽机以后，最初采用成组拖动，即由一台电动机拖动传动轴，再由传动轴通过传动带分别拖动多台生产机械。这种拖动方式能量损耗大，效率低，不安全，且不能利用电动机的调速性能，不能实现自动控制，因此已被淘汰。

20 世纪 20 年代，开始采用单电动机拖动，即由一台电动机拖动一台生产机械，从而简化了中间传动机构，提高了效率，同时可充分利用电动机的调速性能，易于实现自动控制。

20 世纪 30 年代，随着现代工业生产的迅速发展，生产机械越来越复杂，一台生产机械上往往有许多运动部件，如果仍用一台电动机拖动，传动机构将十分复杂，因此出现了一台生产机械由多台电动机分别拖动不同运动部件的拖动方式，称为多电动机拖动。这种拖动方式简化了生产机械的传动机构，提高了传动效率，且容易实现自动控制，提高了劳动生产率。目前，常用的生产机械大多数采用这种拖动方式。

从电力拖动的控制方式来分，可分为断续控制系统和连续控制系统两种。在电力拖动发展的不同阶段，两种拖动方式占有不同的地位，且呈现交替发展的趋势。

最早产生的是由手动控制电器控制电动机运转的手动断续控制方式。随后逐步发展为由继电器、接触器和主令电器等组成的继电接触式有触点断续控制方式。这种控制系统结构简单、工作稳定、成本低、维护方便，不仅可以方便地实现生产过程的自动化，而且可实现集中控制和远距离控制，所以目前生产机械中仍广泛采用。但这种控制只有通和断两种状态，其控制作用是断续的，即只能控制信号的有无，而不能连续地控制信号的变化。为了适应控制信号连续变化的场合，又出现了直流电动机连续控制。这种控制方式可充分利用直流电动机调速性能好的特点，得到高精度、宽范围的平滑调速系统。属于这种连续控制的系统有：20 世纪 30 年代出现的直流发电机—电动机组调速系统；40—50 年代的交磁电机扩大机—直流发电机—电动机调速系统以及 60 年代出现的晶闸管—直流电动机调速系统。

近年来，随着电子技术和控制理论的不断发展，相继出现了顺序控制、可编程无触点断续控制、采样控制等多种控制方式。在电动机的调速方面，已形成了电子功率器件与自动控制相结合的领域。不但晶闸管—直流电动机调速系统得到了广泛应用，而且交流变频调速技术发展迅速，在许多领域交流电动机变频调速系统有取代晶闸管—直流电动机调速系统的趋势。

2.本课程的性质、内容、任务和要求

本课程是中等职业技术学校电气维修专业的一门集专业理论与技能训练于一体的课程。主要内容包括:常用低压电器及其拆装与维修;电动机的基本控制线路及其安装、调试与维修;常用生产机械的电气控制线路及其安装、调试与维修。

通过本课程的学习,可掌握与电力拖动有关的专业理论知识和操作技能,培养理论联系实际和分析解决一般技术问题的能力,达到国家规定的中级维修电工技术等级标准的要求。其基本要求是:掌握常用低压电器的功能、结构、工作原理、选用原则及其拆装维修方法;掌握电动机基本控制线路的构成、工作原理、分析方法及其安装、调试与维修;掌握常用生产机械电气控制线路的分析方法及其安装、调试与维修。

3.学习中应注意的问题

在学习本课程的过程中,应注意以下几点:

①以操作技能为主线,处理好理论学习与技能训练的关系,在认真学习理论知识的基础上注意加强技能训练。

②学习要密切联系生产实际,在教师的指导下勤学苦练,不断积累经验,总结规律,逐步培养独立分析和解决实际问题的能力。

③学习中注意及时复习相关课程的有关内容。

④在技能训练过程中,要注意爱护工具和设备,节约原材料,严格执行电工安全操作规程,做到安全、文明生产。

●知识技能测试

1.电力拖动系统由哪几部分组成?各部分的作用是什么?

2.电力拖动的优点有哪些?

3.根据电动机的组合数量,电力拖动的发展经历了哪几个阶段?

项目1

电动机基本控制线路的安装、调试与维修

任务1.1　常用低压开关

●任务目标

掌握各种低压开关的结构、特点及用途,并能根据实际情况进行选择、安装和检修。

●入门引导

在教室里,需要开灯或关灯时,会用到开关;开启或关闭电扇时,也会用到开关。开关的作用是接通或分断电路,从而控制电器的开启与关闭。实际上,在电工技术中,有各种不同类型的开关,下面介绍一些低压电路中常用的开关。

●知识学习

低压开关主要作隔离、转换及接通和分断电路用,多数用作机床电路的电源开关和局部照明电路的控制开关,有时也可用来直接控制小容量电动机的启动、停止和正、反转。

低压开关一般为非自动切换电器,常用的主要类型有刀开关、组合开关和低压断路器。

(1)刀开关

刀开关的种类很多,在电力拖动控制线路中最常用的是由刀开关和熔断器组合而成的负荷开关。负荷开关分为开启式负荷开关和封闭式负荷开关两种。

1)开启式负荷开关

开启式负荷开关又称为瓷底胶盖刀开关,简称闸刀开关。生产中常用的是HK系列开启式负荷开关,适用于照明、电热设备及小容量电动机控制线路中,供手动不频繁地接通和分断电路,并起短路保护。外形如图1-1-1所示。

①型号及含义如下所示:

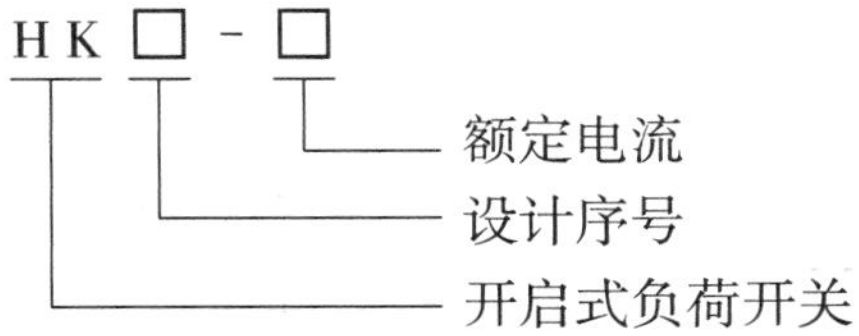

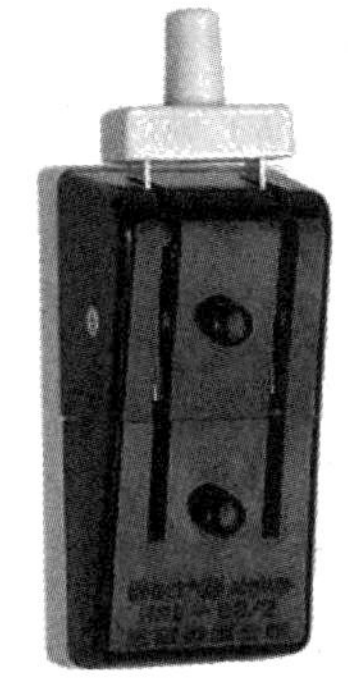

图1-1-1　HK系列

②结构。HK系列负荷开关由刀开关和熔断器组合而成,结构如图1-1-2(a)所示。开关的瓷底座上装有进线座、静触头、熔体、出线座和带瓷质手柄的刀式动触头,上面盖有胶盖以防止操作时触及带电体或分断时产生的电弧飞出伤人。

开启式负荷开关在电路图中的符号如图1-1-2(b)所示。

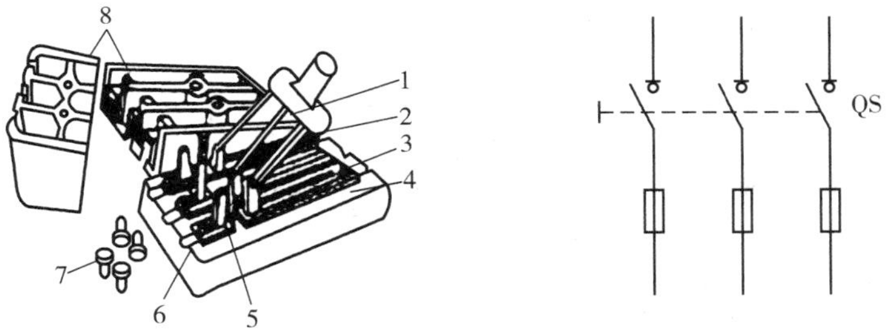

(a)　　　　(b)

图1-1-2　HK系列开启式负荷开关

1—瓷质手柄;2—动触头;3—出线座;4—瓷底座;5—静触头;
6—进线座;7—胶盖紧固螺钉;8—胶盖

③选用方法。开启式负荷开关的结构简单,价格便宜,在一般的照明电路和功率小于5.5 kW的电动机控制线路中被广泛采用。但这种开关没有专门的灭弧装置,其刀式动触头和静夹座易被电弧灼伤引起接触不良,因此不宜用于操作频繁的电路。具体选用方法如下:

a.用于照明和电热负载时,选用额定电压220 V或250 V,额定电流不小于电路所有负载额定电流之和的两极开关。

b.用于控制电动机的直接启动和停止时,选用额定电压380 V或500 V,额定电流不小于电动机额定电流3倍的三极开关。

④安装与使用。

a.开启式负荷开关必须垂直安装在控制屏或开关板上，且合闸状态时手柄应朝上。不允许倒装或平装，以防发生误合闸事故。

b.开启式负荷开关控制照明和电热负载使用时，要装接熔断器作短路和过载保护。接线时应把电源进线接在静触头一边的进线座，负载接在动触头一边的出线座，这样在开关断开后，闸刀和熔体上都不会带电。开启式负荷开关用作电动机的控制开关时，应将开关的熔体部分用铜导线直连，并在出线端另外加装熔断器作短路保护。

c.更换熔体时，必须在闸刀断开的情况下按原规格更换。

d.在分闸和合闸操作时，应动作迅速，使电弧尽快熄灭。

常用的开启式负荷开关有 HK1 和 HK2 系列。HK1 系列为全国统一设计产品，其主要技术数据见表 1-1-1。

表 1-1-1　HK 系列开启式负荷开关基本技术参数

型　号	极　数	额定电流值/A	额定电压值/V	可控制电动机最大容量值/kW		配用熔丝规格			
				220 V	380 V	熔丝成分/%			熔丝线径/mm
						铅	锡	锑	
HK1-15	2	15	220	—	—	98	1	1	1.45~1.59
HK1-30	2	30	220	—	—				2.30~2.52
HK1-60	2	60	220	—	—				3.36~4.00
HK2-15	3	15	380	1.5	2.2				1.45~1.59
HK2-30	3	30	380	3.0	4.0				2.30~2.52
HK2-60	3	60	380	4.5	5.5				3.36~4.00

e.常见故障及处理方法。开启式负荷开关的常见故障及处理方法见表 1-1-2。

表 1-1-2　开启式负荷开关常见故障及处理

故障现象	可能的原因	处理方法
合闸后，开关一相或两相开路	（1）静触头弹性消失，开口过大，造成动、静触头接触不良 （2）熔丝熔断或虚连 （3）动、静触头氧化或有尘污 （4）开关进线或出线线头接触不良	（1）修整或更换静触头 （2）更换熔丝或紧固 （3）清洁触头 （4）重新连接
合闸后，熔丝熔断	（1）外接负载短路 （2）熔体规格偏小	（1）排除负载短路故障 （2）按要求更换熔体
触头烧坏	（1）开关容量太小 （2）拉、合闸动作过慢，造成电弧过大，烧坏触头	（1）更换开关 （2）修整或更换触头，并改善操作方法

2)封闭式负荷开关

封闭式负荷开关是在开启式负荷开关的基础上改进设计的一种开关。其灭弧性能、操作性能、通断能力和安全防护性能都优于开启式负荷开关。因其外壳多为铸铁或用薄钢板冲压而成，故俗称铁壳开关，可用于手动不频繁地接通和断开带负载的电路以及作为线路末端的短路保护，也可用于控制 15 kW 以下的交流电动机不频繁的直接启动和停止。

①型号及含义如下所示：

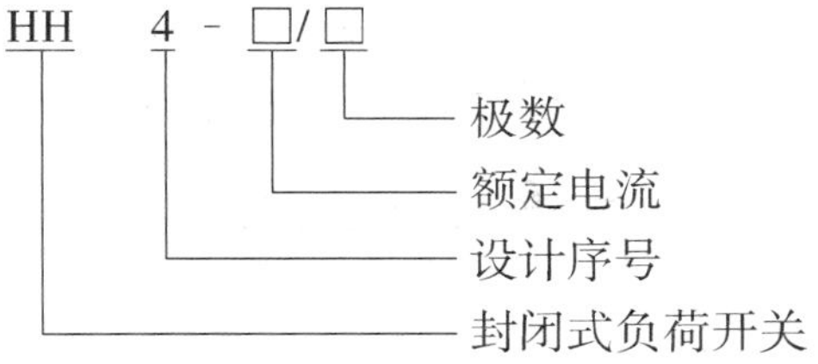

②结构。常用的封闭式负荷开关有 HH3、HH4 系列，外形如图 1-1-3 所示。其中，HH4 系列为全国统一设计产品，它的结构如图 1-1-4 所示。它主要由刀开关、熔断器、操作机构和外壳组成。这种开关的操作机构具有以下两个特点：一是采用了储能分合闸方式，使触头的分合速度与手柄操作速度无关，有利于迅速熄灭电弧，从而提高开关的通断能力，延长其使用寿命；二是设置了联锁装置，保证开关在合闸状态下开关盖不能开启，而当开关盖开启时又不能合闸，确保操作安全。

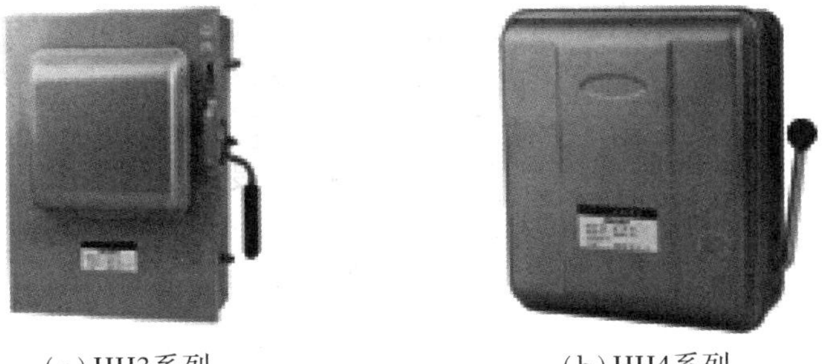

(a) HH3系列　　(b) HH4系列

图 1-1-3　封闭式负荷开关外形

封闭式负荷开关在电路图中的符号与开启式负荷开关相同。

③选用方法。

a.封闭式负荷开关的额定电压应不小于线路工作电压。

b.封闭式负荷开关用于控制照明、电热负载时，开关的额定电流应不小于所有负载额定电流之和；用于控制电动机时，开关的额定电流应不小于电动机额定电流的 3 倍，或根据表 1-1-3 选择。

④安装与使用。

a.封闭式负荷开关必须垂直安装，安装高度一般离地不低于 1.3~1.5 m，并以操作方便和安全为原则。

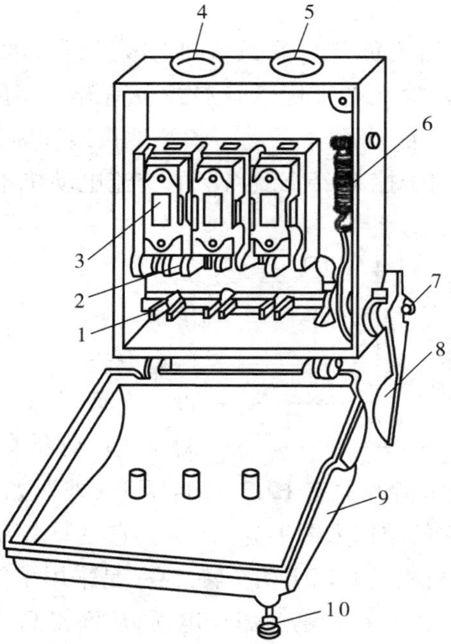

图 1-1-4　HH 系列封闭式负荷开关

1—动触刀;2—静夹座;3—熔断器;4—进线孔;5—出线孔;6—速断弹簧;
7—转轴;8—手柄;9 一开关盖;10—开关盖锁紧螺栓

表 1-1-3　HH4 封闭式负荷开关技术数据

<table>
<tr><th rowspan="2">型　号</th><th rowspan="2">额定电流/A</th><th colspan="3">刀开关极限通断能力（在 110%额定电压时）</th><th colspan="3">熔断器极限分断能力</th><th rowspan="2">控制电动机最大功率/kW</th><th rowspan="2">熔体额定电流/A</th><th rowspan="2">熔体(紫铜丝)直径/mm</th></tr>
<tr><th>通断电流/A</th><th>功率因数</th><th>通断次数/次</th><th>分断电流/A</th><th>功率因数</th><th>通断次数/次</th></tr>
<tr><td>HH4-15/32</td><td>15</td><td>60</td><td rowspan="2">0.5</td><td rowspan="3">10</td><td>750</td><td>0.8</td><td rowspan="3">2</td><td>3.0</td><td>6
10
15</td><td>0.26
0.35
0.46</td></tr>
<tr><td>HH4-30/32</td><td>30</td><td>120</td><td>1 500</td><td>0.7</td><td>7.5</td><td>20
25
30</td><td>0.65
0.71
0.81</td></tr>
<tr><td>HH4-60/32</td><td>60</td><td>240</td><td>0.4</td><td>3 000</td><td>0.6</td><td>13</td><td>40
50
60</td><td>0.92
1.07
1.20</td></tr>
</table>

b.开关外壳的接地螺钉必须可靠接地。

c.接线时，应将电源进线接在静夹座一边的接线端子上，负载引线接在熔断器一边的接线端子上，且进出线都必须穿过开关的进出线孔。

d.分合闸操作时，要站在开关的手柄侧，不能面对开关，以免因意外故障电流使开关爆炸，铁壳飞出伤人。

e.一般不用额定电流 100 A 及以上的封闭式负荷开关控制较大容量的电动机，以免发生飞弧灼伤手事故。

⑤常见故障及处理方法见表 1-1-4。

表 1-1-4　封闭式负荷开关常见故障及处理方法

故障现象	可能原因	处理方法
操作手柄带电	(1)外壳未接地或接地线松脱 (2)电源进出线绝缘损坏碰壳	(1)检查后，加固接地导线 (2)更换导线或恢复绝缘
夹座(静触头)过热或烧坏	(1)夹座表面烧毛 (2)闸刀与夹座压力不足 (3)负载过大	(1)用细锉修整夹座 (2)调整夹座压力 (3)减轻负载或更换大容量开关

(2)组合开关

组合开关又叫转换开关。它体积小，触头对数多，接线方式灵活，操作方便，常用于交流 50 Hz、380 V 以下及直流 220 V 以下的电气线路中，供手动不频繁的接通和断开电路，换接电源和负载以及控制 5 kW 以下小容量异步电动机的启动、停止和正反转。

1)组合开关的型号及含义

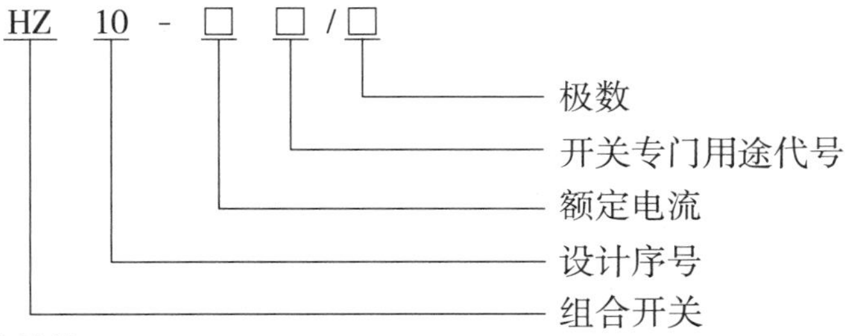

2)组合开关的结构

HZ 系列组合开关有 HZ1、HZ2、HZ3、HZ4、HZ5 以及 HZ10 等系列产品，如图 1-1-5 所示。其中 HZ10 系列是全国统一设计产品，具有性能可靠、结构简单、组合性强、寿命长等优点，目前在生产中得到广泛应用。

HZ10-10/3 型组合开关的外形与结构如图 1-1-6 所示。开关的三对静触头分别装在三层绝缘垫板上，并附有接线柱，用于与电源及用电设备相接。动触头是由磷铜片(或硬紫铜片)和具有良好灭弧性能的绝缘钢纸板铆合而成，并和绝缘垫板一起套在附有手柄的方形绝缘转轴上。手柄和转轴能在平行于安装面的平面内沿顺时针或逆时针方向每次转动 90°，

(a) HZ3系列　　(b) HZ5系列　　(c) HZ10系列

图 1-1-5　HZ 系列组合开关

带动 3 个动触头分别与 3 对静触头接触或分离，实现接通或分断电路的目的。开关的顶盖部分是由滑板、凸轮、扭簧和手柄等构成的操作机构。由于采用了扭簧储能，可使触头快速闭合或分断，从而提高了开关的通断能力。

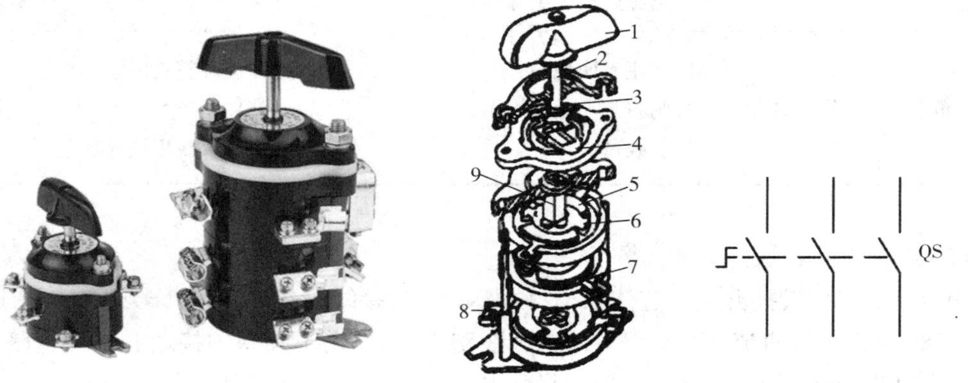

(a) 外形　　(b) 结构　　(c) 符号

图 1-1-6　HZ10-10/3 型组合开关

1—手柄；2 —转轴；3—弹簧；4—凸轮；5—绝缘垫板；6—动触头；
7—静触头；8—接线端子；9—绝缘杆

组合开关的绝缘垫板可以一层层组合起来，最多可达 6 层。按不同方式配置动触头和静触头，可得到不同类型的组合开关，以满足不同的控制要求。

组合开关在电路图中的符号如图 1-1-6(c) 所示。

组合开关中，有一类是专为控制小容量三相异步电动机的正反转而设计生产的，如 HZ3-132 型组合开关，俗称倒顺开关或可逆转换开关，其结构如图 1-1-7 所示。开关的两边各装有 3 副静触头，右边标有符号 L1、L2 和 W，左边标有符号 U、V 和 L3。转轴上固定着 6 副不同形状的动触头，其中 Ⅰ1、Ⅰ2、Ⅰ3 和 Ⅱ1 是同一形状，而 Ⅱ2、Ⅱ3 为另一形状。6 副动触头分成两组，Ⅰ1、Ⅰ2 和 Ⅰ3 为一组，Ⅱ1、Ⅱ2 和 Ⅱ3 为另一组。开关的手柄有“倒”“停”“顺”3 个位置，手柄只能从“停”位置左转 45°或右转 45°。当手柄位于“停”位置时，两组动触头都不与静触头接触；手柄位于“顺”位置时，动触头 Ⅰ1、Ⅰ2、Ⅰ3 与静触头接通；而手柄处于“倒”位置时，动触头 Ⅱ1、Ⅱ2、Ⅱ3 与静触头接通，如图 1-1-7(c) 所示。触头的通断情况见表 1-1-5。表中“×”表示触头接通,空白处表示触头断开。

表 1-1-5 倒顺开关触头分合表

触 头	手柄位置		
	倒	停	顺
L1-U	×		×
L2-W	×		
L3-V	×		
L2-V			×
L3-W			×

倒顺开关在电路图中的符号如图 1-1-7 (d)所示。

(a)外形

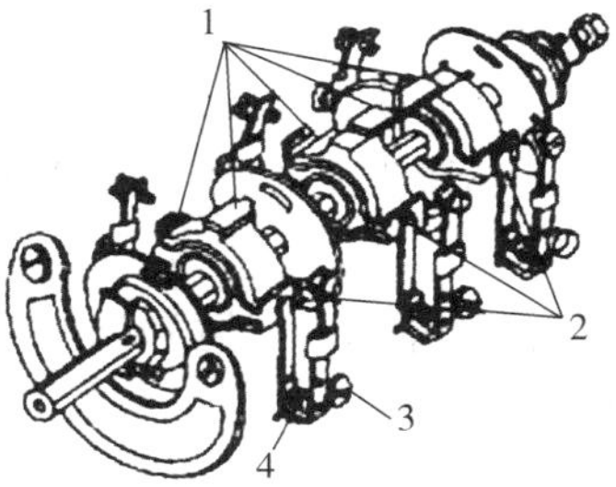

(b)结构

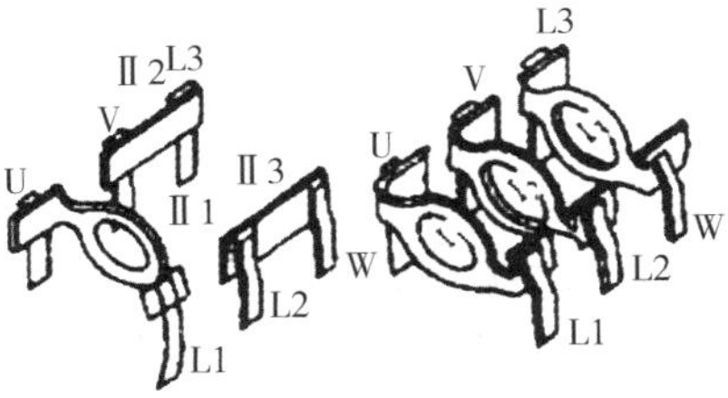

(c)触头

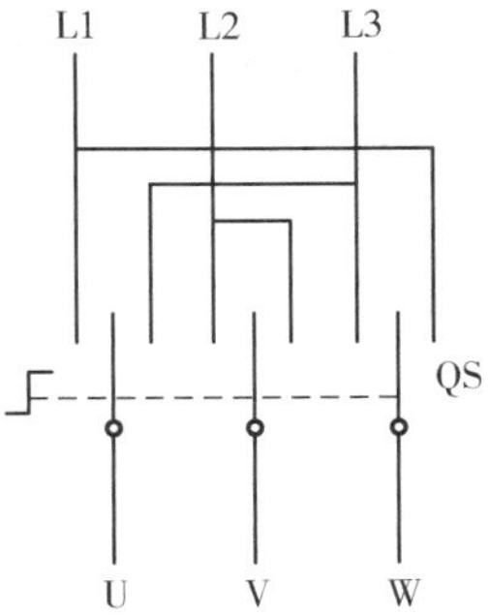

(d)符号

图 1-1-7 HZ3-132 型组合开关

1—动触头;2—静触头;3—调节螺钉;4—触头压力弹簧

3)组合开关的选用

组合开关应根据电源种类、电压等级、所需触头数、接线方式和负载容量进行选用。用于直接控制异步电动机的启动和正、反转时,开关的额定电流一般取电动机额定电流的1.5~2.5 倍。

HZ10 系列组合开关的主要技术数据见表 1-1-6。

表 1-1-6　HZ10 系列组合开关的技术数据

型　号	额定电压/V	额定电流/A	极　数	极限操作电流/A		可控制电动机最大容量和额定电流		在额定电压、电流下通断次数	
				接　通	分　断	最大容量/kW	额定电流/A	交流 λ	
								≥0.8	≥0.3
HZ10-10	交流 380	6	单　极	94	62	3	7	20 000	10 000
		10	2、3						
HZ10-25		25		155	108	5.5	12		
HZ10-60		60							
HZ10-100		100						10 000	5 000

4）组合开关的安装与使用

①HZ10 系列组合开关应安装在控制箱（或壳体），其操作手柄最好在控制箱的前面或侧面。开关为断开状态时应使手柄在水平旋转位置。HZ3 系列组合开关外壳上的接地螺钉应可靠接地。

②若需在箱内操作，开关最好装在箱内右上方，并且在它的上方不安装其他电器，否则应采取隔离或绝缘措施。

③组合开关的通断能力较低，不能用来分断故障电流。用于控制异步电动机的正反转时，必须在电动机完全停止转动后才能反向启动，且每小时的接通次数不能超过 15~20 次。

④当操作频率过高或负载功率因数较低时，应降低开关的容量使用，以延长其使用寿命。

⑤倒顺开关接线时，应将开关两侧进出线中的一相互换，并看清开关接线端标记，切忌接错，以免产生电源两相短路故障。

5）组合开关的常见故障及处理方法

组合开关常见故障及处理方法见表 1-1-7。

表 1-1-7　组合开关常见故障及处理方法

故障现象	可能的原因	处理方法
手柄转动后，内部触头未动	（1）手柄上的轴孔磨损变形	（1）调换手柄
	（2）绝缘杆变形（由方形磨为圆形）	（2）更换绝缘杆
	（3）手柄与方轴，或轴与绝缘杆配合松动	（3）紧固松动部件
	（4）操作机构损坏	（4）修理更换
手柄转动后，动、静触头不能按要求动作	（1）组合开关型号选用不正确	（1）更换开关
	（2）触头角度装配不正确	（2）重新装配
	（3）触头失去弹性或接触不良	（3）更换触头或清除氧化层或尘污
接线柱间短路	因铁屑或油污附着在接线柱间，形成导电层，将胶木烧焦，使绝缘损坏而形成短路	更换开关

(3)低压断路器

低压断路器又叫自动空气开关或自动空气断路器,可简称断路器。它是低压配电网络和电力拖动系统中常用的一种配电电器,集控制和多种保护功能于一体,在正常情况下可用于不频繁地接通和断开电路以及控制电动机的运行。当电路中发生短路、过载和失压等故障时,能自动切断故障电路,保护线路和电气设备。

低压断路器具有操作安全、安装使用方便、工作可靠、动作值可调、分断能力较强、兼顾多种保护、动作后不需要更换元件等优点,因此得到广泛应用。

低压断路器按结构形式可分为塑壳式(又称装置式)、框架式(又称万能式)、限流式、直流快速式、灭磁式和漏电保护式6类。

在电力拖动控制系统中,常用低压断路器是DZ系列塑壳式断路器,如DZ5系列和DZ10系列,如图1-1-8所示。其中,DZ5为小电流系列,额定电流为10~50 A。DZ10为大电流系列,额定电流有100 A、250 A、600 A等3种。下面以DZ5-20型断路器为例介绍低压断路器。

(a)DZ型塑料外壳式断路器　　(b)DW17型框架式断路器　　(c)MKM5-100小型断路器

图1-1-8　常用断路器

1)低压断路器的型号及含义

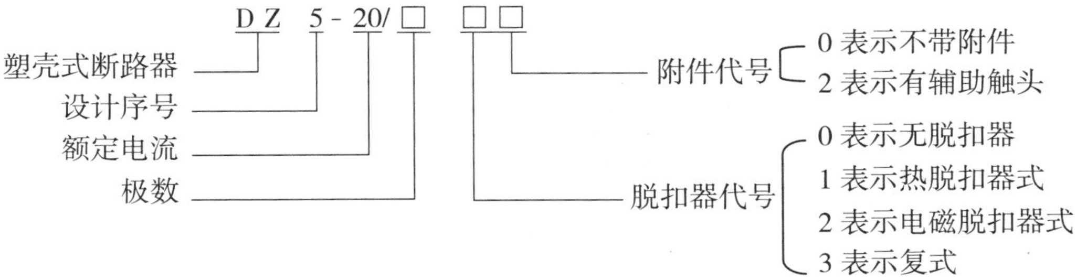

2)低压断路器的结构及工作原理

DZ5-20型低压断路器的外形和结构如图1-1-9所示。断路器主要由动触头、静触头、灭弧装置、操作机构、热脱扣器,电磁脱扣器及外壳等部分组成。其结构采用立体布置,操作机构在中间;上面是电加热元件和双金属片等构成的热脱扣器,作过载保护,配有电流调节装置,调节整定电流;下面是由线圈和铁芯等组成的电磁脱扣器,作短路保护,它也有一个电流调节装置,调节瞬时脱扣整定电流。主触头在操作机构后面,由动触头和静触头组成,配有栅片灭弧装置,用以接通和分断主回路的大电流。另外还有常开和常闭辅助触头各一对。主、辅触头的接线柱均伸出壳外,以便于接线。在外壳顶部还伸出接通(绿色)和分断(红色)按钮,通过储能弹簧和杠杆机构实现断路器的手动接通和分断操作。

(a)外形

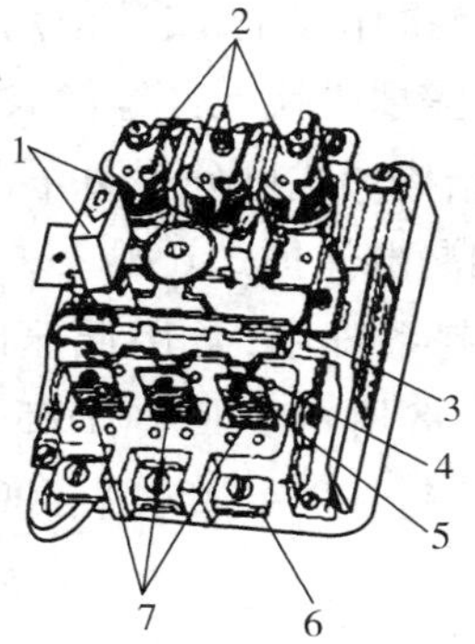

(b)结构

图 1-1-9 DZ5-20 型低压断路器

1—按钮;2—电磁脱扣器;3—自由脱扣器;4—动触头;

5—静触头;6—接线柱;7—热脱扣器

断路器的工作原理如图 1-1-10 所示。使用时断路器的三副主触头串联在被控制的三相电路中,按下接通按钮时,外力使锁扣克服反作用弹簧的反力,将固定在锁扣上面的动触头与静触头闭合,并由锁扣锁住搭钩使动静触头保持闭合,开关处于接通状态。

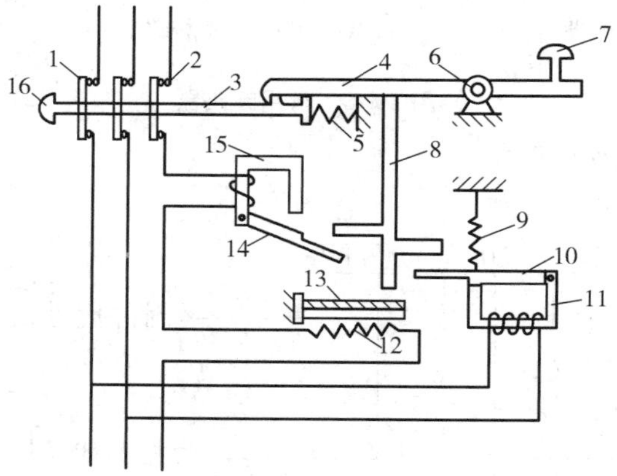

图 1-1-10 低压断路器工作原理示意图

1—动触头;2—静触头;3—锁扣;4—搭钩;5—反作用弹簧;

6—转轴座;7—分断按钮;8—杠杆;9—拉力弹簧;10—欠压脱扣器衔铁;

11—欠压脱扣器;12—热元件;13—双金属片;14—电磁脱扣器衔铁;

15—电磁脱扣器;16—接通按钮

当线路发生过载时，过载电流流过热元件产生一定的热量使双金属片受热向上弯曲，通过杠杆推动搭钩与锁扣脱开，在反作用弹簧的推动下，动、静触头分开，从而切断电路，使用电设备不致因过载而烧毁。

当线路发生短路故障时，短路电流超过电磁脱扣器的瞬时脱扣整定电流，电磁脱扣器产生足够大的吸力将衔铁吸合，通过杠杆推动搭钩与锁扣分开，从而切断电路，实现短路保护。低压断路器出厂时，电磁脱扣器的瞬时脱扣整定电流一般整定为 $10I_N$（I_N为断路器的额定电流）。

欠压脱扣器的动作过程与电磁脱扣器恰好相反。当线路电压正常时，欠压脱扣器的衔铁被吸合，衔铁与杠杆脱离，断路器的主触头能够闭合；当线路上的电压消失或下降到某一数值时，欠压脱扣器的吸力消失或减小到不足以克服拉力弹簧的拉力时，衔铁在拉力弹簧的作用下撞击杠杆，将搭钩顶开，使触头分断。由此也可看出，具有欠压脱扣器的断路器在欠压脱扣器两端无电压或电压过低时，不能接通电路。

需手动分断电路时，按下分断按钮即可。

在需要手动不频繁地接通和断开容量较大的低压网络或控制较大容量电动机（40~100 kW）的场合，经常采用框架式低压断路器。这种断路器有一个钢制或压塑的框架，断路器的所有部件都装在框架内，对导电部分加以绝缘。它具有过电流脱扣器和欠电压脱扣器，可对电路和设备实现过载、短路、失压等保护。它的操作方式有手柄直接操作、杠杆操作、电磁铁操作和电动机操作四种。其代表产品有 DW10 和 DW16 系列，外形如图 1-1-11（a）、（b）所示。低压断路器在电路图中的符号如图 1-1-11（c）所示。

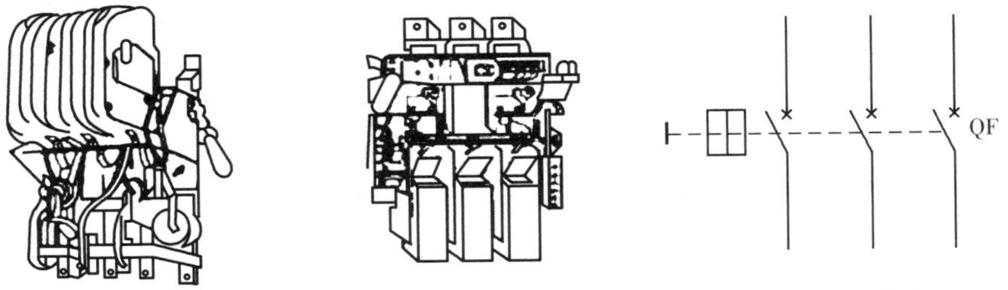

（a）DW5系列　　（b）DW10系列　　（c）符号

图 1-1-11　框架式低压断路器外形图和符号

3）低压断路器的一般选用原则

①低压断路器的额定电压和额定电流应不小于线路的正常工作电压和计算负载电流。

②热脱扣器的整定电流应等于所控制负载的额定电流。

③电磁脱扣器的瞬时脱扣整定电流应大于负载正常工作时可能出现的峰值电流。用于控制电动机的断路器，其瞬时脱扣整定电流可按式（1-1-1）选取

$$I_z \geqslant KI_{st} \tag{1-1-1}$$

式中　K——安全系数，可取 1.5~1.7；

I_{st}——电动机的启动电流，A。

④欠压脱扣器的额定电压应等于线路的额定电压。

⑤断路器的极限通断能力应不小于电路最大短路电流。

DZ5-20 型低压断路器的技术数据见表 1-1-8。

表 1-1-8　DZ5-20 型低压断路器技术数据

型　号	额定电压/V	主触头额定电流/A	极数	脱扣器形式	热脱扣器额定电流（括号内为整定电流调节范围）/A	电磁脱扣器瞬时动作整定值/A
DZ5-20/330	AC380 DC220	20	3	复　式	0.15(0.10~0.15) 0.20(0.15~0.20)	为电磁脱扣器额定电流的 8~12 倍（出厂时整定于 10 倍）
DZ5-20/230			2		0.30(0.20~0.30) 0.45(0.30~0.45)	
DZ5-20/320			3	电磁式	0.65(0.45~0.65) 1(0.65~1) 1.5(1~1.5)	
DZ5-20/220			2		2(1.5~2) 3(2~3)	
DZ5-20/310			3	热脱扣器式	4.5(3~4.5) 6.5(4.5~6.5) DZ5-20/320 10(6.5~10)	
DZ5-20/210			2		15(10~15) 20(15~20)	
DZ5-20/300			3	无脱扣器式		
DZ5-20/200			2			

4）低压断路器的安装与使用

①低压断路器应垂直于配电板安装，电源引线应接到上端，负载引线接到下端。

②低压断路器用作电源总开关或电动机的控制开关时，在电源进线侧必须加装刀开关或熔断器等，以形成明显的断开点。

③低压断路器在使用前应将脱扣器工作面的防锈油脂擦干净；各脱扣器动作值一经调整好，不允许随意变动，以免影响其动作值。

④使用过程中若遇分断短路电流，应及时检查触头系统。若发现电灼烧痕，应及时修理或更换。

⑤断路器上的积尘应定期清除，并定期检查各脱扣器动作值，给操作机构添加润滑剂。

5）低压断路器的常见故障及处理

低压断路器的常见故障及处理方法见表 1-1-9。

表 1-1-9　低压断路器的常见故障及处理方法

故障现象	故障原因	处理方法
不能合闸	(1)欠压脱扣器无电压或线圈损坏 (2)储能弹簧变形 (3)反作用弹簧力过大 (4)机构不能复位再扣	(1)检查施加电压或更换线圈 (2)更换储能弹簧 (3)重新调整 (4)调整再扣接触面至规定值
电流达到整定值,断路器不动作	(1)热脱扣器双金属片损坏 (2)电磁脱扣器的衔铁与铁芯距离太大或电磁线圈损坏 (3)主触头熔焊	(1)更换双金属片 (2)调整衔铁与铁芯的距离或更换断路器 (3)检查原因并更换主触头
启动电动机时断路器立即分断	(1)电磁脱扣器瞬动整定值过小 (2)电磁脱扣器某些零件损坏	(1)调高整定值至规定值 (2)更换脱扣器
断路器闭合后经一定时间自行分断	热脱扣器整定值过小	调高整定值至规定值
断路器温升过高	(1)触头压力过小 (2)触头表面过分磨损或接触不良 (3)两个导电零件连接螺钉松动	(1)调整触头压力或更换弹簧 (2)更换触头或修整接触面 (3)重新拧紧

例 1-1-1　用低压断路器控制一型号为 Y132S-4 的三相异步电动机,电动机的额定功率为 5.5 kW,额定电压为 380 V,额定电流为 11.6 A,启动电流为额定电流的 7 倍。试选择断路器的型号和规格。

解　(1)确定断路器的种类。根据电动机的额定电流、额定电压及对保护的要求,初步确定选用 D25-20 型低压断路器。

(2)确定热脱扣器额定电流。根据电动机的额定电流查表 1-1-8,选择热脱扣器的额定电流为 15 A,相应的电流整定范围为 10~15 A。

(3)校验电磁脱扣器的瞬时脱扣整定电流。电磁脱扣器的瞬时脱扣整定电流为:

$I_z=10\times15\ \text{A}=150\ \text{A}$,而 $KI_{st}=1.7\times7\times11.6\ \text{A}=138\ \text{A}$,满足 $I_z\geqslant KI_{st}$,符合要求。

(4)确定低压断路器的型号规格。根据以上分析计算,应选用 DZ5-20/330 型低压断路器。

●能力训练

低压开关的拆装与维修

(1)目的要求

熟悉常用低压开关的外形和基本结构,并能进行正确拆卸、组装及排除常见故障。

(2)工具、仪表及器材

①工具:尖嘴钳、螺钉旋具、活络扳手、镊子等。

②仪表:MF30 型万用表、5050 型兆欧表。

③器材:开启式负荷开关一只(HK1)、封闭式负荷开关一只(HH4)、组合开关(HZ10-25,HZ3-132 型各一只)和低压断路器(DZ5-20、DW10 各一只)。

以上电器未注明规格的,可根据实际情况在规定系列内选择。

(3)训练内容

①电气元件识别。将所给电气元件的铭牌用胶布盖住并编号,根据电气元件实物写出其名称与型号,填入表 1-1-10 中。

表 1-1-10　电气元件识别

序　号	1	2	3	4	5	6
名　称						
型　号						

②封闭式负荷开关的基本结构与测量。将封闭式负荷开关的手柄扳到合闸位置,用万用表的电阻挡测量各对触头之间的接触情况。再用兆欧表测量每两相触头之间的绝缘电阻。打开开关盖,仔细观察其结构,将主要部件的名称和作用填入表 1-1-11 中。

表 1-1-11　封闭式负荷开关的主要结构与测量

<table>
<tr><td colspan="2">型　号</td><td>极　数</td><td colspan="2">主要部件</td></tr>
<tr><td colspan="2"></td><td></td><td>名　称</td><td>作　用</td></tr>
<tr><td colspan="3">触头间接触情况(良好打“√”号,不良打“×”号)</td><td rowspan="5"></td><td rowspan="5"></td></tr>
<tr><td>L1 相</td><td>L2 相</td><td>L3 相</td></tr>
<tr><td></td><td></td><td></td></tr>
<tr><td colspan="3">相间绝缘电阻/MΩ</td></tr>
<tr><td>L1—L2</td><td>L2—L3</td><td>L1—L3</td></tr>
</table>

③低压断路器的结构。将一只 DZ5-20 型塑壳式低压断路器的外壳拆开,认真观察其结构,将主要部件的作用和有关参数填入表 1-1-12 中。

表 1-1-12 低压断路器的结构

主要部件名称	作 用	参 数
电磁脱扣器		
热脱扣器		
触 头		
按 钮		
储能弹簧		

④HZ10-25/3 型组合开关的改装、维修及校验。将组合开关原分、合状态为三常开（或三常闭）的 3 对触头，改装为二常开一常闭（或二常闭一常开），如图 1-1-12（a）、（b）所示，并整修触头，再按如图 1-1-12（c）所示进行通电校验。

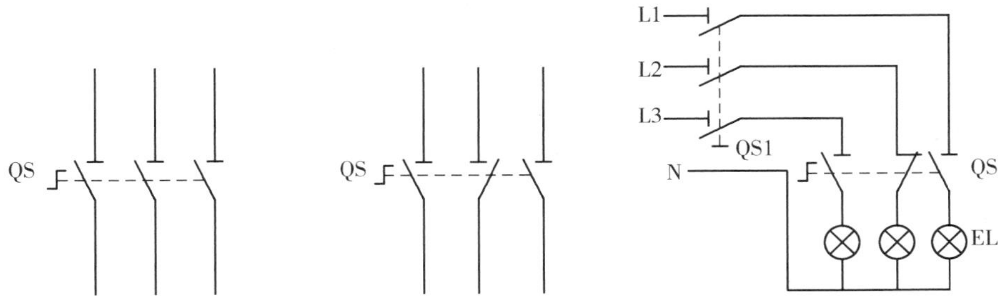

（a）改装前 （b）改装后 （c）校验电路（灯箱220 V、25 W、Y接法）

图 1-1-12 组合开关改装和校验

（4）训练步骤及工艺要求

①卸下手柄紧固螺钉，取下手柄。

②卸下支架上紧固螺母，取下顶盖、转轴弹簧和凸轮等操作机构。

③抽出绝缘杆，取下绝缘垫板上盖。

④拆卸 3 对动、静触头。

⑤检查触头有无烧毛、损坏情况，视损坏程度进行修理或更换。

⑥检查转轴弹簧是否松脱和消弧垫是否有严重磨损，根据实际情况确定是否调换。

⑦将任一相的动触头旋转 90°，然后按拆卸的逆序进行装配。

⑧装配时，应注意动、静触头的相互位置是否符合改装要求及叠片连接是否紧密。

⑨装配结束后，先用万用表测量各对触头的通断情况。如果符合要求，按如图 1-1-9（c）所示连接线路进行通电校验。

⑩通电校验必须在 1 min 时间内，连续进行 5 次分合试验。如 5 次试验全部成功为合格，否则须重新拆装。

(5)注意事项

①拆卸时,应备有盛放零件的容器,以防丢失零件。

②拆卸过程中,不允许硬撬,以防损坏电器。

③通电校验时,必须将组合开关紧固在校验板(台)上,并有教师监护,以确保用电安全。

(6)评分标准

评分标准见表 1-1-13。

表 1-1-13 评分标准

项　目	配分	评分标准	扣　分
元件识别	20	(1)写错或漏写名称,每只扣 4 分 (2)写错或漏写型号,每只扣 2 分	
封闭式负荷开关的结构	20	(1)仪表使用方法错误,扣 5 分 (2)不会测量或测量结果错误,扣 5 分 (3)主要零部件名称写错,每只扣 4 分 (4)主要零部件作用写错,每只扣 4 分	
低压断路器的结构	20	(1)主要部件的作用写错,每只扣 4 分 (2)参数漏写或写错,每次扣 4 分	
组合开关的改装与维修	40	(1)损坏电气元件或不能装配,扣 20 分 (2)丢失或漏装零件,每只扣 10 分 (3)拆装方法、步骤不正确,每次扣 5 分 (4)拆装后未进行改装,扣 20 分 (5)装配后手柄转动不灵活,扣 8 分 (6)不能进行通电校验,扣 20 分 (7)通电试验不成功,每次扣 10 分	
安全文明生产			
定额时间 2 h			
备　注	除定额时间外,各项目的最高扣分不应超过配分		成　绩
开始时间		结束时间	实际时间

知识技能测试

一、填空题

1.低压开关主要用作________、________及__________和________电路。

2.常用的低压开关有____________、____________和______________，它们的符号分别为__________、____________和____________。

3.低压断路器又叫__________或__________，简称________。它集________和________功能于一体，在线路正常工作时，可用于不频繁地接通和分断电路；当电路中发生________、________和________________等故障时，它能自动跳闸切断故障电路，保护线路和电气设备。

4.负荷开关分为____________和____________。

5.组合开关又称____________，其特点是体积________，触头对数________，________方式灵活，操作方便。

二、判断题

1.HK 系列刀开关没有专门的灭弧装置，不宜用于操作频繁的电路。（　）

2.HK 系列刀开关可以垂直安装，也可以水平安装。（　）

3.封闭式负荷开关的外壳应可靠接地。（　）

4.HZ 系列的组合开关可供手动频繁地接通和断开电路，换接电源和负载，以及控制5 kW以下小容量异电动机的启动、停止和正反转。（　）

5.低压断路器是一种控制电器。（　）

6.DZ5-20 型低压断路器的热脱扣器和电磁脱扣器均没有电流调节装置。（　）

三、选择题

1.HK 系列开启式负荷开关可用于功率小于（　）kW 的电动机控制线路中。

A.5.5　B.7.5　C.10　D.13

2.HK 系列开启式负荷开关用于控制直流电动机的直接启动和停止时，应选用额定电流不小于电动机额定电流（　）倍的 3 级开关。

A.1.5　B.2　C.3　D.5

3.HH 系列封闭式负荷开关属于（　）。

A.非自动切换电器　B.自动切换电器　C.无法判断

4.HZ 系列组合开关的触头合闸速度与手柄操作速度（　）。

A.成正比　B.成反比　C.的平方成正比　D.无关

5.D25-20 型低压断路器中电磁脱扣器的作用是（　）。

A.过载保护　B.电路保护　C.欠压保护　D.失压保护

6.D25-20 型低压断路器的过载保护是由（　）完成的。

A.欠压脱扣器　B.电磁脱扣器　C.热脱扣器　D.失压脱扣器

四、技能考核题

将一只 DW10 型塑壳式低压断路器的外壳拆开，认真观察其结构，将主要部件的作用和有关参数填入表 1-1-14 中。

表 1-1-14 低压断路器的结构

主要部件名称	作　用	参　数
电磁脱扣器		
热脱扣器		
触　头		
按　钮		
储能弹簧		

任务 1.2 认识熔断器

●任务目标

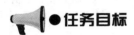

掌握低压熔断器的结构、型号，并能根据线路需要正确选择熔断器。

●入门引导

电路在工作过程中常会发生短路事故。发生短路时，电路中的电阻很小，电流比正常电流大几十倍或几百倍。如此大的电流通过电路会产生大量热量，使导线温度迅速升高，不仅损坏导线、电源和其他电气设备，严重时还会引起火灾。为避免电路因短路而造成损坏，在电路中都要加装各种短路保护装置，熔断器是其中最常见的一种。下面介绍几种常用熔断器。

●知识学习

熔断器是低压配电网络和电力拖动系统中的短路保护电器，使用时串联在被保护的电路中。当电路发生短路故障，通过熔断器的电流达到或超过某一规定值时，以其自身产生的热量使熔体熔断，从而自动分断电路，起到保护作用。它具有结构简单、价格便宜、动作可靠，使用维护方便等优点，因此得到广泛应用。图 1-2-1 是各种常用熔断器类型外形图。

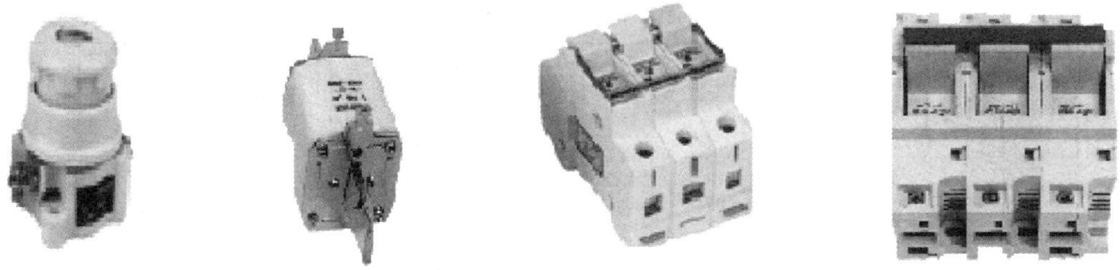

(a) RL1系列　　(b) NGT系列　　(c) RT18系列　　(d) HG30系列

图 1-2-1　常用熔断器类型外形图

(1)熔断器的结构与主要技术参数

1)熔断器的结构

熔断器主要由熔体、安装熔体的熔管和熔座三部分组成。

熔体是熔断器的主要组成部分,常做成丝状、片状或栅状。熔体的材料通常有两种,一种是由铅、铅锡合金或锌等低熔点材料制成,多用于小直流电路;另一种是由银、铜等较高熔点的金属制成,多用于大电流电路。

熔管是熔体的保护外壳,用耐热绝缘材料制成,在熔体熔断时兼有灭弧作用。

熔座是熔断器的底座,作用是固定熔管和外接引线。

2)熔断器的主要技术参数

①额定电压。熔断器的额定电压是指能保证熔断器长期正常工作的电压。若熔断器的实际工作电压大于其额定电压,熔体熔断时可能会发生电弧不能熄灭的危险。

②额定电流。熔断器的额定电流是指保证熔断器能长期正常工作的电流,是由熔断器各部分长期工作时的允许温升决定的。它与熔体的额定电流是两个不同的概念。熔体的额定电流是指在规定的工作条件下,长时间通过熔体而熔体不熔断的最大电流值。通常,一个额定电流等级的熔断器可以配用若干个额定电流等级的熔体,但熔体的额定电流不能大于熔断器的额定电流值。

③分断能力。分断能力是指在规定的使用和性能条件下,熔断器在规定电压下能分断的预期分断电流值。常用极限分断电流值来表示。

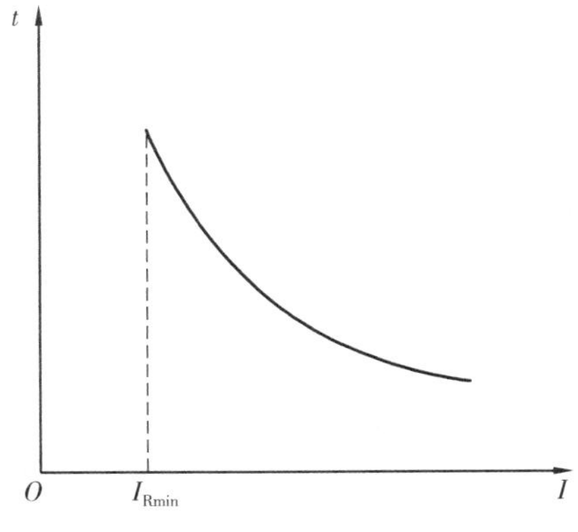

图 1-2-2　熔断器的时间—电流特性

④时间—电流特性。该特性是指在规定工作条件下,表征流过熔体的电流与熔体熔断时间关系的函数曲线,也称保护特性或熔断特性,如图 1-2-2 所示。

从特性上可看出,熔断器的熔断时间随着电流的增大而减小,即熔断器通过的电流越大,熔断时间越短。一般熔断器的熔断时间与熔断电流的关系见表 1-2-1。

表 1-2-1　熔断器的熔断电流与熔断时间的关系

熔断电流 s/A	$1.25I_N$	$1.6I_N$	$2.0I_N$	$2.5I_N$	$3.0I_N$	$4.0I_N$	$8.0I_N$	$10.0I_N$
熔断时间 f/s	∞	3 600	40	8	4.5	2.5	1	0.4

可见，熔断器对过载反应是很不灵敏的。当电气设备发生轻度过载时，熔断器持续很长时间才熔断，有时甚至不熔断。因此，除在照明电路中外，熔断器一般不宜用作过载保护，主要用作短路保护。

(2) 常用的低压熔断器

熔断器按结构形式分为半封闭插入式、无填料封闭管式、有填料封闭管式和自复式四类。

1) RC1A 系列插入式熔断器（瓷插式熔断器）

①型号及含义如下所示：

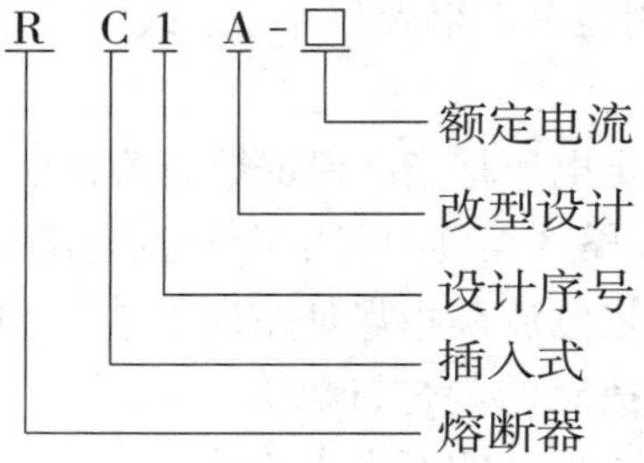

②结构。RClA 系列插入式熔断器是在 RC1 系列的基础上改进设计的，可取代 RC1 系列老产品，属半封闭插入式。它由瓷座、瓷盖、动触头、静触头及熔丝五部分组成，其结构如图 1-2-3 所示。

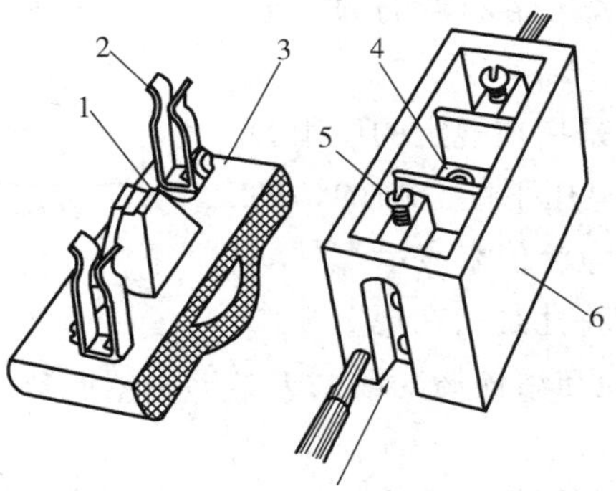

图 1-2-3　RC1A 系列插入式熔断器

1—熔丝；2—动触头；3—瓷盖；4—空腔；5—静触头；6—瓷座

RC1A 系列插入式熔断器的主要技术参数见表 1-2-2。

表 1-2-2　常见熔断器的主要技术参数

类　别	型　号	额定电压/V	额定电流/A	熔体额定电流等级/A	极限分断能力/kA	功率因数
插入式熔断器	RC1A	380	5	2、5	0.25	0.8
			10	2、4、6、10	0.5	
			15	6、10、15		
			30	20、25、30	1.5	0.7
			60	40、50、60	3	0.6
			100	80、100		
			200	120、150、200		
螺旋式熔断器	RL1	500	15	2、4、6、10、15	2	≥0.3
			60	20、25、30、35、40、50、60	3.5	
			100	60、80、100	20	
			200	100、125、150、200	50	
	RL2	500	25	2、4、6、10、15、20、25	1	
			60	25、35、50、60	2	
			100	80、100	3.5	
无填料封闭管式熔断器	RM10	380	15	6、10、15	1.2	0.8
			60	15、20、25、35、45、60	3.5	0.7
			100	60、80、100	10	0.35
			200	100、125、160、200		
			350	200、225、260、300、350		
			600	350、430、500、600	12	0.35
有填料封闭管式熔断器	RT0	交流 380 直流 440	100	30、40、50、60、100	交流 50 直流 25	>0.3
			200	120、150、200、250		
			400	300、350、400、450		
			600	500、550、600		
快速熔断器	RLS2	500	30	16、20、25、30	50	0.1~0.2
			63	35、(45)、50、63		
			100	(75)、80、(90)、100		

③用途。RC1A 系列插入式熔断器结构简单，更换方便，价格低廉，一般用于交流50 Hz、额定电压 380 V 及以下、额定电流 200 A 及以下的低压线路末端或分支电路中，作为电气设备的短路保护及一定程度的过载保护。

2)RL1 系列螺旋式熔断器

①型号及含义如下所示：

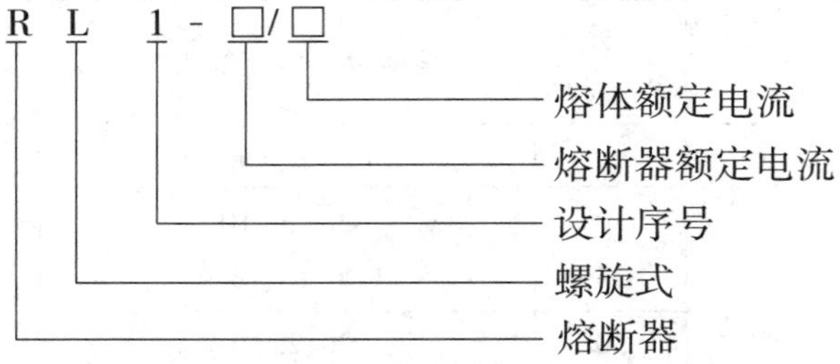

②结构。RL1 系列螺旋式熔断器属于有填料封闭管式，其外形和结构如图 1-2-4 所示。它主要由瓷帽、熔断管、瓷套、上接线座、下接线座及瓷座等部分组成。

(a)外形 (b)结构

图 1-2-4 RL1 系列螺旋式熔断器

1—瓷座；2—下接线座；3—瓷套；4—熔断管；5—瓷帽；6—上接线座

该系列熔断器的熔断管内，在熔丝的周围填充着石英砂以增强灭弧性能。熔丝焊在瓷管两端的金属盖上，其中一端有一个标有不同颜色的熔断指示器；当熔丝熔断时，熔断指示器自动脱落，此时只需更换同规格的熔断管即可。

RL1 系列螺旋式熔断器的主要技术参数见表 1-2-2。

③用途。RL1 系列螺旋式熔断器的分断能力较强，结构紧凑，体积小，安装面积小，更换熔体方便，工作安全可靠，并且熔丝断后有明显指示，因此广泛应用于控制箱、配电屏、机床设备及振动较大的场合，在交流额定电压 500 V、额定电流 200 A 及以下的电路中，作为短路保护器件。

3)RM10 系列无填料封闭管式熔断器

①型号及含义如下所示：

R M 10 - □/□ □

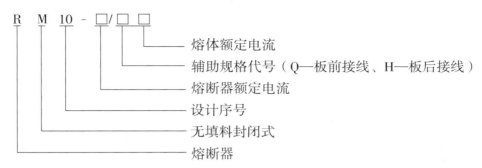

- □（末位）——熔体额定电流
- □——辅助规格代号（Q—板前接线、H—板后接线）
- □——熔断器额定电流
- 10——设计序号
- M——无填料封闭式
- R——熔断器

②结构。RM10 系列无填料封闭管式熔断器主要由熔断管、熔体、夹头及夹座等部分组成。RM10-100 型熔断器的外形与结构如图 1-2-5 所示。

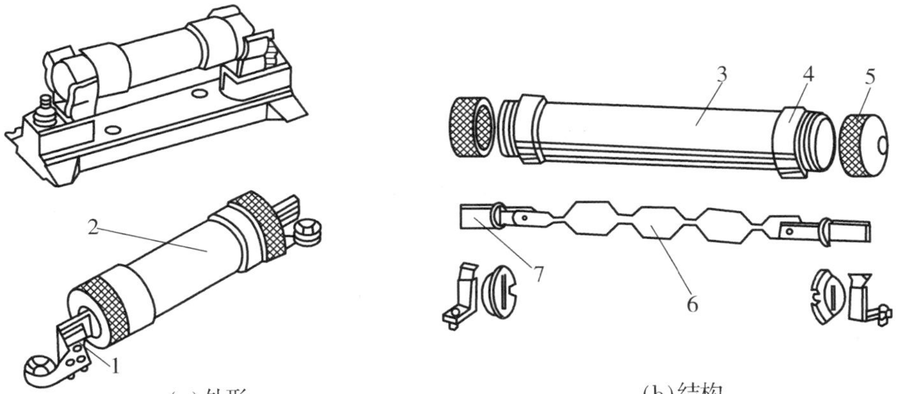

(a)外形　　(b)结构

图 1-2-5　RM10 系列无填料封闭管式熔断器

1—夹座；2—熔断管；3—钢纸管；4—黄铜套管；5—黄铜帽；6—熔体；7—刀型夹头

这种结构的熔断器具有以下两个特点：一是采用钢纸管作熔管。当熔体熔断时，钢纸管内壁在电弧热量的作用下产生高压气体，使电弧迅速熄灭。二是采用变截面锌片作熔体。当电路发生短路故障时，锌片几处狭窄部位同时熔断，形成较大空隙，因此灭弧容易。

RM10 系列无填料封闭管式熔断器的主要技术参数见表 1-2-2。

③用途。RM10 系列无填料封闭管式熔断器适用于交流 50 Hz、额定电压为 380 V 或直流额定电压为 440 V 及以下电压等级的动力网络和成套配电设备中，作为导线、电缆及较大容量电气设备的短路和连续过载保护。

4）RT0 系列有填料封闭管式熔断器

①型号及含义如下所示：

R T 0 - □/□

- □（末位）——熔体额定电流
- □——熔断器额定电流
- 0——设计序号
- T——有填料封闭式
- R——熔断器

②结构。RT0 系列有填料封闭管式熔断器主要由电熔管、底座、夹头、夹座等部分组成,其外形与结构如图 1-2-6 所示。

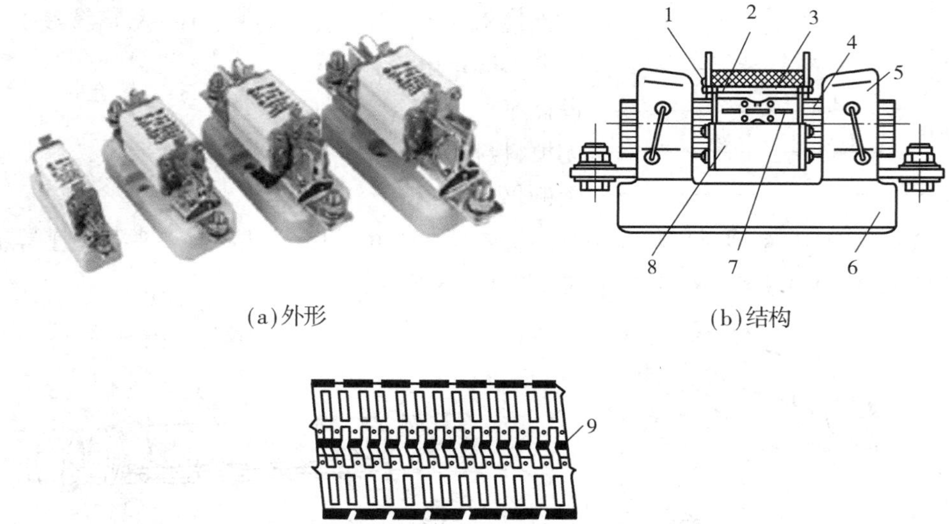

(a)外形

(b)结构

(c)锡桥

图 1-2-6　RT0 系列有填料封闭管式熔断器

1—熔断指示器;2—石英砂填料;3—指示器熔丝;4—夹头;

5—夹座;6—底座;7—熔体;8—熔管;9—锡桥

它的熔管用高频电工瓷制成。熔体是两片网状紫铜片,中间用锡桥连接。熔体周围填满石英砂,在熔体熔断时起灭弧作用。该系列熔断器配有熔断指示装置,熔体熔断后,显示出醒目的红色熔断信号。

当熔体熔断后,可使用配备的专用绝缘手柄在带电的情况下更换熔管,装取方便,安全可靠。

RT0 系列有填料封闭管式熔断器的主要技术参数见表 1-2-2。

③用途。RT0 系列有填料封闭管式熔断器是一种大分断能力的熔断器,广泛用于短路电流较大的电力输配电系统中,作为电缆、导线和电气设备的短路保护及导线、电缆的过载保护。

5)快速熔断器

快速熔断器又叫半导体器件保护用熔断器,主要用于半导体功率元件的过电流保护。由于半导体元件承受过电流的能力很差,只允许在较短的时间内承受一定的过载电流(如 70 A 的晶闸管能承受 6 倍额定电流的时间仅为 10 ms),因此要求短路保护元件应具有快速动作的特征。快速熔断器能满足这一要求,且结构简单,使用方便,动作灵敏可靠,因而得到广泛应用。

目前常用的快速熔断器有 RS0、RS3、RLS2 等系列。RLS2 系列的结构与 RL1 系列相似,适用于小容量硅元件及其成套装置的短路和过载保护;RS0 和 RS3 系列适用于半导体整流元件和晶闸管的短路和过载保护,它们的结构相同,但 RS3 系列的动作更快,分断能力更高。

RS3 系列熔断器外形如图 1-2-7 所示，RLS2 系列快速熔断器的技术数据见表 1-2-2。

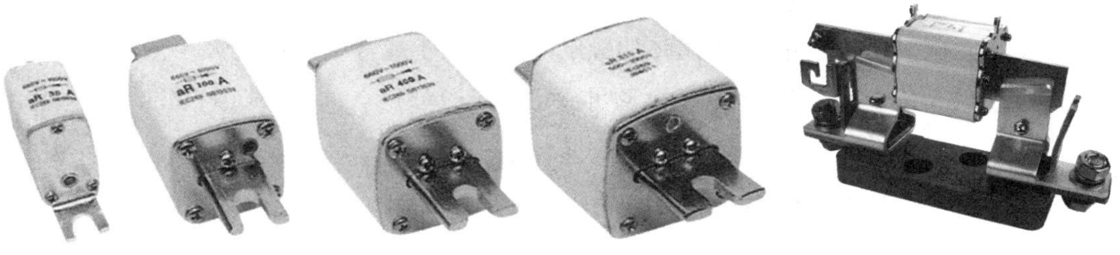

图 1-2-7 RS3 系列熔断器外形图

6）自复式熔断器

常用熔断器的熔体一旦熔断，必须更换新的熔体，这就给使用带来一些不方便，而且延缓了供电时间。近年来，可重复使用一定次数的自复式熔断器开始在电力网络的输配电线路中得到应用。

自复式熔断器的基本工作原理是：其熔体是应用非线性电阻元件（如金属钠等）制成，在特大短路电流产生的高温下，熔体气化，阻值剧增，即瞬间呈现高阻状态，从而能将故障电流限制在较小的数值范围内。

可见，与其说自复式熔断器是一种熔断器，还不如说它是一个非线性电阻。因为它熔而不断，不能真正分断电路，但由于它具有限流作用显著、动作时间短、动作后不需更换熔体等优点，在生产中的应用范围不断扩大，常与断路器配合使用，以提高组合分断性能。目前，自复式熔断器的工业产品有 RZ1 系列熔断器，它适用于交流 380 V 的电路中与断路器配合使用。熔断器的额定电流有 100 A、200 A、400 A、600 A 四个等级，在功率因数 $\lambda \leqslant 0.3$ 时的分断能力为 100 kA。

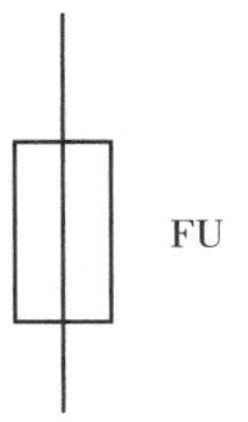

图 1-2-8 熔断器的符号

熔断器在电路图中的符号如图 1-2-8 所示。

（3）熔断器的选择

熔断器和熔体只有经过正确的选择，才能起到应有的保护作用。

1）熔断器类型的选择

根据使用环境和负载性质选择适当类型的熔断器。例如，用于容量较小的照明线路，可选用 RC1A 系列插入式熔断器；在开关柜或配电屏中可选用 RM10 系列无填料封闭管式熔断器；对于短路电流相当大或有易燃气体的场合，应选用 RT0 系列有填料封闭管式熔断器；在机床控制线路中，多选用 RL1 系列螺旋式熔断器；用于半导体功率元件及晶闸管保护时，则应选用 RLS 或 RS 系列快速熔断器等。

2）熔体额定电流的选择

①对照明、电热等电流较平稳、无冲击电流的负载短路保护，熔体的额定电流应等于或稍大于负载的额定电流。

②对一台不经常启动且启动时间不长的电动机的短路保护，熔体的额定电流 I_{RN} 应大于或等于 1.5~2.5 倍电动机额定电流 I_N，即式（1-2-1）

$$I_{RN} \geqslant (1.5 \sim 2.5) I_N \qquad (1\text{-}2\text{-}1)$$

对于频繁启动或启动时间较长的电动机，上式的系数应增加到 3~3.5。

③ 对多台电动机的短路保护，熔体的额定电流应大于或等于其中最大容量电动机的额定电流 I_{Nmax} 的 1.5 ~ 2.5 倍加上其余电动机额定电流的总和 $\sum I_N$，即式(1-2-2)

$$I_{RN} \geqslant (1.5 \sim 2.5) I_{max} + \sum I_N \qquad (1\text{-}2\text{-}2)$$

在电动机的功率较大而实际负载较小时，熔体额定电流可适当小些，小到电动机启动时熔体不熔断为准。

3）熔断器额定电压和额定电流的选择

熔断器的额定电压必须等于或大于线路的额定电压；熔断器的额定电流必须等于或大于所装熔体的额定电流。

4）熔断器的分断能力

它应大于电路中可能出现的最大短路电流。

（4）熔断器的安装与使用

①熔断器应完整无损，安装时应保证熔体和夹头以及夹头和夹座接触良好，并具有额定电压、额定电流值标志。

②插入式熔断器应垂直安装，螺旋式熔断器的电源线应接在瓷底座的下接线座上，负载线应接在螺纹壳的上接线座上。这样在更换熔断管时，旋出螺帽后螺纹壳不带电，保证了操作者的安全。

③熔断器内要安装合格的熔体，不能用多根小规格熔体并联代替一根大规格熔体。

④安装熔断器时，各级熔体应相互配合，并使下一级熔体规格比上一级规格小。

⑤安装熔丝时，熔丝应在螺栓上沿顺时针方向缠绕，压在垫圈下；拧紧螺钉的力应适当，以保证接触良好，同时注意不能损伤熔丝，以免减小熔体的截面积，产生局部发热而产生误动作。

⑥更换熔体或熔管时，必须切断电源。尤其不允许带负荷操作，以免发生电弧灼伤。

⑦对 RM10 系列熔断器，在切断过 3 次相当于分断能力的电流后，必须更换熔断管，以保证能可靠地切断所规定分断能力的电流。

⑧熔断器兼做隔离器件使用时应安装在控制开关的电源进线端；若仅做短路保护用，应装在控制开关的出线端。

（5）熔断器的常见故障及处理方法（表 1-2-3）

表 1-2-3　熔断器的常见故障及处理方法

故障现象	可能原因	处理方法
电路接通瞬间，熔体熔断	（1）熔体电流等级选择过小 （2）负载侧短路或接地 （3）熔体安装时受机械损伤	（1）更换熔体 （2）排除负载故障 （3）更换熔体
熔体未见熔断，但电路不通	熔体或接线座接触不良	重新连接

例 1-2-1 某机床电动机的型号为 Y112M-4,额定功率为 4 kW,额定电压为 380 V,额定电流为 8.8 A;该电动机正常工作时不需频繁启动。若用熔断器为该电动机提供短路保护,试确定熔断器的型号规格。

解 (1)选择熔断器的类型:该电动机是在机床中使用,所以熔断器可选用 RL1 系列螺旋式熔断器。

(2)选择熔体额定电流:由于所保护的电动机不需经常启动,则熔体额定电流

$$I_{RN} = (1.5 - 2.5) \times 8.8\ A = 13.2 \sim 22\ A$$

查表 1-2-2 得熔体额定电流为:$I_{RN}=20\ A$

(3)选择熔断器的额定电流和电压:查表 1-2-2,可选取 RL1-60/20 型熔断器,其额定电流为 60 A,额定电压为 500 V。

●能力训练

低压熔断器的识别与检修

(1)目的要求

熟悉常用低压熔断器的外形、结构,掌握常用低压熔断器的故障处理方法。

(2)工具、仪表及器材

①工具:尖嘴钳、螺钉旋具。

②仪表:MF30 型万用表一只。

③器材:在 RC1A、RL1、RT0、RM10 及 RS0 各系列中,每个系列选取不少于两种规格的熔断器。具体规格可由指导教师根据实际情况给出。

(3)训练内容

1)熔断器识别

①在教师指导下,仔细观察各种不同类型、规格的熔断器的外形和结构特点。

②由指导教师从所给熔断器中任选 5 只,用胶布盖住其型号并编号。由学生根据实物,写出其名称、型号规格及主要组成部分,填入表 1-2-4 中。

表 1-2-4 熔断器识别

序 号	1	2	3	4	5
名 称					
型号规格					
结 构					

2)更换 RC1A 系列或 RL1 系列熔断器的熔体

①检查所给熔断器的熔体是否完好。对 RC1A 型,可拔下瓷盖进行检查;对 RL1 型,应

首先查看其熔断指示器。

②若熔体已熔断，按原规格选配熔体。

③更换熔体。对 RC1A 系列熔断器，安装熔丝时熔丝缠绕方向要正确，安装过程中不得损伤熔丝。对 RL1 系列熔断器，熔断管不能倒装。

④用万用表检查更换熔体后的熔断器各部分接触是否良好。

(4)评分标准

评分标准见表 1-2-5。

表 1-2-5　评分标准

<table>
<tr><th colspan="2">项　目</th><th colspan="2">配分</th><th colspan="2">评分标准</th><th>扣　分</th></tr>
<tr><td colspan="2">熔断器识别</td><td colspan="2">50</td><td colspan="2">(1)写错或漏写名称，每只扣 5 分
(2)写错或漏写型号，每只扣 5 分
(3)漏写每个主要部件扣 4 分</td><td></td></tr>
<tr><td colspan="2">更换熔体</td><td colspan="2">50</td><td colspan="2">(1)检查方法不正确扣 10 分
(2)不能正确选配熔体扣 10 分
(3)更换熔体方法不正确扣 10 分
(4)损伤熔体扣 20 分
(5)更换熔体后熔断器断路扣 25 分</td><td></td></tr>
<tr><td>安全文明生产</td><td colspan="6">违反安全文明生产规程扣 5~40 分</td></tr>
<tr><td>定额时间 60 min</td><td colspan="6">按每超时 5 min 以内以扣 5 分计算</td></tr>
<tr><td>备　注</td><td colspan="4">除定额时间外，各项内容的最高扣分不应超过配分数</td><td>成　绩</td><td></td></tr>
<tr><td>开始时间</td><td></td><td>结束时间</td><td colspan="2"></td><td>实际时间</td><td></td></tr>
</table>

●知识技能测试

一、填空题

1.低压熔断器是一种________电器，它用于____________电路__________控制电路中，起__________和________的保护作用。

2.RC1A 系列熔断器中，R 表示__________，C 表示__________，A 表示__________。

3.熔断器串联在__________和__________之间，在线路发生短路和过载时________。

4.熔断器类型用符号表示：M 表示________，L 表示____________，有填料封闭管式用符号____________表示。

二、判断题

1.熔断器在电路中能起保护作用。　　(　　)

2.对单台电动机选择熔体时应满足 $I_{KH} \geqslant (1.5 \sim 2.5) I_R$　　(　　)

3.瓷插式熔断器的熔丝装在瓷底的两个静触头上。　　(　　)

4.熔断器应该是熔断器和熔体的总称。　　　　（　　）

三、选择题

1.熔断器在电路中起（　　）。

A.短路保护　　B.过载保护　　C.短路和过载保护

2.熔断器的额定电流应（　　）所装熔体的额定电流。

A.大于　　B.大于或等于　　C.小于　　D.不大于

3.RL1 系列螺旋式熔断器在交流额定电压 500 V 以下、额定电流在（　　）A 及以下的控制柜、配电箱、机床设备电路中，把 RL1 系列螺旋式熔断器作为短路保护元件。

A.100　　B.200　　C. 300　　D. 400

4.符号 RM10 表示（　　）。

A.螺旋式熔断器　　B.封闭管式熔断器　　C.有填料封闭管式熔断器

5.字母 L 表示（　　）。

A.插入式　　B.封闭式　　C.螺旋式

四、技能考核题

某电路中的熔断器在电路接通瞬间熔体熔断，请排除此故障。

任务 1.3　认识和检修接触器

●任务目标

认识接触器并对其常见故障进行检修。

●入门引导

在任务 1.1 中介绍的各种低压开关一般均为非自动切换电器，其分断或闭合均需要人工进行操作，从而限制了电路通断的动作速度和动作频率，给操作带来了不便。为此，人们又设计制造了另一种动作迅速、操作方便、便于远距离控制的接触器，用于频繁接通和分断电路。

●知识学习

接触器是一种自动的电磁式开关，适用于远距离频繁地接通或断开交直流主电路及大容量控制电路。其主要控制对象是电动机，也可用于控制其他负载，如电热设备、电焊机以及电容器组等。它不仅能实现远距离自动操作和欠电压释放保护功能，而且具有控制容量大、工作可靠、操作频率高、使用寿命长等优点,因而在电力拖动系统中得到了广泛应用。接触器按主触头通过的电流种类分为交流接触器和直流接触器两种。

(1)交流接触器

交流接触器的种类很多,目前常用的有我国自行设计生产的 CJ0、CJ10 和 CJ20 等系列以及引进国外先进技术生产的 B 系列、3TB 系列等。另外,各种新型接触器,如真空接触器、固体接触器等在电力拖动系统中也逐步得到推广和应用。本课题以 CJ10 系列为例介绍交流接触器。

(a)CJ20系列

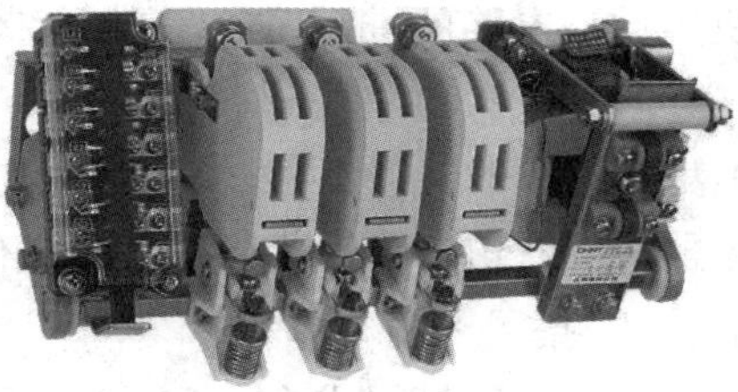

(b)CJ12系列

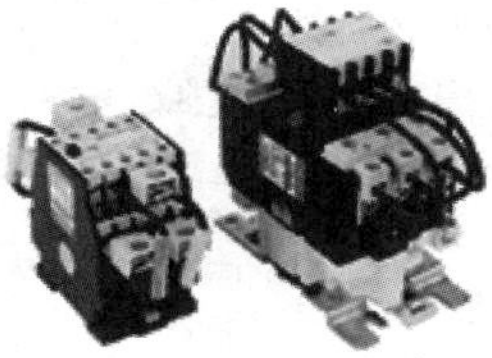

(c)CJ19系列

(d)真空接触器

图 1-3-1　各种型号接触器外形图

1)交流接触器的型号及含义

C J □ □-□ □/□

- C:接触器
- J:交流
- 第一个□:设计序号
- 第二个□:Z—重任务;X—消弧;B—栅片去游离灭弧
- 第三个□:额定电流(A)
- 第四个□:A, B—改型产品;Z—直流线圈;S—带锁扣
- 第五个□:极数(以灵敏度表示,三极产品不标注)

2)交流接触器的结构

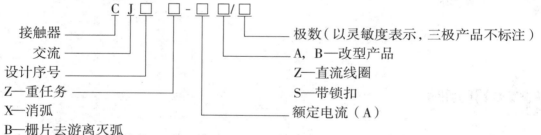

交流接触器主要由电磁系统、触头系统、灭弧装置及辅助部件等组成。CJ10-20 型交流接触器的结构和工作原理如图 1-3-2 所示。

①电磁系统。交流接触器的电磁系统主要由线圈、铁芯(静铁芯)和衔铁(动铁芯)三部分组成。其作用是利用电磁线圈的通电或断电,使衔铁和铁芯吸合或释放,从而带动动触头与静触头闭合或分断,实现接通或断开电路的目的。

CJ10 系列交流接触器的衔铁运动方式有两种,对于额定电流为 40 A 及以下的接触器,采用如图 1-3-3(a)所示的衔铁直线运动的螺管式;对于额定电流为 60 A 及以上的接触器,

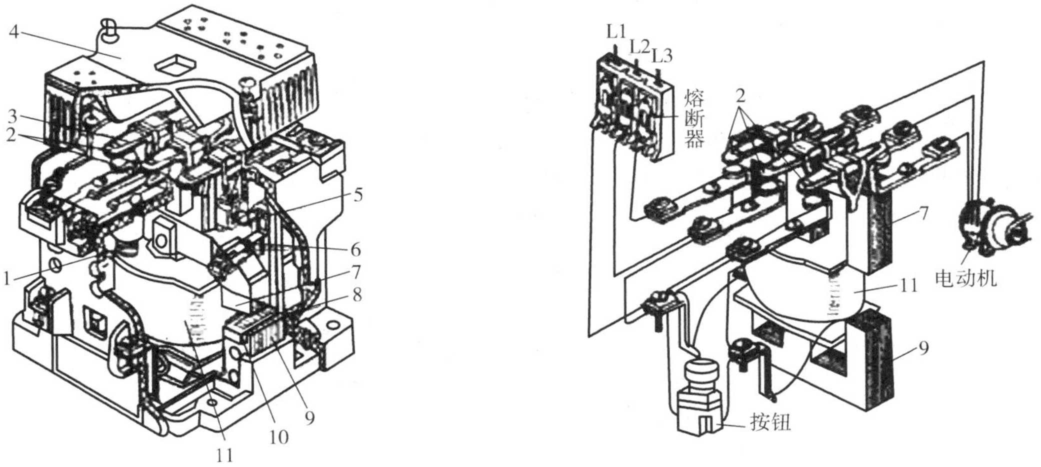

(a)结构　　　(b)工作原理

图 1-3-2　交流接触器的结构和工作原理

1—反作用弹簧;2—主触头;3—触头压力弹簧;4—灭弧罩;5—辅助常闭触头;
6—辅助常开触头;7—动铁芯;8—缓冲弹簧;9—静铁芯;10—短路环;11—线圈

采用如图 1-3-3(b)所示的衔铁绕轴转动的拍合式。

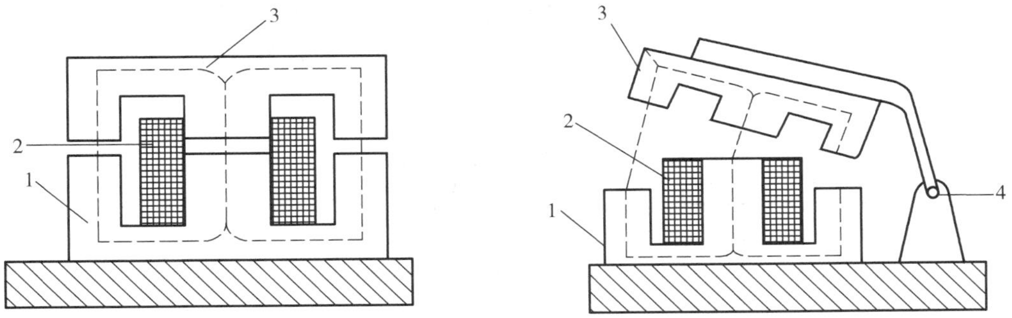

(a)衔铁直线运动式　　　(b)衔铁绕轴转动拍合式

图 1-3-3　交流接触器电磁系统结构图

1—铁芯;2—线圈;3—衔铁;4—轴

为了减少工作过程中交变磁场在铁芯中产生的涡流及磁滞损耗,避免铁芯过热,交流接触器的铁芯和衔铁一般用 E 形硅钢片叠压铆成。尽管如此,铁芯仍是交流接触器发热的主要部件。为增大铁芯的散热面积,又避免线圈与铁芯直接接触而受热烧毁,交流接触器的线圈一般做成粗而短的圆筒形,并且绕在绝缘骨架上,使铁芯与线圈之间有一定间隙。另外,E 形铁芯的中柱端面需留有 0.1~0.2 mm 的气隙,以减小剩磁影响,避免线圈断电后衔铁粘住不能释放。

交流接触器在运行过程中,线圈中通入的交流电在铁芯中产生交变磁通,因而铁芯与衔铁间的吸力也是变化的。这会使衔铁产生振动,发出噪声。为消除这一现象,在交流接触器铁芯和衔铁的两个不同端部各开一个槽，槽内嵌装一个用铜、康铜或镍铬合金材料制成的短路环，又称减振环或分磁环，如图 1-3-4(a)所示。铁芯装短路环后，当线圈通以交流电时，线圈电流 I_1 产生磁通 Φ_1。Φ_1 的一部分穿过短路环，在环中产生感生电流 I_2，I_2 又会产生一个磁通 Φ_2。由电磁感应定律知，Φ_1 和 Φ_2 的相位不同，即 Φ_1 和 Φ_2 不同时为零，则由 Φ_1 和 Φ_2 产生的电磁吸力 F_1 和 F_2 不同时为零，如图 1-3-4(b)所示。这就保证了铁芯与衔铁在任何时刻都有吸力，衔铁将始终被吸住，振动和噪声会显著减小。

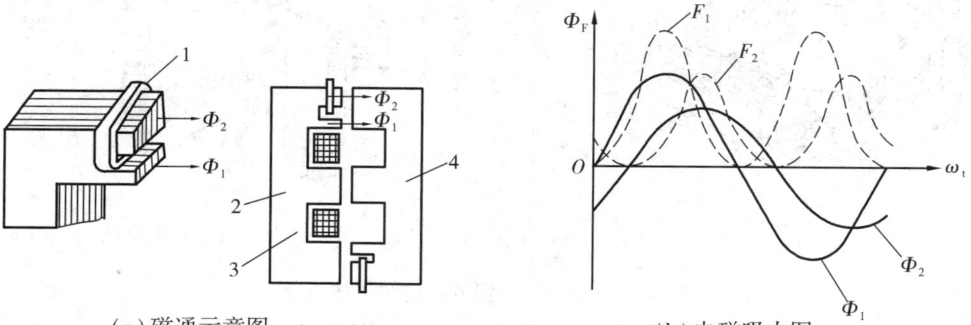

(a) 磁通示意图　　(b) 电磁吸力图

图 1-3-4　加短路环后的磁通和电磁吸力

1—短路环；2—铁芯；3—线圈；4—衔铁

②触头系统。交流接触器的触头按接触情况可分为点接触式、线接触式和面接触式三种，如图 1-3-5所示；按触头的结构形式划分，有桥式触头和指形触头两种，如图 1-3-6 所示。

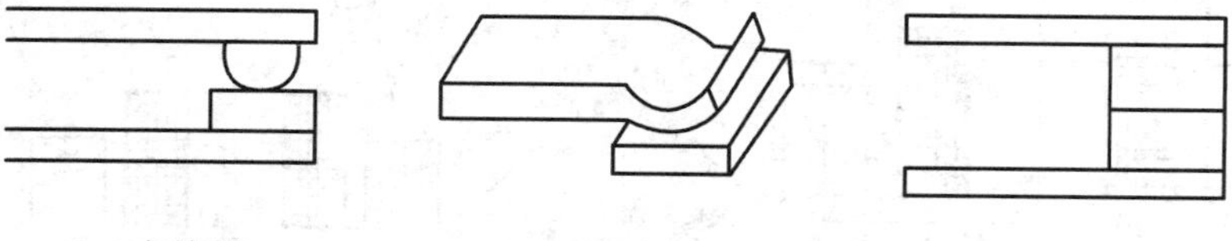

(a) 点接触　　(b) 线接触　　(c) 面接触

图 1-3-5　触头的三种接触形式

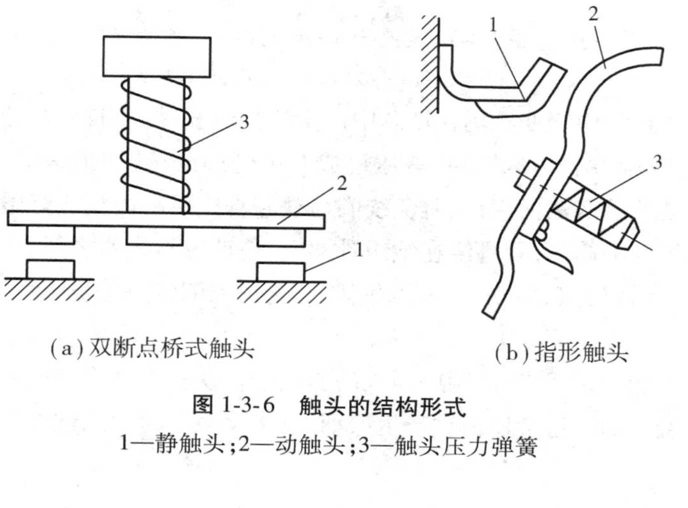

(a) 双断点桥式触头　　(b) 指形触头

图 1-3-6　触头的结构形式

1—静触头；2—动触头；3—触头压力弹簧

CJ10 系列交流接触器的触头一般采用双断点桥式触头。其动触头桥用紫铜片冲压而成。由于铜的表面易氧化并形成一层导电性能很差的氧化铜,而银的接触电阻小且其黑色氧化物对接触电阻的影响不大,所以在触头桥的两端镶有银基合金制成的触头块。静触头一般用黄铜板冲压而成,一端镶焊触头块,另一端为接线座。在触头上装有压力弹簧以减小接触电阻并消除开始接触时产生的有害振动。

按通断能力划分,交流接触器的触头分为主触头和辅助触头。主触头用以通断电流较大的主电路,一般由 3 对接触面较大的常开触头组成。辅助触头用以通断电流较小的控制电路,一般由两对常开和两对常闭触头组成。所谓触头的常开和常闭,是指电磁系统未通电动作时触头的状态。常开触头和常闭触头是联动的。当线圈通电时,常闭触头先断开,常开触头随后闭合。而线圈断电时,常开触头首先恢复断开,随后常闭触头恢复闭合。两种触头在改变工作状态时,先后有个时间差,尽管这个时间差很短,但对分析线路的控制原理却很重要。

③灭弧装置。交流接触器在断开大电流或高电压电路时,在动、静触头之间会产生很强的电弧。电弧是触头间气体在强电场作用下产生的放电现象。电弧的产生,一方面会灼伤触头,减少触头的使用寿命;另一方面会使电路切断时间延长,甚至造成弧光短路或引起火灾事故。因此希望触头间的电弧能尽快熄灭。实验证明,触头开合过程中的电压越高、电流越大、弧区温度越高,电弧就越强。低压电器中通常采用拉长电弧、冷却电弧或将电弧分成多段等措施,促使电弧尽快熄灭。在交流接触器中,常用的灭弧方法有以下几种:

a.双断口电动力灭弧。双断口结构的电动力灭弧装置如图 1-3-7(a)所示。这种灭弧方法是将整个电弧分割成两段,同时利用触头回路本身的电动力 F 把电弧向两侧拉长,使电弧热量在拉长的过程中散发、冷却而熄灭。容量较小的交流接触器,如 CJ10-10 型等,多采用这种方法灭弧。

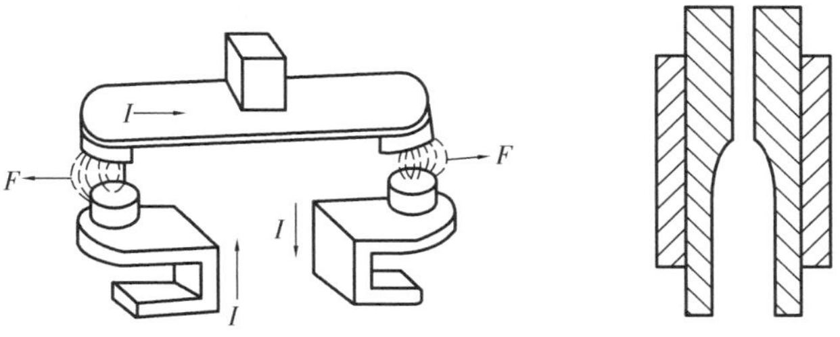

(a)双断口电动力灭弧　　(b)纵疑灭弧

图 1-3-7 灭弧装置

b.纵缝灭弧。纵缝灭弧装置如图 1-3-7(b)所示。由耐弧陶土、石棉水泥等材料制成的灭弧罩内每相有一个或多个纵缝,缝的下部较宽以便放置触头;缝的上部较窄,以便压缩电弧,使电弧与灭弧室壁有很好的接触。当触头分断时,电弧被外磁场或电动力吹入缝内,其热量传递给室壁,电弧被迅速冷却熄灭。CJ10 系列交流接触器额定电流在 20 A 及以上的,均采用这种方法灭弧。

c.栅片灭弧。栅片灭弧装置的结构及工作原理如图 1-3-8 所示。金属栅片由镀铜或镀锌铁片制成，形状一般为人字形，栅片插在灭弧罩内，各片之间相互绝缘。当动触头与静触头分断时，在触头间产生电弧，电弧电流在其周围产生磁场。由于金属栅片的磁阻远小于空气的磁阻，因此电弧上部的磁通容易通过金属栅片而形成闭合磁路，这就造成了电弧周围空气中的磁场上疏下密。这一磁场对电弧产生向上的作用力，将电弧拉到栅片间隙中，栅片将电弧分割成若干个串联的短电弧。每个栅片成为短电弧的电极，将总电弧压降分成几段。栅片间的电弧电压都低于燃弧电压，同时栅片将电弧的热量吸收散发，使电弧迅速冷却，促使电弧尽快熄灭。容量较大的交流接触器多采用这种方法灭弧，如 CJ0-40 型交流接触器。

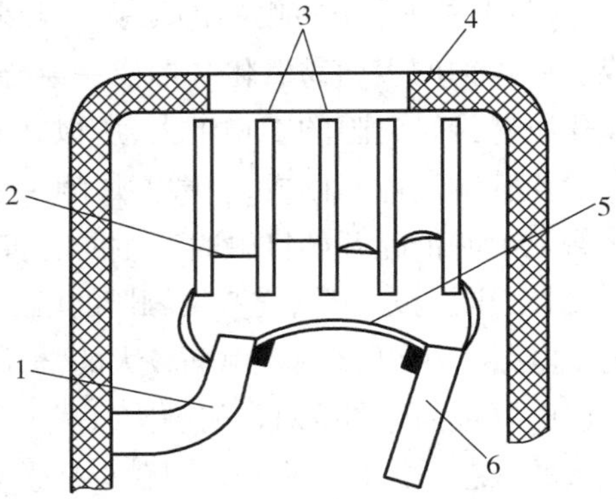

图 1-3-8 栅片灭弧装置

1—静触头；2—短电弧；3—灭弧栅片；4—灭弧罩；5—电弧；6—动触头

④辅助部件。交流接触器的辅助部件有反作用弹簧、缓冲弹簧、触头压力弹簧、传动机构及底座、接线柱等。

反作用弹簧安装在动铁芯和线圈之间，其作用是线圈断电后，推动衔铁释放，使各触头恢复原状态。缓冲弹簧安装在静铁芯与线圈之间，其作用是缓冲衔铁在吸合时对静铁芯和外壳的冲击力，保护外壳。触头压力弹簧安装在动触头上面，其作用是增加动、静触头间的压力，从而增大接触面积，以减小接触电阻，防止触头过热灼伤。传动机构的作用是在衔铁或反作用弹簧的作用下，带动动触头，实现与静触头的接通或分断。

3）交流接触器的工作原理

交流接触器的工作原理如图 1-3-2（b）所示。当接触器的线圈通电后，线圈中流过的电流产生磁场，使铁芯产生足够大的吸力，克服反作用弹簧的反作用力，将衔铁吸合，通过传动机构带动 3 对主触头和辅助常开触头闭合，辅助常闭触头断开。当接触器线圈断电或电压显著下降时，由于电磁吸力消失或过小，衔铁在反作用弹簧力的作用下复位，带动各触头恢复到原始状态。

常用的 CJ0、CJ10 等系列的交流接触器在 0.85～1.05 倍的额定电压下，能保证可靠吸合。电压过高，磁路趋于饱和，线圈电流会显著增大；电压过低，电磁吸力不足，衔铁吸合不上，线圈电流会达到额定电流的十几倍。因此，电压过高或过低都会造成线圈过热而烧毁。

交流接触器在电路图中的符号如图 1-3-9 所示。

（a）线圈　（b）主触头　（c）辅助常开触头　（d）辅助常闭触头

图 1-3-9 接触器的符号

4）交流接触器的选用

电力拖动系统中，交流接触器按下列方法选用：

①选择接触器主触头的额定电压。接触器主触头的额定电压应大于或等于控制线路的额定电压。

②选择接触器主触头的额定电流。接触器控制电阻性负载时，主触头的额定电流应等于负载的额定电流。控制电动机时，主触头的额定电流应大于或稍大于电动机的额定电流，或按式（1-3-1）经验公式计算（仅适用于 CJ0、CJ10 系列）：

$$I_c = \frac{P_N \times 10^3}{KU_N} \tag{1-3-1}$$

式中 K——经验系数，一般取 1~1.4；

P_N——被控制电动机的额定功率，kW；

U_N——被控制电动机的额定电压，V；

I_c——接触器主触头电流，A。

接触器若使用在频繁启动、制动及正反转的场合，应将接触器主触头的额定电流降低一个等级使用。

③选择接触器吸引线圈的电压。当控制线路简单、使用电器较少时，为节省变压器，可直接选用 380 V 或 220 V 的电压。当线路复杂、使用电器超过 5 个时，从人身和设备安全角度考虑，吸引线圈电压要选低一些，可用 36 V 或 110 V 电压的线圈。

④选择接触器的触头数量及类型接触器的触头数量、类型应满足控制线路的要求。

常用交流接触器的技术数据见表 1-3-1。

表 1-3-1 CJ0 和 CJ10 系列交流接触器的技术数据

<table>
<tr><th rowspan="2">型 号</th><th colspan="3">主触头</th><th colspan="3">辅助触头</th><th colspan="2">线 圈</th><th colspan="2">可控制三相异步电动机的最大功率/kW</th><th rowspan="2">额定操作频率/（次·h⁻¹）</th></tr>
<tr><th>对数</th><th>额定电流/A</th><th>额定电压/V</th><th>对数</th><th>额定电流/A</th><th>额定电压/V</th><th>电压/V</th><th>功率/（V·A）</th><th>220 V</th><th>380 V</th></tr>
<tr><td>CJ0-10</td><td>3</td><td>10</td><td rowspan="8">380</td><td rowspan="8">均为2常开、2常闭</td><td rowspan="8">5</td><td rowspan="8">380</td><td rowspan="8">可为36
110
（127）
220
380</td><td>14</td><td>2.5</td><td>4</td><td rowspan="3">≤1 200</td></tr>
<tr><td>CJ0-20</td><td>3</td><td>20</td><td>33</td><td>5.5</td><td>10</td></tr>
<tr><td>CJ0-40</td><td>3</td><td>40</td><td>33</td><td>11</td><td>20</td></tr>
<tr><td>CJ0-75</td><td>3</td><td>75</td><td>55</td><td>22</td><td>40</td><td rowspan="5">≤600</td></tr>
<tr><td>CJ10-10</td><td>3</td><td>10</td><td>11</td><td>2.2</td><td>4</td></tr>
<tr><td>CJ10-20</td><td>3</td><td>20</td><td>22</td><td>5.5</td><td>10</td></tr>
<tr><td>CJ10-40</td><td>3</td><td>40</td><td>32</td><td>11</td><td>20</td></tr>
<tr><td>CJ10-60</td><td>3</td><td>60</td><td>70</td><td>17</td><td>30</td></tr>
</table>

5)交流接触器的安装与使用

①安装前的检查：

a.检查接触器铭牌与线圈的技术数据(如额定电压、电流、操作频率等)是否符合实际使用要求。

b.检查接触器外观,应无机械损伤;用手推动接触器可动部分时,接触器应动作灵活,无卡阻现象;灭弧罩应完整无损,固定牢固。

c.将铁芯极面上的防锈油脂或粘在极面上的铁垢用煤油擦净,以免多次使用后衔铁被粘住,造成断电后不能释放。

d.测量接触器的线圈电阻和绝缘电阻。

②交流接触器的安装：

a.交流接触器一般应安装在垂直面上,倾斜度不得超过5°;若有散热孔,则应将有孔的一面放在垂直方向上,以利散热,并按规定留有适当的飞弧空间,以免飞弧烧坏相邻电器。

b.安装和接线时,注意不要将零件失落或掉入接触器内部。安装孔的螺钉应装有弹簧垫圈和平垫圈,并拧紧螺钉以防振动松脱。

c.安装完毕,检查接线正确无误后,在主触头不带电的情况下操作几次,然后测量产品的动作值和释放值,所测数值应符合产品的规定要求。

③日常维护：

a.应对接触器作定期检查,观察螺钉有无松动,可动部分是否灵活等。

b.接触器的触头应定期清扫,保持清洁,但不允许涂油。当触头表面因电灼作用形成金属小颗粒时,应及时清除。

c.拆装时注意不要损坏灭弧罩。带灭弧罩的交流接触器绝不允许不带灭弧罩或带破损的灭弧罩运行,以免发生电弧短路故障。

6)交流接触器的常见故障及处理方法

交流接触器在长期使用过程中,由于自然磨损或使用维护不当,会产生故障而影响正常工作。下面对交流接触器常见的故障进行分析。由于交流接触器是一种典型的电磁式电器,它的某些组成部分,如电磁系统、触头系统,是电磁式电器所共有的。因此,这里讨论的内容,也适用于其他电磁式电器,如中间继电器、电流继电器等。

①触头的故障及维修。

交流接触器在工作时往往需要频繁地接通和断开大电流电路,因此它的主触头是较容易损坏的部件。交流接触器触头的常见故障一般有触头过热、触头磨损和主触头熔焊等情况。

a.触头过热。

动、静触头间存在着接触电阻,有电流通过时便会发热,正常情况下触头的温升不会超过允许值。但当动、静触头间的接触电阻过大或通过的电流过大时,触头发热严重,使触头温度超过允许值,造成触头特性变坏,甚至产生触头熔焊。导致触头过热的主要原因有：

- 通过动、静触头间的电流过大。交流接触器在运行过程中,触头通过的电流必须小于其额定电流,否则会造成触头过热。触头电流过大的原因主要有系统电压过高或过低;用电设备超负荷运行；触头容量选择不当和故障运行。

• 动、静触头间接触电阻过大。接触电阻是触头的一个重要参数，其大小关系到触头的发热程度。造成触头间接触电阻增大的原因有：一是触头压力不足。不同规格和结构形式的接触器，其触头压力的值不同。对同一规格的接触器而言，一般是触头压力越大，接触电阻越小。触头压力弹簧受到机械损伤或电弧高温的影响而失去弹性，触头长期磨损变薄等都会导致触头压力减小，接触电阻增大。遇此情况，首先应调整压力弹簧，若经调整后压力仍达不到标准要求，则应更换新触头。二是触头表面接触不良。造成触头表面接触不良的原因主要有：油污和灰尘在触头表面形成一层电阻层；铜质触头表面氧化；触头表面被电弧灼伤、烧毛，使接触面积减小等。对触头表面的油污，可用煤油或四氯化碳清洗；铜质触头表面的氧化膜应用小刀轻轻刮去。但对银或银基合金触头表面的氧化层可不做处理，因为银氧化膜的导电性能与纯银相差不大，不影响触头的接触性能。对电弧灼伤的触头，应用刮刀或细锉修整。对用于大、中电流的触头表面，不要求修整得过分光滑，过分光滑会使接触面减小，接触电阻反而增大。

维修人员在修整触头时不应刮削或锉削太严重，以免影响触头的使用寿命。更不允许用砂布或砂轮修磨，因为在修磨触头时砂布或砂轮会使砂粒嵌在触头表面上，反而导致接触电阻增大。

b.触头磨损。

触头在使用过程中，其厚度会越用越薄，即触头磨损。触头磨损分为两种：一种是电磨损，是由于触头间电弧或电火花的高温使触头金属气化所造成的；另一种是机械磨损，是由于触头闭合时的撞击及触头接触面的相对滑动摩擦等所造成的。

一般当触头磨损至超过原有厚度的1/2时，应更换新触头。若触头磨损过快，应查明原因，排除故障。

c.触头熔焊。

动、静触头接触面熔化后焊在一起不能分断的现象，称为触头熔焊。当触头闭合时，由于撞击和产生振动，在动、静触头间的小间隙中产生短电弧，电弧产生的高温（可达3 000~6 000 ℃）使触头表面被灼伤甚至烧熔，熔化的金属冷却后便将动、静触头焊在一起。发生触头熔焊的常见原因有：接触器容量选择不当，使负载电流超过触头容量；触头压力弹簧损坏使触头压力过小；因线路过载使触头闭合时通过的电流过大等。实验证明，当触头通过的电流大于其额定电流10倍以上时，将使触头熔焊。触头熔焊后，只有更换新触头才能消除故障。如果因为触头容量不够而产生熔焊，则应选用容量较大的接触器。

②触头的调整：

a.接触器触头初压力、终压力的测定及调整。

触头的初压力是指动、静触头刚接触时触头承受的压力。初压力来源于触头弹簧的预压缩量，它可使触头减小振动，避免触头熔焊及减轻烧蚀程度。触头的终压力是指触头完全闭合后作用于触头上的压力。终压力由触头弹簧的最终压缩量决定，它可使触头处于闭合状态时的接触电阻保持较低值。

接触器经长期使用以后，由于触头弹簧弹力减小或触头磨损等原因，会引起触头压力减小、接触电阻增大，此时应调整触头弹簧的压力，使初压力和终压力达到规定的值。

触头的结构参数可通过专业技术手册或产品说明书查找。CJ10 系列接触器的触头技术数据见表 1-3-2。

表 1-3-2　CJ10 系列交流接触器的触头技术数据

<table>
<tr><th rowspan="3">型　号</th><th colspan="4">主触头</th><th colspan="4">辅助触头</th><th rowspan="3">初压力/N</th><th rowspan="3">终压力/N</th></tr>
<tr><th rowspan="2">开距/mm</th><th rowspan="2">超程/mm</th><th rowspan="2">初压力/N</th><th rowspan="2">终压力/N</th><th colspan="2">开距/mm</th><th colspan="2">超程/mm</th></tr>
<tr><th>常　开</th><th>常　闭</th><th>常　开</th><th>常　闭</th></tr>
<tr><td>CJ10-5</td><td>3~3.3</td><td>1.6~2.2</td><td>1.1~1.3</td><td>1.35~1.6</td><td>3~3.3</td><td></td><td>1.6~2.2</td><td></td><td>1.1~1.3</td><td>1.35~1.6</td></tr>
<tr><td>CJ10-10</td><td>3.4~4.1</td><td>1.8~2.2</td><td>1.6~2.0</td><td>2.0~2.4</td><td>3.9~4.6</td><td>3.0~4.6</td><td>1.3~1.7</td><td>1.8~2.6</td><td></td><td>1.17~1.43</td></tr>
<tr><td>CJ10-20</td><td>3.9~4.6</td><td>2.0~2.4</td><td>3.6~4.4</td><td>4.5~5.5</td><td>4.4~5.1</td><td>3.7~4.4</td><td>1.5~1.9</td><td>2.0~2.8</td><td></td><td>1.08~1.4</td></tr>
<tr><td>CJ10-40</td><td>4.4~5.1</td><td>2.3~2.7</td><td>7.2~8.8</td><td>8.55~10.45</td><td>4.9~5.6</td><td>4.3~5.0</td><td>1.72~2.3</td><td>2.2~3.0</td><td></td><td>1.08~1.32</td></tr>
<tr><td>CJ10-60</td><td>4.5~5.0</td><td>2.8~3.3</td><td>13~16</td><td>16~20</td><td rowspan="3" colspan="2">3.0~3.6</td><td rowspan="3" colspan="2">1.8~2.6</td><td rowspan="3">1.04~1.28</td><td rowspan="3">1.44~1.76</td></tr>
<tr><td>CJ10-100</td><td>5.0~5.5</td><td>2.7~3.3</td><td>20~24</td><td>24~30</td></tr>
<tr><td>CJ10-150</td><td>5.5~6.0</td><td>3.2~3.8</td><td>27~33</td><td>30~38</td></tr>
</table>

用弹簧秤可准确地测定触头的初压力和终压力，其方法如图 1-3-10 所示。将纸条或单纱线放在触头间或触头与支架间，一手拉弹簧秤，另一手轻轻拉纸条或单纱线。纸条或单纱线刚可以拉出时弹簧秤上的力即为所测的力。如果测得的值与计算值不符，或超出产品目录上所规定范围，可调整触头弹簧。若触头弹簧损坏，可更换新弹簧或按原尺寸自制弹簧。

调整时如没有弹簧秤，对于触头压力的测试可用纸条凭经验来测定。将一条比触头略宽的纸条夹在动、静触头之间，并使触头处于闭合状态，然后用手拉纸条，一般小容量接触器稍用力即可拉出。对于较大容量的接触器，纸条拉出后有撕裂现象。出现这种现象时，一般认为触头压力较合适。若纸条很容易被拉出，说明触头压力不够。若纸条被拉断，则说明触头压力太大。

b.接触器触头开距和超程的调整。

触头开距 e 是指触头处于完全断开位置时动、静触头间的最短距离，如图 1-3-11(a)所示，其作用是保证触头断开之后有必要的安全绝缘间隔。超程 c 是指接触器触头完全闭合后，假设将静(或动)触头移开时，动(或静)触头能继续移动的距离，如图 1-3-11(c)所示。

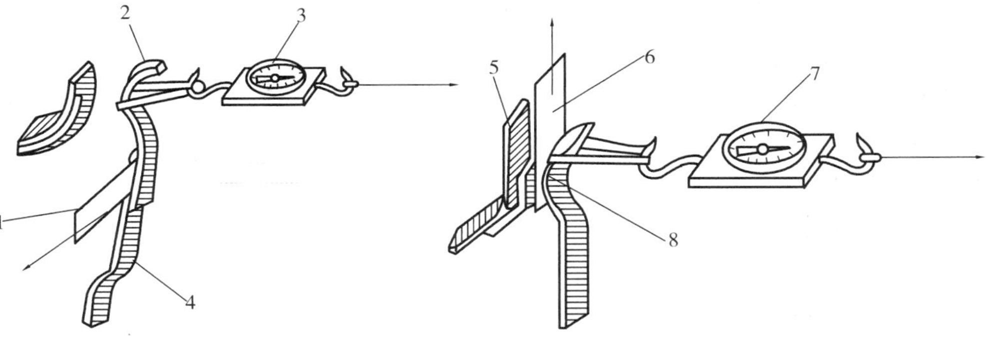

(a)初压力测定　　　　(b)终压力测定

图 1-3-10　触头初压力和终压力的测定

1、6—纸条；2、8—动触头；3、7—弹簧秤；4—支架；5—静触头

其作用是保证触头磨损后仍能可靠地接触，即保证触头压力的最小值。当超程不符合规定时，应更换新触头。

接触器经拆卸或更换零部件后，应对触头的开距和超程等进行调整，使其符合要求。如图 1-3-11 所示的直动式交流接触器，其触头的开距 e 与超程 c 之和等于铁芯的行程 s。对这种接触器，只需卸下底板，增减铁芯底端的衬垫即可改变铁芯的行程，从而改变触头的超程。

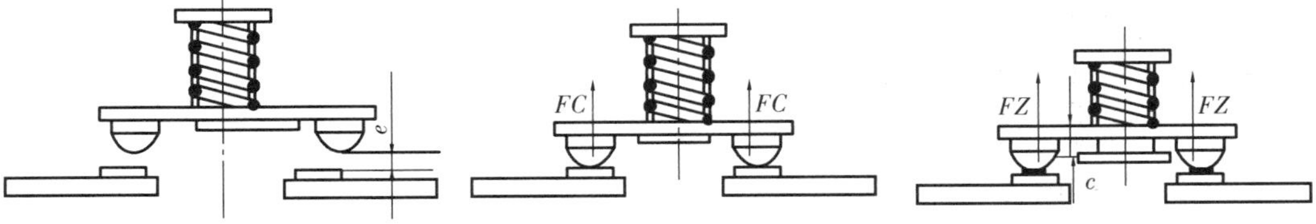

(a)断开位置　　　　(b)刚接触时　　　　(c)闭合状态

图 1-3-11　触头的结构参数

③电磁系统的故障及维修。

电磁系统在运行中发出轻微的嗡嗡声是正常的，若声音过大或异常，可判定电磁系统发生故障。其原因有：

• 衔铁与铁芯的接触面接触不良或衔铁歪斜。

衔铁与铁芯经多次碰撞后，使接触面磨损或变形，或接触面上有锈垢、油污、灰尘等，都会造成接触面接触不良，导致吸合时产生振动和噪声，使铁芯加速损坏，同对会使线圈过热，严重时甚至会烧毁线圈。

如果振动由铁芯端面上的油垢引起，应拆下清洗。如果是由端面变形或磨损引起，可用细砂布平铺在平铁板上，来回推动铁芯将端面修平整。对 E 形铁芯，维修中应注意铁芯中柱接触面间要留有 0.1~0.2 mm 的防剩磁间隙。

• 短路环损坏。

交流接触器在运行过程中，铁芯经多次碰撞后，嵌装在铁芯端面内的短路环有可能断裂或脱落，此时铁芯产生强烈的振动，发出较大噪声。短路环断裂多发生在槽外的转角和槽口部分,维修时可将断裂处焊牢或照原样重新更换一个,并用环氧树脂加固。

• 机械方面的原因。

如果触头压力过大或因活动部分受到卡阻,使衔铁和铁芯不能完全吸合,都会产生较强的振动和噪声。

• 衔铁吸不上。

当交流接触器的线圈接通电源后,衔铁不能被铁芯吸合,应立即断开电源,以免线圈被烧毁。

衔铁吸不上的原因主要有:一是线圈引出线的连接处脱落,线圈断线或烧毁;二是电源电压过低或活动部分卡阻。若线圈通电后衔铁没有振动和发出噪声,多属第一种原因;若衔铁有振动和发出噪声,多属于第二种原因。应根据实际情况排除故障。

• 衔铁不释放。

当线圈断电后,衔铁不释放,此时应立即断开电源开关,以免发生意外事故。

衔铁不能释放的原因主要有:触头熔焊;机械部分卡阻;反作用弹簧损坏;铁芯端面有油垢;E 形铁芯的防剩磁间隙过小导致剩磁增大等。

• 线圈的故障及其修理。

线圈的主要故障是由于所通过的电流过大导致线圈过热甚至烧毁。线圈电流过大的原因主要有:

• 线圈匝间短路。

由于线圈绝缘损坏或受机械损伤,形成匝间短路或局部对地短路,在线圈中会产生很大的短路电流,从而产生热量将线圈烧毁。

• 铁芯与衔铁闭合时有间隙。

交流接触器线圈两端电压一定时,它的阻抗越大,通过的电流越小。当衔铁在分开位置时,线圈阻抗最小,通过的电流最大。铁芯吸合过程中,衔铁与铁芯的间隙逐渐减小,线圈的阻抗逐渐增大。当衔铁完全吸合后,线圈阻抗最大,电流最小。因此,如果衔铁与铁芯间不能完全吸合或接触不紧密,会使线圈电流增大,导致线圈过热以致烧毁。

从上面的分析可知,对交流接触器而言,衔铁每闭合一次,线圈要受一次大电流冲击。如果操作频率过高,线圈会在大电流的连续冲击下造成过热,甚至烧毁。

• 线圈两端电压过高或过低。

线圈电压过高,会使电流增大,甚至超过额定值;线圈电压过低,会造成衔铁吸合不紧密而产生振动,严重时衔铁不能吸合,电流剧增使线圈烧毁。

线圈烧毁后,一般应重新绕制。如果短路的匝数不多,短路又在靠近线圈的端部,而其余部分尚完好无损,则可拆去已损坏的几圈,其余的可继续使用。

线圈需重绕时,可从铭牌或手册上查出线圈的匝数和线径,也可从烧毁线圈中测得匝数和线径。线圈绕好后,先放入 105~110 ℃的烘箱中预烘 3 h;冷却至 60~70 ℃后,浸绝缘漆,滴尽余漆后放入 110~120 ℃的烘箱中烘干,冷却至常温即可使用。

（2）直流接触器

直流接触器是用于远距离接通和分断直流电路及频繁地操作和控制直流电动机的一种自动控制电器。其结构及工作原理与交流接触器基本相同，但也有一些区别。目前生产中常用的直流接触器有 CZ0、CZ17、CZ18、CZ21 等多个系列，如图 1-3-12 所示。其中，CZ0 系列具有结构紧凑、体积小、质量轻、维护检修方便和零部件通用性强等优点，得到了广泛应用。

（a）CZ0系列　　（b）CZ18系列　　（c）MZJ系列

图 1-3-12　直流接触器的外形

1）直流接触器的型号及含义

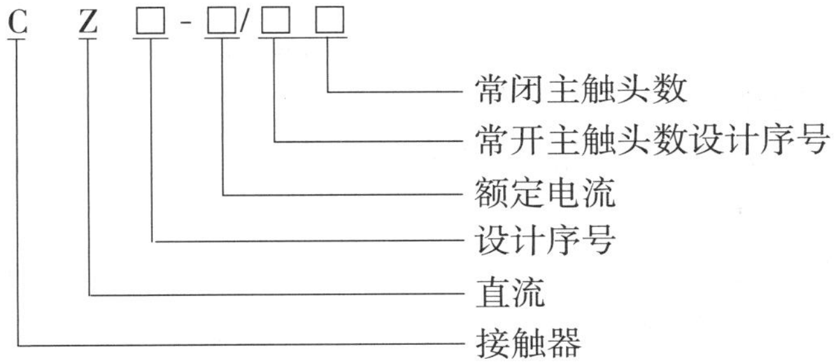

2）直流接触器的结构

直流接触器主要由电磁系统、触头系统和灭弧装置三部分组成，其结构如图 1-3-13 所示。

①电磁系统。直流接触器的电磁系统由线圈、铁芯和衔铁组成。其电磁系统采用衔铁绕棱角转动的拍合式。由于线圈通过的是直流电，铁芯中不会因产生涡流和磁滞损耗而发热，因此铁芯可用整块铸钢或铸铁制成，铁芯端面也不需嵌装短路环。为保证线圈断电后衔铁能可靠释放，在磁路中常垫有非磁性垫片，以减少剩磁影响。

直流接触器线圈的匝数比交流接触器多，电阻值大，铜损大，是接触器中发热的主要部件。为使线圈散热良好，通常把线圈做成长而薄的圆筒形，且不设骨架，使线圈与铁芯间距很小，以借助铁芯来散发部分热量。

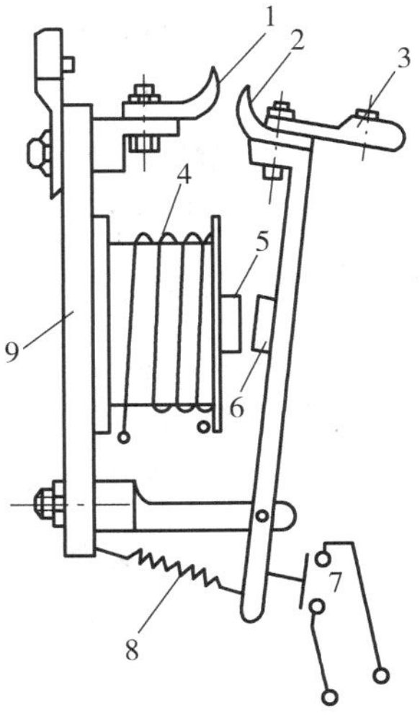

图 1-3-13　直流接触器的结构图

1—静触头；2—动触头；3—接线柱；4—线圈；5—铁芯；6—衔铁；7—辅助触头；8—反作用弹簧；9—底板

②触头系统。直流接触器的触头也有主、辅之分。由于主触头接通和断开的电流较大，故多采用滚动接触的指形触头，以延长触头的使用寿命。其结构如图1-3-14所示，在触头闭合过程中，动触头与静触头先在 A 点接触，然后经 B 点滑动过渡到 C 点。辅助触头的通断电流小，多采用双断点桥式触头，可有若干对。

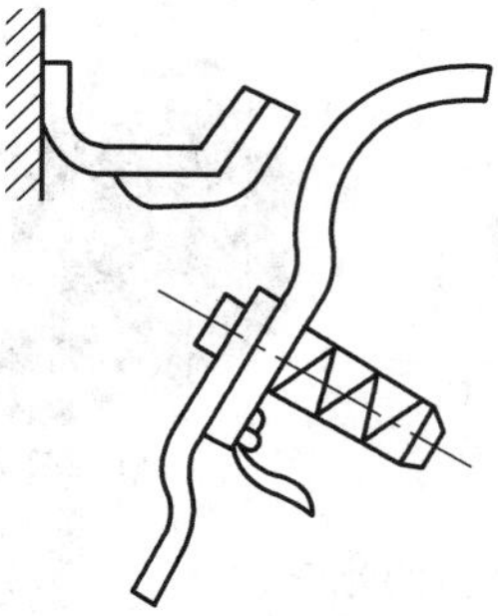
(a)外形结构

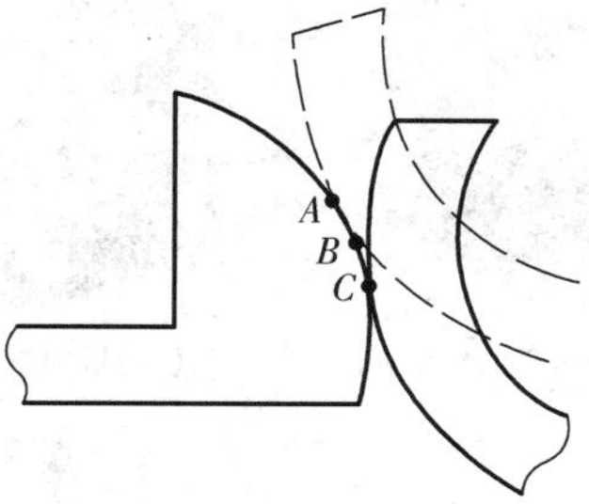

(b)触头接触过程示意

图 1-3-14 滚动接触的指形触头

为了减小运行时的线圈功耗及延长吸引线圈的使用寿命，容量较大的直流接触器线圈往往采用串联双绕组，其接线如图 1-3-15 所示。接触器的一个常闭触头与保持线圈并联。在电路刚接通瞬间，保持线圈被常闭触头短路，可使启动线圈获得较大的电流和吸力。当接触器动作后，启动线圈和保持线圈串联通电，由于电压不变，所以电流较小，但仍可保持衔铁被吸合，从而达到省电的目的。

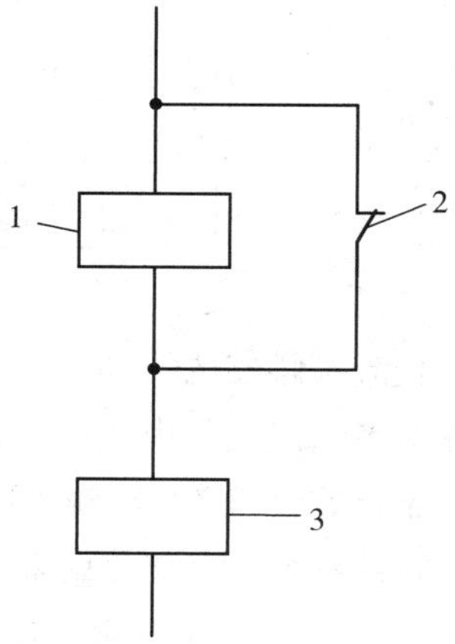

图 1-3-15 直流接触器双绕组线圈接线图

1—保持线圈；2—常闭辅助触头；3—启动线圈

③灭弧装置。直流接触器的主触头在分断较大直流电流时，会产生强烈的电弧，必须设置灭弧装置以迅速熄灭电弧。

对开关电器而言，采用何种灭弧装置取决于电弧的性质。交流接触器触头间产生的电弧在电流过零时能自然熄灭，而直流电弧不存在这个自然过零点，只能靠拉长电弧和冷却电弧来灭弧。因此在同样的电气参数下，熄灭直流电弧比熄灭交流电弧要困难，直流灭弧装置一般比交流灭弧装置复杂。

直流接触器一般采用磁吹式灭弧装置结合其他灭弧方法灭弧。磁吹式灭弧装置主要由磁吹线圈、铁芯、两块导磁夹板、灭弧罩和引弧角等部分组成，其结构如图 1-3-16 所示。

磁吹式灭弧装置的工作原理是：当接触器的动、静触头分断时，触头间产生电弧。短时

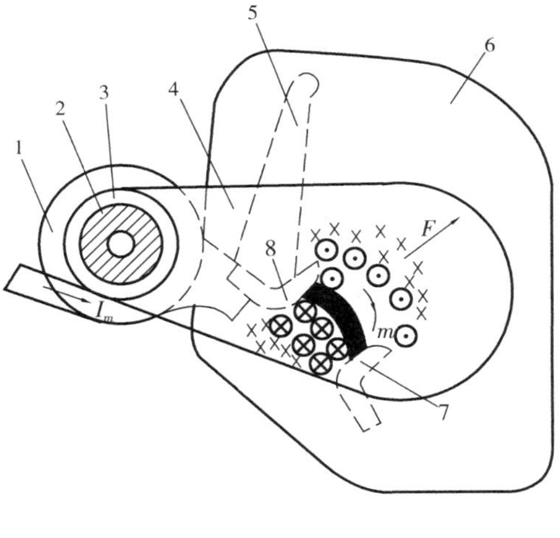

图 1-3-16　磁吹式灭弧装置

1—磁吹线圈；2—铁芯；3—绝缘套筒；4—导磁夹板；

5—引弧角；6—灭弧罩；7—动触头；8—静触头

间内电弧通过自身仍维持负载电流 I 继续存在，此时该电流便在电弧未熄灭之前形成两个磁场。一个是该电流在电弧周围形成的磁场，其方向可用安培定则确定。如图 1-3-16 所示，在电弧的上方是引出纸面的，用“⊙”表示；在电弧的下方是进入纸面的，用“⊗”表示。另外，在电弧周围同时还存在一个由该电流流过磁吹线圈在两导磁夹板间形成的磁场。该磁场经过铁芯，从一块导磁夹板穿过夹板间的空气隙进入另一块导磁夹板，形成闭合磁路。磁场的方向可由安培定则确定，如图 1-3-16 所示，显然外面一块导磁夹板上的磁场方向是进入纸面的。可见，在电弧的上方，导磁夹板间的磁场与电弧周围的磁场方向相反，磁场强度削弱；在电弧下方两个磁场方向相同，磁场强度增强。因此，电弧将从磁场强的一边被拉向弱的一边，于是电弧向上运动。电弧在向上运动的过程中被迅速拉长并和空气发生相对运动，使电弧温度降低。同时电弧被吹进灭弧罩上部时，其热量又被传递给灭弧罩，进一步降低了电弧温度，促使电弧迅速熄灭。另外，电弧在向上运动的过程中，在静触头上的弧根将逐渐转移到引弧角上，从而减轻了触头的灼伤。引弧角引导弧根向上移动又使电弧被继续拉长，当电源电压不足以维修持电弧燃烧时，电弧就熄灭。由此可见，磁吹式灭弧装置的灭弧是靠磁吹力的作用使电弧拉长，并在空气和灭弧罩中快速冷却，从而使电弧迅速熄灭的。

这种串联式磁吹灭弧装置，其磁吹线圈与主电路是串联的，且利用电弧电流本身灭弧，所以磁吹力的大小决定于电弧电流的大小，电弧电流越大，吹灭电弧的能力越强。而当电流的方向改变时，由于磁吹线圈产生的磁场方向同时改变，磁吹力的方向不变，即磁吹力的方向与电弧电流的方向无关。

CZO 系列直流接触器的技术数据见表 1-3-3。

表 1-3-3　CZ0 系列直流接触器技术数据

<table>
<tr><th rowspan="2">型　号</th><th rowspan="2">额定电压/V</th><th rowspan="2">额定电流/A</th><th rowspan="2">额定操作频率/(次·h^{-1})</th><th colspan="2">主触头形式及数目</th><th rowspan="2">分断电流/A</th><th colspan="2">辅助触头形式及数目</th><th rowspan="2">吸引线圈电压/V</th><th rowspan="2">吸引线圈消耗功率/W</th></tr>
<tr><th>常开</th><th>常闭</th><th>常开</th><th>常闭</th></tr>
<tr><td>CZ0-40/20</td><td rowspan="13">440</td><td>40</td><td>1 200</td><td>2</td><td></td><td>160</td><td>2</td><td>2</td><td rowspan="13">24,48
110,220
440</td><td>22</td></tr>
<tr><td>CZ0-40/02</td><td>40</td><td>600</td><td></td><td>2</td><td>100</td><td>2</td><td>2</td><td>24</td></tr>
<tr><td>CZ0-100/10</td><td>100</td><td>1 200</td><td>1</td><td></td><td>400</td><td>2</td><td>2</td><td>24</td></tr>
<tr><td>CZ0-100/01</td><td>100</td><td>600</td><td></td><td>1</td><td>250</td><td>2</td><td>1</td><td>180/24</td></tr>
<tr><td>CZ0-100/20</td><td>100</td><td>1 200</td><td>2</td><td></td><td>400</td><td>2</td><td>2</td><td>30</td></tr>
<tr><td>CZ0-150/10</td><td>150</td><td>1 200</td><td>1</td><td></td><td>600</td><td>2</td><td>2</td><td></td></tr>
<tr><td>CZ0-150/01</td><td>150</td><td>600</td><td></td><td>1</td><td>375</td><td>2</td><td>1</td><td>300/25</td></tr>
<tr><td>CZ0-150/20</td><td>150</td><td>1 200</td><td>2</td><td></td><td>600</td><td>2</td><td>2</td><td>40</td></tr>
<tr><td>CZ0-250/10</td><td>250</td><td>600</td><td>1</td><td></td><td>1 000</td><td colspan="2" rowspan="5">可以在 5 常开、1 常闭与 5 常闭、1 常开之间任意组合</td><td>230/31</td></tr>
<tr><td>CZ0-250/20</td><td>250</td><td>600</td><td>2</td><td></td><td>1 000</td><td>290/40</td></tr>
<tr><td>CZ0-400/10</td><td>400</td><td>600</td><td>1</td><td></td><td>1 600</td><td>350/28</td></tr>
<tr><td>CZ0-400/20</td><td>400</td><td>600</td><td>2</td><td></td><td>1 600</td><td>430/43</td></tr>
<tr><td>CZ0-600/10</td><td>600</td><td>600</td><td>1</td><td></td><td>2 400</td><td>320/50</td></tr>
</table>

注:直流接触器在电路图中的符号与交流接触器相同。

3)直流接触器的选择

直流接触器的选择方法与交流接触器相同。但须指出的是,选择接触器时,应首先选择接触器的类型,即根据所控制的电动机或负载电流类型来选择接触器的类型。通常,交流负载选用交流接触器,直流负载选用直流接触器。如果控制系统中主要是交流负载,而直流负载容量较小时,也可用交流接触器控制直流负载,但交流接触器的额定电流应适当选大一些。

直流接触器的常见故障及处理方法与交流接触器基本相同,这里不再详述。

(3)几种常见接触器简介

1)CJ20 系列交流接触器

CJ20 系列交流接触器是我国在 20 世纪 80 年代初统一设计的产品。该系列产品的结构合理,体积小,质量轻,易于维修保养,具有较高的机械寿命。主要适用于交流 50 Hz,电压 660 V 及以下(部分产品可用于1 140 V),电流在 630 A 及以下的电力线路中,供远距离接通和分断电路以及频繁地启动和控制电动机之用。CJ20 系列交流接触器外形如图 1-3-17 所示。

图 1-3-17　CJ20 系列交流接触器

全系列产品均采用直动式立体布置结构，主触头采用双断点桥式触头，触头材料选用银基合金，具有较高的抗熔焊和耐电磨性能。辅助触头可全系列通用，额定电流在 160 A 及以下的为两常开、两常闭，250 A 及以上的为四常开、两常闭，但可根据需要变换成三常开、三常闭或两常开、四常闭，并且还备有供直流操作专用的大超程常闭辅助触头。灭弧罩按其额定电压和电流不同分为栅片式和纵缝式两种；其电磁系统有两种结构形式：CJ20-40 及以下的采用 E 形铁芯，CJ20-63 及以上的采用双线圈的 U 形铁芯。吸引线圈的电压：交流 50 Hz 有 36 V、127 V、220 V 和 380 V，直流有 24 V、48 V、110 V 和 220 V 等多种。

CJ20-63 型交流接触器的结构如图 1-3-18 所示。

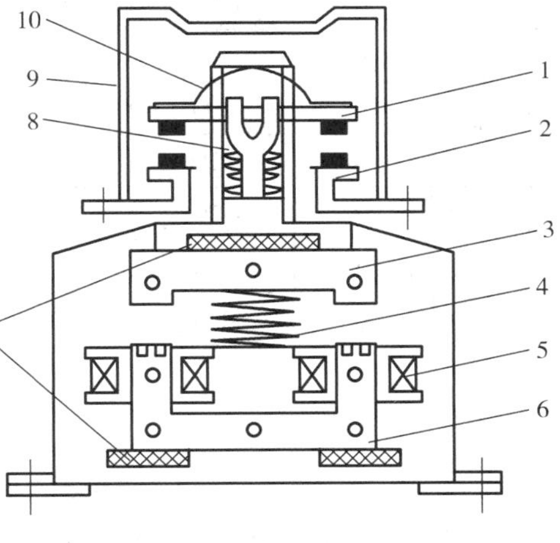

图 1-3-18　CJ20-63 型交流接触器的结构

1—动触头桥；2—静触头；3—衔铁；4—缓冲弹簧；5—线圈；6—铁芯；

7—热毡；8—触头弹簧；9—灭弧罩；10—触头压力簧片

常用的 CJ20 系列交流接触器的主要技术数据见表 1-3-4。

表 1-3-4　CJ20 系列交流接触器的技术数据

型　号	极数	额定工作电压 U_N/V	额定发热电流 I_{th}/A	额定工作电流 I_N/A	额定操作频率(AC—3)/(次·h^{-1})	机械寿命(万次)	辅助触头	
							额定发热电流 I_{th}/A	触头组合
		220		10	1 200			
CJ20-10		380	10	10	1 200			
		660		5.8	600			
		220		16	1 200			
CJ20-16	3	380	16	16	1 200			
		660		13	600	1 000	10	
		220		25	1 200			
CJ20-25		380	32	25	1 200			
		660		16	600			
CJ20-40		220	55	40	1 200			两常开、两常闭
		380		40	1 200			
CJ20-40 CJ20-63		660	55 80	25	600			
		220		63	1 200			
		380		63	1 200			
CJ20-63 CJ20-100		660	80 125	40	600			
		220		100	1 200			
	3	380		100	1 200			
CJ20-100 CJ20-160		660	125 200	63	600			
		220		160	1 200			
		380		160	1 200			
CJ20-160 CJ20-160/11		660	200 200	100	600			
		1 140		80	300			

2) B 系列交流接触器

B 系列交流接触器是通过引进德国 BBC 公司的生产技术和生产线生产的新型接触器,可取代我国现生产的 CJ0、CJ8 及 CJ10 等系列产品,是很有推广和应用价值的更新换代产品。

B 系列交流接触器有交流操作的 B 型和直流操作的 BE/BC 型两种,主要适用于交流 50 Hz或 60 Hz,电压 660 V 及以下,电流 475 A 及以下的电力线路中,供远距离接通或分断电路及频繁地启动和控制三相异步电动机之用。其工作原理与前面讨论的 CJ10 系列基本相同,但由于采用了合理的结构设计,各零部件按其功能选取较合适的材料和先进的加工工

图 1-3-19　B 系列交流接触器

艺，故产品有较高的经济技术指标。

B 系列交流接触器在结构上有以下特点：

①有“正装式”和“倒装式”两种结构布置形式。

a.正装式结构即触头系统在上面，电磁系统在下面。

b.倒装式结构即触头系统在下面，电磁系统在上面。由于这种结构的磁系统在上面，更换线圈很方便，而主接线板靠近安装面，使接线距离缩短，接线方便。另外，这便于安装多种附件，扩大使用功能。

②通用件多，这是 B 系列接触器的一个显著特点。许多不同规格的产品，除触头系统外，其余零部件基本通用。各零部件和组件的连接多采用卡装或螺钉连接，给制造和使用维护提供了方便。

③配有多种附件供用户按用途选用，且附件安装简便。例如可根据需要选配不同组合形式的辅助触头。

此外，B 系列交流接触器有多种安装方式，可安装在卡规上，也可用螺钉固定。

3）真空接触器

真空交流接触器的特点是主触头封闭在真空灭弧室内，具有体积小，通断能力强、可靠性高、寿命长和维修工作量小等优点。缺点是目前价格较高，限制了其推广应用。

常用的交流真空接触器有 CJK 系列产品，外形见图 1-3-20。它适用于交流 50 Hz、额定电压至 660 V 或1 140 V、额定电流至 600 A 的电力线路中，供远距离接通或断开电路及启动和控制交流电动机之用，并适宜与各种保护装置配合使用，组成防爆型电磁启动器。

（a）CJK-1　　（b）CJK-2

图 1-3-20　常用的交流真空接触器

4）固体接触器

固体接触器又叫半导体接触器，是利用半导体开关电器来完成接触功能的电器。目前生产的固体接触器多数由晶闸管构成，如 CJWI-200 A/N 型晶闸管交流接触器柜是由 5 台晶闸管交流接触器组装而成。固体接触器在生产中的应用才刚刚开始，必将随着电力电子技术的发展获得逐步推广。外形图和接线图如图 1-3-21 所示。

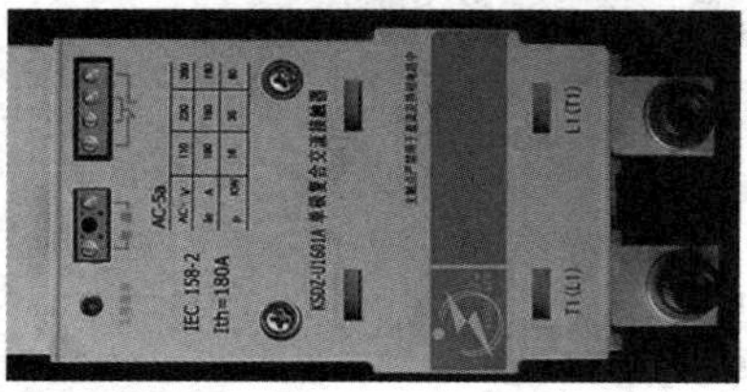

（a）外形图

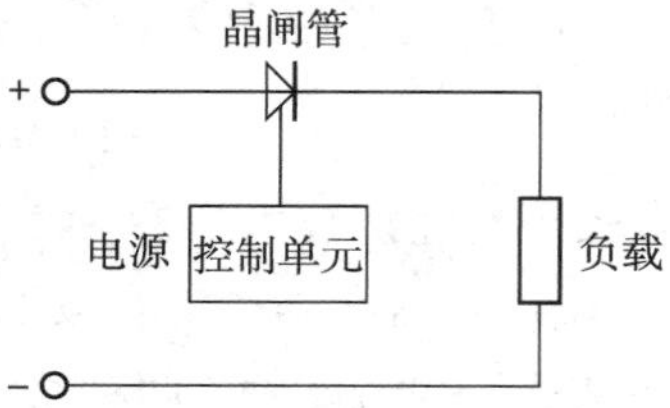

（b）接线图

图 1-3-21　固体接触器的外形图与接线图

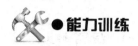

●能力训练

交流接触器的拆装与检修

（1）目的要求

①熟悉交流接触器的拆卸与装配工艺，并能对常见故障进行正确的检修。

②掌握交流接触器的校验和调整方法。

（2）工具、仪表及器材

①工具：螺钉旋具、电工刀、尖嘴钳、剥线钳、镊子等。

②仪表：电流表 T10-A（5 A）、电压表 T10-V（600 V）、MF30 型万用表、5050 型兆欧表。

③器材：见表 1-3-5。

表 1-3-5　元件明细表

代　号	名　称	型号规格	数　量
T	调压变压器	TDGC2-10/0.5	1
KM	交流接触器	CJ10-20	1
QS1	三极开关	HK1-15/3	1
QS2	二极开关	HK1-15/2	1
EL	指示灯	220 V、25 W	3
	控制板	500 mm×400 mm×30 mm	1
	连接导线	BVR-1.0	若　干

(3)训练步骤及工艺要求

1)交流接触器的拆卸、装配与检修

①拆卸：

a.卸下灭弧罩紧固螺钉,取下灭弧罩。

b.拉紧主触头定位弹簧夹,取下主触头及主触头压力弹簧片。拆卸主触头时必须将主触头侧转45°后取下。

c.松开辅助常开静触头的线桩螺钉,取下常开静触头。

d.松开接触器底部的盖板螺钉,取下盖板。在松盖板螺钉时,要用手按住螺钉并慢慢放松。

e.取下静铁芯缓冲绝缘纸片及静铁芯。

f.取下静铁芯支架及缓冲弹簧。

g.拔出线圈接线端的弹簧夹片,取下线圈。

h.取下反作用弹簧,取下衔铁和支架。

i.从支架上取下动铁芯定位销。

j.取下动铁芯及缓冲绝缘纸片。

②检修：

a.检查灭弧罩有无破裂或烧损,清除灭弧罩内的金属飞溅物和颗粒。

b.检查触头的磨损程度,磨损严重时应更换触头。若不需更换,则清除触头表面上烧毛的颗粒。

c.清除铁芯端面的油垢,检查铁芯有无变形及端面接触是否平整。

d.检查触头压力弹簧及反作用弹簧是否变形或弹力不足,如有需要则更换弹簧。

e.检查电磁线圈是否有短路、断路及发热变色现象。

③装配:按拆卸的逆顺序进行装配。

④自检:用万用表欧姆挡检查线圈及各触头是否良好;用兆欧表测量各触头间及主触头对地电阻是否符合要求;用手按动主触头检查运动部分是否灵活,以防产生接触不良、振动和噪声。

2)交流接触器的校验及触头压力的调整

①交流接触器的校验：

a.将装配好的接触器按如图1-3-22所示接入校验电路。

b.选好电流表、电压表量程并调零;将调压变压器输出置于零位。

c.合上QS1和QS2,均匀调节调压变压器,使电压上升到接触器铁芯吸合为止,此时电压表的指示值即为接触器的动作电压值。该电压应小于或等于85%U_N(U_N为吸引线圈的额定电压)。

d.保持吸合电压值,分合开关QS2,做两次冲击合闸试验,以校验动作的可靠性。

e.均匀地降低调压变压器的输出电压直至衔铁分离,此时电压表的指示值即为接触器的释放电压,释放电压值应大于50%U_N。

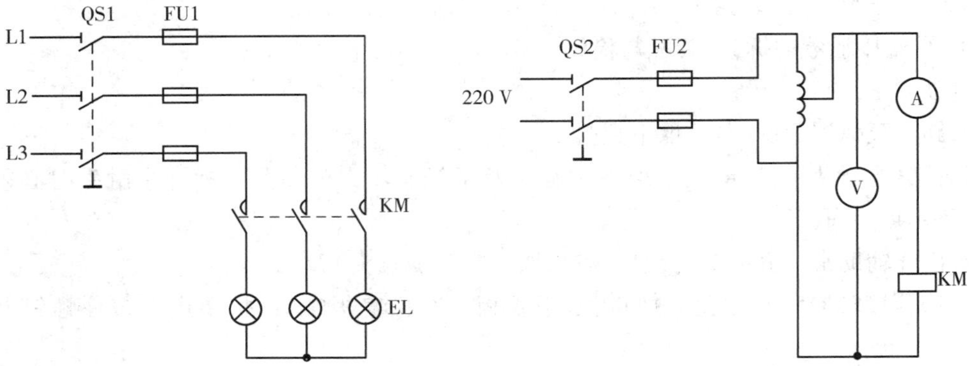

图 1-3-22 接触器动作值校验电路

f.将调压变压器的输出电压调至接触器线圈的额定电压,观察铁芯有无振动及噪声,从指示灯的明暗可判断主触头的接触情况。

②触头压力的测量与调整:用纸条凭经验判断触头压力是否合适。将一张厚约0.1 mm,比触头稍宽的纸条夹在 CJ10-20 型接触器的触头间,使触头处于闭合位置。用手拉动纸条,若触头压力合适,稍用力纸条即可拉出。若纸条很容易被拉出,说明触头压力不够;若纸条被拉断,说明触头压力太大。可调整触头弹簧或更换弹簧,直至符合要求。

(4)注意事项

①拆卸过程中,应备有盛放零件的容器,以免丢失零件。

②拆装过程中不允许硬撬,以免损坏电器。装配辅助静触头时,要防止卡住动触头。

③通电校验时,接触器应固定在控制板上,并有教师监护,以确保用电安全。

④通电校验过程中,要均匀、缓慢地改变调压变压器的输出电压,以使测量结果尽量准确。

⑤调整触头压力时,注意不得损坏接触器的主触头。

(5)评分标准

评分标准见表 1-3-6。

表 1-3-6 评分标准

项目内容	配分	评分标准	扣 分
拆卸和装配	20	(1)拆卸步骤及方法不正确,每次扣 5 分 (2)拆装不熟练,扣 5~10 分 (3)丢失零部件,每件扣 10 分 (4)拆卸后不能组装扣 15 分 (5)损坏零部件扣 20 分	
检 修	30	(1)未进行检修或检修无效果,扣 30 分 (2)检修步骤及方法不正确,每次扣 5 分 (3)扩大故障(无法修复),扣 30 分	

续表

<table>
<tr><th>项目内容</th><th>配分</th><th colspan="3">评分标准</th><th>扣　分</th></tr>
<tr><td rowspan="4">校　验</td><td rowspan="4">25</td><td colspan="3">(1)不能进行通电校验,扣25分</td><td rowspan="4"></td></tr>
<tr><td colspan="3">(2)检验的方法不正确,扣10~20分</td></tr>
<tr><td colspan="3">(3)检验结果不正确,扣10~20分</td></tr>
<tr><td colspan="3">(4)通电时有振动或噪声</td></tr>
<tr><td rowspan="4">调整触头压力</td><td rowspan="4">25</td><td colspan="3">(1)不能凭经验判断触头压力大小,扣10分</td><td rowspan="4"></td></tr>
<tr><td colspan="3">(2)不会测量触头压力,扣10分</td></tr>
<tr><td colspan="3">(3)触头压力测量不准确,扣10分</td></tr>
<tr><td colspan="3">(4)触头压力的调整方法不正确,扣15分</td></tr>
<tr><td>安全文明生产</td><td colspan="4">违反安全文明生产规程,扣5~40分</td><td></td></tr>
<tr><td>定额时间60 min</td><td colspan="4">每超时5 min,扣5分</td><td></td></tr>
<tr><td>备　注</td><td colspan="3">除定额时间外,各项目扣分不得超过该项配分</td><td>成　绩</td><td></td></tr>
<tr><td>开始时间</td><td></td><td>结束时间</td><td></td><td>实际时间</td><td></td></tr>
</table>

●知识技能测试

一、填空题

1.交流接触器主要由________、________、__________及________等组成。

2.交流接触器的电磁系统主要由________、__________和__________组成。

3.交流接触器的辅助部件包括________、________、________及底座、接线柱等。

4.CJ10-10型交流接触器采用的灭弧方法是__________。

5.交流接触器触头常见的故障有__________、____________和__________。

6.直流接触器的电磁系统由____________、__________和__________三部分组成。其电磁系统采用__________的拍合式。

7.直流接触器的主触头在分断较大直流电流时,会产生强烈的电弧,因此一般采用____________灭弧装置。

二、判断题

1.接触器具有欠电压和过电压保护功能。 (　　)

2.交流接触器中发热的主要部件是铁芯。 (　　)

3.所谓触头的常开常闭,是指电磁系统通电动作后的触头状态。 (　　)

4.接触器的电磁线圈通电时,常开触头先闭合,常闭触头后断开。 (　　)

5.直流接触器线圈烧毁后,可用额定值相同的交流接触器的线圈代替。 (　　)

三、选择题

1.交流接触器的铁芯端面装有短路环的目的是(　　)。

A.减小铁芯振动　　B.增大铁芯磁通　　C.减小铁芯磁通

2.CJ10-20 型交流接触器采用(　　)灭弧装置灭弧。

A.纵缝　　B.栅片　　C.双断点电动力

3.直流接触器一般采用(　　)灭弧装置灭弧。

A.纵缝　　B.栅片　　C.磁吹式

四、技能考核题

某 CJ10-20 交流接触器通电后,触头吸合不牢并产生噪声,请排除此故障。

任务 1.4　三相交流异步电动机正转控制线路的安装

●任务目标

- 熟悉热继电器的结构、原理及选用。
- 熟悉按钮的结构、原理及选用。
- 掌握三相交流电动机正转控制线路明板布线的工艺要求。

●入门引导

如图 1-4-1 所示为一个常见的电动机控制电路,从中不难发现,该电路是由断路器、熔断器、交流接触器、热继电器和按钮等常用低压电器及各种规格的导线连接而成的。如何将上述这些元器件连接实现电动机的单向运转?如何将这些元器件安装和调试才能符合要求?如果电路出现了故障该怎么对它进行检修?

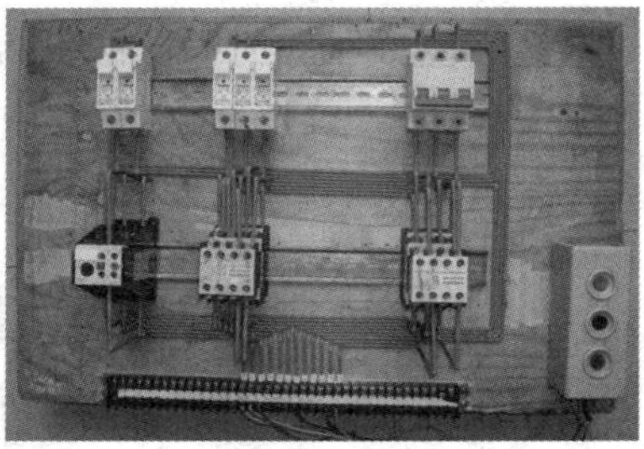

图 1-4-1　常用电动机控制电路

●知识学习

将各种低压电器组合起来,让电动机按要求去运转,并对其进行保护的电路称为电动机控制电路。电动机控制电路常用电路图、接线图和布置图来表示。

(1)绘制、识读电路图基本控制线路的安装步骤

由于各种生产机械的工作性质和加工工艺不同,使得它们对电动机的控制要求不同。要使电动机按照生产机械的要求正常安全地运转,必须配备一定的电器,组成一定的控制线路,才能达到目的。在生产实践中,一台生产机械的控制线路可以比较简单,也可能相当复

杂,但任何复杂的控制线路总是由一些基本控制线路有机地组合起来的。电动机常见的基本控制线路有:点动控制线路、正转控制线路、正反转控制线路、位置控制线路、顺序控制线路、多地控制线路、降压启动控制线路、调速控制线路和制动控制线路等。

1)绘制、识读电气控制线路图的原则

生产机械电气控制线路常用电路图、接线图和布置图来表示。

电路图是根据生产机械运动形式对电气控制系统的要求,采用国家统一规定电气图形符号和文字符号,按照电气设备和电器的工作顺序,详细表示电路、设备或成套装置的全部基本组成和连接关系而不考虑其实际位置的一种简图。电路图的识读如图1-4-2所示。

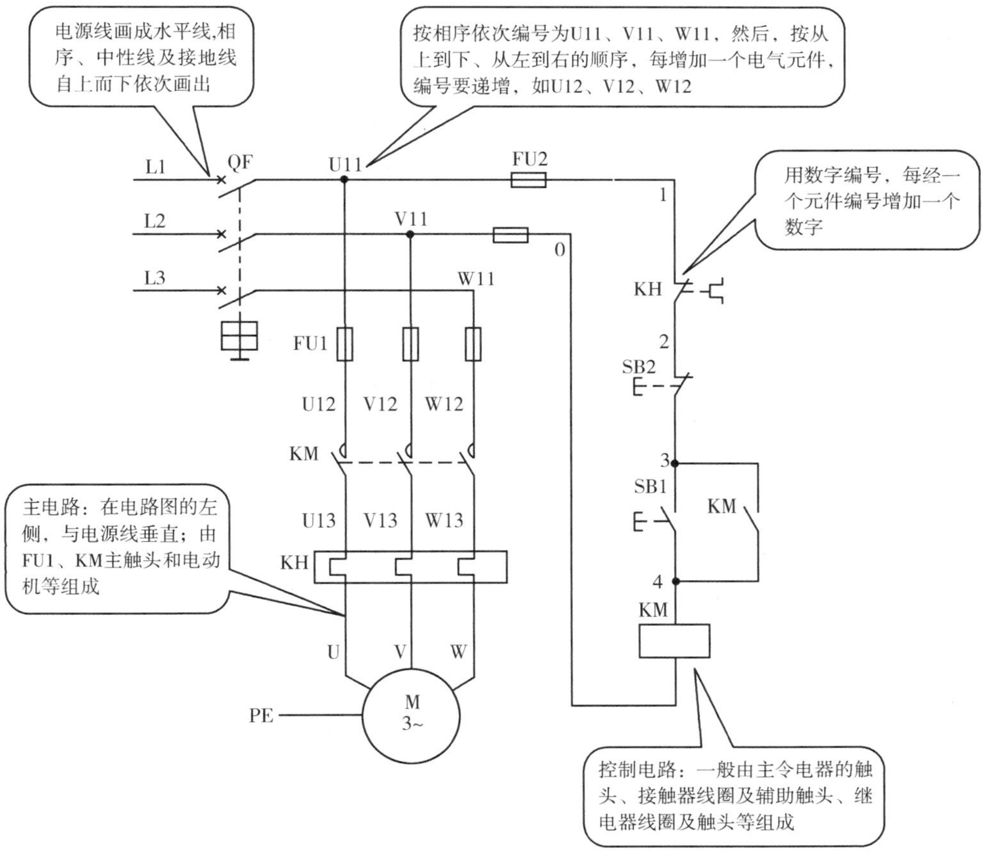

图1-4-2　电路图及其识读

电路图能充分表达电气设备和电器的用途、作用和工作原理,是电气线路安装、调试和维修的理论依据。

①电路图。电路图一般分电源电路、主电路和辅助电路三部分绘制。

a.电源电路画成水平线,三相交流电源相序L1、L2、L3自上而下依次画出,中线N和保护地线PE依次画在相线之下。直流电源的"+"端画在上边,"-"端在下边画出。电源开关要水平画出。

b.主电路是指受电的动力装置及控制、保护电器的支路等，它是由主熔断器、接触器的主触头、热继电器的热元件以及电动机等组成。主电路通过的电流是电动机的工作电流，电流较大。主电路图要画在电路图的左侧并垂直电源电路。

c.辅助电路一般包括：控制主电路工作状态的控制电路；显示主电路工作状态的指示电路；提供机床设备局部照明的照明电路等。它是由主令电器的触头、接触器线圈及辅助触头、继电器线圈及触头、指示灯和照明灯等组成。辅助电路通过的电流都较小，一般不超过5 A。画辅助电路图时，辅助电路要跨接在两相电源线之间，一般按照控制电路、指示电路和照明电路的顺序依次垂直画在主电路图的右侧，且电路中与下边电源线相连的耗能元件（如接触器和继电器的线圈、指示灯、照明灯等）要画在电路图的下方，而电器的触头要画在耗能元件与上边电源线之间。为读图方便，一般应按照自左至右、自上而下的排列来表示操作顺序。

d.电路图中，各电器的触头位置都按电路未通电或电器未受外力作用时的常态位置画出。分析原理时，应从触头的常态位置出发。

e.电路图中，不画出各电气元件实际的外形图，而采用国家统一规定的电气图形符号画出。

f.电路图中，同一电器的各元件不按它们的实际位置画在一起，而是按其在线路中所起的作用分画在不同电路中，但它们的动作却是相互关联的，因此，必须标注相同的文字符号。若图中相同的电器较多时，需要在电器文字符号后面加注不同的数字以示区别，如KM1、KM2等。

g.画电路图时，应尽可能减少线条和避免线条交叉。对有直接电联系的交叉导线连接点，要用小黑圆点表示；无直接电联系的交叉导线则不画小黑圆点。

h.电路图采用电路编号法，即对电路中的各个接点用字母或数字编号。

- 主电路在电源开关的出线端按相序依次编号为U11、V11、W11。然后按从上至下、从左至右的顺序，每经过一个电气元件后，编号要递增，如U12、V12、W12；U13、V13、W13……单台三相交流电动机（或设备）的三根引出线按相序依次编号为U、V、W。对于多台电动机引出线的编号，为了不致引起误解和混淆，可在字母前用不同的数字加以区别，如1U、1V、1W；2U、2V、2W……

- 辅助电路编号按“等电位”原则从上到下、从左至右的顺序用数字依次编号，每经过一个电气元件后，编号要依次递增。控制电路编号的起始数字必须是1，其他辅助电路编号的起始数字依次递增100，如照明电路编号从101开始；指示电路编号从201开始等。

②接线图。接线图是根据电气设备和电气元件的实际位置和安装情况绘制的，只用来表示电气设备和电气元件的位置、配线方式和接线方式，而不明显表示电气动作原理，主要用于安装接线、线路的检查维修和故障处理。

a.接线图中一般示出如下内容：电气设备和电气元件的相对位置、文字符号、端子号、导线号、导线类型、导线截面积、屏蔽和导线绞合等。

b.所有的电气设备和电气元件都按其所在的实际位置绘制在图纸上，且同一电器的各元件根据其实际结构，使用与电路图相同的图形符号画在一起，并用点画线框上。其文字符号以及接线端子的编号应与电路图中的标注一致，以便对照检查接线。

c.接线图中的导线有单根导线、导线组（或线扎）、电缆之分，可用连续线和中断线来表示。凡导线走向相同的可以合并,用线束来表示,到达接线端子板或电气元件的连接点时再分别画出。在用线束来表示导线组、电缆等时可用加粗的线条表示,在不引起误解的情况下也可采用部分加粗。另外,导线及管子的型号、根数和规格应标注清楚。

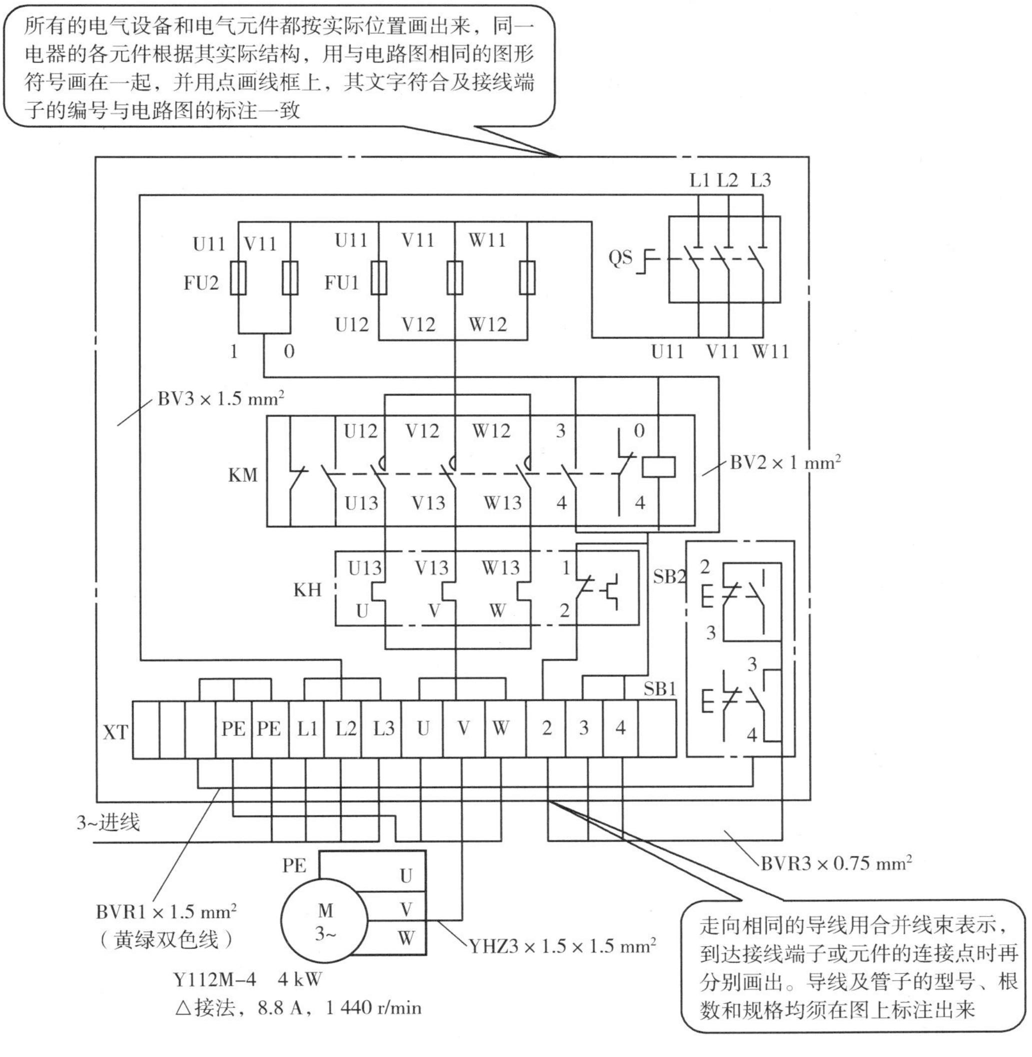

图 1-4-3　接线图及其识读

③布置图。布置图是根据电气元件在控制板上的实际安装位置,采用简化的外形符号(如正方形、矩形、圆形等)而绘制的一种简图。它不表达各电器的具体结构、作用、接线情况以及工作原理,主要用于电气元件的布置和安装。图中各电器的文字符号必须与电路图和接线图的标注相一致。

在实际中,电路图、接线图和布置图要结合起来使用。

2)电动机基本控制线路的安装步骤

电动机基本控制线路的安装,一般应按以下步骤进行:

①识读电路图,明确线路所用电气元件及其作用,熟悉线路的工作原理。

②根据电路图或元件明细表配齐电气元件,并进行检验。

③根据电气元件选配安装工具和控制板。

④根据电路图绘制布置图和接线图,然后按要求在控制板上固装电气元件(电动机除外),并贴上醒目的文字符号。

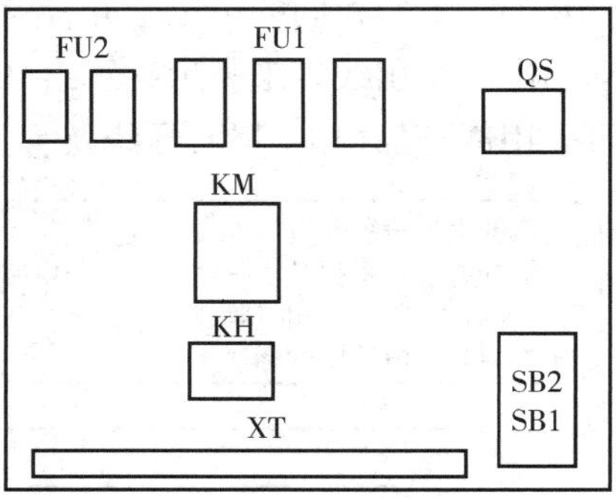

图 1-4-4　布置图

⑤根据电动机容量选配主电路导线的截面。控制电路导线一般采用截面为 1 mm^2的铜芯线(BVR);按钮线一般采用截面为 0.75 mm^2的铜芯线(BVR);接地线一般采用截面不小于 1.5 mm^2的铜芯线(BVR)。

⑥根据接线图布线,同时将剥去绝缘层的两端线头套上标有与电路图相一致编号的编码套管。

⑦安装电动机。

⑧连接电动机和所有电气元件金属外壳的保护接地线。

⑨连接电源、电动机等控制板外部的导线。

⑩自检。

⑪交验。

⑫通电试车。

(2)热继电器

热继电器是利用流过继电器的电流所产生的热效应而反时限动作的继电器。所谓反时限动作,是指电器的延时动作时间随通过电路电流的增加而缩短。热继电器主要用于直动机的过载保护、断相保护、电流不平衡运行的保护及其他电气设备发热状态的控制。

热继电器的形式有多种,双金属片式应用最多。按极数划分,热继电器可分为单极、两极和三极 3 种,其中三极的又包括带断相保护装置的和不带断相保护装置的;按复位方式分,有自动复位式(触头动作后能自动返回原来位置)和手动复位式。

1)热继电器的型号及含义

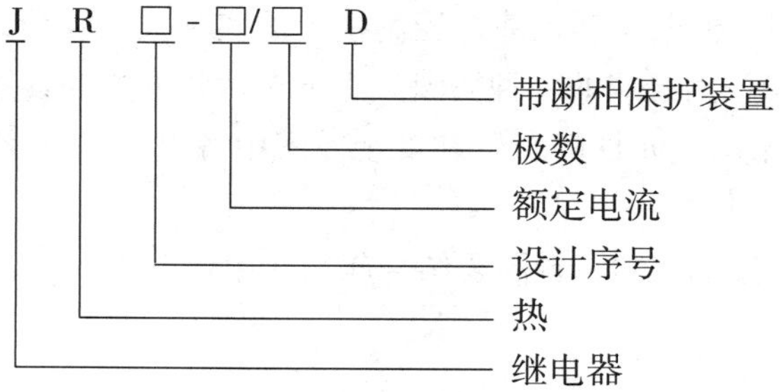

2)热继电器的结构及工作原理

目前,我国在生产中常用的热继电器有国产的 JR16、JR20 等系列以及引进的 T 系列、3UA 等系列产品,均为双金属片式。下面以 JR16 系列为例介绍热继电器的结构及工作原理。

①结构。JR16 系列热继电器的外形和结构如图 1-4-5 所示。它主要由热元件、动作机构、触头系统、电流整定装置、复位机构和温度补偿元件等部分组成。

(a)外形图

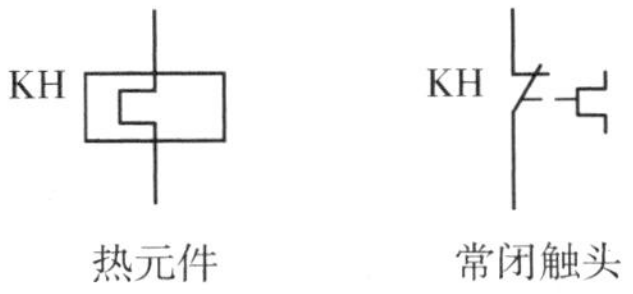

(b)符号

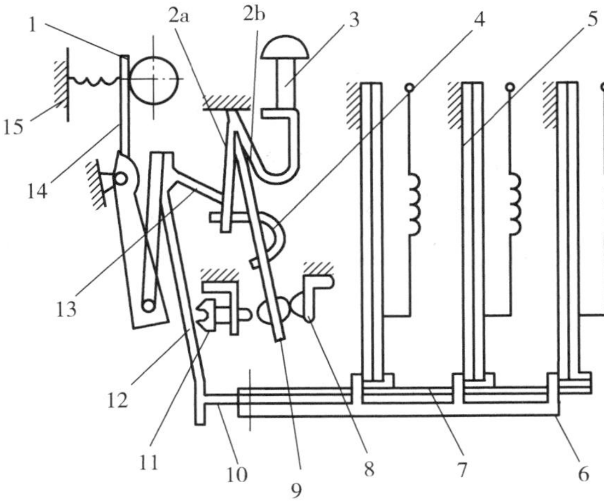

(c)结构图

图 1-4-5 JR16 系列热继电器

1—电流调节凸轮;2—片簧;3—手动复位按钮;4—弓簧;5—主双金属片;
6—外导板;7—内导板;8—静触头;9—动触头;10—杠杆;11—复位调节螺钉;
12—补偿双金属片;13—推杆;14—连杆;15—压簧

主双金属片是由两种热膨胀系数不同的金属片复合而成的,金属片的材料多为铁镍铬合金和铁镍合金。电阻丝一般用康铜或镍铬合金等材料制成。

a.热元件。热元件是热继电器的主要组成部分,由主双金属片和绕在外面的电阻丝组成。

b.动作机构和触头系统。动作机构利用杠杆传递及弓簧式瞬跳机构来保证触头动作的迅速、可靠。触头为单断点弓簧跳跃式动作,一般为一个常开触头和一个常闭触头。

c.电流整定装置。电流整定装置通过旋钮和电流调节凸轮调节推杆间隙,改变推杆移动距离,从而调节整定电流值。

d.温度补偿元件。温度补偿元件也为双金属片,其受热弯曲的方向与主双金属片一致,它能保证热继电器的动作特性在 −30 ~ +40 ℃ 的环境温度范围内基本上不受周围介质温度的影响。

e.复位机构。复位机构有手动和自动两种形式,可根据使用要求通过复位调节螺钉来自由调整选择。一般自动复位的时间不大于 5 min,手动复位时间不大于 2 min。

②工作原理。使用时,将热继电器的三相热元件分别串接在电动机的三相主电路中,常闭触头串接在控制电路的接触器线圈回路中。当电动机过载时,流过电阻丝的电流超过热继电器的整定电流,电阻丝发热,主双金属片向右弯曲,推动图 1-4-5 中导板 6 和 7 向右移动,通过温度补偿双金属片 12 推动推杆 13 绕轴转动,从而推动触头系统动作,动触头 9 与常闭静触头 8 分开,使接触器线圈断电,接触器触头断开,将电源切除起保护作用。电源切除后,主双金属片逐渐冷却恢复原位,于是动触头在失去作用力的情况下,靠弓簧 4 的弹性自动复位。这种热继电器也可采用手动复位,以防止故障排除前设备带故障再次投入运行。将复位调节螺钉 11 向外调节到一定位置,使动触头弓簧的转动超过一定角度失去反弹性,此时即使主双金属片冷却复原,动触头也不能自动复位,必须采用手动复位。按下复位按钮 3,动触头弓簧恢复到具有弹性的角度,推动动触头与静触头恢复闭合。

当环境温度变化时,主双金属片会发生零点漂移,即热元件未通过电流时主双金属片即产生变形,使热继电器的动作性能受环境温度影响,导致热继电器的动作产生误差。为补偿这种影响,设置了温度补偿双金属片,其材料与主双金属片相同。当环境温度变化时,温度补偿双金属片与主双金属片产生同一方向上的附加变形,从而使热继电器的动作特性在一定温度范围内基本不受环境温度的影响。

热继电器整定电流的大小可通过旋转电流整定旋钮来调节,旋钮上刻有整定电流值标尺。所谓热继电器的整定电流,是指热继电器连续工作而不动作的最大电流。超过整定电流,热继电器将在负载未达到其允许的过载极限之前动作。

③带断相保护装置的热继电器。JR16 系列热继电器有带断相保护装置的和不带断相保护装置的两种类型。三相异步电动机的电源或绕组断相是导致电动机过热烧毁的主要原因之一,普通结构的热继电器能否对电动机进行断相保护,取决于电动机绕组的连接方式。

对定子绕组采用星形(Y)连接的电动机而言,若运行中发生断相,通过另外两相的电流会增大,而流过热继电器的电流(即线电流)就是流过电动机绕组的电流(即相电流),普通结构的热继电器都可以对此作出反应。而绕组采用三角形(△)的电动机若运行中发生断相,流过热继电器的电流(线电流)与流过电动机非故障绕组的电流(相电流)的增加比例不相同。在这种情况下,电动机非故障相流过的电流可能超过其额定电流,而流过热继电器的电流却未超过热继电器的整定值,热继电器不动作,但电动机的绕组可能会因过载而烧毁。

为了对定子绕组采用△接法的电动机实行断相保护,必须采用三相结构带断相保护装置的热继电器。JR16 系列中部分热继电器带有差动式断相保护装置,其结构及工作原理如图 1-4-6 所示。如图 1-4-6(a)所示为未通电时的位置;如图 1-4-6(b)所示为三相均通有额定电流时的情况,此时三相主双金属片均匀受热,同时向左弯曲,内、外导板一齐平行左移一段距离但未超过临界位置,触头不动作;如图 1-4-6(c)所示为三相均过载时,三相主双金属片均受热向左弯曲,推动外导板并带动内导板一齐左移,超过临界位置,通过动作机构使常闭触头断开,从而切断控制回路,达到保护电动机的目的;如图 1-4-6(d)所示是电动机在运行中发生一相(如 W 相)断线故障时的情况,此时该相主双金属片逐渐冷却,向右移动,并带动内导板同时转移，这样内导板和外导板产生了差动放大作用，通过杠杆的放大作用使继电器迅速动作，切断控制电路，使电动机得到保护。

由于热继电器主双金属片受热膨胀的热惯性及动作机构传递信号的惰性原因，热继电器从电动机过载到触头动作需要一定的时间。也就是说，即使电动机严重过载甚至短路，热继电器也不会瞬时动作，因此热继电器不能作短路保护。但也正是这个热惯性和机械惰性，保证热继电器在电动机启动或短时过载时不会动作，从而满足了电动机的运行要求。

④JR20 系列热继电器。JR20 系列双金属片式热继电器适用于交流 50 Hz、额定电压 660 V、电流 630 A 及以下的电力拖动系统中，作为三相笼型异步电动机的过载和断相保护之用，并可与 CJ20 系列交流接触器配套组成电磁启动器。

该系列产品采用三相立体布置式结构，如图 1-4-7 所示。其动作机构采用拉簧式跳跃动作机构，且全系列通用。当发生过载时，热元件受热使双金属片向左弯曲，并通过导板和动杆推动杠杆绕 O_1 点沿顺时针方向转动，顶动拉力弹簧使之带动触头动作。同时动作指示件弹出，显示热继电器已动作。

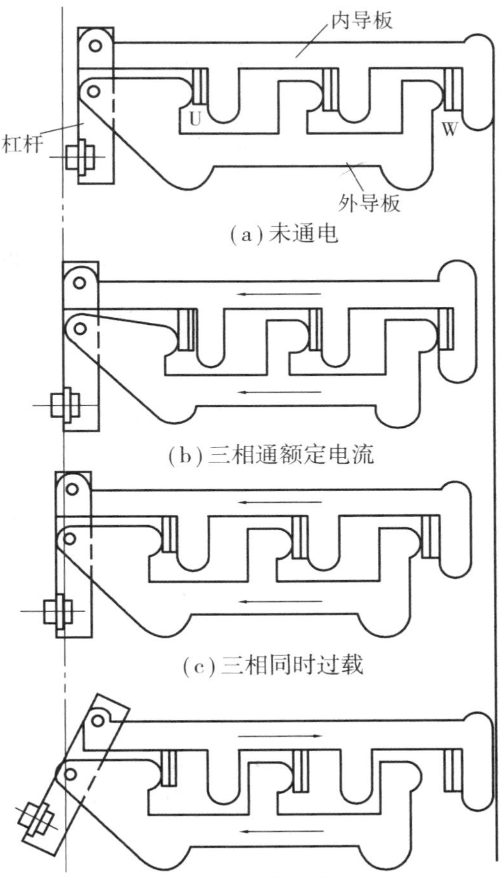

(a) 未通电

(b) 三相通额定电流

(c) 三相同时过载

(d) 一相断相

图 1-4-6　差动式断相保护装置动作原理

JR20 系列热继电器具有以下特点：

a.除具有过载保护、断相保护、温度补偿以及手动和自动复位功能外，还具有动作脱扣灵活性检查、动作指示及断开检验等功能。动作灵活检查可实现不打开盖板、不通电就能方便地检查热继电器内部的动作情况；动作指示器可清晰地显示出热继电器动作与否；按动检验按钮，断开常闭触头，可检查控制电路的动作情况。

b.通过专用的导电板可安装在相应电流等级的交流接触器上。由于设计时充分考虑了 CJ20 系列交流接触器各电流等级的相间距离、接线高度及外形尺寸，因此可与 CJ20 很方便地配套安装。

c.电流调节旋钮采用“三点定位”固定方式，消除了在旋动电流调节旋钮时所引起的热继电器动作性能多变的弊端。

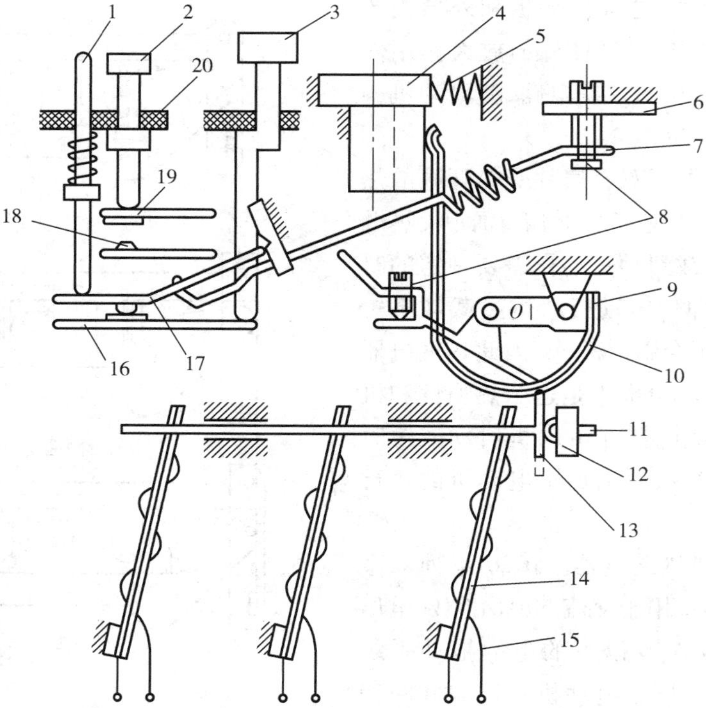

图 1-4-7 JR20 系列热继电器结构示意图

1—动作指示件;2—复位按钮;3—断/校验按钮;4—电流调节按钮;
5—弹簧;6—支撑件;7—拉簧;8—调整螺钉;9—支持件;
10—补偿双金属片;11—导板;12—动杆;13—杠杆;14—主双金属片;
15—发热元件;16、19—静触头;17、18—动触头;20—外壳

3)热继电器的选用

选择热继电器主要根据所保护电动机的额定电流来确定热继电器的规格和热元件的电流等级。

①根据电动机的额定电流选择热继电器的规格。一般应使热继电器的额定电流略大于电动机的额定电流。

②根据需要的整定电流值选择热元件的编号和电流等级。一般情况下,热元件的整定电流为电动机额定电流的 0.95~1.05 倍。但如果电动机拖动的是冲击性负载或启动时间较长及拖动的设备不允许停电,热继电器的整定电流值可取电动机额定电流的 1.1~1.5 倍。如果电动机的过载能力较差,热继电器的整定电流可取电动机额定电流的 0.6~0.8倍。同时,整定电流应留有一定的上下限调整范围。

③根据电动机定子绕组的连接方式选择热继电器的结构形式,即定子绕组作星形连接的电动机选用普通三相结构的热继电器,而作三角形连接的电动机应选用三相结构带断相保护装置的热继电器。

常用热继电器的主要技术规格见表 1-4-1。

表 1-4-1　常用热继电器的主要技术规格

型号	额定电压/V	额定电流/A	相数	热元件 最小规格/A	热元件 最大规格/A	热元件 挡数	断相保护	温度补偿	复位方式	动作灵活性检验装置	动作后的指示	触头数量
JR16(JR0)	380	20	3	0.25~0.35	14~22	12	有	有	手动或自动	无	无	1常闭、1常开
		60	3	14~22	10~63	4						
JR15		150	3	40~63	100~160	4						
		10	2	0.25~0.35	6.8~11	10	无					
		40		6.8~11	30~45	5						
		100		32~50	60~100	3						
		150		68~110	100~150	2						
JR20	660	6.3	3	0.1~0.15	5~7.4	14	无	有	手动或自动	有	有	1常闭、1常开
		16		3.5~5.3	14~18	6	有					
		32		8~12	28~36	6						
		63		16~24	55~71	6						
		160		33~47	144~170	9						
		250		83~125	167~250	4						
		400		130~195	267~400	4						
		630		200~300	420~630	4						

JR16(JRO)系列热继电器热元件的等级见表1-4-2。

表 1-4-2　JR16 系列热继电器热元件的等级

型号	额定电流/A	热元件等级 额定电流/A	热元件等级 刻度电流调节范围/A
	20	0.35	0.25~0.3~0.35
		0.5	0.32~0.4~0.5
JR0-20/3		0.72	0.45~0.6~0.72
JR0-20/3D		1.1	0.68~0.9~1.1
		1.6	1.0~1.3~1.6
		2.4	1.5~2.0~2.4
		3.5	2.2~2.8~3.5
		5.0	3.2~4.0~5.0
		7.2	4.5~6.0~7.2
JR16-20/3		11	6.8~9.0~11.0
JR16-20/3D		16	10.0~13.0~16.0
		22	14.0~18.0~22.0

续表

型　号	额定电流/A	热元件等级	
		额定电流/A	刻度电流调节范围/A
JR0-40/3 JR16-40/3D	40	0.64	0.4~0.64
		1.0	0.64~1.0
		1.6	1.0~1.6
		2.5	1.6~2.5
		4.0	2.5~4.0
		6.4	4.0~6.4
		10	6.4~10
		16	10~16
		25	16~25
		40	25~40

例 1-4-1　某机床电动机的型号为 Y132M1-6,定子绕组为△接法,额定功率为 4 kW,额定电流为 9.4 A,额定电压为 380 V。要对该电动机进行过载保护,试选择热继电器的型号、规格。

解　根据电动机的额定电流值 9.4 A,查表 1-4-2 可知,应选择额定电流为 20 A 的热继电器;其整定电流可取电动机的额定电流,即 9.4 A,则应选用电流等级为 11 A 的热元件,其调节范围为 6.8~9~11 A;由于电动机的定子绕组采用三角形连接,应选择带断相保护装置的热继电器。据此,应选用型号为 JR16-20/3D 的热继电器,热元件电流等级选用 11 A。

4)热继电器的安装与使用

①热继电器必须按照产品说明书中规定的方式安装,安装处的环境温度应与电动机所处环境温度基本相同。当与其他电器安装在一起时,应注意将热继电器安装在其他电器的下方,以免其动作特性受到其他电器发热的影响。

②热继电器安装时应清除触头表面尘污,以免因接触电阻过大或电路不通而影响热继电器的动作性能。

③热继电器出线端的连接导线,应按表 1-4-3 的规定选用。这是因为导线的粗细和材料将影响到热元件端接点传导到外部热量的多少。导线过细,轴向导热性差,热继电器可能提前动作;反之,导线过粗,轴向导热快,热继电器可能滞后动作。

表 1-4-3　热继电器连接导线选用表

热继电器额定电流/A	连接导线截面积/mm^2	连接导线种类
10	2.5	单股铜芯塑料线
20	4	单股铜芯塑料线
60	16	多股铜芯橡皮线

④使用中的热继电器应定期通电校验。此外，当发生短路事故后，应检查热元件是否已发生永久变形。若已变形，则需通电校验。因热元件变形或其他原因致使动作不准确时，只能调整其可调部件，而绝不能弯折热元件。

⑤热继电器在出厂时均调整为手动复位方式。如果需要自动复位，只要将复位螺钉顺时针方向旋转 3~4 圈并稍微拧紧即可。

⑥热继电器在使用中应定期用布擦净尘埃和污垢。若发现双金属片上有锈斑，应用清洁棉布蘸汽油轻轻擦除，切忌用砂纸打磨。

5）热继电器的常见故障及处理方法

热继电器的常见故障及处理方法见表 1-4-4。

表 1-4-4　热继电器的常见故障及处理方法

故障现象	故障原因	维修方法
热元件烧坏	（1）负载侧短路，电流过大 （2）操作频率过高	（1）排除故障，更换热继电器 （2）更换合适参数的热继电器
热继电器不动作	（1）热继电器的额定电流值选用不合适 （2）整定值偏大 （3）动作触头接触不良 （4）热元件烧坏或脱焊 （5）动作机构卡阻 （6）导板脱出	（1）按保护容量合理选择 （2）合理调整整定值 （3）消除触头接触不良因素 （4）更换热继电器 （5）消除卡阻因素 （6）重新放入并调试
热继电器动作不稳定，时快时慢	（1）热继电器内部机构某些部件松动 （2）在检修中弯折了双金属片 （3）通电电流波动大，或接线螺钉松动	（1）将这些部件加以紧固 （2）用两倍电流预试几次或将双金属片拆下来热处理（一般约 240 ℃）以除去内应力 （3）检查电源电压或拧紧接线螺钉
热继电器动作太快	（1）整定值偏小 （2）电动机启动时间过长 （3）连接导线太细 （4）操作频率过高 （5）使用场合有强烈冲击和振动 （6）可逆转换频繁 （7）安装热继电器处与电动机处环境温差太大	（1）合理调整整定值 （2）按启动时间要求，选择具有合适的可返回时间的热继电器或在启动过程中将热继电器短接 （3）选用标准导线 （4）更换合适的型号 （5）选用带防振动冲击的或采取防震动措施 （6）改用其他保护方式 （7）按两地温差情况配置适当的热继电器

续表

故障现象	故障原因	维修方法
主电路不通	(1)热元件烧坏 (2)接线螺钉松动或脱落	(1)更换热元件或热继电器 (2)紧固接线螺钉
控制电路不通	(1)触头烧坏或动触头片弹性消失 (2)可调整式旋钮转到不合适的位置 (3)热继电器动作后未复位	(1)更换触头或簧片 (2)调整旋钮或螺钉 (3)按动复位按钮

(3)按钮

按钮是一种具有用人体某一部分(一般为手指或手掌)施加力而操作,并具有储能(弹簧)复位的一种控制开关。按钮的触头允许通过的电流较小,一般不超过 5 A,因此一般情况下它不直接控制主电路的通断,而是在控制电路中发出指令或信号去控制接触器、继电器等电器,再由它们去控制主电路的通断、功能转换或电气联锁。

1)按钮的型号及含义

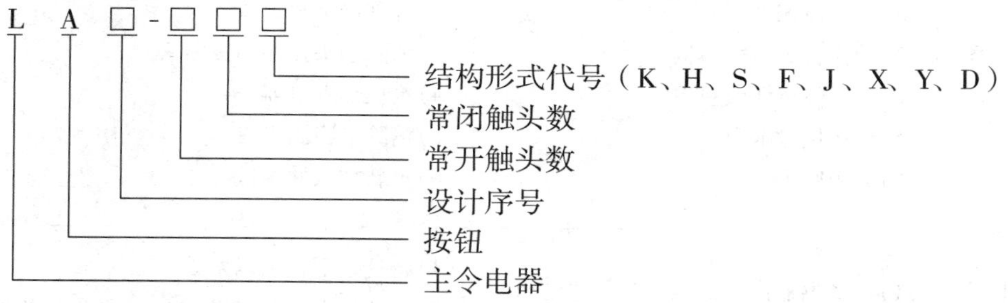

其中,结构形式代号的含义为:

K——开启式,适用于嵌装在操作面板上;

H——保护式,带保护外壳,可防止内部零件受机械损伤或人偶然触及带电部;

S——防水式,具有密封外壳,可防止雨水浸入;

F——防腐式,能防止腐蚀性气体进入;

J——紧急式,带有红色大蘑菇钮头(突出在外),作紧急切断电源用;

X——旋钮式,用旋钮旋转进行操作,有通和断两个位置;

Y——钥匙操作式,用钥匙插入进行操作,可防止误操作或供专人操作;

D——光标按钮,按钮内装有信号灯,兼作信号指示。

2)按钮的外形及结构

部分常见按钮的外形如图 1-4-8 所示。

(a) LA18系列　　(b) LA19系列　　(c) LA25系列

图 1-4-8　部分常见按钮的外形

按钮一般由按钮帽、复位弹簧、桥式动触头、静触头、支柱连杆及外壳等部分组成，如图1-4-9所示。

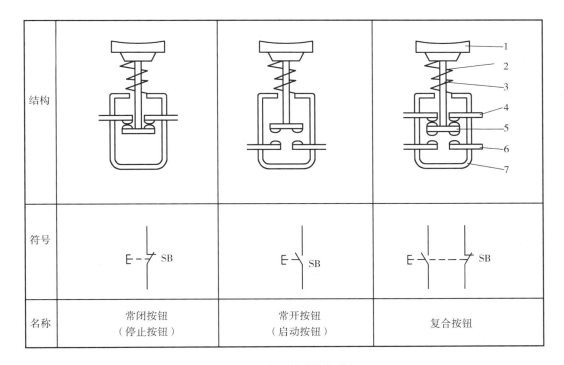

结构	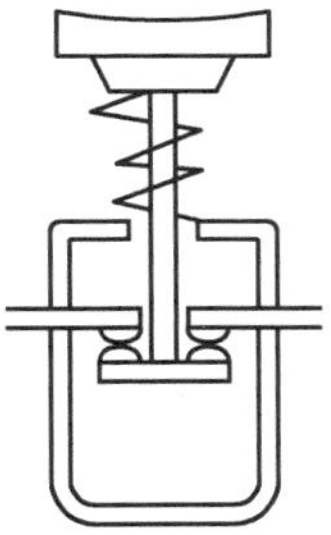	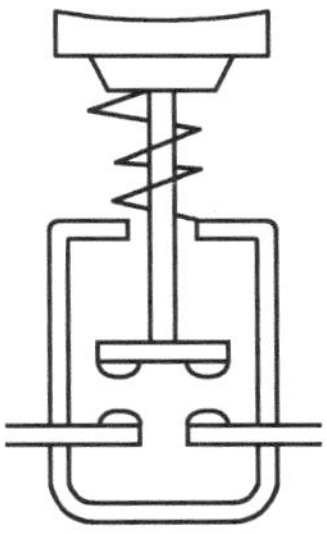	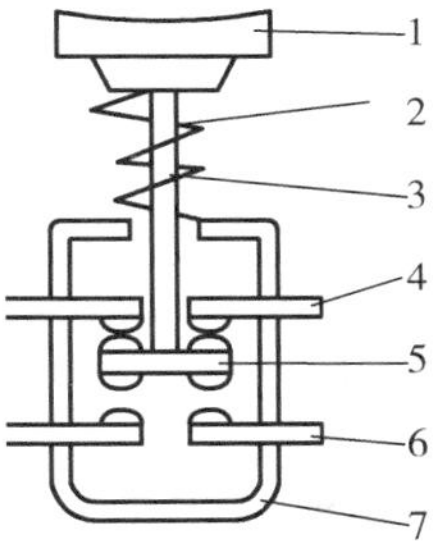
符号	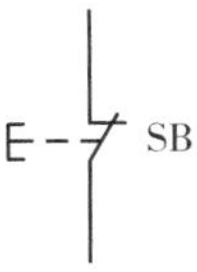	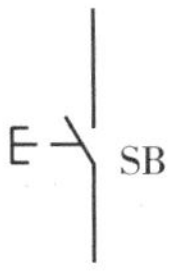	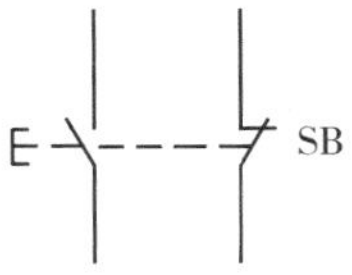
名称	常闭按钮 （停止按钮）	常开按钮 （启动按钮）	复合按钮

图 1-4-9　按钮的结构与符号

1—按钮帽；2—复位弹簧；3—支柱连杆；4—常闭静触头；

5—桥式动触头；6—常开静触头；7—外壳

按钮按静态（不受外力作用）时触头的分合状态，可分为常开按钮（启动按钮）、常闭按钮（停止按钮）和复合按钮（常开、常闭组合为一体的按钮）。

常开按钮：未按下时，触头是断开的；按下时触头闭合；松开后，按钮自动复位。

常闭按钮:与常开按钮相反,未按下时,触头是闭合的;按下时触头断开;松开后,按钮自动复位。

复合按钮:将常开和常闭按钮组合为一体。按下复合按钮时,其常闭触头先断开,然后常开触头再闭合;松开时,常开触头先断开,然后常闭触头再闭合。

目前,在生产机械中常用的按钮有 LA18、LA19 和 LA20 等系列。其中,LA18 系列采用积木式拼接装配基座,触头数目可按需要拼装,一般装成两常开、两常闭,也可装成四常开、四常闭或六常开、六常闭。结构形式有揿钮式、旋钮式、紧急式和钥匙式。LA19 系列的结构与 LA18 相似,但只有一对常开和一对常闭触头。该系列有在按钮内装有信号灯的光标按钮,其按钮帽用透明塑料制成,兼作信号灯罩。LA20 系列与 LA18、LA19 系列相似,也是组合式的。它除了有光标式外,还有由两个或三个元件组合为一体的开启式和保护式产品。它具有一常开、一常闭,两常开、两常闭和三常开、三常闭三种形式。

为了便于操作人员识别,避免发生误操作,生产中用不同的颜色和符号标志来区分按钮的功能及作用。按钮颜色的含义见表 1-4-5。

表 1-4-5 按钮颜色的含义

颜色	含义	说明	应用示例
红	紧急	危险或紧急情况时操作	急停
黄	异常	异常情况时操作	干预、制止异常情况 干预、重新启动中断了的自动循环
绿	安全	安全情况或为正常情况准备时操作	启动/接通
蓝	强制性的	要求强制动作情况下的操作	复位功能
白	未赋予特定含义	除急停以外的一般功能的启动(也见注)	启动/接通(优先) 停止/断开
灰			启动/接通 停工/断开
黑			启动/接通 停止/断开(优先)

注:如果用代码的辅助手段(如标记、形状、位置)来识别按钮操作件,则白、灰或黑同一颜色可用于标注各种不同功能(如白色用于标注启动/接通和停止/断开)。

光标按钮的颜色应符合表 1-4-5 及指示灯颜色含义的要求,当难以选定适当的颜色时,应使用白色。急停操作件的红色不应依赖于其灯光的照度。

按钮的符号如图 1-4-9 所示。但不同类型和用途的按钮在电路图中的符号不完全相同,如图 1-4-10 所示。

(a)急停按钮　　(b)钥匙操作式按钮

图 1-4-10　部分按钮

3)按钮的选择

①根据使用场合和具体用途选择按钮的种类。例如:嵌装在操作面板上的按钮,可选用开启式;需显示工作状态的,选用光标式;在非常重要处,为防止无关人员误操作,宜用钥匙操作式;在有腐蚀性气体处,要用防腐式。

②根据工作状态指示和工作情况要求选择按钮或指示灯的颜色。例如:启动按钮可选用白、灰或黑色,优先选用白色,也允许选用绿色;急停按钮应选用红色;停止按钮可选用黑、灰或白色,优先用黑色,也允许选用红色。

③根据控制回路的需要选择按钮的数量,如单联钮、双联钮和三联钮等。

常用按钮的主要技术数据见表 1-4-6。

表 1-4-6　常用按钮的主要技术数据

型　号	形　式	触头数量		信号灯		额定电压、电流和控制容量	按　钮	
		常开	常闭	电压/V	功率/W		钮数	颜色
LA10-1	元件	1	1			电压:AC380 V DC220 V 电流:5 A	1	黑、绿、红
LA10-1K	开启式	1	1				1	黑、绿、红
LA10-2K	开启式	2	2				2	黑、红或绿、红
LA10-3K	开启式	3	3				3	黑、绿、红
LA10-1H	保护式	1	1				1	黑、绿或红
LA10-2H	保护式	2	2				2	黑、红或绿、红
LA10-3H	保护式	3	3				3	黑、绿、红
LA10-1S	防水式	1	1				1	黑、绿或红
LA10-2S	防水式	2	2				2	黑、红或绿、红
LA10-3S	防水式	3	3				3	黑、绿、红

续表

型　号	形　式	触头数量		信号灯		额定电压、电流和控制容量	按　钮	
		常开	常闭	电压/V	功率/W		钮数	颜色
LA10-2F	防腐式	2	2				2	黑、红或绿、红
LA18-22	一般式	2	2				1	红、绿、黄、白、黑
LA18-44	一般式	4	4				1	红、绿、黄、白、黑
LA18-66	一般式	6	6				1	红、绿、黄、白、黑
LA18-22J	紧急式	2	2				1	红
LA18-44J	紧急式	4	4				1	红
LA18-66J	紧急式	6	6				1	红
LA18-22X2	旋钮式	2	2				1	黑
LA18-22X3	旋钮式	2	2				1	黑
LA18-44X	旋钮式	4	4				1	黑
LA18-66X	旋钮式	6	6				1	黑
LA18-22Y	钥匙式		2				1	锁芯本色
LA18-44Y	钥匙式	4	4				1	锁芯本色
LA18-66Y	钥匙式	6	6			容量：	1	锁芯本色
LA19-11A	一般式	1	1			AC300 VA	1	红、绿、蓝、黄、白、黑
LA19-11J	紧急式	1	1		<1	DC60 W	1	红
LA19-11D	带指示灯式	1	1	6	<1		1	红、绿、蓝、白、黑
LA19-11DJ	紧急带指示灯式	1	1	6			1	红
LA20-11	一般式	1	1				1	红、绿、黄、蓝、白
LA20-11J	紧急式	1	1				1	红
LA20-11D	带指示灯式	1	1		<1		1	红、绿、黄、蓝、白
LA20-11DJ	带灯紧急式	1	1	6	<1		1	红
LA20-22	一般式	2	2	6			1	红、绿、黄、蓝、白
LA20-22J	紧急式	2	2				1	红
LA20-22D	带指示灯式			6	<1		1	红、黄、绿、蓝、白
LA20-2K	开启式	2	2				2	白、红或绿、红
LA20-3K	开启式	3	3				3	白、绿、红
LA20-2H	保护式	2	2				2	白、红或绿、红
LA20-3H	保护式	3	3				3	白、绿、红

4)按钮的安装与使用

①按钮安装在面板上时,应布置整齐,排列合理,如根据电动机启动的先后顺序从上到下或从左到右排列。

②同一机床运动部件有几种不同的工作状态时(如上下、前后、松紧等),应使每一对相反状态的按钮安装在一组。

③按钮的安装应牢固,安装按钮的金属板或金属按钮盒必须可靠接地。

④由于按钮的触头间距较小,如有油污等极易发生短路故障,所以应注意保持触头间的清洁。

⑤光标按钮一般不宜用于需长期通电显示处,以免塑料外壳过度受热而变形,使更换灯泡困难。

5)按钮的常见故障及处理方法

按钮的常见故障及处理方法见表1-4-7。

表1-4-7　按钮的常见故障及处理方法

故障现象	可能的原因	处理方法
触头接触不良	(1)触头烧损 (2)触头表面有尘垢 (3)触头弹簧失效	(1)修整触头或更换产品 (2)清洁触头表面 (3)重绕弹簧或更换产品
触头间短路	(1)塑料受热变形,导致接线螺钉相碰短路 (2)杂物或油污在触头间形成通路	(1)更换产品并查明发热原因,如灯泡发热所致,可降低电压 (2)清洁按钮内部

(4)三相笼型异步电动机正转控制线路

三相笼型异步电动机正转控制线路包括:手动、点动、接触器自锁、具有过载保护的接触器自锁、点动与连续混合的正转控制线路。各种控制线路见表1-4-8。

表 1-4-8　三相笼型异步电动机正转控制线路

控制线路名称	控制线路原理图	特　点
手动正转控制线路	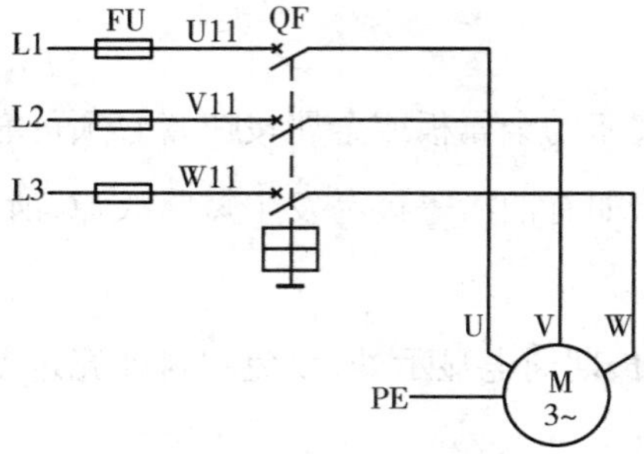 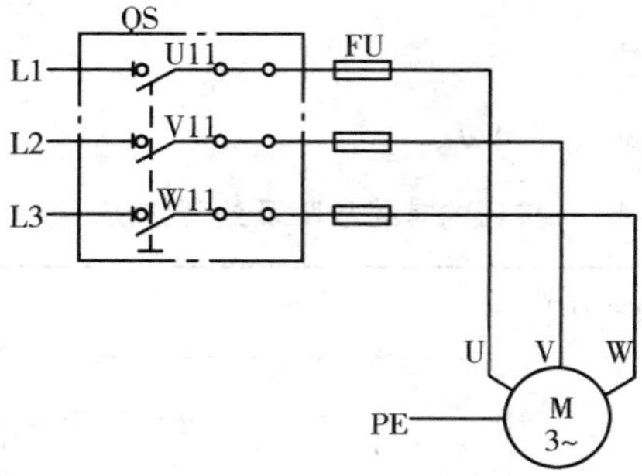 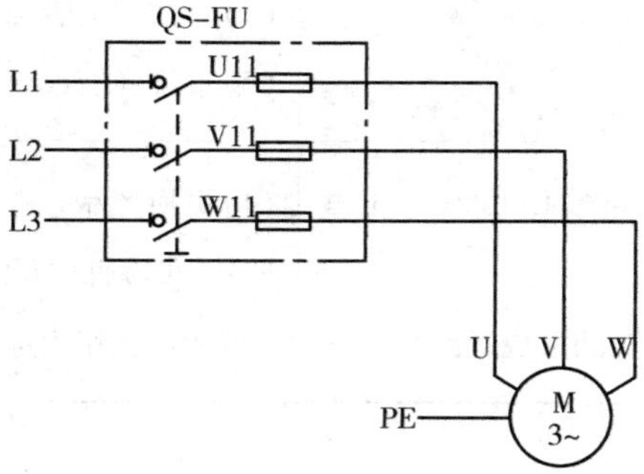 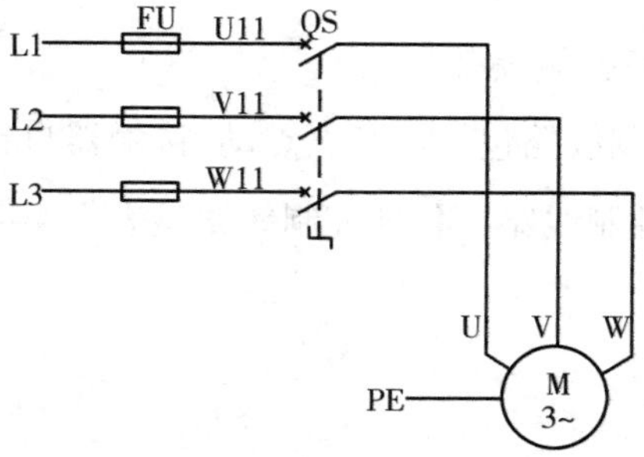	手动正转控制线路是通过低压开关来控制电动机的启动和停止的，工厂中常用来控制三相电风扇和砂轮机等设备。不能用于交流电动机的频繁接通和停止。

续表

控制线路名称	控制线路原理图	特 点
点动正转控制线路	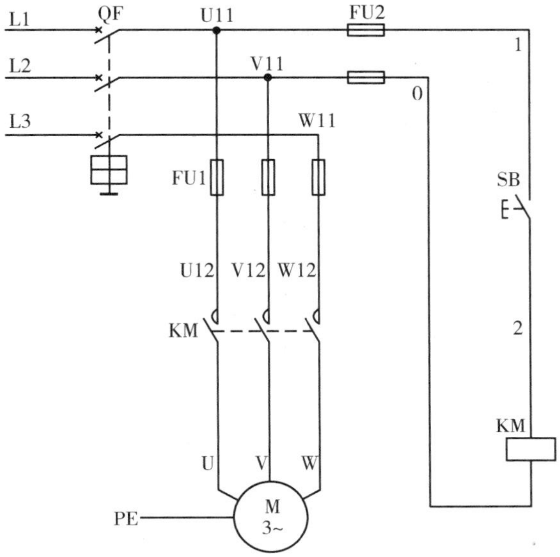	点动正转控制线路是用按钮、接触器来控制电动机运转的最简单的正转控制线路。工作原理为：按下按钮SB，KM线圈得电，KM主触头闭合，电动机得电运转；停止时，松开按钮SB，KM线圈失电，KM主触头断开，电动机停转。
接触器自锁的正转控制线路	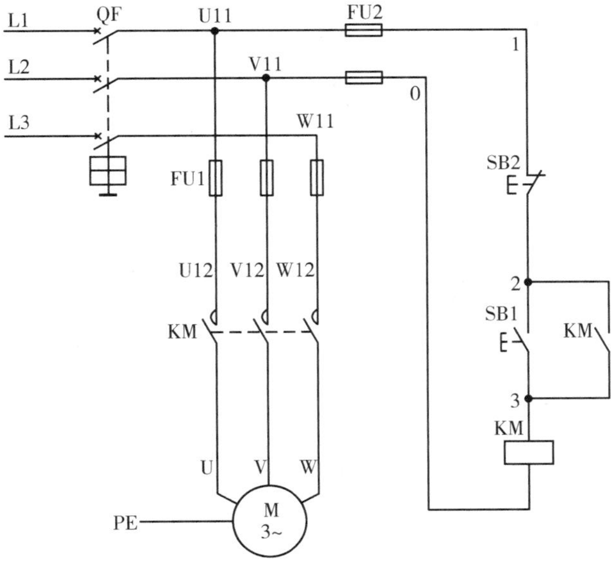	主电路和点动控制线路的主电路相同，但在控制电路中又串接了一个停止按钮SB2，在启动按钮SB1的两端并接了接触器KM的一对常开辅助触头。

续表

控制线路名称	控制线路原理图	特　点
有过载保护的接触器自锁的正转控制线路	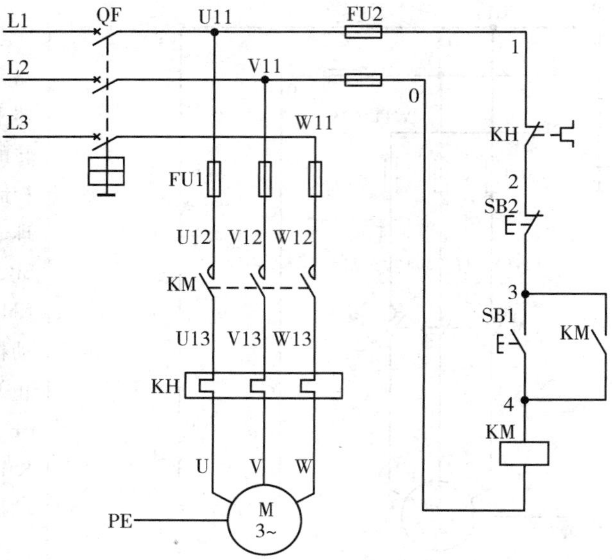	线路与接触器自锁正转控制线路的区别是增加了一个热继电器 KH，并把其热元件串接在主电路中，把常闭触头串接在控制线路中。线路的工作原理与接触器自锁正转控制线路的原理相同。过载时，热继电器动作。
点动与连续混合正转控制线路	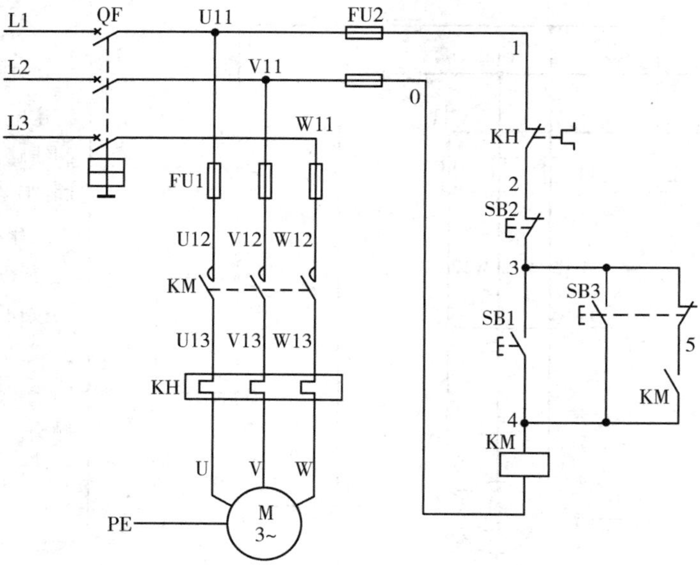	在自锁正转控制线路的基础上增加了一个复合按钮 SB3，以实现连续与点动混合正转控制。SB3 的常闭触头应与 KM 自锁触头串接。它常用于机床设备正常运行和试刀、调整与工件相对位置时的场合。

例 1-4-2 在如图 1-4-11 所示自锁正转控制电路中，试分析并指出有关错误及出现的现象，加以改正。

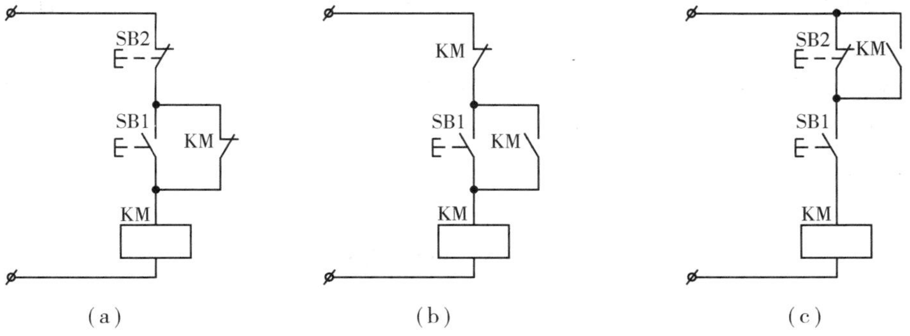

图 1-4-11

解 在图 1-4-11(a)中，接触器 KM 的自锁触头不应该用常闭辅助触头。因用常闭辅助触头不但失去了自锁作用，同时会使电路出现时通时断的现象。所以应把常闭辅助触头改换成常开辅助触头，使电路正常工作。

在图 1-4-11(b)中，接触器 KM 的常闭辅助触头不能串接在电路中。否则，按下启动按钮 SB1 后，会使电路出现时通时断的现象，应把 KM 的常闭辅助触头换成停止按钮使电路正常工作。

在图 1-4-11(c)中，接触器 KM 的自锁触头不能并接在停止按钮 SB2 的两端，否则就失去了自锁作用，电路只能实现点动控制。应把自锁触头并联在启动按钮 SB1 两端。

●能力训练

连续与点动混合控制线路的安装与调试

(1)目的要求

掌握连续与点动混合控制线路的安装与调试。

(2)工具与仪表

1)工具

测电笔、螺钉旋具、尖嘴钳、斜口钳、剥线钳、电工刀等。

2)仪表

5050 型兆欧表、T30 型钳形电流表，MF30 型万用表。

3)器材

①控制板一块(600 mm×400 mm×20 mm)。

②导线规格：主电路采用 BV1.5 mm^2 和 BVR1.5 mm^2(黑色)；控制线路采用 BV1 mm^2(红色)；按钮线采用 BVR0.75 mm^2(红色)；接地线采用 BVR1.5 mm^2(黄绿双色)塑铜线。导线数量由教师根据实际情况确定。

国家标准 GB/T 5226.1—1996《工业机械电气设备第一部分：通用技术条件》规定：虽然1类导线主要用于固定的、不移动的部件之间，但它们也可用于出现极小弯曲的场合，条件是截面积小于 0.5 mm^2。易遭受频繁运动（如机械工作每小时运动一次）的所有导线，均应采用5类或6类绞合软线。

对导线的颜色在初级阶段训练时，除接地线外，可不必强求，但应使主电路与控制电路有明显区别。

③紧固体和编码套管按实际需要发给，简单线路可不用编码套管。

④电气元件见表 1-4-9。

表 1-4-9　元件明细表

代　号	名　称	型　号	规　格	数量
M	三相异步电动机	Y112M-4	4 kW、380 V、△接法、8.8 A、1 440 r/min	1
QF	低压断路器	DZ5-20/330	三极复式脱扣器、额定电流 20 A	1
FU1	熔断器	RT18-63	500 V、60 A、配熔体额定电流 25 A	3
FU2	熔断器	RT18-32	500 V、15 A、配熔体额定电流 2 A	2
KM	交流接触器	CJ10-20	20 A、线圈电压 380 V	1
KH	热继电器	JR36B-20-3	三极，20 A、整定电流 11.6 A	1
SB	按钮	LA10-3H	保护式、按钮数 3（代用）	1
XT	端子板	JX2-1015	10 A、15 节、380 V	1

（3）安装步骤和工艺要求

①识读连续与点动混合控制线路（如图 1-4-12 所示），明确线路所用元件及作用，熟悉线路的工作原理。

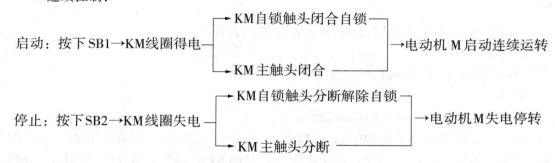

先合上电源开关 QF。

a.连续控制：

启动：按下SB1→KM线圈得电→KM自锁触头闭合自锁／KM主触头闭合→电动机 M 启动连续运转

停止：按下SB2→KM线圈失电→KM自锁触头分断解除自锁／KM主触头分断→电动机M失电停转

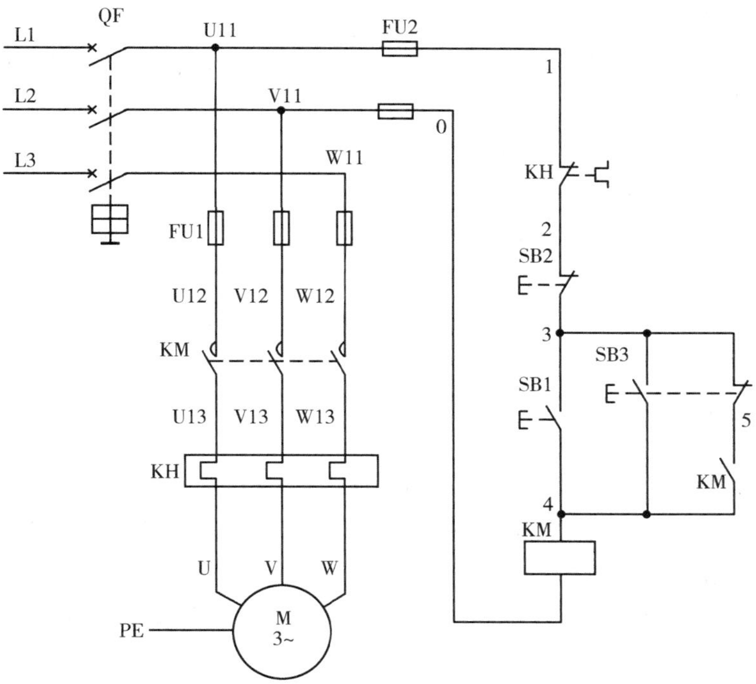

图 1-4-12　连续与点动混合控制线路电气原理图

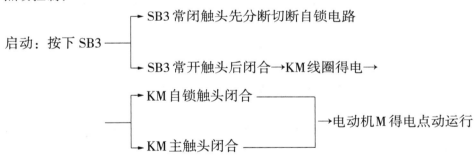

b.点动控制：

启动：按下 SB3 ─┬→ SB3 常闭触头先分断切断自锁电路
　　　　　　　　└→ SB3 常开触头后闭合→KM线圈得电→

─┬→ KM 自锁触头闭合 ─┐
　└→ KM 主触头闭合 ──┴→电动机M得电点动运行

c.停止：

松开 SB3 ─┬→ SB3 常开触头先恢复分断→KM 线圈失电→
　　　　　└→ SB3 常闭触头后恢复闭合（此时 KM自锁触头已分断）

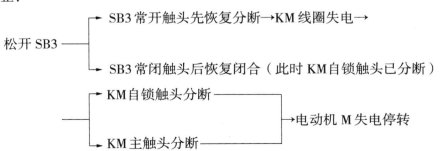

─┬→ KM自锁触头分断 ─┐
　└→ KM主触头分断 ──┴→电动机 M 失电停转

②按表 1-4-9 配齐所用电气元件，并进行检验。

a.电气元件的技术数据（如型号、规格、额定电压、额定电流等）应完整并符合要求，外观无损伤，备件、附件齐全完好。

b.检查电气元件的电磁机构动作是否灵活，有无衔铁卡阻等不正常现象。用万用表检查电磁线圈的通断情况以及各触头的分合情况。

c.检查接触器线圈额定电压与电源电压是否一致。

d.对电动机的质量进行常规检查。

③在控制板上按布置图（如图 1-4-13（a）所示）安装电气元件，并贴上醒目的文字符号。工艺要求如下：

a.组合开关、熔断器的受电端子应安装在控制板的外侧，并使熔断器的受电端为上进下出。

b.各元件的安装位置应整齐、匀称，间距合理，便于元件的更换。

c.紧固各元件时要用力均匀，紧固程度适当。在紧固易碎裂元件时，应用手按住元件一边轻轻摇动，一边用旋具轮换旋紧对角线上的螺钉，直到手摇不动后再适当旋紧即可。

④按接线图（如图 1-4-13（b）所示）的走线方法进行板前明线布线和套编码套管。

板前明线布线的工艺要求是：

a.布线通道尽可能少，同路并行导线按主、控电路分类集中，单层密排，紧贴安装面布线。

b.同一平面的导线应高低一致或前后一致，不能交叉。非交叉不可时且该根导线应在接线端子引出时，可水平架空跨越，但必须走线合理。

c.布线应横平竖直，分布均匀。变换走向时应垂直。

d.布线时严禁损伤线芯和导线绝缘。

e.布线顺序一般以接触器为中心，由里向外，由低至高，先控制电路、后主电路进行，以不妨碍后续布线为原则。

f.在每根剥去绝缘层导线的两端套上编码套管。所有从一个接线端子（或接线桩）到另一个接线端子（或接线桩）的导线必须连续，中间无接头。

g.导线与接线端子或接线桩连接时，不得压绝缘层，不反圈及露铜不能过长。

h.同一元件、同一回路不同接点的导线间距离应保持一致。

i.一个电气元件接线端子上的连接导线不得多于两根，每节接线端子板上的连接导线一般只允许连接一根。

⑤根据电路图检查控制板布线的正确性，如图 1-4-12 所示。

⑥安装电动机。

⑦连接电动机和按钮金属外壳的保护接地线。

⑧连接电源、电动机等控制板外部的导线。

⑨自检。安装完毕的控制线路板，必须经过认真检查以后才允许通电试车，以防止错接、漏接造成不能正常运转或短路事故。

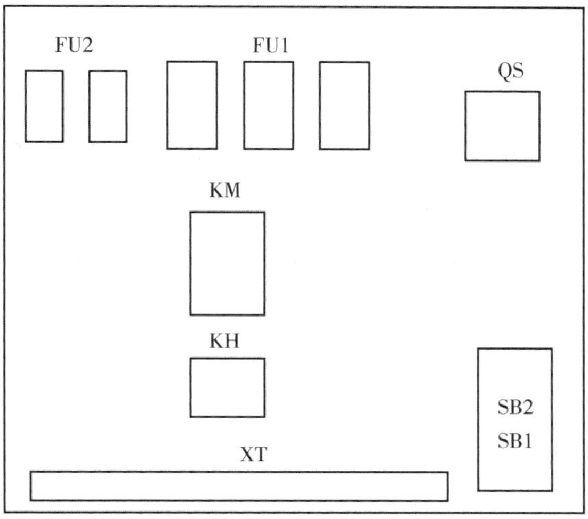

(a) 布置图

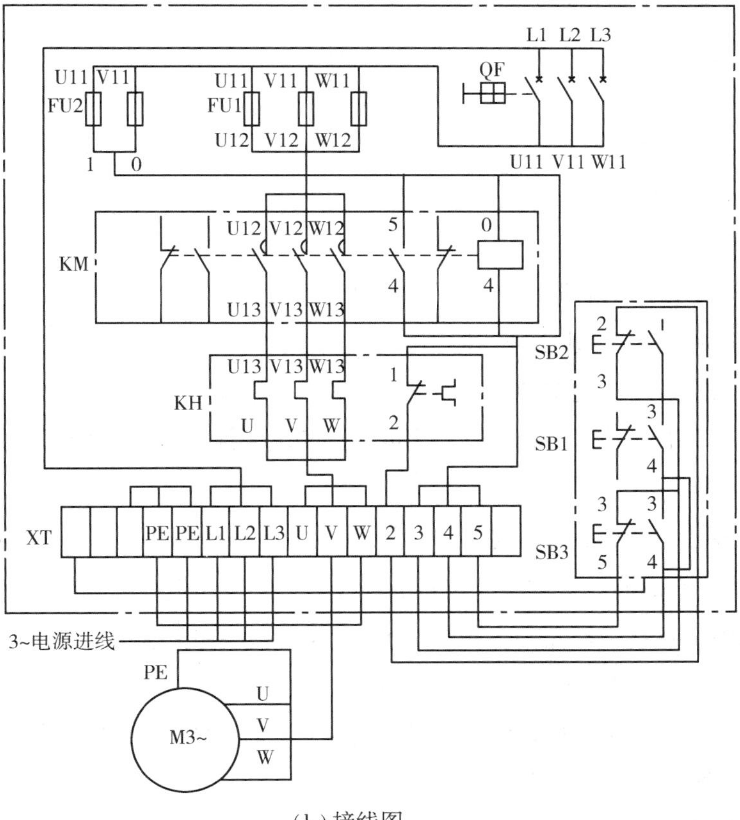

(b) 接线图

图 1-4-13 接线图和布置图

a.按电路图或接线图从电源端开始，逐段核对接线及接线端子处线号是否正确，有无漏接、错接之处。检查导线接点是否符合要求，压接是否牢固。接触应良好，以免带负载运行时产生闪弧现象。

b.用万用表检查线路的通断情况。检查时，应选用倍率适当的电阻挡并进行校零，以防短路故障的发生。对控制电路的检查（可断开主电路），可将表棒分别搭在 U11、V11 线端上，读数应为“∞”。按下 SB2 时，读数应为接触器线圈的直流电阻值。然后断开控制电路再检查主电路有无开路或短路现象，此时可用手动来代替接触器通电进行检查。

c.用兆欧表检查线路的绝缘电阻应不得小于 1 MΩ。

⑩校验。

⑪通电试车。为保证人身安全，在通电试车时，要认真执行安全操作规程的有关规定，一人监护，一人操作。试车前应检查与通电试车有关的电气设备是否有不安全的因素存在，若查出有不安全的因素应立即整改，然后方能试车。

a.通电试车前，必须征得教师同意，并由教师接通三相电源 L1、L2、L3，同时在现场监护。学生合上电源开关 QF 后，用测电笔检查熔断器出线端，氖管亮说明电源接通。按下 SB1 或 SB3，观察接触器情况是否正常，是否符合线路功能要求；观察电气元件动作是否灵活，有无卡阻及噪声过大等现象；观察电动机运行是否正常等。但不得对线路接线是否正确进行带电检查。观察过程中，若有异常现象应马上停车。当电动机运转平稳后，用钳形电流表测量三相电流是否平衡。

b.试车成功率以通电后第一次按下按钮时计算。

c.出现故障后，学生应独立进行检修。若需带电进行检查时，教师必须在现场监护。检修完毕后，如需再次试车，也应该有教师监护，并做好时间记录。

d.通电试车完毕，停转，切断电源。先拆除三相电源线，再拆除电动机线。

(4)注意事项

①电动机及按钮的金属外壳必须可靠接地。接至电动机的导线必须穿在导线通道内加以保护，或采用坚韧的四芯橡皮线或塑料护套线进行临时通电校验。

②电源进线应接在熔断器的上接线座上，出线则应接在下接线座上。

③按钮内接线时，用力不可过猛，以防螺钉打滑。

④训练应在规定定额时间内完成。训练结束后，安装的控制板留用。

(5)评分标准

评分标准见表 1-4-10。

表 1-4-10　评分标准

<table>
<tr><td>项目内容</td><td>配分</td><td colspan="3">评分标准</td><td colspan="2">扣　分</td></tr>
<tr><td>装前检查</td><td>5</td><td colspan="3">电气元件漏检或错检，每处扣 1 分</td><td colspan="2"></td></tr>
<tr><td>安装元件</td><td>15</td><td colspan="3">(1)不按布置图安装，扣 15 分
(2)元件安装不牢固，每只扣 4 分
(3)元件安装不整齐、不匀称、不合理，每只扣 3 分
(4)损坏元件扣 15 分</td><td colspan="2"></td></tr>
<tr><td>布　线</td><td>40</td><td colspan="3">(1)不按电路图接线，扣 25 分
(2)布线不符合要求：
主电路，每根扣 4 分
控制电路，每根扣 2 分
(3)接点不符合要求，每个接点扣 1 分
(4)损伤导线绝缘或线芯，每根扣 5 分
(5)漏接接地线，扣 10 分</td><td colspan="2"></td></tr>
<tr><td>通电试车</td><td>40</td><td colspan="3">(1)第一次试车不成功，扣 20 分
(2)第二次试车不成功，扣 30 分
(3)第三次试车不成功，扣 40 分</td><td colspan="2"></td></tr>
<tr><td>安全文明生产</td><td colspan="4">违反安全文明生产规程，扣 5~40 分</td><td colspan="2"></td></tr>
<tr><td>定额时间 4 h</td><td colspan="4">每超时 5 min，扣 5 分</td><td colspan="2"></td></tr>
<tr><td>备　注</td><td colspan="4">除定额时间外，各项目的最高扣分不应超过配分数</td><td>成绩</td><td></td></tr>
<tr><td>开始时间</td><td></td><td>结束时间</td><td></td><td>实际时间</td><td colspan="2"></td></tr>
</table>

●知识技能测试

一、填空题

1.热继电器主要由__________、_________、_________、__________、复位机构和温度补偿元件等部分组成。

2.热继电器在用电设备中用作________保护。它________接在线路中，当用电设备的负载电流________额定值时，热继电器动作时，切断控制线路电源，通过执行机构使用电设备与电源断开，起到保护作用。

3.按钮一般由________、_________、_________、_________、支柱连杆及外壳等部分组成。

4.电路图又称为电气原理图，它是用国家统一规定的________和________，按照电气设备和电器的工作顺序详细表示电路、设备或成套装置的________和__________，而不考虑其____________的一种简图。

5.电源电路应画成________，三相交流电源相序 L1、L2、L3 ________依次画出。

6.点动控制线路是用__________、________来控制电动机的启动与停止的，它适用于________电动机的启动，对控制条件________的场合。

7.接触器自锁控制线路不仅可使电动机________，而且还具有____和________保护功能。

8.连续与点动混合单向运转控制线路是在__________基础上，增加了________后来实现的。

二、判断题

1.接线图主要用于安装接线、线路的检查维修和故障处理。（　　）

2.在安装电动机基本控制线路中，布线顺序应以接触器为中心，由里向外，由低到高，先控制线路，后主电路进行，以不妨碍后续布线为原则。（　　）

3.手动单向运转控制电路的熔断器是用来作过载保护的。（　　）

4.连续与点动混合单运转控制线路中的复合按钮 SB3 的常闭触头应与 KM 自锁触头串联。（　　）

5.热继电器的触头系统一般包括一对常开触头和一对常闭触头。（　　）

6.带断相保护装置的热继电器只能对电动机作断相保护。（　　）

7.按下复合按钮时，其常开触头和常闭触头同时动作。（　　）

8.启动按钮优先选用白色按钮。（　　）

三、选择题

1.手动控制线路安装完成后合上开关时，电动机不启动，则不可能的原因是（　　）。

A.熔断器熔体烧坏

B.组合开关或熔体操作失控

C.热继电器常闭触头接触不良

2.在接触器自锁控制线路中，自锁触头一定与启动按钮（　　）。

A.串联　　B.并联　　C.短接

3.按钮帽上的颜色和符号标志是用来（　　）。

A.提示注意安全　　B.引起警惕　　C.区分功能

4.（　　）系列的按钮只有一对常开触头和一对常闭触头。

A.LA18　　B.LA19　　C.LA20

5.安装电动机基本控制线路时，开关、熔断器的输入端子应安装在控制板（　　）侧。

A.外　　B.内　　C.左侧或右侧

四、技能考核题

一个连续与点动混合单运转控制线路，通电试车时发现只能点动，对该线路进行维修。

任务 1.5 三相交流异步电动机正反转控制线路的安装

●任务目标

掌握各种三相交流异步电动机正反转控制线路的组成、特点，并能安装调试。

●入门引导

前面介绍的正转控制线路只能使电动机朝一个方向旋转，带动生产机械的运动部件朝一个方向运动。但许多生产机械往往要求运动部件能正、反两个方向运动。如图 1-5-1 所示为一台起重机，它在上、下起吊重物时，电动机的运转方向是不同的，这要求起重机上的电动机能朝正、反两个方向运转。三相异步电动机从单向运转到双向运转，原理上只是改变了三相电源的相序，结构上仅仅并联了另一个单相运转控制线路，却实现了电动机运转方式的根本变化。

图 1-5-1 起重机

●知识学习

改变通入电动机定子绕组三相电源相序，即把接入电动机三相电源进线中的任意两相对调接线，电动机就可以反转。下面介绍几种常用的正反转控制线路。

(1)倒顺开关正反转控制线路

倒顺开关的外形图如图 1-5-2(a)所示,倒顺开关正反转控制电路如图 1-5-2(b)所示。万能铣床主轴电动机的正反转控制就是采用倒顺开关来实现的。

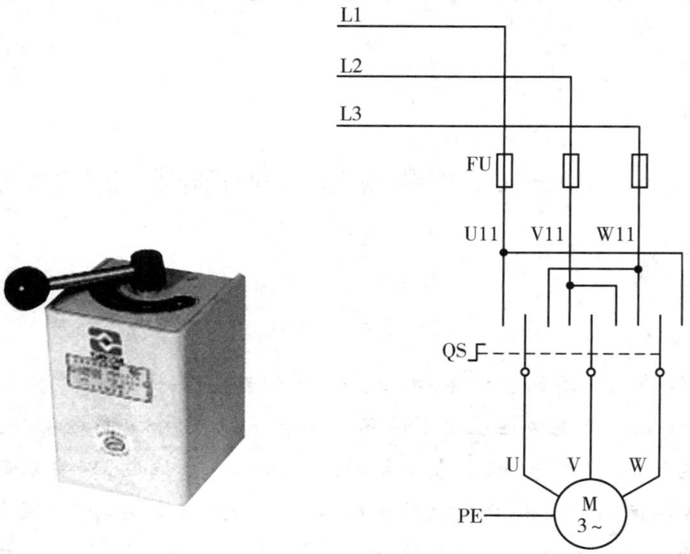

(a)外形图　　(b)电路图

图 1-5-2　倒顺开关外形图及由倒顺开关控制正反转的控制电路图

线路的工作原理如下:操作倒顺开关 QS,当手柄处于“停”位置时,QS 的动、静触头不接触,电路不通,电动机不转;当手柄扳至“顺”位置时,QS 的动触头和左边的静触头相接触,电路按 L1—U、L2—V、L3—W 接通,输入电动机定子绕组的电源电压相序为 L1—L2—L3,电动机正转;当手柄扳至“倒”位置时,QS 的动触头和右边的静触头相接触,电路按 L1—W、L2—V、L3—U 接通,输入电动机定子绕组的电源相序变为 L3—L2—L1,电动机反转。

必须注意的是:当电动机处于正转状态时,要使它反转,应先把手柄扳到“停”的位置,使电动机先停转,然后再把手柄扳到“倒”的位置,使它反转。若直接把手柄由“顺”扳至“倒”的位置,电动机的定子绕组会因为电源突然反接而产生很大的反接电流,易使电动机定子绕组因过热而损坏。

(2)接触器联锁的正反转控制线路

倒顺开关正反转控制线路虽然所用电器较少,线路较简单,但它是一种手动控制线路,在频繁换向时,操作人员劳动强度大,操作不安全,所以这种线路一般用于控制额定电流 10 A、功率在 3 kW 及以下的小容量电动机。生产实践中更常用的是接触器联锁的正反转控制线路。

接触器联锁的正反转控制线路如图 1-5-3 所示。线路中采用了两个接触器,即正转用的接触器 KM1 和反转用的接触器 KM2,它们分别由正转按钮 SB1 和反转按钮 SB2 控制。

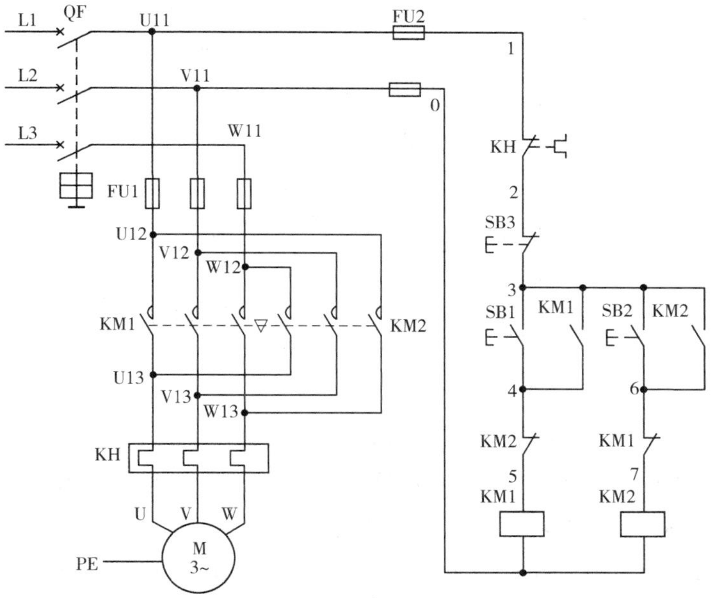
L1
QF
U11
FU2
1
L2
V11
0
L3
W11
KH
FU1
2
SB3
U12
V12
W12
3
SB1
KM1
SB2
KM2
KM1
KM2
U13
4
6
V13
W13
KM2
KM1
KH
5
7
KM1
KM2
U
V
W
M
3~
PE

(a)电路图

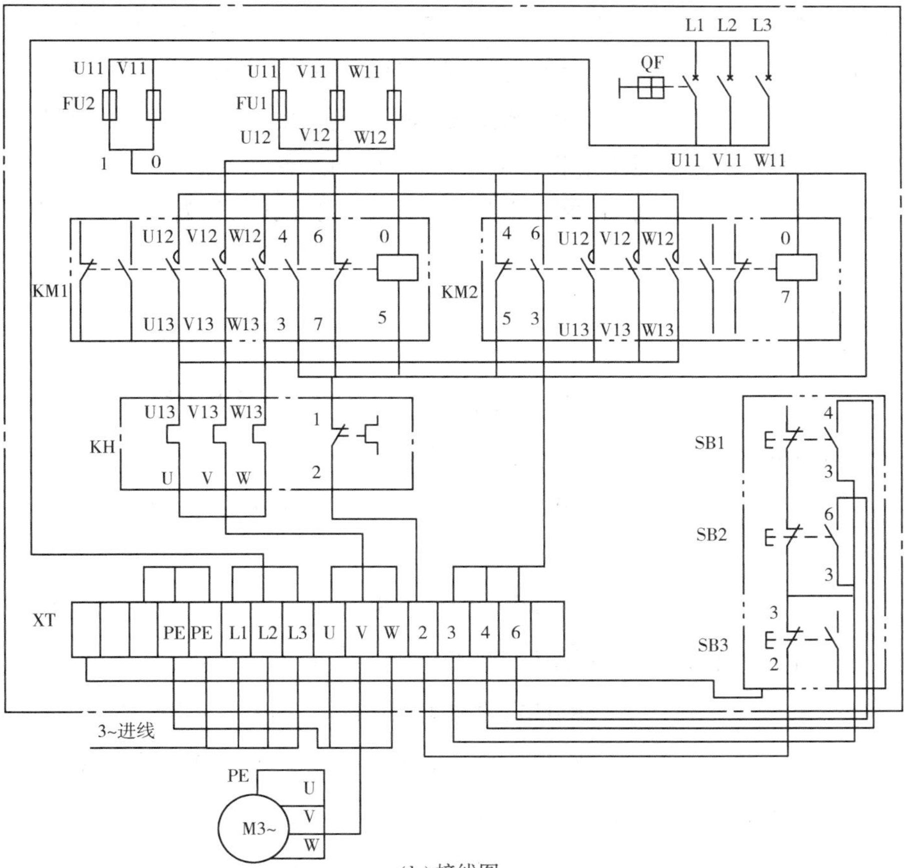
L1 L2 L3
QF
U11 V11
FU2
1 0
U11 V11 W11
FU1
U12 V12 W12
U11 V11 W11
KM1
KM2
U12 V12 W12 4 6 0
U13 V13 W13 3 7 5
4 6 U12 V12 W12 0
5 3 U13 V13 W13 7
KH
U13 V13 W13 1
U V W 2
SB1
4
3
SB2
6
3
SB3
3
2
XT
PE PE L1 L2 L3 U V W 2 3 4 6
3~进线
PE
M3~
U
V
W

(b)接线图

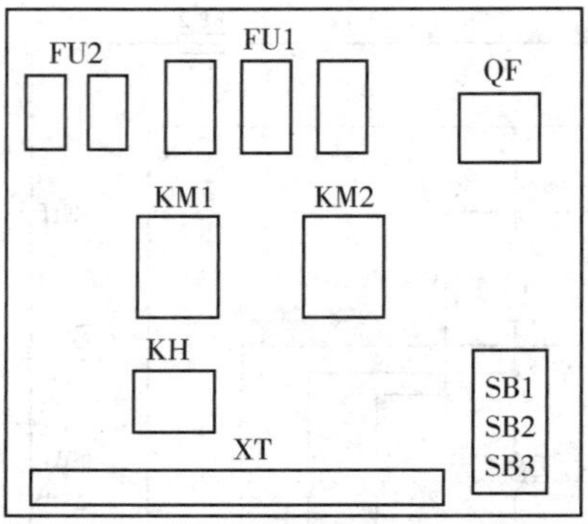

(c)布置图

图 1-5-3　接触器联锁的正反转控制线路

从主电路图中可以看出，这两个接触器的主触头所接通的电源相序不同，KM1 由 L1—L2—L3 相序接线，KM2 则按 L3—L2—L1 相序接线。相应的控制电路有两条，一条是由按钮 SB1 和 KM1 线圈等组成的正转控制电路；另一条是由按钮 SB2 和 KM2 线圈等组成的反转控制电路。

必须指出，接触器 KM1 和 KM2 的主触头绝不允许同时闭合，否则将造成两相电源（L1 相和 L3 相）的短路事故。为了避免两个接触器 KM1 和 KM2 同时得电动作，正、反转控制电路中分别串接了对方接触器的一对常闭辅助触头。这样，当一个接触器得电动作时，通过其常闭辅助触头使另一个接触器不能得电动作，接触器间这种相互制约的作用叫接触器联锁（或互锁）。实现联锁作用的常闭辅助触头称为联锁触头（或互锁触头），联锁符号用“▽”表示。

先合上电源开关 QF。

1)正转控制

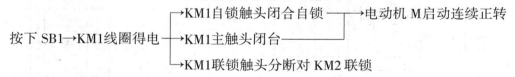

按下 SB1→KM1线圈得电
- →KM1自锁触头闭合自锁 ─┐
- →KM1主触头闭合 ─────┴→电动机 M启动连续正转
- →KM1联锁触头分断对 KM2 联锁

2)反转控制

先按下 SB3→KM1线圈失电
- →KM1自锁触头分断解除自锁 ─┐
- →KM1主触头分断 ───────┴→电动机 M失电停转
- →KM1联锁触头恢复闭合，解除对 KM2联锁

再按下 SB2→KM2线圈得电
- →KM2自锁触头闭合自锁 ─┐
- →KM2主触头闭合 ─────┴→电动机 M启动连续反转
- →KM2 联锁触头分断对 KM1联锁

3）停止时

按下停止按钮SB3→控制电路失电→KM1（或KM2）主触头分断→电动机M失电停转。

从以上分析可见，接触器联锁正反转控制线路的优点是工作安全可靠，缺点是操作不便。因电动机从正转变为反转时，必须先按下停止按钮后才能按反转启动按钮，否则由于接触器的联锁作用，不能实现反转。为克服此线路的不足，可采用按钮联锁或按钮和接触器双重联锁的正反转控制线路。

（3）按钮联锁的正反转控制线路

为克服接触器联锁正反转控制线路操作不便的缺点，把正转按钮SB1和反转按钮SB2换成两个复合按钮，并使两个复合按钮的常闭触头代替接触器的联锁触头，就构成了按钮联锁的正反转控制线路，如图1-5-4所示。

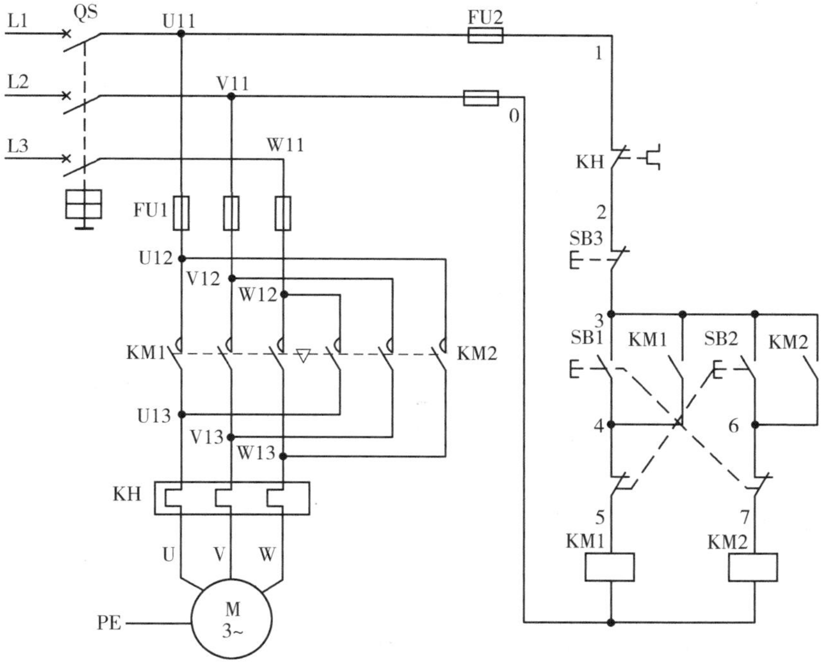

图1-5-4　按钮联锁的正反转控制电路图

这种控制线路的工作原理与接触器联锁的正反转控制线路的工作原理基本相同。只是当电动机从正转变为反转时，可直接按下反转按钮SB2即可实现，不必先按停止按钮SB3。因为当按下反转按钮SB2时，串接在正转控制电路中SB2的常闭触头先分断，使正转接触器KM1线圈失电，KM1的主触头和自锁触头分断，电动机M失电，惯性运转。SB2的常闭触头分断后，其常开触头随后闭合，接通反转控制电路，电动机M便反转。这样既保证了KM1和KM2的线圈不会同时通电，又可不按停止按钮而直接按反转按钮实现反转。同样，若使电动机从反转运行变为正转运行，也只要直接按下正转按钮SB1即可。

这种线路的优点是操作方便,缺点是容易产生两相电源短路故障。例如:当正转接触器KM1发生主触头熔焊或被杂物卡住等故障时,即使KM1线圈失电,主触头也分断不开。这时若直接按下反转按钮SB2,KM2得电动作,触头闭合,必然造成电源两相短路故障。所以采用此线路工作有一定的安全隐患。在实际工作中,常采用按钮、接触器双重联锁的正反转控制线路。

(4)按钮、接触器双重联锁的正反转控制线路

为克服接触器联锁正反转控制线路和按钮联锁正反转控制线路的不足,在按钮联锁的基础上又增加了接触器联锁,构成按钮、接触器双重联锁正反转控制线路,如图1-5-5所示。该线路兼有两种联锁控制线路的优点,操作方便,工作安全可靠。

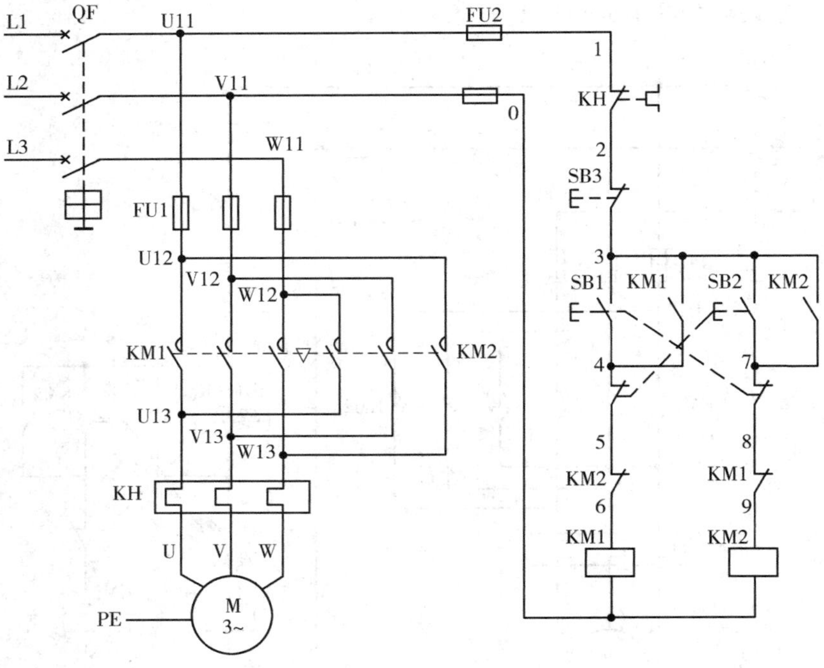

图1-5-5 双重联锁的正反转控制电路图

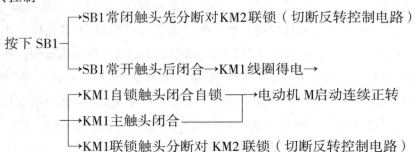

先合上电源开关QF。

1)正转控制

按下SB1—┬→SB1常闭触头先分断对KM2联锁(切断反转控制电路)
　　　　　└→SB1常开触头后闭合→KM1线圈得电→

┬→KM1自锁触头闭合自锁——┬→电动机M启动连续正转
├→KM1主触头闭合————┘
└→KM1联锁触头分断对KM2联锁(切断反转控制电路)

2）反转控制

按下 SB2—
- → SB2 常闭触头先分断→KM1线圈失电—
  - →KM1自锁触头分断解除自锁→电动机
  - →KM1主触头分断
  - →KM1联锁触头恢复闭合→KM2线圈得电
- → SB2 常开触头后闭合→KM2线圈得电

—
- →KM2自锁触头闭合自锁→电动机 M启动连续反转
- →KM2主触头闭合→电动机 M启动连续反转
- →KM2联锁触头分断对 KM1联锁（切断正转控制电路）

3）停止时

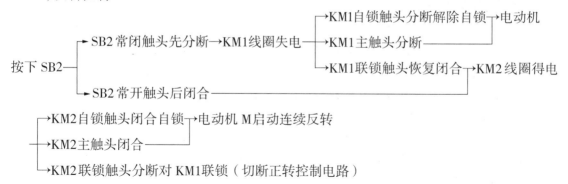

按下 SB3，整个控制电路失电，主触头分断，电动机 M 失电停转。

例 1-5-1　几种正反转控制电路如图 1-5-6 所示，试分析各电路能否正常工作。若不能正常工作，请找出原因，并改正过来。

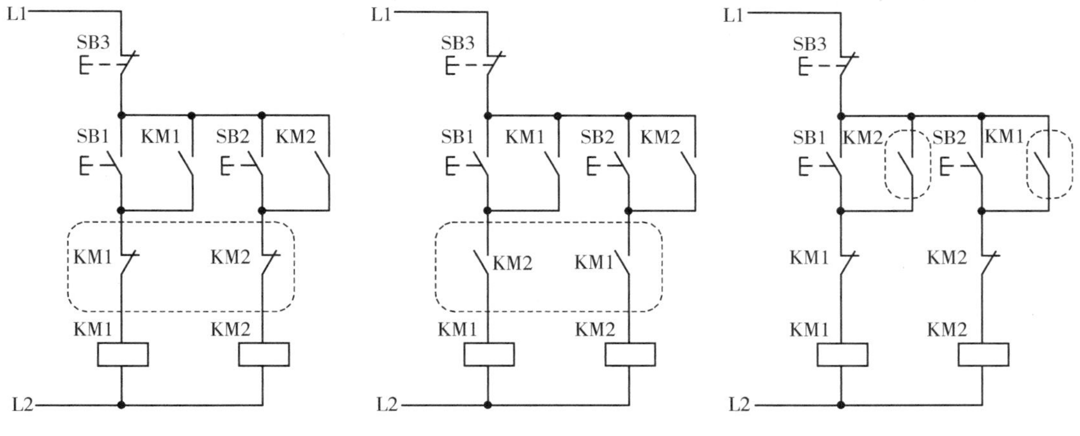

（a）　　（b）　　（c）

图 1-5-6

解　图 1-5-6(a)所示电路图不能正常工作。其原因是联锁触头不能用自身接触器的常闭辅助触头，不但起不到联锁作用，当按下启动按钮后，还会出现控制电路时通时断的现象。应把图中两对联锁触头换接。

图 1-5-6(b)所示电路图不能正常工作。其原因是联锁触头不能用常开辅助触头。即使按下启动按钮，接触器也不能得电动作。应把联锁触头换接成常闭辅助触头。

图 1-5-6(c)所示电路图只能实现点动正反转控制，不能连续工作。其原因是自锁触头所用对方接触器的常开辅助触头起不到自锁作用。若要使线路能连续工作，应把图中两对自锁触头换接。

●能力训练一

倒顺开关正反转控制线路的安装与检修

(1)目的要求

掌握倒顺开关正反转控制线路的安装,并能检修一般故障。

(2)工具、仪表及器材

1)工具

电工常用工具:测电笔、螺钉旋具、尖嘴钳、斜口钳、剥线钳、电工刀等;线路安装工具:冲击钻,弯管器,套螺纹扳手等。

2)仪表

5050 型兆欧表、T301-A 型钳形电流表、MF30 型万用表。

3)器材

控制板一块(500 mm×400 mm×20 mm);导线规格:动力电路采用 BVR1.5 mm^2(黑色)塑铜线或 YHZ4×1.5 mm^2橡皮电缆线,接地线采用 BVR(黄绿双色)塑铜线(截面至少1.5 mm^2,导线数量应按敷设方式和管路长度来决定);ϕ16 电线管,ϕ5×60 木螺钉,膨胀螺栓,ϕ6 管夹及紧固体等。电气元件见表 1-5-1。

表 1-5-1　元件明细表

代　号	名　称	型　号	规　格	数　量
M	三相异步电动机	Y100 L1-4	2.2 kW、380 V、5 A、Y 接法、1 440 r/min	1
QS	组合开关	HZ3-132	三级、500 V、10 A	1
FU	熔断器	RT18-32/15	380 V、30 A、配熔体 15 A	3

(3)安装步骤及工艺要求

①按表 1-5-1 配齐所用电气元件并进行质量检验。

a.根据电动机的规格检验选配的倒顺开关、熔断器、导线及电线管的型号及规格是否满足要求。

b.检查所选用的电气元件的外观是否完整无损,附件、备件是否齐全。

c.用万用表、兆欧表检测电气元件及电动机的有关技术数据是否符合要求。

②在控制板上按图 1-5-2(b)安装电气元件。电气元件的安装应牢固,并符合工艺要求。

③根据电动机位置标划线路走向、电线管和控制板支持点的位置,做好敷设和支持准备。

④敷设电线管并穿线。

a.电线管的施工应按工艺要求进行,整个管路应连成一体并进行可靠接地。

b.管内导线不得有接头,导线穿管时不要损伤绝缘层,导线穿好后管口应套上护圈。

⑤安装电动机和控制板。

a.倒顺开关必须安装在操作时能看到电动机的地方，以保证操作安全。

b.电动机的安装必须牢固。在紧固地脚螺栓时，必须按对角线均匀受力，依次交错逐步拧紧。

⑥连接倒顺开关至电动机的导线。

⑦连好接地线。电动机和倒顺开关的金属外壳以及连成一体的线管，按规定要求必须接到保护接地专用端子上。

⑧检查安装质量并进行绝缘电阻测量。

⑨将三相电源接入控制开关。

⑩经教师检查合格后进行通电试车。

以上安装为永久性装置，若为临时性装置，如将开关安装在墙上（属半移动形式）时，接电动机的引线可采用 BVR1.5 mm^2（黑色）塑铜线或 YHZ4×1.5 mm^2 橡皮电缆线，并采用金属软管保护；若将开关与电动机一起安装在同一金属结构件或支架上（属移动形式）时，开关的电源进线必须采用四脚插头和插座连接，并在插座前装熔断器或再加装隔离开关。

（4）注意事项

①电动机倒顺开关的金属外壳等必须可靠接地，且必须将接地线接到倒顺开关指定的接地螺钉上，切忌接在开关的罩壳上。

②倒顺开关的进出线接线切忌接错。接线时，应看清开关线端标记，保证标记为 L1、L2、L3 接电源，标记为 U、V、W 电动机。否则，难免造成两相电源短路故障。

③倒顺开关的操作顺序要正确。

④作为临时性装置安装时，可移动的引线必须完整无损，一般不超过 2 m。

（5）评分标准

评分标准见表 1-5-2。

表 1-5-2　评分标准

项目内容	配分	评分标准	扣　分
装前检查	20	（1）电动机质量检查，每漏一处扣 5 分 （2）倒顺开关漏检或错检，每处扣 5 分	
安　装	40	（1）电动机安装不符合要求： 地脚螺栓紧松不一或松动，扣 20 分 缺少弹簧垫圈、平垫圈、防震物，每个扣 5 分 （2）控制板或开关安装不符合要求： 位置不适当或松动，扣 20 分 紧固螺栓（或螺栓）松动，每个扣 5 分 （3）电线管支持不牢固或管口无护圈，扣 5 分 （4）导线穿管时损伤绝缘，扣 15 分 （5）引接线选用及安装不符合要求，扣 20 分	

续表

<table>
<tr><th>项目内容</th><th>配分</th><th colspan="3">评分标准</th><th>扣　分</th></tr>
<tr><td>接线及试车</td><td>40</td><td colspan="3">(1)不会使用仪表及测量方法不正确,每个仪表扣 5 分
(2)各接点松动或不符合要求,每个扣 5 分
(3)接线错误造成通电一次不成功,扣 40 分
(4)开关进、出线接错,扣 20 分
(5)电动机接线错误,扣 30 分
(6)接线程序错误,扣 15 分
(7)漏接接地线,扣 30 分</td><td></td></tr>
<tr><td>安全与文明</td><td colspan="4">违反安全文明生产规程,扣 5~40 分</td><td></td></tr>
<tr><td>定额时间 3 h</td><td colspan="4">每超时 10 min,扣 5 分</td><td></td></tr>
<tr><td>备　注</td><td colspan="3">除额定时间外,各项内容的最高扣分不应超过配分数</td><td>成绩</td><td></td></tr>
<tr><td>开始时间</td><td></td><td>结束时间</td><td></td><td>实际时间</td><td></td></tr>
</table>

(6)常见故障及维修

常见故障及维修见表 1-5-3。

表 1-5-3　倒顺开关正反转控制线路常见故障及维修方法

常见故障	故障原因	维修方法
(1)电动机不启动 (2)电动机缺相	(1)熔断器熔体熔断 (2)倒顺开关操作失控 (3)倒顺开关动、静触头接触不良	(1)查明原因,排除后更换熔体 (2)修复或更换倒顺开关 (3)对触头进行修整

●能力训练二

接触器联锁正反转控制线路的安装

(1)目的要求

掌握接触器联锁正反转控制线路的安装。

(2)工具、仪表及器材

1)工具

测电笔、螺钉旋具、尖嘴钳、斜口钳、剥线钳、电工刀、校验灯等。

2)仪表

5050 型兆欧表、T301-A 型钳形电流表、MF30 型万用表。

3)器材

控制板一块(500 mm×400 mm×20 mm);导线规格:动力电路采用 BV1.5 mm^2和 BVR1.5 mm^2(黑色)塑铜线,控制电路采用 BVR1 mm^2塑铜线(红色),接地线采用 BVR(黄绿双色)塑铜线(截面至少 1.5 mm^2);紧固体及编码套管等。数量按需要而定。电气元件见表 1-5-4。

表 1-5-4 元件明细表

代 号	名 称	型 号	规 格	数量
M	三相异步电动机	Y112M-4	4 kW、380 V、△接法、8.8 A、1 440 r/min	
QF	低压断路器	DZ5-20/333	三极、20 A	
FU1	熔断器	RT18-63/25	500 V、60 A、配熔体 25 A	
FU2	熔断器	RT18-32/2	500 V、15 A、配熔体 2 A	
KM1、KM2	交流接触器	CJ10-20	20 A、线圈电压 380 V	
KH	热继电器	JR16-20/3	三极、20 A、整定电流 8.8A	
SB1—SB3	按钮	LA10-3H	保护式、380 V、5A、按钮数 3	
XT	端子板	JXZ-1015	380 V、10 A、15 节	

(3)安装步骤和工艺要求

①按表 1-5-4 配齐所用电气元件并进行质量检验。电气元件应完好无损,各项技术指标符合规定要求,否则应予以更换。

②在控制板上按如图 1-5-3(c)所示安装所有的电气元件,并贴上醒目的文字符号。安装时,组合开关、熔断器的受电端子应安装在控制板的外侧;元件排列要整齐、匀称、间距合理,且便于元件的更换;紧固电气元件时用力要均匀,紧固程度适当,做到既要使元件安装牢固,又不使其损坏。

③按如图 1-5-3(b)所示接线图进行板前明线布线和套编码套管。做到布线横平竖直、整齐,分布均匀、紧贴安装面、走线合理;套编码套管要正确;严禁损伤线芯和导线绝缘;接点牢靠,不得松动,不得压绝缘层,不反圈及露铜不能过长等。完成后的电路板如图 1-5-7 所示。

图 1-5-7 完成后的电路板

④根据如图 1-5-3(a)所示电路图检查控制板布线的正确性。

⑤安装电动机。做到安装牢固平稳,以防止在换向时产生滚动而引起事故。

⑥可靠连接电动机和按钮金属外壳的保护接地线。

⑦连接电源、电动机等控制板外部的导线。导线要敷设在导线通道内,或采用绝缘良好的橡皮线进行通电校验。

⑧自检。安装完毕的控制线路板,必须按要求进行认真检查,确保无误后才允许通电试车。

⑨交验合格后,通电试车。通电时,必须经指导教师同意后,由指导教师接通电源,并在现场进行监护。出现故障后,学生应独立进行检修。若需带电检查时,也必须有教师在现场监护。

⑩通电试车完毕,停转、切断电源。先拆除三相电源线,再拆除电动机负载线。

(4)注意事项

①接触器联锁触头接线必须正确,否则将会造成主电路中两相电源短路事故。

②通电试车时,应先合上 QF,再按下 SB1(或 SB2)及 SB3,看控制是否正常,并在按下 SB1 后再按下 SB2,观察有无联锁作用。

③训练应在规定的定额时间内完成,同时要做到安全操作和文明生产。训练结束后,安装的控制板留用。

(5)评分标准

评分标准见表 1-5-5。

表 1-5-5 评分标准

<table>
<tr><td>项目内容</td><td>配分</td><td colspan="4">评分标准</td><td>扣 分</td></tr>
<tr><td>装前检查</td><td>15</td><td colspan="4">(1)电动机质量检查,每漏一处扣 5 分
(2)电气元件漏检或错检,每处扣 2 分</td><td></td></tr>
<tr><td>安装元件</td><td>15</td><td colspan="4">(1)不按布置图安装,扣 15 分
(2)元件安装不紧固,每只扣 4 分
(3)安装元件时漏装木螺钉,每只扣 2 分
(4)元件安装不整齐、不匀称、不合理,每只扣 3 分
(5)损坏元件,扣 15 分</td><td></td></tr>
<tr><td>布 线</td><td>30</td><td colspan="4">(1)不按布置图接线,扣 25 分
(2)布线不符合要求:
主电路,每根扣 4 分
控制电路,每根扣 2 分
(3)接点松动、露铜过长、压绝缘层、反圈等,每个扣 1 分
(4)损伤导线绝缘或线芯,每根扣 5 分
(5)漏套或套错编码套管,每个扣 2 分
(6)漏接接地线扣 10 分</td><td></td></tr>
<tr><td>通电试车</td><td>40</td><td colspan="4">(1)热继电器未整定或整定错,扣 5 分
(2)熔体规格配错,主、控电路各扣 5 分
(3)第一次试车不成功,扣 20 分
第二次试车不成功,扣 30 分
第三次试车不成功,扣 20 分</td><td></td></tr>
<tr><td>安全与文明</td><td colspan="5">违反安全文明生产规程,扣 5~40 分</td><td></td></tr>
<tr><td>定额时间 4 h</td><td colspan="5">每超时 10 min,扣 5 分</td><td></td></tr>
<tr><td>备 注</td><td colspan="4">除额定时间外,各项内容的最高扣分不应超过配分数</td><td>成绩</td><td></td></tr>
<tr><td>开始时间</td><td></td><td>结束时间</td><td></td><td>实际时间</td><td colspan="2"></td></tr>
</table>

能力训练三

双重联锁正反转控制线路的安装与检修

(1)目的要求

掌握双重联锁正反转控制线路的正确安装和检修。

(2)工具、仪表及器材

1)工具

测电笔、螺钉旋具、尖嘴钳、斜口钳、剥线钳、电工刀、校验灯等。

2)仪表

5050 型兆欧表、T301-A 型钳形电流表、MF30 型万用表。

3)器材

接触器联锁正反转控制线路板一块;导线规格:动力电路采用 BV1.5 mm^2和BVR1.5 mm^2(黑色)塑铜线,控制电路采用 BVR1 mm^2塑铜线(红色),接地线采用 BVR(黄绿双色)塑铜线(截面至少 1.5 mm^2);紧固体及编码套管等。数量按需要而定。

(3)安装训练

①根据如图 1-5-5 所示的电路图,将图 1-5-3(b)改画成双重联锁正反转控制的接线图。

②根据电路图和接线图,将前面技能训练装好留用的线路板改装成双重联锁的正反转控制线路。操作时,注意体会该线路的优点。完成后的电路板如图 1-5-7 所示。

(4)评分标准

评分标准见表 1-5-6。

表 1-5-6　评分标准

<table>
<tr><th>项目内容</th><th>配分</th><th colspan="4">评分标准</th><th>扣　分</th></tr>
<tr><td>改画接线图</td><td>30</td><td colspan="4">改画不正确,每错一处扣 5 分</td><td></td></tr>
<tr><td>改装线路板</td><td>30</td><td colspan="4">(1)错套或漏套编码套管,每处扣 2 分
(2)改装不符合要求,每处扣 4 分
(3)改装不正确,每处扣 10 分</td><td></td></tr>
<tr><td>通电试车</td><td>40</td><td colspan="4">(1)热继电器未整定或整定错,扣 5 分
(2)熔体规格配错,主、控电路各扣 5 分
(3)第一次试车不成功,扣 20 分
第二次试车不成功,扣 30 分
第三次试车不成功,扣 40 分</td><td></td></tr>
<tr><td>安全文明生产</td><td colspan="5">违反安全文明生产规程,扣 5~40 分</td><td></td></tr>
<tr><td>定额时间 3.5 h</td><td colspan="5">每超时 10 min,扣 5 分</td><td></td></tr>
<tr><td>备　注</td><td colspan="4">除额定时间外,各项内容的最高扣分不应超过配分数</td><td>成绩</td><td></td></tr>
<tr><td>开始时间</td><td colspan="2"></td><td>结束时间</td><td></td><td>实际时间</td><td></td></tr>
</table>

●知识技能测试

一、填空题

1.在倒顺开关双向运转控制线路中，操作倒顺开关时不能将________，中间必须经过________位置，待电动机停转后，再进行切换，否则会__________，危及倒顺开关和电动机的安全。

2.接触器联锁的双向运转控制线路的双向运转装置是由__________组成，控制线路中的控制按钮也是由________和____________组成。

3.为避免正转和反转时两个接触器__________造成相间短路，应在两接触器线圈所在的控制线路上加上__________。

4.在接触器联锁的双向运转控制线路中，电动机从正转到反转时，必须先________后________，才能__________，否则由于接触器的__________，不能__________，会给操作带来不便。

5.按钮联锁双向运转控制线路的优点是________，缺点是__________，有一定的安全隐患。

二、判断题

1.倒顺开关控制的电动机双向运转控制线路只有主电路。（　　）

2.接触器联锁的双向运转控制线路的双向运转控制线路中的两个接触器可以是不同类型和不同型号的。（　　）

3.按钮联锁一般要另加接触器联锁。（　　）

4.按钮与接触器双重联锁控制线路是所有双向运转控制线路中最可靠的一种。（　　）

5.双向运转控制线路的安装与检修训练中，交流接触器的型号是 CJ10—10。（　　）

6.按钮联锁和按钮与接触器双重联锁控制线路的元件基本没有变化，只是按钮的接线和接触器辅助触头的接线有少许改动。（　　）

7.安装线路时，紧固电气元件用力要均匀，且越紧固越好。（　　）

三、选择题

1.倒顺开关双向运转控制线路使用电器较少，线路简单，但它只适用于控制额定电流和功率分别在（　　）以下的小容量电动机。

A. 5A，3 kW　　B.10 A，3 kW　　C. 5A，5 kW

2.实现联锁的常闭辅助触头称为联锁触头，联锁符号用（　　）表示。

A.△　　B.◿　　C.▽

3.接触器联锁的双向运转控制线路的控制电路是由两个单向运转控制线路（　　）而成的。

A.串联　　B.并联　　C.任意连接

4.安装接触器联锁双向运转控制线路中，熔断器的受电端子应在控制板的外侧，即（　　）。

A.低进高出　　B.高进低出　　C.高进高出或低进低出

四、技能考核题

电动机通电试车时,设备不能换向运转,试排除该故障。

任务 1.6　位置控制与自动循环控制线路的安装与维修

●任务目标

- 掌握位置开关的结构、动作原理和使用方法。
- 掌握工作台位置控制线路的工作原理。
- 掌握自动循环控制线路的工作原理。

●入门引导

一些生产机械运动部件的行程或位置要受到限制,或者其运动部件在一定范围内需要自动往返循环等。如摇臂钻床、万能铣床及各种自动或半自动控制机床设备就经常遇到这种控制要求。而实现这种控制要求所依靠的主要电器是位置开关。下面就来学习位置开关及其控制电路。

●知识学习

(1)位置开关

位置开关是在机器的运动部件到达一个预定位置时操作的一种指示开关。它包括行程开关(限位开关)、接近开关等。这里着重介绍在生产中应用较广泛的行程开关,并简单介绍接近开关的作用及工作原理。

1)行程开关

行程开关是用以反映工作机械行程,发出命令以控制其运动方向和行程大小的开关。其作用原理与按钮相同,区别在于行程开关不靠手指的按压而是利用生产机械运动部件的碰压使其触头动作,从而将机械信号转变为电信号,用以控制机械动作或用作程序控制。通常,行程开关被用来限制机械运动的位置或行程,使运动机械按一定的位置或行程实现自动停止、反向运动、变速运动或自动往返运动等。

①型号及含义。

目前机床中常用的行程开关有 LX19 和 JLXK1 等系列,其型号及含义如下:

(a) LX1系列　(b) LX2系列　(c) LX4系列　(d) LX6系列

图 1-6-1　各种类型的行程开关

L X 19 □-□ □ □

- L——主令电器
- X——行程开关
- 19——设计序号
- □——K—开启式，无字母表示保护式
- □——0—无滚轮；1—单滚轮；2—双滚轮
- □——0—直动式；1—滚轮装在传动杆内侧；2—滚轮装在传动杆外侧；3—滚轮装在传动杆凹槽内或内外各有一个滚轮
- □——1—能自动复位；2—不能自动复位

J L X K 1-□ □ □

- J——机床电器
- L——主令电器
- X——行程开关
- K——快速
- 1——设计序号
- □——传动装置形式代号：1—单轮转动式；2—双轮转动式；3—直动不带轮；4—直动带轮
- □——常开触头数
- □——常闭触头数

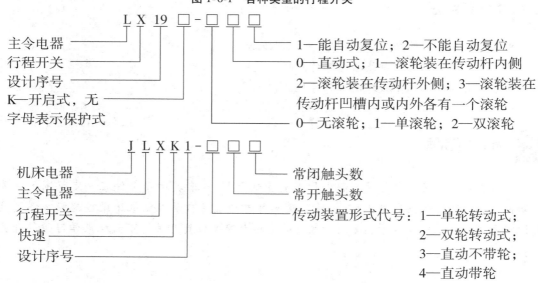

②结构及工作原理。各系列行程开关的基本结构大体相同，都是由触头系统，操作机构和外壳组成。以某种行程开关元件为基础，装置不同的操作机构，可得到各种不同形式的行程开关，常见的有按钮式(直动式)和旋转式(滚轮式)。JLXK1 系列行程开关的外形如图1-6-2所示。

(a) JLXK1-311 按钮式　(b) JLXK1-111 单轮旋转式　(c) JLXK1-111 双轮旋转式

图 1-6-2　JLXK1 系列行程开关

JLXK1 系列行程开关的动作原理如图 1-6-3 所示。当运动部件的挡铁碰压行程开关的滚轮 1 时，杠杆 2 连同转轴 3 一起转动，使凸轮 7 推动撞块 5。当撞块被压到一定位置时，推动微动开关 6 快速动作，使其常闭触头断开，常开触头闭合。

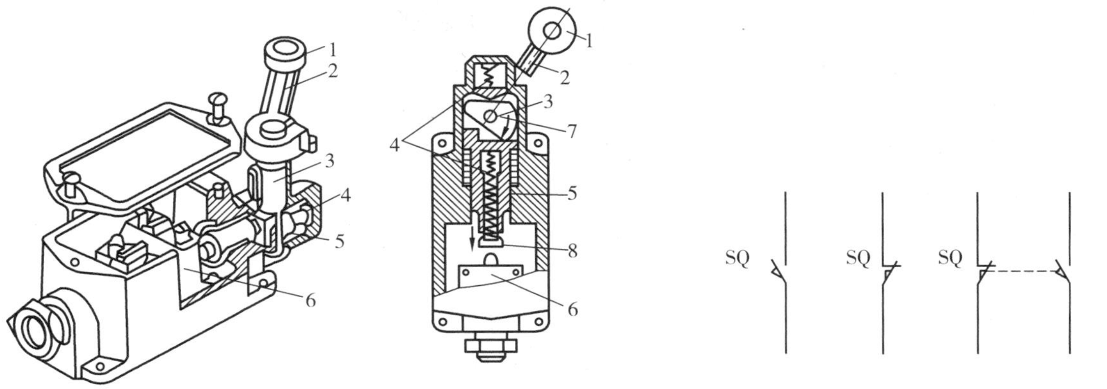

(a)结构　(b)动作原理　(c)符号

图 1-6-3　JLXK1-111 型行程开关的结构和动作原理

1—滚轮;2—杠杆;3—转轴;4—复位弹簧;5—撞块;6—微动开关;7—凸轮;8—调节螺钉

行程开关的触头动作方式有蠕动型和瞬动型两种。蠕动型的触头结构与按钮相似,这种行程开关结构简单,价格便宜,但触头的分合速度取决于生产机械挡铁的移动速度。当挡铁的移动速度小于 0.007 m/s 时,触头分合太慢,易产生电弧灼烧触头,从而减少触头的使用寿命,也影响动作的可靠性及行程控制的位置精度。为克服这些缺点,行程开关一般都采用具有快速换接动作机构的瞬动型触头。瞬动型行程开关的触头动作速度与挡铁的移动速度无关,性能显然优于蠕动型。LX19K 型行程开关即是瞬动型,其工作原理如图 1-6-4 所示。当运动部件的挡铁碰压顶杆 1 时,顶杆向下移动,压缩弹簧 4 使之储存一定的能量。当顶杆移动到一定位置时,弹簧的弹力方向发生改变,同时储存的能量得以释放,完成跳跃式快速换接动作。当挡铁离开顶杆时,顶杆在弹簧 7 的作用下上移到一定位置,接触桥 5 瞬时进行快速 10 换接,触头迅速恢复到原状态。

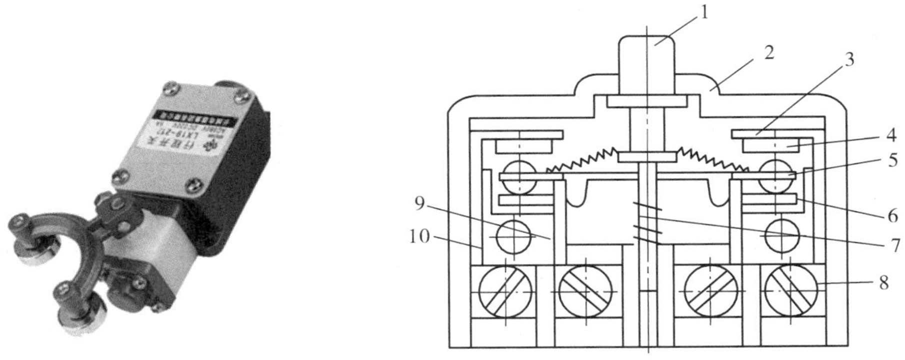

(a)外形图　(b)动作原理图

图 1-6-4　LX19 型行程开关的动作原理

1—顶杆;2—外壳;3—常开触头;4—触头弹簧;5—接触桥;

6—常闭触头;7—复位弹簧;8—接线座;9—常开静触桥;10—常闭静触桥

行程开关动作后，复位方式有自动复位和非自动复位两种。如图 1-6-1(a)、(b)所示的按钮式和单轮旋转式均为自动复位式，即挡铁移开后，在复位弹簧的作用下，行程开关的各部分能自动恢复原始状态。但有的行程开关动作后不能自动复位，如图 1-6-1(c)所示的双轮旋转式行程开关。当挡铁碰压这种行程开关的一个滚轮时，杠杆转动一定角度后触头瞬时动作；当挡铁离开滚轮后，开关不自动复位。只有运动机械反向移动，挡铁从相反方向碰压另一滚轮时，触头才能复位。这种非自动复位式的行程开关价格较贵，但运行较可靠。行程开关在电路图中的符号如图 1-6-3(c)所示。

③选用。行程开关主要根据动作要求、安装位置及触头数量选择。

LX19 和 JLXK1 系列行程开关的主要技术数据见表 1-6-1。

表 1-6-1　LX19 和 JLXK1 系列行程开关的技术数据

型　号	额定电压额定电流	结构特点	触头对数		工作行程	超行程	触头转换时间
			常开	常闭			
LX19	380 V 5A	元　件	1	1	3 mm	1 mm	≤0.04 s
LX19-111		单轮，滚轮装在传动杆内侧，能自动复位	1	1	约 30°	约 20°	
LX19-121		单轮，滚轮装在传动杆外侧，能自动复位	1	1	约 30°	约 20°	
LX19-131		单轮，滚轮装在传动杆凹槽内，能自动复位	1	1	约 30°	约 20°	
LX19-212		双轮，滚轮装在 U 形传动杆内侧，不能自动复位	1	1	约 30°	约 15°	
LX19-222		双轮，滚轮装在 U 形传动杆外侧，不能自动复位	1	1	约 30°	约 15°	
LX19-232		双轮，滚轮装在 U 形传动杆内外侧各一个，不能自动复位	1	1	约 30°	约 15°	
LX19-001		无滚轮，仅有径向传动杆，能自动复位	1	1	<4 mm	3 mm	
JLXK1-111	500 V 5 A	单轮防护式	1	1	12～15°	<30°	≤0.04 s
JLXK1-211		双轮防护式	1	1	约 45°	<45°	
JLXK1-311		直动防护式	1	1	1～3 mm	2～4 mm	
JLXK1-411		直动滚轮防护式	1	1	1～3 mm	2～4 mm	

④安装与使用。

a.行程开关安装时，安装位置要准确，安装要牢固；滚轮的方向不能装反，挡铁与其碰撞的位置应符合控制线路的要求，并确保能可靠地与挡铁碰撞。

b.行程开关在使用中要定期检查和保养；除去油垢及粉尘，清理触头，经常检查其动作是否灵活、可靠，及时排除故障，防止因行程开关触头接触不良或接线松脱产生误动作而导致设备和人身安全事故。

⑤行程开关的常见故障及处理方法见表1-6-2。

表1-6-2　行程开关的常见故障及处理方法

故障现象	可能的原因	处理方法
挡铁碰撞位置开关后，触头不动作	(1)安装位置不准确 (2)触头接触不良或接线松脱 (3)触头弹簧失效	(1)调整安装位置 (2)清刷触头或紧固接线 (3)更换弹簧
杠杆已经偏转，或无外界机械力作用，但触头不复位	(1)复位弹簧失效 (2)内部撞块卡阻 (3)调节螺钉太长，顶住开关按钮	(1)更换弹簧 (2)清扫内部杂物 (3)检查调节螺钉

2)接近开关

接近开关又称为无触点位置开关，是一种与运动部件无机械接触而能操作的位置开关。当运动的物体靠近开关到一定位置时，开关发出信号，达到行程控制、计数及自动控制的作用。它的用途除了行程控制和限位保护外，还可检测金属体的存在、高速计数、测速、定位、变换运动方向、检测零件尺寸、液面控制及用作无触点按钮等。与行程开关相比，接近开关具有定位精度高、工作可靠、寿命长、操作频率高以及能适应恶劣工作环境等优点。但接近开关在使用时一般需要有触点继电器作为输出器。

按工作原理来分，接近开关有高频振荡型、感应电桥型、霍尔效应型、光电型、永磁及磁敏元件型、电容型和超声波型等多种类型，其中以高频振荡型最为常用。其电路结构可以归纳为如图1-6-5所示的几个组成部分。

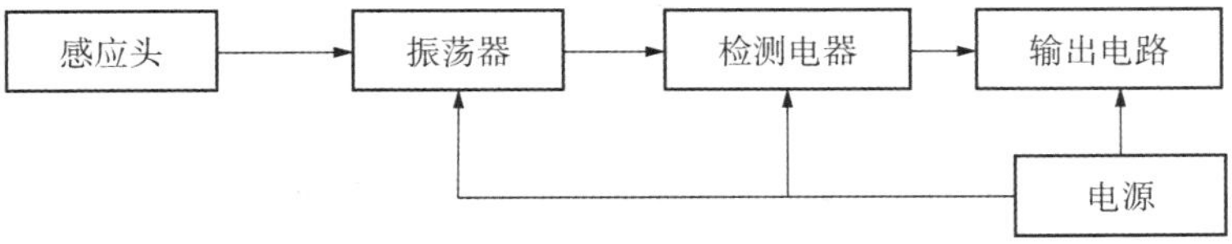

图1-6-5　接近开关原理方框图

高频振荡型接近开关的工作原理为：当有金属物体靠近一个以一定频率稳定振荡的高频振荡器的感应头附近时，由于感应作用，该物体内部会产生涡流及磁滞损耗，以致振荡回路因电阻增大、能耗增加而使振荡减弱，直至停止振荡。检测电路根据振荡器的工作状态控制输出电路的工作，输出信号去控制继电器或其他电器，以达到控制目的。

目前在工业生产中，LJ1、LJ2 等系列晶体管接近开关已逐步被 LJ、LXJ10 等系列集成电路接近开关所取代。LJ 系列集成电路接近开关是由德国西门子公司元器件组装而成。其性能可靠，安装使用方便，产品品种规格齐全，应用广泛。图 1-6-6 为各种接近开关外形图。

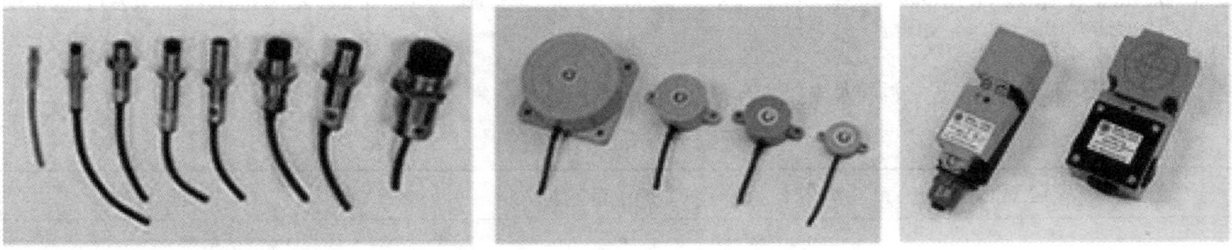

图 1-6-6　接近开关外形图

LJ 系列集成电路接近开关的型号及含义如下：

LJ □ □ - □/□ □ □

- 接近开关
- 设计序号
- 结构形式：A为圆柱螺纹型；B为方型；C为槽型；D为贯穿型
- 约定动作距离
- 输出形式（用数字表示）
- 最大工作电流：1为50 mA；2为100 mA；3为300 mA；4为400 mA；5为500 mA；6为1 000 mA；
- 输出开关元件类型：0 为 NPN 型；1 为 PNP型；2 为无极性

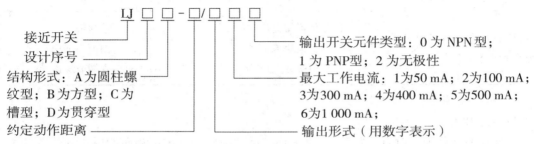

LJ 系列接近开关分交流和直流两种类型。交流型为两线制，有常开式和常闭式两种。直流型分为两线制、三线制和四线制。除四线制为双触头输出（含有一个常开和一个常闭输出触头）外，其余均为单触头输出（含有一个常开或一个常闭触头）。交流两线接近开关的外形和接线方式如图 1-6-7 所示。

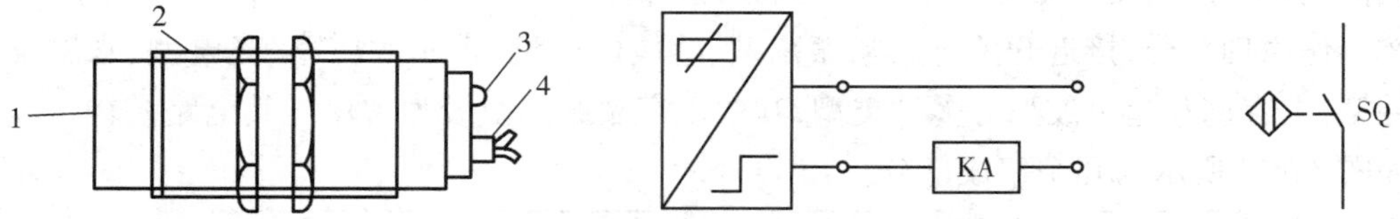

(a)外形　　(b)接线方式　　(c)符号

图 1-6-7　交流两线接近开关的外形与接线方式

1—感应面；2—圆柱螺纹型外壳；3—LED 指示；4—电缆

接近开关在电路图中的符号如图 1-6-7(c)所示。

LJ 系列交流两线接近开关的技术数据见表 1-6-3。

表 1-6-3　LJ 系列交流两线接近开关的技术数据

型　号	输出方式	额定工作电压 AC/V	输出电流 /A	断开漏电流/mA	导通压降 /V	动作距离 /mm	回差 /mm	重复定位精度 /mm	开关频率 /Hz	动作指示 LED	引线长度 /m
U18A-5/232	常开	220	200	≤3	≤9	5+0.5	≤1.0	0.05	20	有	2
LJ22A-6/232	常开	220	200	≤3	≤9	6+0.6	≤1.2	0.05	20	有	2
LJ26A-8/232	常开	220	200	≤3	≤9	8+0.8	≤1.6	0.10	20	有	2
LJ30A-10/232	常开	220	200	≤3	≤9	10±1.0	≤2.0	0.10	20	有	2
U36A-12/232	常开	220	200	≤3	≤9	12±2.0	≤2.4	0.15	20	有	2
LJ42A-15/232	常开	220	200	≤3	≤9	15±1.5	≤3.0	0.15	20	有	2
LJ48A-18/232	常开	220	200	≤3	≤9	18±1.8	≤3.6	0.15	20	有	2
LJ55A-20/232	常开	220	200	≤3	≤9	20±2.0	≤4.0	0.15	20	有	2
LJ24B-9/232	常开	220	200	≤3	≤9	9±0.9	≤1.8	0.10	20	有	2

(2)电路图识图与分析

1)位置控制线路(又称行程控制或限位控制线路)

位置开关是一种将机械信号转换成电气信号,以控制运动部件位置或行程的自动控制电器。而位置控制就是利用生产机械运动部件上的挡铁与位置开关碰撞,使其触头动作来接通或断开电路,以实现对生产机械运动部件的位置或行程的自位置控制,电路图如图 1-6-8所示。工厂车间里的行车常采用这种线路。图 1-6-8(b)是行车运动示意图,行车的两头终点处各安装一个位置开关 SQ1 和 SQ2,将这两个位置开关的常闭触头分别串接在正转控制电路和反转控制电路中。行车前后各装有挡铁 1 和挡铁 2,行车的行程和位置可通过移动位置开关的安装位置来调节。

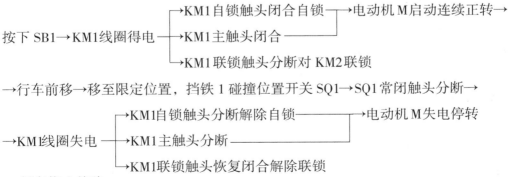

先合上电源开关 QF。

①行车向前运动:

按下 SB1→KM1线圈得电
- →KM1自锁触头闭合自锁 ┐
- →KM1主触头闭合 ┘→电动机 M启动连续正转→
- →KM1联锁触头分断对 KM2联锁

→行车前移→移至限定位置,挡铁 1 碰撞位置开关 SQ1→SQ1 常闭触头分断→

→KM1线圈失电
- →KM1自锁触头分断解除自锁 ┐
- →KM1主触头分断 ┘→电动机 M失电停转
- →KM1联锁触头恢复闭合解除联锁

→行车停止前移

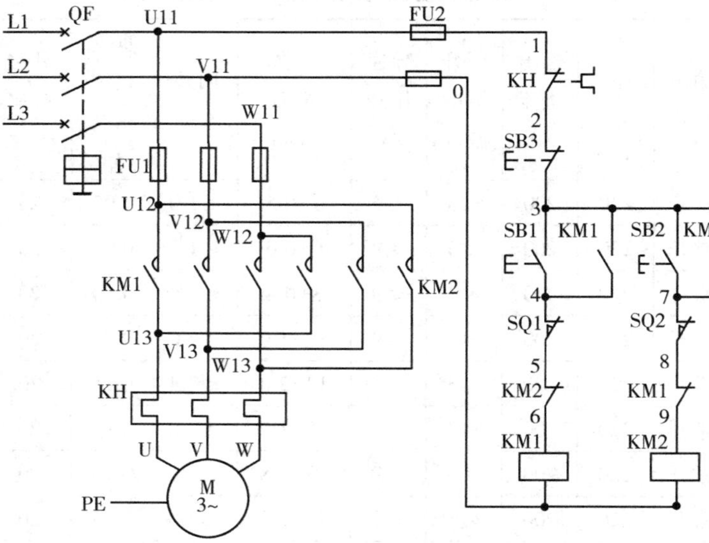

(a)电路图

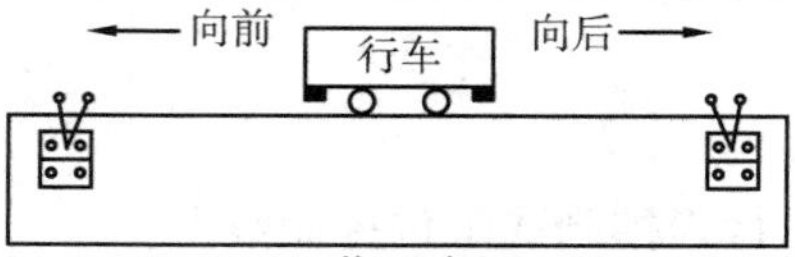

(b)工作示意图

图 1-6-8　位置控制电路图

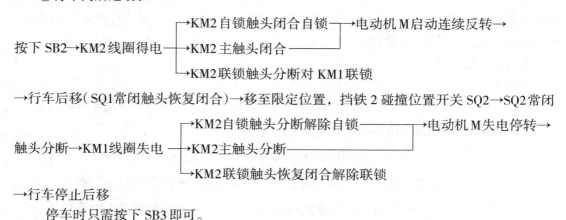

此时,即使再按下 SB1,由于 SQ1 常闭触头分断,接触器 KM1 线圈也不会得电,保证了行车不会超过 SQ1 所在位置。

②行车向后运动:

按下 SB2→KM2线圈得电—
- →KM2自锁触头闭合自锁—→电动机M启动连续反转→
- →KM2主触头闭合
- →KM2联锁触头分断对KM1联锁

→行车后移(SQ1常闭触头恢复闭合)→移至限定位置,挡铁 2 碰撞位置开关 SQ2→SQ2常闭触头分断→KM1线圈失电—
- →KM2自锁触头分断解除自锁—→电动机M失电停转→
- →KM2主触头分断
- →KM2联锁触头恢复闭合解除联锁

→行车停止后移

停车时只需按下 SB3 即可。

2)自动循环控制线路

有些生产机械,要求工作台在一定的行程内能自动往返运动,以便实现对工件的连续加工,提高生产效率。这就需要电气控制线路能对电动机实现自动转换正反转控制。由位置开关控制的工作台自动往返控制线路如图 1-6-9(a)所示,工作台自动往返运动示意图如图 1-6-9(c)所示。

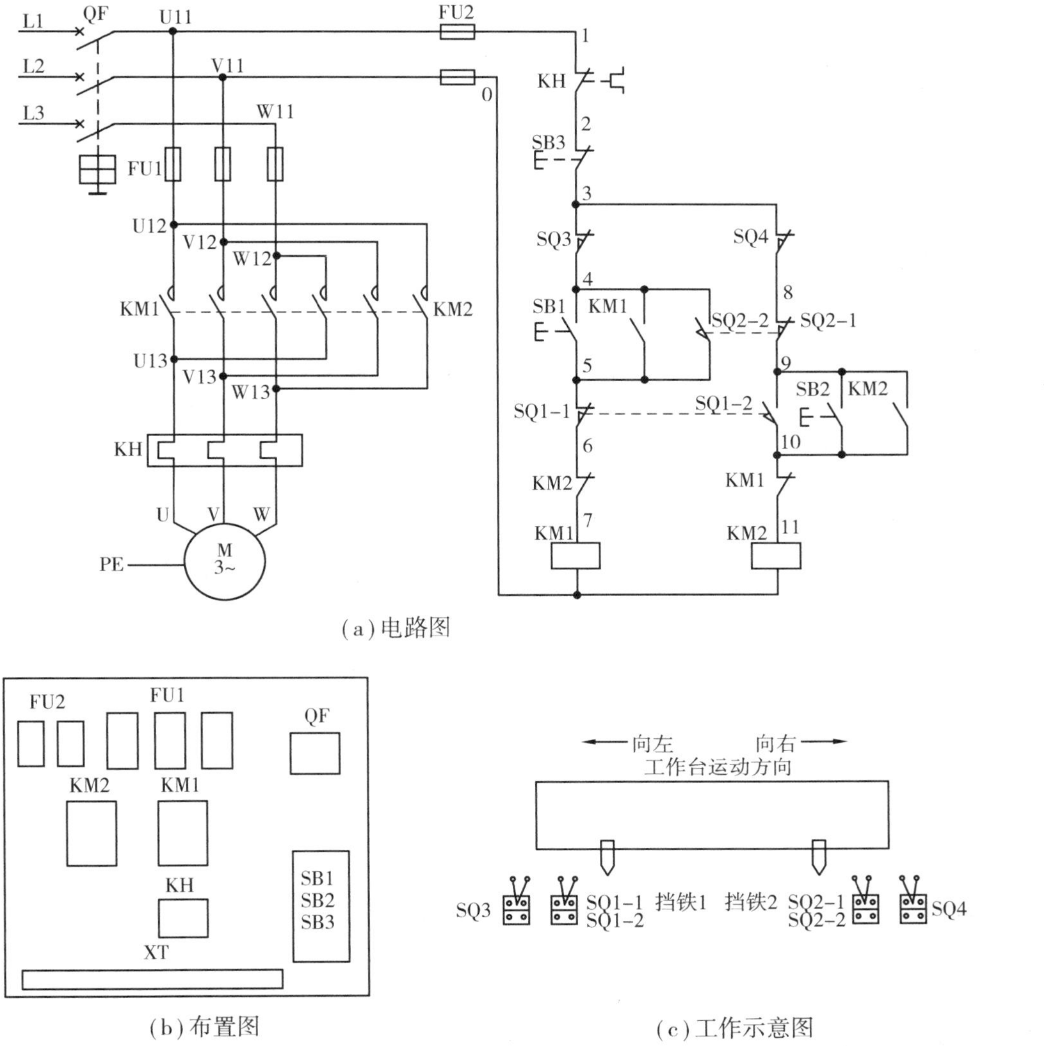

图 1-6-9 工作台自动往返控制线路

为了使电动机的正反转控制与工作台的左右运动相配合,控制线路中设置了 4 个位置开关 SQ1、SQ2、SQ3 和 SQ4,并安装在工作台需限位的地方。其中,SQ1、SQ2 被用来自动换接电动机正反转控制电路,实现工作台的自动往返行程控制;SQ3、SQ4 被用来作终端保护,以防止 SQ1、SQ2 失灵,工作台越过限定位置而造成事故。在工作台边的 T 形槽中装有两块挡铁,挡铁 1 只能和 SQ1、SQ3 相碰撞,挡铁 2 只能和 SQ2、SQ4 相碰撞。当工作台运动到所限位置时,挡铁碰撞位置开关,使其触头动作,自动换接电动机正反转控制电路,通过机械传动机构使工作台自动往返运动。工作台行程可通过移动挡铁位置来调节,拉开两块挡铁间的距离,行程就短,反之则长。

线路的工作原理如下：

先合上 QF。

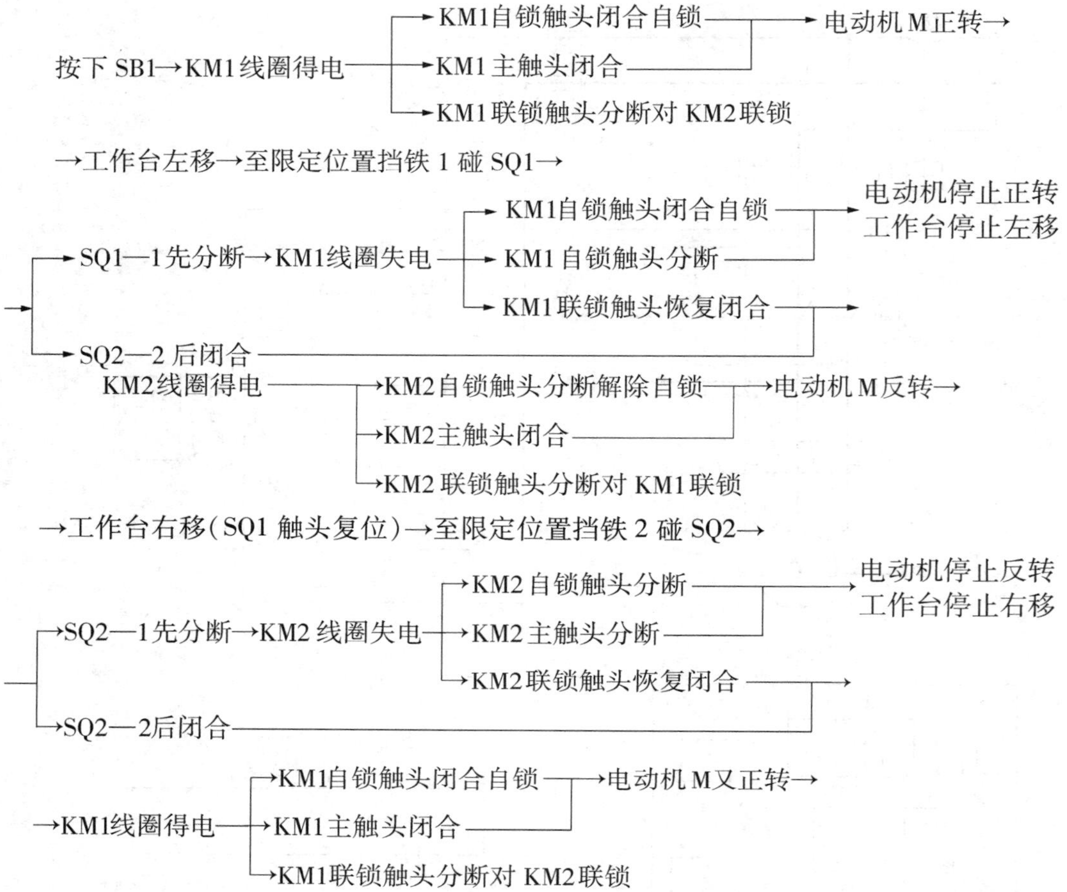

→工作台又左移(SQ2 触头复位)→……，以后重复上述过程，工作台就在限定的行程内自动往返运动。

停止时，按下 SB3→整个控制电路失电→KM1(或 KM2)主触头分断→电动机 M 失电停转→工作台停止运动。

这里 SB1、SB2 分别作为正转启动按钮和反转启动按钮，若启动时工作台在左端，则应按下 SB2 进行启动。

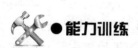

●能力训练

工作台自动往返控制线路的安装与检修

(1)目的要求

掌握工作台自动往返控制线路的安装与检修以及位置开关的作用。

(2)工具、仪表及器材

1)工具

测电笔、螺钉旋具、尖嘴钳、斜口钳、剥线钳、电工刀等。

2)仪表

5050型兆欧表、T301-A型钳形电流表、MF30型万用表。

3)器材

各种规格的紧固体、针形及叉形轧头、金属软管、编码套管等。电气元件见表1-6-4。

表1-6-4　元件明细表

代　号	名　称	型　号	规　格	数　量
M	三相异步电动机	Y112M-4	4 kW、380 V、△接法、8.8 A、1 440 r/min	1
QF	低压断路器	DZ5-20/330	三极、20 A、380 V	1
FU1	熔断器	RT18-63/20	60 A、配熔体15 A	3
FU2	熔断器	RT18-32/15	500 V、15 A、配熔体2 A	2
KM1、KM2	交流接触器	CJ10-20	20 A、线圈电压380 V	2
KH	热继电器	JR16-20/3	三极、20 A、整定电流8.8 A	1
SQ1～SQ4	位置开关	JLXK1-111	单轮旋转式	4
SB1～SB3	按钮	LA10-3H	保护式、按钮数3	1
XT	端子板	JXZ-1015	380 V、10 A、20节	1
	主电路导线	BVR-1.5	1.5 mm^2(7×0.52 mm)	若干
	控制电路导线	BVR-1.0	1 mm^2(7×0.43 mm)	若干
	按钮线	BVR-0.75	0.75 mm^2	若干
	接地线	BVR-1.5	1.5 mm^2	若干
	控制板		600 mm×400 mm×20 mm	1

(3)安装训练

1)安装步骤及工艺要求

①按表1-6-4配齐所用电气元件,并检验元件质量。

②在控制板上按如图1-6-9(b)所示安装所有电气元件,并贴上醒目的文字符号。安装控制板时,应做到横平竖直、排列整齐匀称、安装牢固和便于走线等。

③按如图1-6-9(a)所示的电路图进行明板布线,并在导线端部套编码套管和冷压接线头。

④根据电路图检验控制面板内部布线的正确性。

⑤安装电动机。

⑥可靠连接电动机和各电气元件金属外壳的保护接地线。

⑦连接电源、电动机等控制板外部的导线。

⑧自检。

⑨检查无误后通电试车。

2)注意事项

①位置开关可以先安装好,不占定额时间。位置开关必须牢固安装在合适的位置上。安装后,必须用手动工作台或受控机械进行试验,合格后才能使用。训练中若无条件进行实际机械安装试验时,可将位置开关安装在控制板下方两侧进行手控模拟实验。

②通电校验时,必须先检验手动位置开关,试验各行程控制和终端保护动作是否正常可靠。若在电动机正转(工作台向左运动)时扳动位置开关 SQ1,电动机不反转,且继续正转,则可能是由于 KM2 的主触头接线不正确引起,需断电进行纠正后再试,以防止发生设备事故。

③安装训练应在规定的定额时间内完成,同时要做到安全操作和文明生产。

3)评分标准

评分标准见表 1-6-5。

表 1-6-5 评分标准

项目内容	配分	评分标准				扣 分
装前检查	15	(1)电动机质量检查,每漏一处扣 5 分 (2)电气元件漏检或错检,每处扣 5 分				
安装元件	15	(1)元件布置不整齐、不匀称、不合理,每只扣 3 分 (2)元件安装不紧固,每只扣 4 分 (3)安装元件时漏装木螺钉,每只扣 1 分 (4)损坏元件,扣 15 分				
布 线	30	(1)不按电路图接线,扣 25 分 (2)布线不符合要求: 主电路,每根扣 4 分 控制电路,每根扣 2 分 (3)接点松动、露铜过长、压绝缘层、反圈等,每个接点扣 1 分 (4)损伤导线绝缘或线芯,每根扣 5 分 (5)漏套或错套编码套管,每处扣 2 分 (6)漏接接地线,扣 10 分				
通电试车	40	(1)热继电器未整定或整定错,扣 5 分 (2)熔体规格配错,主、控电路错误各扣 5 分 (3)第一次试车不成功,扣 20 分 第二次试车不成功,扣 30 分 第三次试车不成功,扣 40 分				
安全文明生产	违反安全文明生产规程,扣 5~40 分					
定额时间 4 h	每超时 5 min,扣 5 分					
备 注	除定额时间外,各项目的最高扣分不应超过配分数				成绩	
开始时间		结束时间		实际时间		

知识技能测试

一、填空题

1.要使生产机械的运动部件在一定的行程内自动往返运动,就必须依靠对________电动机实现____________正反转控制。

2.行程开关主要由________、________和________组成。

3.行程开关的触头动作方式有__________和__________两种。

4.当生产机械运动到__________的位置时,电路________,使其停止。这种电路称为行程控制。

5.在工作台自动往返控制线路中,SQ1、SQ2 负责________,实现工作台的________;________ SQ3、SQ4 作________,防止__________,工作台________而造成事故。

二、判断题

1.在自动往返循环控制线路中,若同时按下 SB1、SB2,电路会出现短路。 ( )

2.实现电动机自动逆转的电器是 SQ1、SQ2。 ( )

3.电器 SQ3、SQ4 主要用来作终端超程保护。 ( )

4.进入走线槽内的导线要完全置于线槽内,并应尽可能避免交叉。 ( )

5.该控制线路能实现自动可逆运转,按钮 SB1、SB2 是多余的。 ( )

三、选择题

1.对生产机械的限位和往复运动的控制一般是用( )来实现的。

A.铁盒开关 B.低压断路器 C.限位开关

2.在工作台自动往返控制线路中,工作台的行程可通过移动挡铁的位置来调节,拉开两挡铁的位置,行程会( )。

A.变长 B.变短 C.不变

3.某学员在安装完工作台自动往复控制线路进行通电试车,发现向右运行停止后,设备不能自动改变方向向左运动。故障原因可能是( )。

A.SQ1 接错或损坏 B.SQ2 接错或损坏 C.停止按钮接错

四、技能考核题

电动机通电试车时,设备不能换相运转,试排除该故障。

任务 1.7　顺序控制与多地控制线路的安装与维修

●任务目标

- 掌握时间继电器的结构、工作原理、安装及选用。
- 掌握实现顺序控制的方法。
- 掌握实现多地控制的方法。
- 掌握这两种控制线路的安装与维修。

●入门引导

图 1-7-1 所示为一台三级带式输送机示意图，它分别由 M1、M2、M3 三台电动机拖动。启动时，需要按 M1→M2→M3 顺序启动，以防止货物在带上堆积；停止时，需要按 M3→M2→M1 顺序停止，以保证停车后带上不残留货物。有时，人们还希望能在不同的地方同时控制一台电动机。下面将介绍能实现上述控制要求的电动机控制线路的安装与检修。

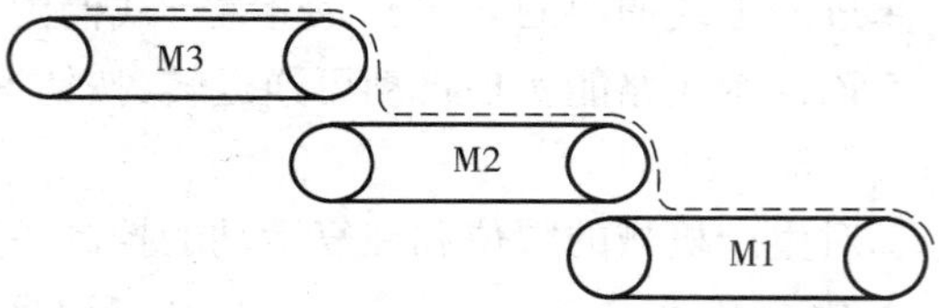

图 1-7-1　三级带式输送机示意图

●知识学习

(1) 时间继电器

自得到动作信号起至触头或输出电路产生跳跃式改变有一定延时时间，该延时时间又符合其准确度要求的继电器称为时间继电器。它广泛用于需要按时间顺序进行控制的电气控制线路中。

常用的时间继电器主要有电磁式、电动式、空气阻尼式、晶体管式等。其中，电磁式时间继电器的结构简单，价格低廉，但体积和质量较大，延时较短（如 JT3 型只有 0.3～5.5 s），且只能用于直流断电延时；电动式时间继电器的延时精度高，延时可调范围大（几分钟到几小时），但结构复杂，价格贵。目前在电力拖动线路中应用较多的是空气阻尼式时间继电器。随着电子技术的发展，近年来晶体管式时间继电器应用日益广泛。

1）JS7-A 系列空气阻尼式时间继电器

空气阻尼式时间继电器又称气囊式时间继电器，是利用气囊中的空气通过小孔节流的原理来获得延时动作的。根据触头延时的特点，它可分为通电延时动作型和断电延时复位型两种。

①型号及含义：

J S 7 - □ A

- J——继电器
- S——时间
- 7——设计序号
- □——基本规格代号 1—通电延时，无瞬时触头；2—通电延时，有瞬时触头；3—断电延时，无瞬时触头；4—断电延时，有瞬时触头
- A——结构设计稍有改动

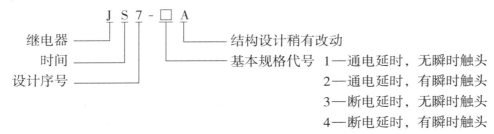

②结构。JS7-A 系列时间继电器的外形和结构如图 1-7-2 所示，它主要由以下几部分组成：

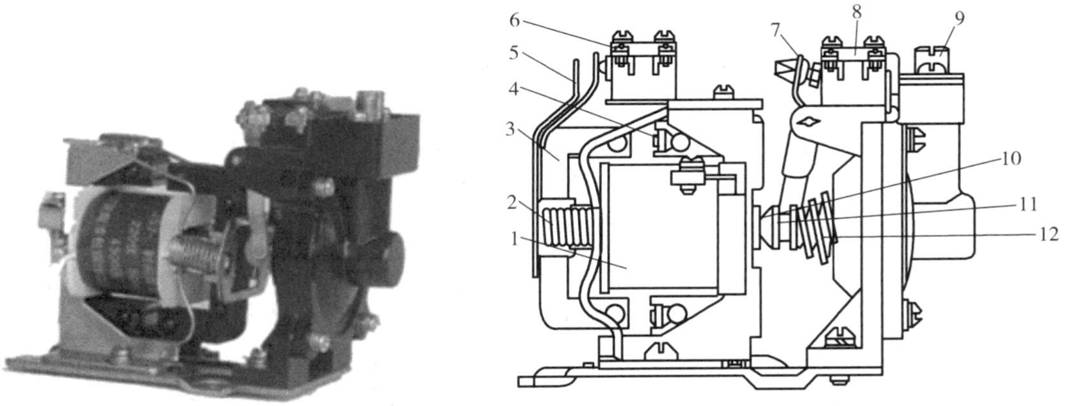

（a）外形　　（b）结构

图 1-7-2 JS7-A 系列时间继电器的外形与结构

1—线圈；2—反力弹簧；3—衔铁；4—铁芯；5—弹簧片；6—瞬时触头；7—杠杆；8—延时触头；9—调节螺钉；10—推杆；11—活塞杆；12—宝塔形弹簧

a.电磁系统：由线圈、铁芯和衔铁组成。

b.触头系统：包括两对瞬时触头（一常开、一常闭）和两对延时触头（一常开、一常闭），瞬时触头和延时触头分别是两个微动开关的触头。

c.空气室：为一空腔，由橡皮膜、活塞等组成。橡皮膜可随空气的增减而移动，顶部的调节螺钉可调节延时时间。

d.传动机构：由推杆、活塞杆、杠杆及各种类型的弹簧等组成。

e.基座：用金属板制成，用以固定电磁机构和气室。

③工作原理。JS7-A 系列时间继电器的工作原理示意图如图 1-7-3 所示。其中，图 1-7-3（a）所示为通电延时型，图 1-7-3（b）所示为断电延时型。

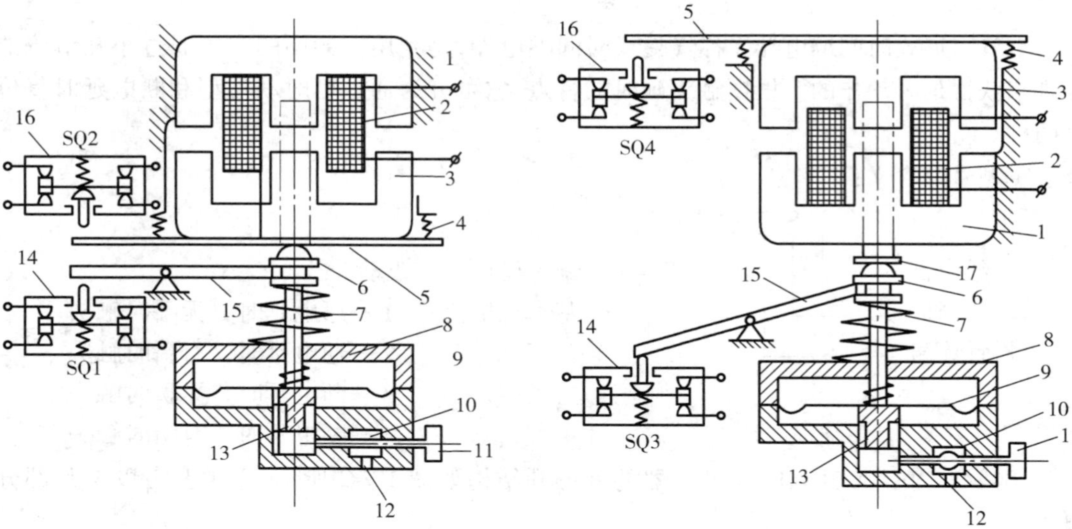

（a）通电延时型　　　　（b）断电延时型

图 1-7-3　空气阻尼式时间继电器的结构

1—铁芯；2—线圈；3—衔铁；4—反力弹簧；5—推板；6—活塞杆；7—宝塔形弹簧；
8—弱弹簧；9—橡皮膜；10—螺旋；11—调节螺钉；12—进气口；
13—活塞；14、16—微动开关；15—杠杆；17—推杆

a.通电延时型时间继电器。其工作原理是：当线圈 2 通电后，铁芯 1 产生吸力，衔铁 3 克服反力弹簧 4 的阻力与铁芯吸合，带动推板 5 立即动作，压合微动开关 SQ2，使其常闭触头瞬时断开，常开触头瞬时闭合。同时，活塞杆 6 在宝塔形弹簧 7 的作用下向上移动，带动与活塞 13 相连的橡皮膜 9 向上运动，运动的速度受进气孔 12 进气速度的限制。这时橡皮膜下面形成空气较稀薄的空间，与橡皮膜上面的空气形成压力差，对活塞的移动产生阻尼作用。活塞杆带动杠杆 15 只能缓慢地移动。经过一段时间，活塞才完成全部行程而压动微动开关 SQ1，使其常闭触头断开，常开触头闭合。由于从线圈通电到触头动作需延时一段时间，因此 SQ1 的两对触头分别被称为延时闭合瞬时断开的常开触头和延时断开瞬时闭合的常闭触头。这种时间继电器延时时间的长短取决于进气的快慢，旋动调节螺钉 11 可调节进气孔的大小，即可达到调节延时时间长短的目的。JS7-A 系列时间继电器的延时范围有 0.4~60 s和 0.4~180 s 两种。

当线圈 2 断电时，衔铁 3 在反力弹簧 4 的作用下通过活塞杆 6 将活塞推向下端，这时橡皮膜 9 下方腔内的空气通过橡皮膜 9、弱弹簧 8 和活塞 13 局部所形成的单向阀迅速从橡皮膜上方的气室缝隙中排掉，使微动开关 SQ1、SQ2 的各对触头均瞬时复位。

b.断电延时型时间继电器。JS7-A 系列断电延时型和通电延时型时间继电器的组成元件是通用的。如果将通电延时型时间继电器的电磁机构翻转 180°安装，即成为断电延时型时间继电器。其工作原理读者可自行分析。

空气阻尼式时间继电器的优点是：延时范围大（0.4~180 s）且不受电压和频率波动的影

响;可以做成通电和断电两种延时形式;结构简单、寿命长、价格低。其缺点是:延时误差大,难以精确地整定延时值,且延时值易受周围环境温度、尘埃等的影响。因此,对延时精度要求较高的场合不宜采用。

时间继电器在电路图中的符号如图 1-7-4 所示。

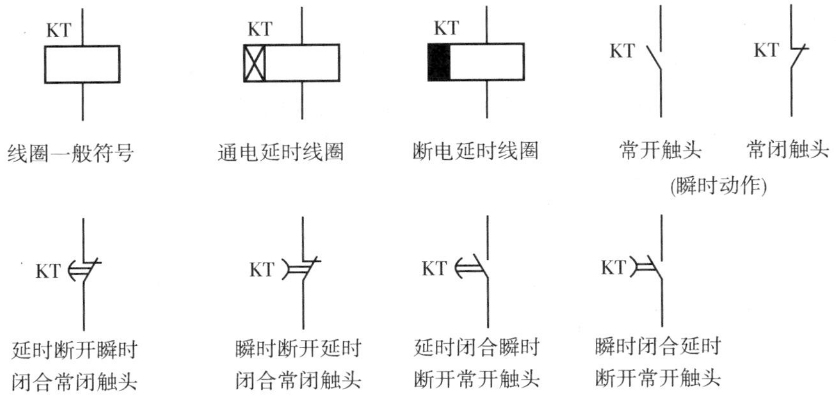

图 1-7-4 时间继电器的符号

④选用。

a.根据系统的延时范围和精度选择时间继电器的类型和系列。在延时精度要求不高的场合,一般可选用价格较低的 JS7-A 系列空气阻尼式时间继电器,反之,对精度要求较高的场合,可选用晶体管式时间继电器。

b.根据控制线路的要求选择时间继电器的延时方式(通电延时或断电延时)。同时,还必须考虑线路对瞬时动作触头的要求。

c.根据控制线路电压选择时间继电器吸引线圈的电压。

JS7-A 系列空气阻尼式时间继电器的技术数据见表 1-7-1。

表 1-7-1 JS7-A 系列空气阻尼式时间继电器的技术数据

型号	瞬时动作触头对数		瞬时动作触头对数				触头额定电压/V	触头额定电流/A	线圈电压/V	延时范围/s	额定操作频率/(次·h^{-1})
			通电延时		断电延时						
	常开	常闭	常开	常闭	常开	常闭					
JS-1A	—	—	1	1	—	—	380	5	24、36、110、127、220、380、420	0.4~60 及 0.4~180	600
JS7-2A	1	1	1	1	—	—					
JS7-3A	—	—	—	—	1	1					
JS7-4A	1	1	—	—	1	1					

⑤安装与使用。

a.时间继电器应按说明书规定的方向安装。无论是通电延时型还是断电延时型,都必须使继电器在断电后,释放时衔铁的运动方向垂直向下,其倾斜度不得超过 5°。

b.时间继电器的整定值应预先在不通电时整定好,并在试车时校正。

c.时间继电器金属底板上的接地螺钉必须与接地线可靠连接。

d.通电延时型和断电延时型可在整定时间内自行调换。

e.使用时,应经常清除灰尘及油污,否则延时误差将更大。

⑥常见故障及处理方法。JS7-A 系列空气阻尼式时间继电器的触头系统和电磁系统的故障及处理方法可参看任务 1.3 有关内容。其他常见故障及处理方法见表 1-7-2。

表 1-7-2 JS7-A 系列时间继电器常见故障及处理方法

故障现象	可能的原因	处理方法
延时触头不动作	电磁线圈断线 电源电压过低 传动机构卡住或损坏	更换线圈 调高电源电压 排除卡住故障或更换部件
延时时间缩短	气室装配不严,漏气 橡皮膜损坏	修理或更换气室 更换橡皮膜
延时时间变长	气室内有灰尘,使气道阻塞	清除气室内灰尘,使气道通畅

2)晶体管时间继电器

晶体管时间继体器也称为半导体时间继电器或电子式时间继电器,具有机械结构简单、延时范围广、精度高、消耗功率小、调整方便及寿命长等优点,所以发展迅速,其应用越来越广泛。晶体管时间继电器按结构分为阻容式和数字式两类;按延时方式分为通电延时型、断电延时型及带瞬动触点的通电延时型。常用的 JS20 系列晶体管时间继电器是全国推广的统一设计产品,适用于交流 50 Hz、电压 380 V 及以下或直流 110 V 及以下的控制电路,作为时间控制元件,按预定的时间延时,周期性地接通或分断电路。

①型号及含义:

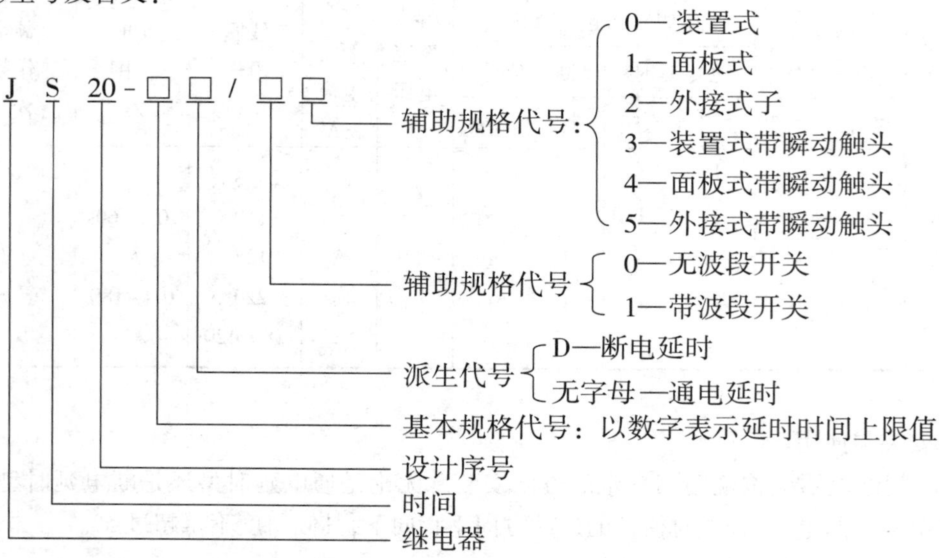

②结构。JS20 系列时间继电器的外形如图 1-7-5(a)所示。继电器具有保护外壳,其内部结构采用印刷电路组件。安装和接线采用专用的插接座,并配有带插脚标记的下标牌作接线指示,上标盘上还带有发光二极管作为动作指示。结构形式有外接式、装置式和面板式三种。外接式的整定电位器可通过插座用导线接到所需的控制板上;装置式具有带接线端子的胶木底座;面板式采用通用八大脚插座,可直接安装在控制台的面板上,另外还带有延时刻度和延时旋钮供整定延时用。JS20 系列通电延时型时间继电器的接线示意图如图 1-7-5(b)所示。

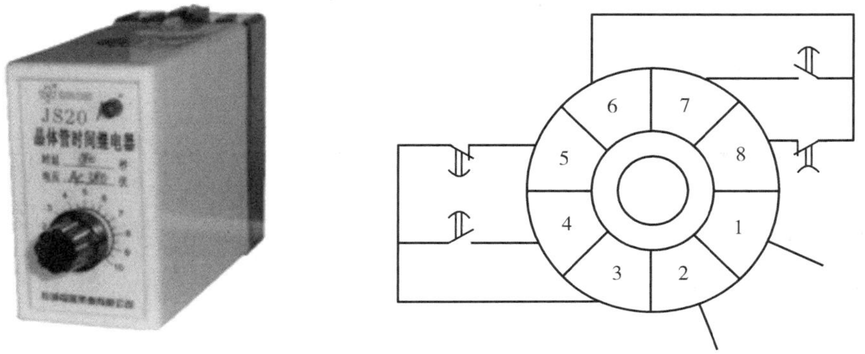

(a)外形　　　　(b)接线示意图

图 1-7-5　JS20 系列时间继电器的外形与接线

③工作原理。JS20 系列通电延时型时间继电器的线路如图 1-7-6 所示。它由电源、电容充放电电路、电压鉴别电路、输出和指示电路五部分组成。电源接通后,经整流滤波和稳压后的直流电经过 RP1 和 R2 向电容 C2 充电。当场效应管 V6 的栅源电压 U_{gs} 低于夹断电压 U_P 时,V6 截止,故 V7、V8 也处于截止状态。随着充电不断进行,电容 C2 的电位按指数规律上升,当满足 U_{gs} 高于 U_P 时,V6 导通,V7、V8 也导通,继电器 KA 吸合,输出延时信号。同

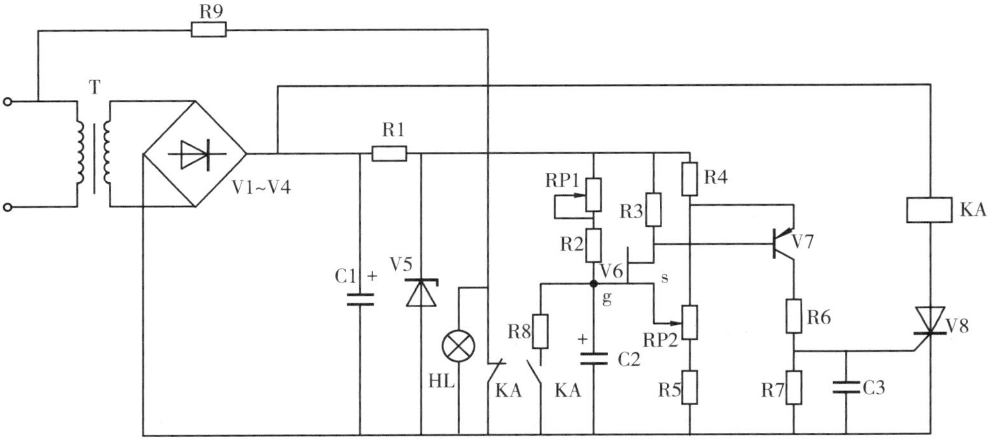

图 1-7-6　JS20 系列通电延时型继电器的电路图

时电容 C2 通过 R8 和 KA 的常开触头放电，为下次动作做好准备。当切断电源时，继电器 KA 释放，电路恢复原始状态，等待下次动作。调节 RP1 和 RP2 即可调整延时时间。

晶体管时间继电器适用于：当电磁式时间继电器不能满足要求时；当要求的延时精度较高时；控制回路相互协调需要无触点输出等。

JS20 系列晶体管时间继电器的主要技术参数见表 1-7-3。

表 1-7-3　JS20 系列晶体管时间继电器的主要技术参数

<table>
<tr><th rowspan="3">型　号</th><th rowspan="3">结构形式</th><th rowspan="3">延时整定元件位置</th><th rowspan="3">延时范围/s</th><th colspan="4">延时触头对数</th><th colspan="2" rowspan="2">不延时触头对数</th><th colspan="2" rowspan="2">误差%</th><th rowspan="3">环境温度/℃</th><th colspan="2" rowspan="2">工作电压/V</th><th rowspan="3">功率消耗/W</th><th rowspan="3">机械寿命/(万次)</th></tr>
<tr><th colspan="2">通电延时</th><th colspan="2">断电延时</th></tr>
<tr><th>常开</th><th>常闭</th><th>常开</th><th>常闭</th><th>常开</th><th>常闭</th><th>重复</th><th>综合</th><th>交流</th><th>直流</th></tr>
<tr><td>JS20-□/00</td><td>装置式</td><td>内接</td><td rowspan="6">0.1
~
300</td><td>2</td><td>2</td><td rowspan="3">—</td><td rowspan="3">—</td><td rowspan="3">—</td><td rowspan="3">—</td><td rowspan="15">±3</td><td rowspan="15">±10</td><td rowspan="15">-10
~
40</td><td rowspan="15">36
110
127
220
380</td><td rowspan="15">24
48
110</td><td rowspan="15">≤5</td><td rowspan="15">1 000</td></tr>
<tr><td>JS20-□/01</td><td>面板式</td><td>内接</td><td>2</td><td>2</td></tr>
<tr><td>JS20-□/02</td><td>装置式</td><td>外接</td><td>2</td><td>2</td></tr>
<tr><td>JS20-□/03</td><td>装置式</td><td>内接</td><td>1</td><td>1</td><td rowspan="3">—</td><td rowspan="3">—</td><td rowspan="3">—</td><td rowspan="3">—</td></tr>
<tr><td>JS20-□/04</td><td>面板式</td><td>内接</td><td>1</td><td>1</td></tr>
<tr><td>JS20-□/05</td><td>装置式</td><td>外接</td><td>1</td><td>1</td></tr>
<tr><td>JS20-□/10</td><td>装置式</td><td>内接</td><td rowspan="6">0.1
~
3 600</td><td>2</td><td>2</td><td rowspan="3">—</td><td rowspan="3">—</td><td rowspan="3">—</td><td rowspan="3">—</td></tr>
<tr><td>JS20-□/11</td><td>面板式</td><td>内接</td><td>2</td><td>2</td></tr>
<tr><td>JS20-□/12</td><td>装置式</td><td>外接</td><td>2</td><td>2</td></tr>
<tr><td>JS20-□/13</td><td>装置式</td><td>内接</td><td>1</td><td>1</td><td rowspan="3">—</td><td rowspan="3">—</td><td>1</td><td>1</td></tr>
<tr><td>JS20-□/14</td><td>面板式</td><td>内接</td><td>1</td><td>1</td><td>1</td><td>1</td></tr>
<tr><td>JS20-□/15</td><td>装置式</td><td>外接</td><td>1</td><td>1</td><td>1</td><td>1</td></tr>
<tr><td>JS20-□D/00</td><td>装置式</td><td>内接</td><td rowspan="3">0.1
~
180</td><td rowspan="3">—</td><td rowspan="3">—</td><td>2</td><td>2</td><td rowspan="3">—</td><td rowspan="3">—</td></tr>
<tr><td>JS20-□D/01</td><td>面板式</td><td>内接</td><td>2</td><td>2</td></tr>
<tr><td>JS20-□D/02</td><td>装置式</td><td>外接</td><td>2</td><td>2</td></tr>
</table>

(2)顺序控制

在装有多台电动机的生产机械上，各电动机所起的作用是不同的，有时需按一定的顺序启动或停止，才能保证操作过程的合理和工作的安全可靠。例如：X62W 型万能铣床上要求主轴电动机启动后，进给电动机才能启动；CA6140 型卧式车床的冷却泵电动机要求主轴电动机启动后才能启动。像这种要求几台电动机的启动或停止必须按一定的先后顺序来完成的控制方式，叫做电动机的顺序控制。几种实现顺序控制的电路图及特点分别见表 1-7-4 和表 1-7-5。

表 1-7-4　控制电路实现顺序控制的电路图及特点

在控制电路中实现顺序控制	特　点
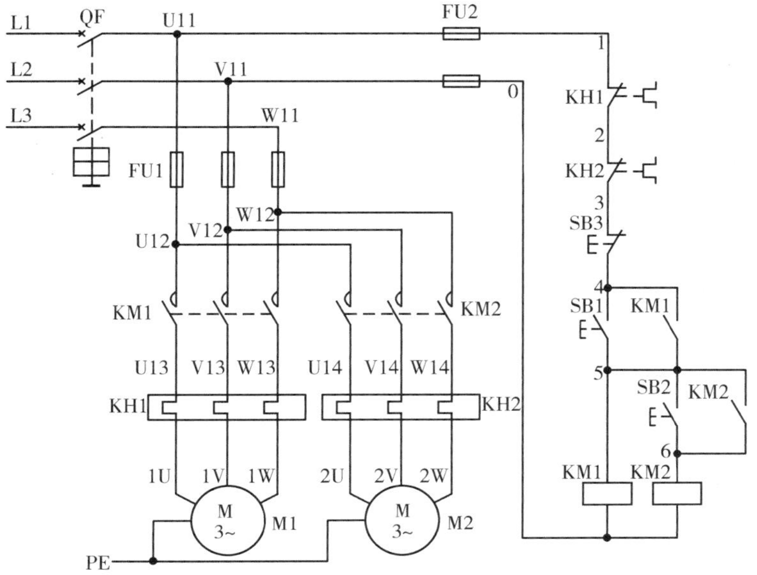	电动机 M2 的控制电路先与接触器 KM1 的线圈并接后再与 KM1 的自锁触头串接，这样保证了 M1 启动后 M2 才能启动的顺序控制要求。
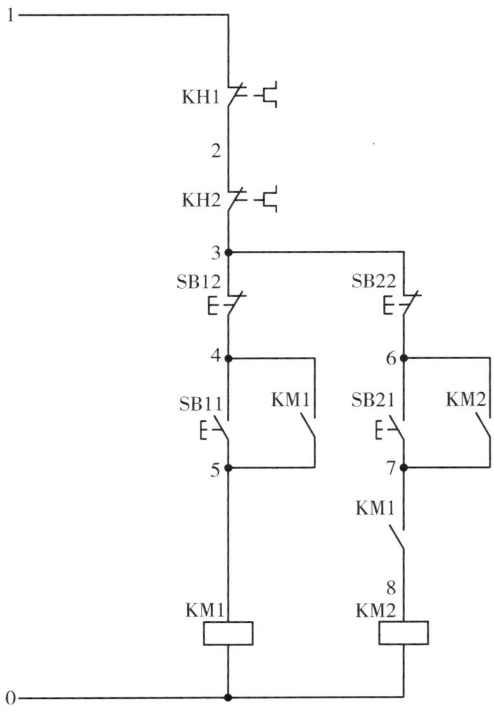	在电动机 M2 的控制电路中串接了接触器 KM1 的常开辅助触头。显然，只要 M1 不启动，即使按下 SB21，由于 KM1 的常开辅助触头未闭合，KM2 线圈也不能得电，从而保证了 M1 启动后 M2 才能启动的控制要求。线路中停止按钮 SB12 控制两台电动机同时停止，SB22 控制 M2 的单独停止。

续表

<table>
<tr><th>在控制电路中实现顺序控制</th><th>特　点</th></tr>
<tr><td>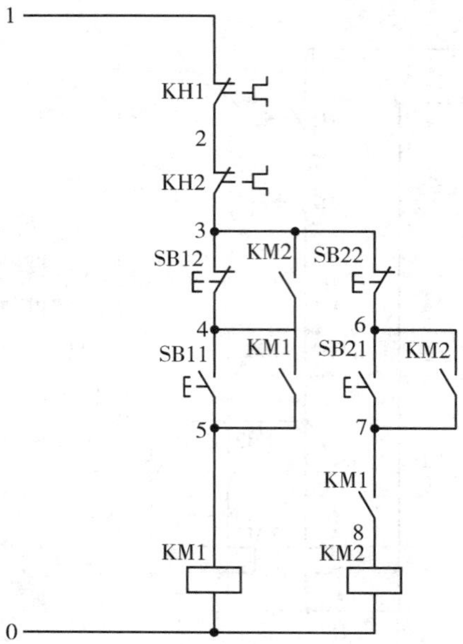
</td><td>这是两台电动机顺序启动、逆序停转控制的电路图。该电路是在电动机 M2 的控制电路中串接了接触器 KM1 的常开辅助触头。显然，只要 M1 不启动，即使按下 SB21，由于 KM1 的常开辅助触头未闭合，KM2 线圈也不能得电，从而保证了 M1 启动后 M2 才能启动的控制要求。SB12 的两端并接了接触器 KM2 的常开辅助触头，从而实现了 M2 停止后，M1 才能停止的控制要求，即 M1、M2 是顺序启动，逆序停止。</td></tr>
</table>

表 1-7-5　主电路实现顺序控制的电路图及特点

<table>
<tr><th>在主电路实现顺序控制</th><th>特　点</th></tr>
<tr><td>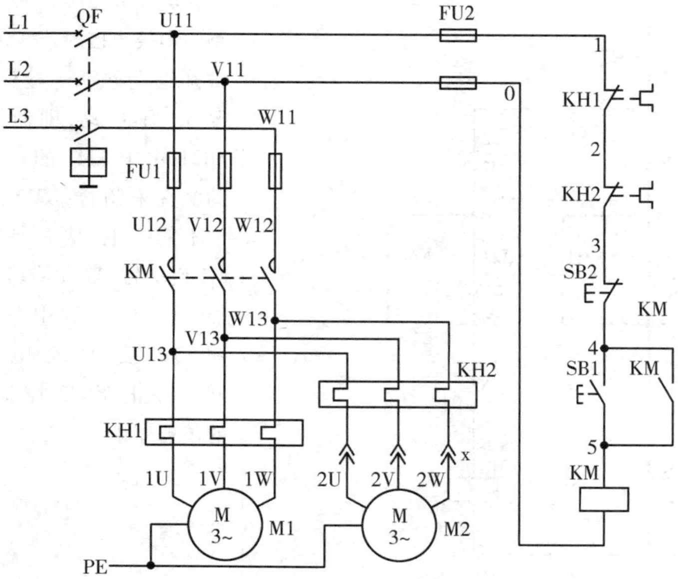
</td><td>电动机 M2 通过接插器 X 接在接触器 KM 主触头的下面，因此，只有当 KM 主触头闭合，电动机 M1 启动运转后，电动机 M2 才可能接通电源运转。</td></tr>
</table>

续表

在主电路实现顺序控制	特　点
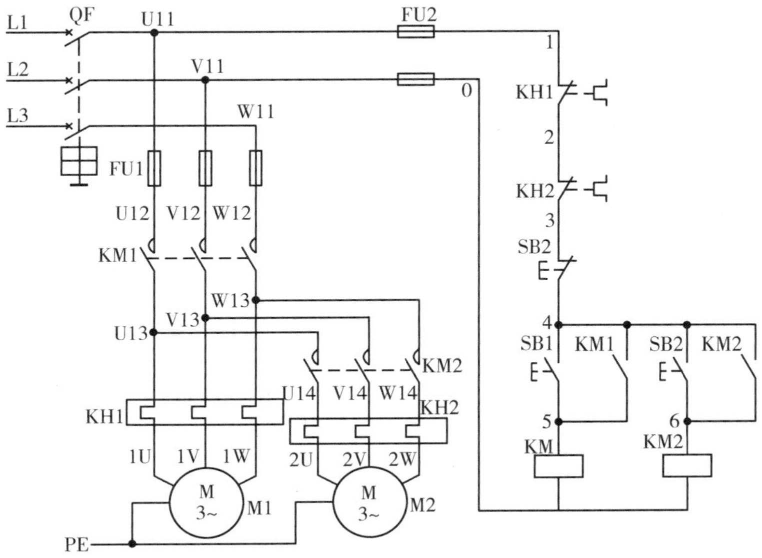	电动机 M1 和 M2 分别通过接触器 KM1 和 KM2 来控制，接触器 KM2 的主触头接触器 KM1 触头的下面，这样保证了当前 KM1 主触头闭合、电动机 M1 启动运转后，M2 才可能接通电源运转。

表 1-7-5 中第二种线路的工作原理如下：合上电源 QF。

按下SB1→KM1线圈得电 ──→KM1主触头闭合──→
　　　　　　　　　　　　└→KM1自锁触头闭合自锁─┘

──→电动机 M1启动连续运转
　│　　　　　　　　　　　┌→KM2主触头闭合 ──────→电动机M2启动连续运转
　└→再按下SB2→KM2线圈得电──→KM2自锁触头闭合自锁─┘

M1、M2 同时停转：按下 SB3→控制电路失电→KM1、KM2 主触头分断→电动机 M1、M2 同时停转。

以上所介绍的电路都是通过接触器控制来实现顺序控制的，但如果接触器出现故障，比如触头熔焊时，不但无法实现顺序控制，还可能出现短路故障。所以，在实际生产中常采用时间继电器来实现顺序控制。在表 1-7-6 中，两台电动机顺启同停和三台电动机顺启逆停电路图特点相同，都是通过时间继电器来实现的。只是在停止时，两台电动机的停止控制较简单，按下停止按钮即可；但是三台电动机的停止不仅用了两个时间继电器，还用了一个中间继电器。

表 1-7-6　用时间继电器实现的顺序控制线路

<table>
<tr><th>线路名称</th><th>控制线路图</th><th>特　点</th></tr>
<tr><td>两台电动机顺序启动、同时停止控制线路</td><td>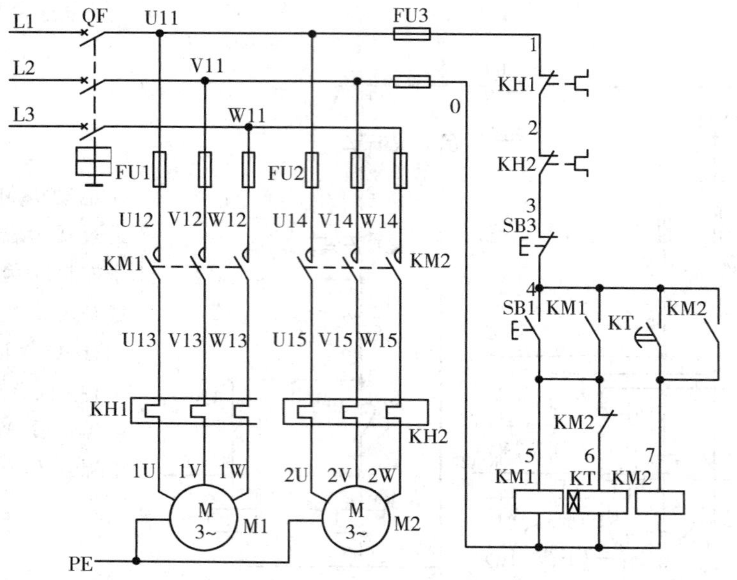
</td><td>电动机 M1 启动后，M2 的启动通过时间继电器 KT 来实现，停止时按下停止按钮 SB2 即可。</td></tr>
<tr><td>三台电动机顺序启动、逆序停止控制线路</td><td>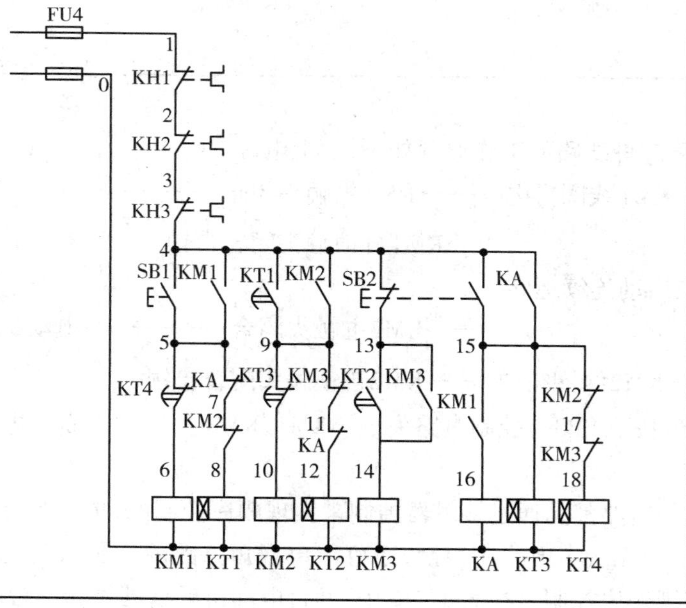
</td><td>电动机 M1 启动后，KT1 的延时接通使电动机 M2 得电，KT2 的延时接通使电动机 M3 得电；停止时，按照逆序，M3 先停止，KM3 停止后，KT3 延时断开使 M2 停止，KT4 延时断开使 M1 停止。</td></tr>
</table>

(3) 多地控制线路

能在两地或多地控制同一台电动机的控制方式叫电动机的多地控制。如图 1-7-7 所示为两地控制的具有过载保护接触器自锁正转控制电路图。其中，SB11、SB12 为安装在甲地的启动按钮和停止按钮；SB21 和 SB22 为安装在乙地的启动按钮和停止按钮。线路的特点是:两地的启动按钮 SB11、SB21 要并联接在一起;停止按钮 SB12、SB22 要串联接在一起。这样就可以分别在甲、乙两地启动和停止同一台电动机,达到操作方便的目的。对三地或多地控制,只要把各地的启动按钮并接、停止按钮串接就可以实现。

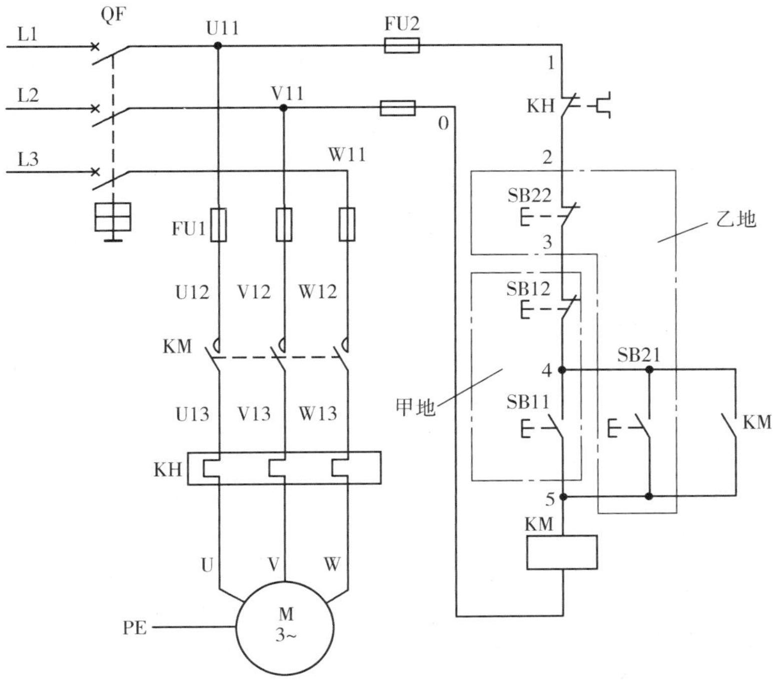

图 1-7-7　两地控制电路图

●能力训练

三台电动机顺序启动、逆序停止控制线路的安装

(1)目的要求

掌握三台电动机顺序启动、逆序停止控制线路的安装。

(2)工具、仪表及器材

1)工具

测电笔、螺钉旋具、尖嘴钳、斜口钳、剥线钳、电工刀等。

2)仪表

5050 型兆欧表、T301-A 型钳形电流表、MF30 型方用表。

3)器材

各种规格的紧固体、针形及叉形轧头、金属软管、编码套管等。电气元件见表 1-7-7。

表 1-7-7　元件明细表

代　号	名　称	型　号	规　格	数量
M1	三相异步电动机	Y112M-4	4 kW、380 V、8.8 A、△接法、1 440 r/min	1
M2	三相异步电动机	Y90S-2	1.5 kW、380 V、3.4 A、Y 接法、2 845 r/min	1
M3	三相异步电动机	Y90S-2	2.5 kW、380 V、4.5 A、Y 接法、2 845 r/min	1
QF	低压断路器	DZ5-20/333	三极、20 A、380 V	1
FU1	熔断器	RT18-63/25	60 A、配熔体 25 A	3
FU2	熔断器	RT18-32/2	15 A、配熔体 2 A	2
KM1	交流接触器	CJ10-20	20 A、线圈电压 380 V	1
KM2	交流接触器	CJ10-10	10 A、线圈电压 380 V	1
KM3	交流接触器	CJ10-10	10 A、线圈电压 380 V	1
KH1	热继电器	JR16-20/3	三极、20 A、整定电流 8.8 A	1
KH2	热继电器	JR16-20/3	三极、20 A、整定电流 3.4 A	1
KH3	热继电器	JR16-20/3	三极、20 A、整定电流 4.5 A	1
KA	中间继电器	JZ7-44	380 V、5 A	1
KT1～KT4	时间继电器	LA2-2	通电延时型,1 常开 1 常闭	4
SB1～SB2	按钮	LA10-2H	保护式、按钮数 2	1
XT	端子板	JD0-1020	380 V、10 A、20 节	若干
	主电路导线	BVR-1.5	1.5 mm^2(7×0.52 mm)	若干
	控制电路导线	BVR-1.0	1 mm^2(7×0.52 mm)	若干
	按钮线	BVR-0.75	0.75 mm^2	若干
	接地线	BVR-1.5	1.5 mm^2	若干
	控制板		500 mm×400 mm×20 mm	1

(3)安装步骤及工艺要求

安装工艺要求可参照明板配线工艺要求进行。其安装步骤如下:

①按表 1-7-7 配齐所用电气元件,并检验元件质量。

②根据如图 1-7-8 所示的电路图,画出布置图。

③在控制板上按布置图安装所有电气元件,并贴上醒目的文字符号。

④在控制板上按如图 1-7-8 所示电路图进行明板布线,并在导线端部套编码套管和冷压接线头。

⑤安装电动机。

⑥可靠连接电动机和电气元件金属外壳的保护接地线。

⑦连接控制板外部的导线。

⑧自检。

⑨检查无误后通电试车。

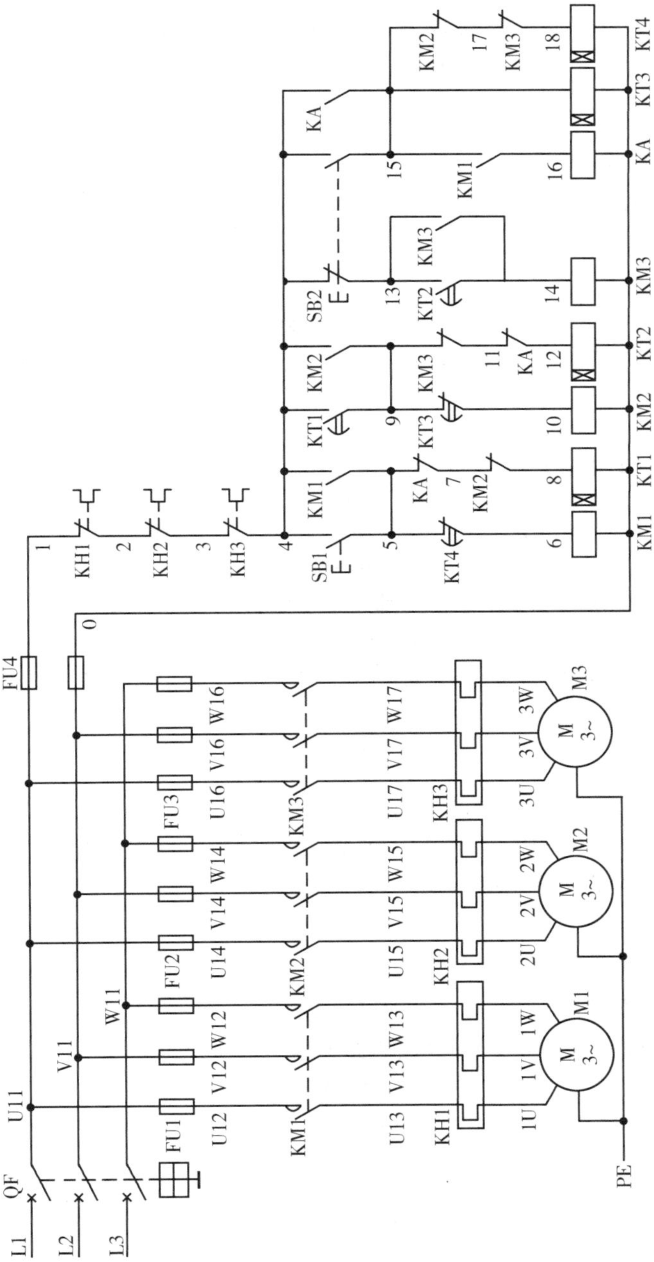

图1-7-8　三台电动机顺序启动逆序停止电路图

(4)注意事项

①通电试车前,应熟悉线路的操作顺序,即先合上电源开关 QF,然后按下 SB1 后,M1、M2、M3 由时间继电器 KT1、KT2 控制顺序得电;停止时,按下 SB2 后,M3 先断电,KA 得电,使 KT3 得电,然后通过 KT3 的延时触头使 M2 断电,再通过 KT4 使 M1 断电。

②通电试车时,注意观察电动机、各电气元件及线路各部分工作是否正常。若发现异常情况,必须立即切断电源开关 QF。

③安装应在规定的定额时间内完成,同时要做到安全操作和文明生产。

(5)评分标准

评分标准见表 1-7-8。

表 1-7-8　评分标准

<table>
<tr><td>项目内容</td><td>配分</td><td colspan="4">评分标准</td><td>扣　分</td></tr>
<tr><td>装前检查</td><td>15</td><td colspan="4">(1)电动机质量检查,每漏一处扣 5 分
(2)电气元件漏检或错检,每处扣 5 分</td><td></td></tr>
<tr><td>安装元件</td><td>15</td><td colspan="4">(1)元件布置不整齐、不匀称、不合理,每只扣 3 分
(2)元件安装不紧固,每只扣 4 分
(3)安装元件时漏装木螺钉,每只扣 1 分
(4)损坏元件,扣 15 分</td><td></td></tr>
<tr><td>布　线</td><td>30</td><td colspan="4">(1)不按电路图接线,扣 25 分
(2)布线不符合要求:
主电路,每根扣 4 分
控制电路,每根扣 2 分
(3)接点松动、露铜过长、压绝缘层、反圈等,每个接点扣 1 分
(4)损伤导线绝缘或线芯,每根扣 5 分
(5)漏套或错套编码套管,每处扣 2 分
(6)漏接接地线扣 10 分</td><td></td></tr>
<tr><td>通电试车</td><td>40</td><td colspan="4">(1)热继电器未整定或整定错,扣 5 分
(2)熔体规格配错,主、控电路各扣 5 分
(3)第一次试车不成功,扣 20 分
第二次试车不成功,扣 30 分
第三次试车不成功,扣 40 分</td><td></td></tr>
<tr><td>安全文明生产</td><td colspan="5">(1)违反安全文明生产规程,扣 5~40 分
(2)乱线敷设,加扣 10 分</td><td></td></tr>
<tr><td>定额时间 4 h</td><td colspan="5">每超时 5 min,扣 5 分</td><td></td></tr>
<tr><td>备　注</td><td colspan="4">除定额时间外,各项目的最高扣分不应超过配分数</td><td>成绩</td><td></td></tr>
<tr><td>开始时间</td><td></td><td>结束时间</td><td></td><td>实际时间</td><td colspan="2"></td></tr>
</table>

知识技能测试

一、填空题

1.在主电路实现两台电动机的顺序控制的电路中，电动机 M1、M2 分别通过________控制。其中，接触器________的主触头接在接触器________的下面，这样就保证了当 KM1 主触头闭合、电动机 M1 启动后，M2 才可能接通电源运行。

2.对于主电路实现顺序控制的电路，可以理解为后续启动的电动机的____是受前面启动的电动机主电路中接触器主触头控制的。

3.在控制电路实现顺序控制的电路中，各台电动机的主电路是________。

4.要实现多地控制，只需将__________________即可。

二、判断题

1.只要将主电路进行适当连接，就可实现顺序控制。（　　）

2.由主电路实现顺序控制时，不需要再安装控制电路。（　　）

3.在主电路实现顺序控制的电路中，控制电路就是自锁控制电路构成的。（　　）

4.在主电路实现顺序控制的电路中，只能实现顺序控制，不能实现逆序停止。（　　）

5.控制电路实现顺序控制的电路中，各台电动机的主电路都是并联的。（　　）

6.要在三个地方同时控制一台电动机，则需三个同型号同规格的按钮。（　　）

7.无论什么电动机控制电路都可以实现多地控制。（　　）

三、选择题

1.在主回路实现顺序控制的电路中，后启动电动机主回路必须接在前启动电动机接触器主触头的（　　）。

A.下面　　B.上面　　C.中间

2.主电路实现顺序控制与控制电路实现顺序控制在设计思路上是（　　）的。

A.完全相同　　B.完全不同　　C.大致相同

3.安装两地控制线路时，将启动按钮串接、停止按钮并接，则该电路（　　）。

A.能实现两地控制　　B.不能实现两地控制　　C.不能确定

4.安装完两台电动机顺序启动、逆序停止控制线路后对电路进行检查，合上开关 QS，将万用表两表笔分别接 L1，L2，按下 KM1 使其主触头闭合，发现万用表电阻值读数为 0，则可以肯定：L1 与 L2 之间（　　）。

A.有开路故障　　B.有短路故障　　C.没有故障

5.安装完两地控制线路后通电试车时，发现按下 SB11 电动机不启动，按下 SB21 能启动，则故障可能是（　　）。

A.KM 线圈开路　　B.KM 自锁触头接触不良　　C.SB11 接触不良或接错

6.安装完两台电动机顺序启动、逆序停止控制线路后通电试车时，正确的操作顺序是（　　）。

A.先合上电源开关 QS,然后按下 SB21,再按下 SB11 顺序启动;按下 SB22 后,再按下 SB12 逆序停止。

B.先合上电源开关 QS,然后按下 SB11,再按下 SB21 顺序启动;按下 SB12 后,再按下 SB22 逆序停止。

C.先合上电源开关 QS,然后按下 SB11,再按下 SB21 顺序启动;按下 SB22 后,再按下 SB12 逆序停止。

四、技能考核题

在安装完两地控制线路后通电试车时,发现电动机只能点动控制,请排除该故障。

任务 1.8 三相交流异步电动机降压启动控制线路

●任务目标

- 掌握降压启动的定义、方法及特点。
- 熟悉线槽配线的操作技能。
- 掌握控制线路故障分析和检修方法。

●入门引导

前面介绍的各种控制线路启动时,加在电动机定子绕组上的电压为电动机的额定电压,属于全压启动,也称直接启动。直接启动的优点是电气设备少,线路简单,维修量较小。异步电动机直接启动时,启动电流一般为额定电流的 4~7 倍。在电源变压器容量不够大而电动机功率较大的情况下,直接启动将导致电源变压器输出电压下降,不仅会减小电动机本身的启动转矩,而且会影响同一供电线路中其他电气设备的正常工作。因此,较大容量的电动机需采用降压启动。

●知识学习

通常规定:电源容量在 180 kV · A 以上,电动机容量在 7 kW 以下的三相异步电动机可采用直接启动。

判断一台电动机能否直接启动,还可以用下面的经验公式来确定:

$$\frac{I_{st}}{I_N} \leqslant \frac{3}{4} + \frac{S}{4P} \tag{1-8-1}$$

式中　I_{st}——电动机全压启动电流，A；

I_N——电动机额定电流，A；

S——电源变压器容量，kV · A；

P——电动机功率，kW。

凡不满足直接启动条件的，均采用降压启动。

降压启动是指利用启动设备将电压适当降低后加到电动机的定子绕组上进行启动，待电动机启动运转后，再使其电压恢复到额定值正常运转。由于电流随电压的降低而减小，所以降压启动可达到减小启动电流之目的。但是，由于电动机转矩与电压的平方成正比，所以降压启动也将导致电动机的启动转矩大为降低。因此，降压启动需要在空载或轻载下启动。

常见的降压启动方法有4种：定子绕组串接电阻降压启动；自耦变压器降压启动；Y-△降压启动；延边△降压启动。下面用表1-8-1分别给予介绍。

表1-8-1　常见的降压启动方法

降压方法	控制线路	特　点
定子绕组串接电阻降压启动	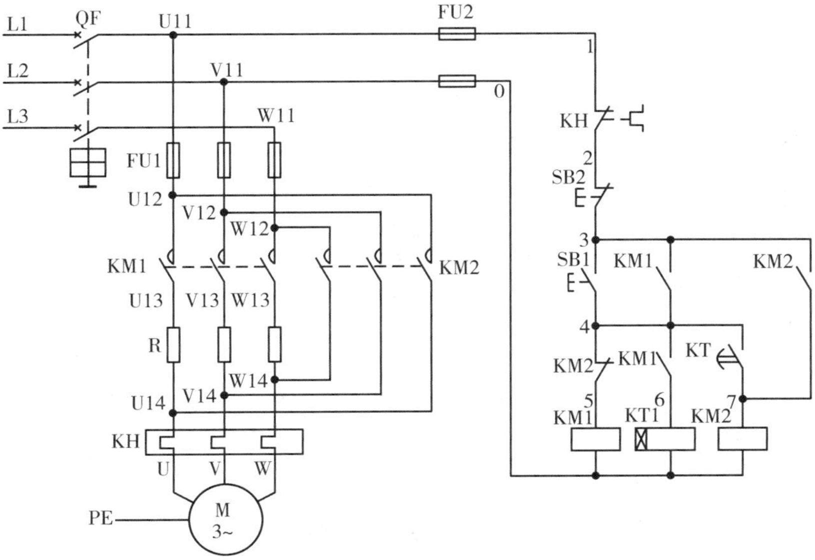	该线路的主电路中，KM2的3对主触头不是直接并接在启动电阻R两端，而是把接触器KM1的主触头也并接了进去。这样接触器KM1和时间继电器KT只作短时间的降压启动用，待电动机全压运转后就全部从线路中切除，从而延长了接触器KM1和时间继电器KT的使用寿命，节省了电能，提高了电路的可靠性。缺点是减小了电动机的启动转矩，同时启动时在电阻上功率消耗也较大；如果启动频繁，则电阻的温度很高，对于精密的机床会产生一定的影响。

续表

<table>
<tr><th>降压方法</th><th>控制线路</th><th>特　点</th></tr>
<tr><td>自耦变压器降压启动</td><td>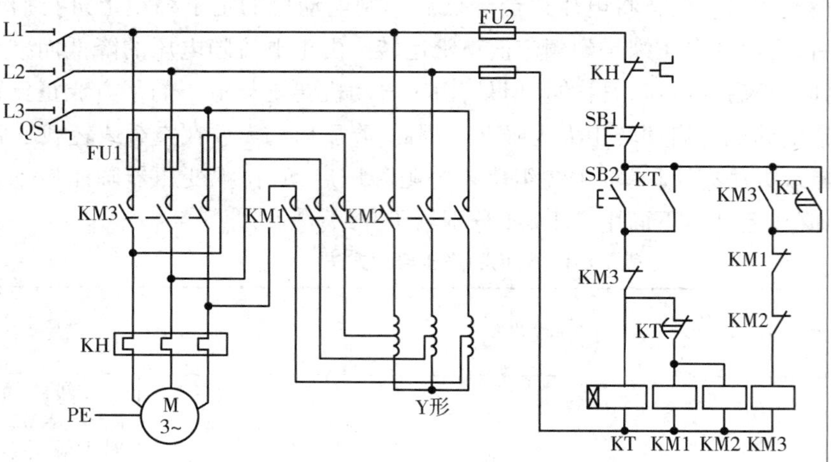
</td><td>该线路中，KM1、KM2先闭合，将自耦变压器接入回路中进行降压启动。待启动完毕，通过时间继电器KT常闭断开自耦变压器，常开闭合接通KM3，电动机就全压运转。
该线路的优点是启动电流、启动转矩和启动电流可以调节，适用于容量较大的笼形异步电动机的降压启动。缺点是设备庞大，成本较高。</td></tr>
<tr><td>Y-△降压启动</td><td>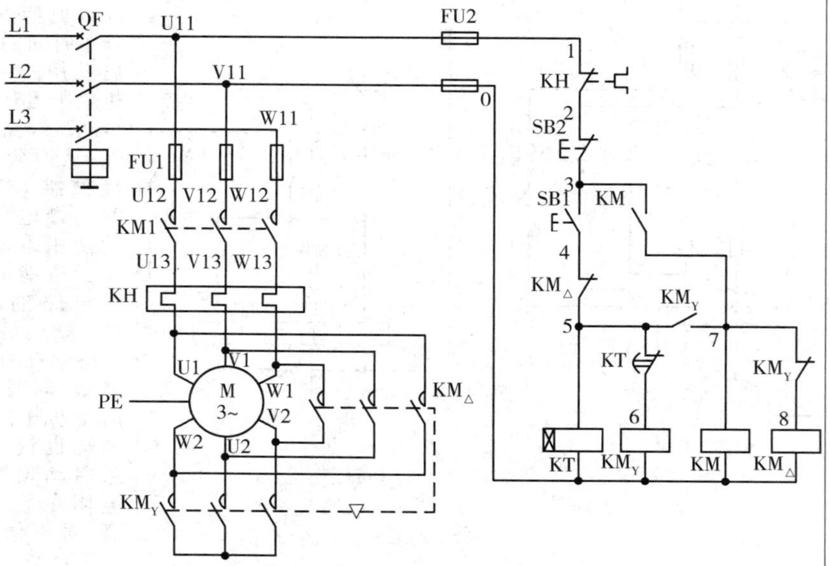
</td><td>该线路中，接触器KM_Y得电以后，通过KM_Y的常开辅助触头使接触器KM得电动作，这样KM_Y主触头是在无负载的条件下进行闭合的，故可延长接触器KM_Y主触头的使用寿命。凡是在正常运行时定子绕组作三角形连接的异步电动机，均可采用这种降压启动方法。缺点是转矩较小，只适用于轻载或空载下启动。</td></tr>
</table>

续表

降压方法	控制线路	特　点
延边△降压启动	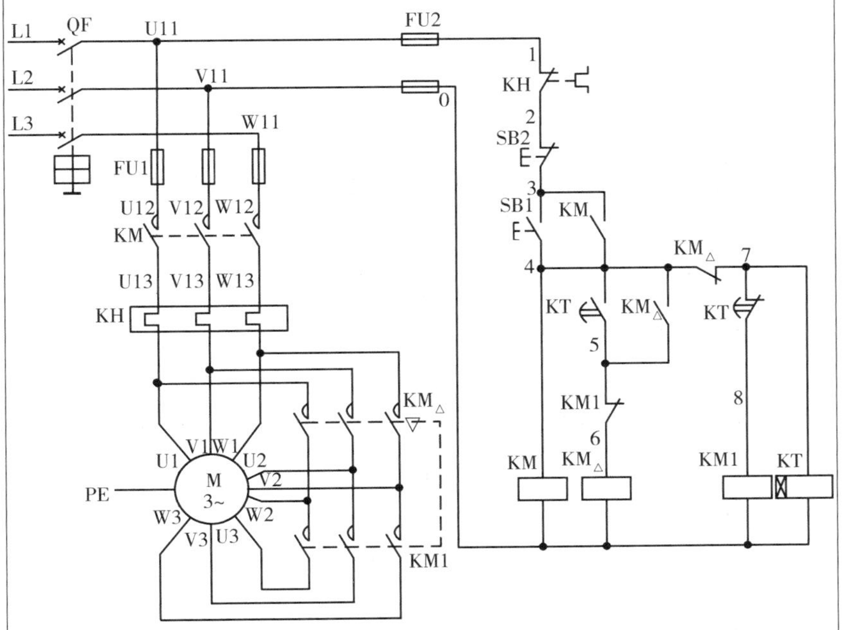	延边△降压启动是在 Y-△降压启动的基础上加以改进而形成的一种启动方式，它把 Y 和△两种接法结合起来，使电动机每相定子绕组承受的电压小于△接法时的相电压，而大于 Y 接法时的相电压，并且每相绕组电压的大小可随电动机绕组抽头（U3、V3、W3）位置的改变而调节，从而克服了 Y-△降压启动电压偏低、启动转矩偏小的缺点。

子任务 1.8.1　三相交流异步电动机星三角降压启动控制线路的安装与维修

●任务目标

- 掌握 Y-△降压启动的控制原理。
- 掌握交流电动机 Y-△降压启动控制线路的安装与维修。
- 掌握故障排除的步骤和方法。

●入门引导

定子绕组串接电阻降压启动缺点是减小了电动机的启动转矩，同时启动时在电阻上功率消耗也较大；如果启动频繁，则电阻的温度很高，对于精密的机床会产生一定的影响。所以，它在实际应用中正在逐步减少。目前应用更为广泛的是Y-△降压启动，本任务就来学习Y-△降压启动控制线路。

●知识学习

Y-△降压启动是指电动机启动时，把定子绕组接成星形，以降低启动电压，限制启动电流；待电动机启动后，再把定子绕组改接成三角形，使电动机全压运行。凡是在正常运行时定子绕组作三角形连接的异步电动机，均可采用这种降压启动方法。

电动机启动时按Y接法，加在每相定子绕组上的启动电压只有△接法的$\frac{1}{\sqrt{3}}$，启动电流为△接法的$\frac{1}{3}$，启动转矩也只有△接法的$\frac{1}{3}$。所以这种降压启动方法只适用于轻载或空载下启动。常用的Y-△降压启动控制线路有以下几种。

(1)手动控制Y-△降压启动线路

双投开启式负荷开关手动控制Y-△降压启动的电路如图1-8-1所示。

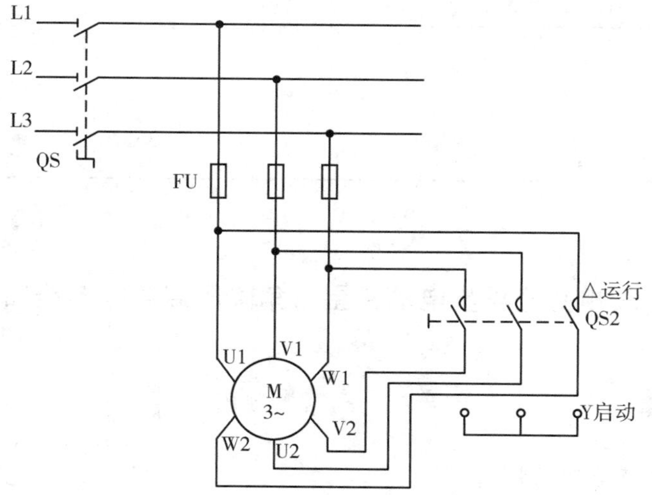

图1-8-1 手动控制Y-△降压启动电路图

线路的工作原理如下：启动时，先合上电源开关QS，然后把开启式负荷开关QS2扳到“启动”位置，电动机定子绕组便接成星形降压启动；当电动机转速上升并接近额定值时，再将QS2扳到“运行”位置，电动机定子绕组改接成三角形全压正常运行。

手动 Y-△启动器专门作为手动 Y-△降压启动用，有 QX1 和 QX2 系列，按控制电动机的容量分为 3 kW 和 30 kW 两种，启动器的正常操作频率为 30 次/小时。QX1 型手动 Y-△启动器的外形图、接线图和触头分合图如图 1-8-2 所示。从图 1-8-2(b)、(c)所示的接线图和触头分合图对应看出，启动器有启动(Y)、停止(0)和运行(△)三个位置。当手柄扳到"0"位置时，8 对触头都分断，电动机脱离电源停转；当手柄扳到"Y"位置时，1、2、5、6、8 触头闭合接通，3、4、7 触头分断，定子绕组的末端 W2、U2、V2 通过触头 5、6 接成星形，始端 U1、V1、W1 则分别通过触头 1、8、2 接入三相电源 L1、L2、L3，电动机进行星形降压启动。当电动机转速上升并接近额定转速时，将手柄扳到"△"位置，这时 1、2、3、4、7、8 触头闭合，5、6 触头分断，定子绕组按 U1—触头 1—触头 3—W2、V1—触头 8—触头 7—U2、W1—触头 2—触头 4—V2 接成三角形全压正常运转。

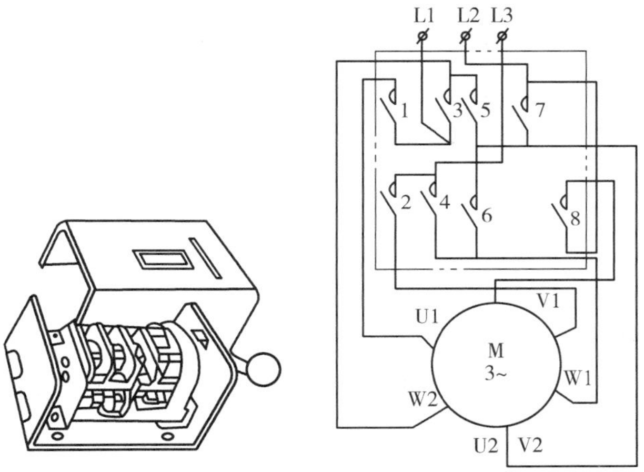

(a)外形图　　(b)接线图

接点	手柄位置		
	启动Y	停止0	运行△
1	×		×
2	×		×
3			×
4			×
5	×		
6	×		
7			×
8	×		×

注：×—接通

(c)触头分合图

图 1-8-2　QX1 型手动 Y-△启动器

(2)按钮、接触器控制 Y-△降压启动线路

用按钮和接触器控制 Y-△降压启动电路如图 1-8-3 所示。该线路使用了 3 个接触器、1 个热继电器和 3 个按钮。接触器 KM 作引入电源用，接触器 KM_Y 和 $KM_\triangle$ 分别作星形启动用和三角形运行用。SB1 是启动按钮，SB2 是 Y-△换接按钮，SB3 是停止按钮，FU1 作为主电路的短路保护，FU2 作为控制电路的短路保护。

线路的工作原理如下：先合上电源开关 QF。

①电动机 Y 接法降压启动

按下 SB1—
　→KM 线圈得电—
　　→KM 自锁触头闭合自锁
　　→KM 主触头闭合——→电动机 M 接成 Y 降压启动
　→KM_Y 线圈得电—
　　→KM_Y 主触头闭合—（→电动机 M 接成 Y 降压启动）
　　→KM_Y 联锁触头分断对 $KM_\triangle$ 联锁

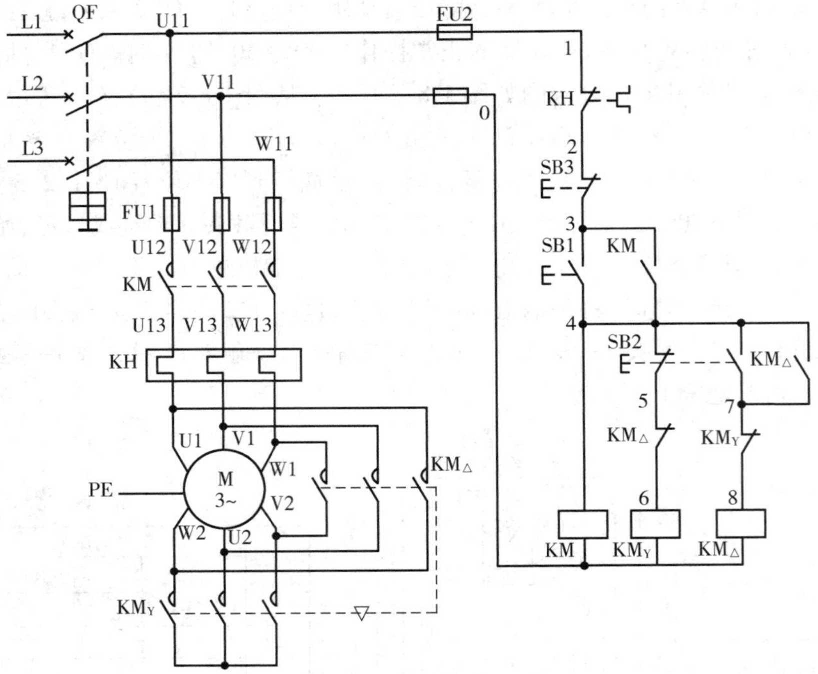

图 1-8-3　按钮、接触器控制 Y-△降压启动线路

②电动机△接法全压运行：当电动机转速上升并接近额定值时

按下 SB2→SB2 常闭触头先分断→KM_Y线圈失电→KM_Y主触头分断，解除 Y 形连接；→KM_Y联锁触头恢复闭合→

按下 SB2→SB2 常开触头后闭合→

→$KM_\triangle$线圈得电→$KM_\triangle$自锁触头闭合自锁→电动机 M 接成△形全压运行；→$KM_\triangle$主触头闭合→电动机 M 接成△形全压运行；→$KM_\triangle$联锁触头分断 KM_Y联锁

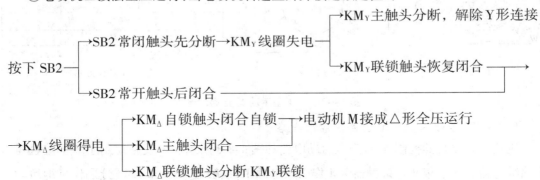

停止时，按下 SB3 即可实现。

(3) 时间继电器自动控制 Y-△降压启动线路

时间继电器自动控制 Y-△降压启动线路如图 1-8-4 所示。该线路使用了 3 个接触器、1 个热继电器、1 个时间继电器和两个按钮组成。时间继电器 KT 用作控制星形降压启动时间和完成 Y-△自动切换。

线路的工作原理如下：

先合上电源开关 QF。

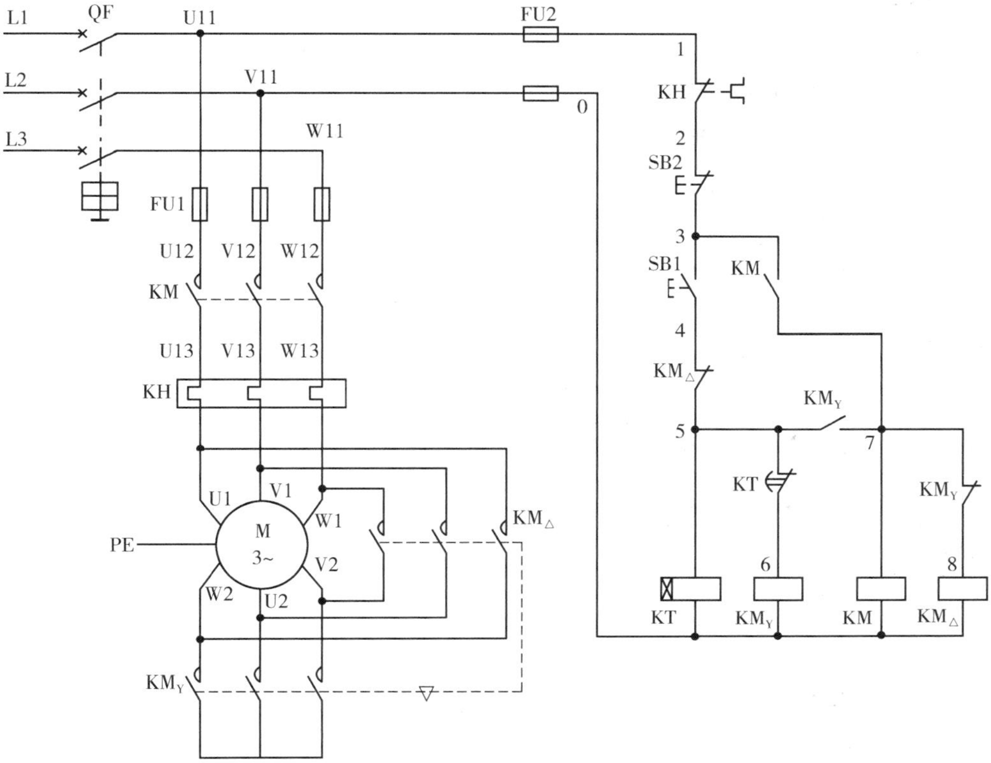

图 1-8-4 时间继电器自动控制 Y-△降压启动电路图

按下SB1—
- →KM_Y线圈得电—
  - →KM_Y常开触头闭合——→KM线圈得电—
    - →KM自锁触头闭合自锁
    - →KM主触头闭合——
  - →KM_Y主触头闭合——→电动机M接成Y降压启动
  - →KM_Y联锁触头分断对$KM_△$联锁
- →KT线圈得电——当M转速上升到一定值时，KT延时结束——→KT常闭触头分断→

→KM_Y线圈失电—
- →KM_Y常开触头分断
- →KM_Y主触头分断，解除Y形连接
- →KM_Y联锁触头闭合→$KM_△$线圈得电→

—
- →$KM_△$联锁触头分断—
  - →对KM_Y联锁
  - →KT线圈失电→KT常闭触头瞬时闭合
- →$KM_△$主触头闭合→电动机M接成△形全压运行

停止时，按下SB2即可。

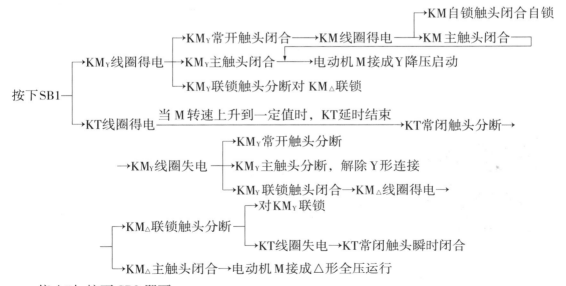

该线路中，接触器KM_Y得电后，通过KM_Y的常开辅助触头使接触器KM得电动作。这样KM_Y的主触头是在无负载的条件下进行闭合的，故可延长接触器KM_Y主触头的使用寿命。

(4)QX3-13 型 Y-△自动启动器

时间继电器自动控制 Y-△降压启动线路的定型产品有 QX3、QX4 两个系列，称为 Y-△自动启动器。它们的主要技术数据见表 1-8-2。

表 1-8-2　Y-△自动启动器的基本技术数据

启动器型号	控制功率/kW			配用热元件的额定电流/A	延时调整范围/s
	220 V	380 V	500 V		
QX3-13	7	13	13	11、16、22	4～16
QX3-30	17	30	30	32、45	4～16
QX4-17		17	13	15、19	11、13
QX4-30		30	22	25、34	15、17
QX4-55		55	44	45、61	20、24
QX4-75		75		85	30
QX4-125		125		100～160	14～60

QX3-13 型 Y-△自动启动器外形结构和电路图如图 1-8-5 所示。这种启动器主要由 3 个接触器(KM_Y、$KM_\triangle$、KM)、1 个热继电器 KH、1 个通电延时型时间继电器 KT 和按钮组成。有关各电器的作用和线路的工作原理，读者可参照上述几个线路自行分析。

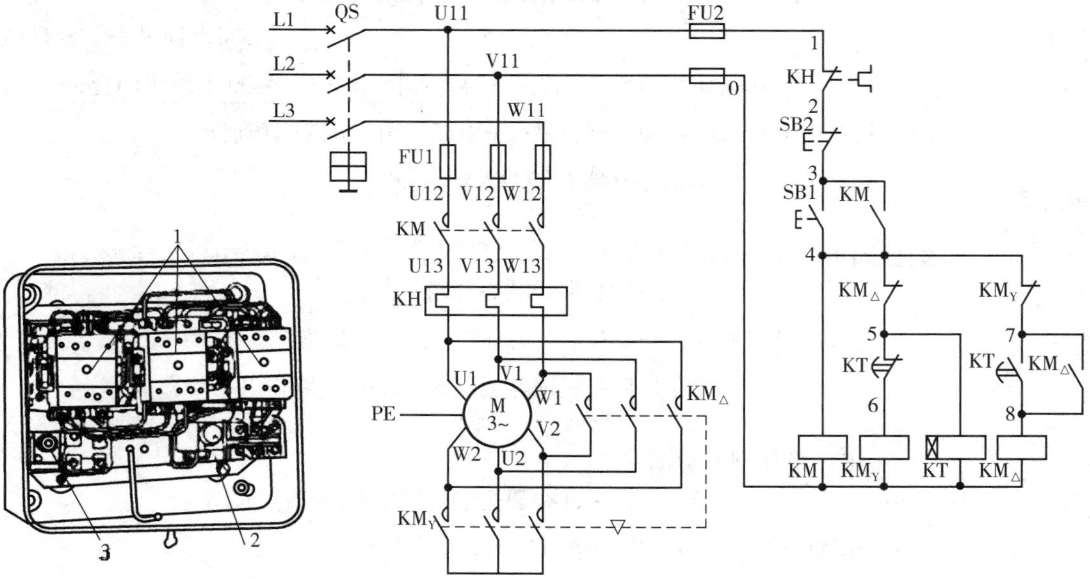

(a)外形结构图　　　　(b)电路图

图 1-8-5　QX3-13 型 Y-△自动启动器

1—接触器;2—热继电器;3—时间继电器

●能力训练

时间继电器自动控制 Y-△降压启动线路的安装与维修

(1)目的要求

掌握时间继电器自动控制 Y-△降压启动控制线路的安装与检修。

(2)工具、仪表及器材

1)工具

测电笔、螺钉旋具、尖嘴钳、斜口钳、剥线钳、电工刀等。

2)仪表

5050 型兆欧表、T30-A 型钳形电流表、MF30 型万用表。

3)器材

各种规格的导线、紧固体、针形及叉形轧头、金属软管。编码套管、电气元件见表1-8-3。

表 1-8-3　元件明细表

代　号	名　称	型　号	规　格	数　量
M	三相异步电动机	Y132S-4	5.5 kW、380 V、11.6 A、△接法、1 440 r/min、	1
QF	低压断路器	DZ5-25/333	三极,25 A	1
FU1	熔断器	RL1-60/25	500 V、60 A、熔体 25 A	3
FU2	熔断器	RL1-15/2	500 V、15 A、配熔体 2 A	2
KM1～KM3	交流接触器	CJ10-20	20 A、线圈电压 380 V	3
KT	时间继电器	JS7-2A	线圈电压 380 V、整定时间 3 s±1 s	1
KH	热继电器	JR16-20/3	三极、20 A、整定电流 11.6 A	1
SB1、SB2	按钮	LA10-3H	保护式、380 V、5 A、按钮数 3	1
XT	端子板	JD0-1020	380 V、10 A、20 节	若干
	控制板		500 mm×400 mm×20 mm	1

(3)安装训练

1)安装步骤

①按表 1-8-3 配齐所用电气元件,并检验元件质量。

②画出布置图(可参照图 1-6-9(b)绘制)。

③在控制板上按布置图安装电气元件,并贴上醒目的文字符号。

④在控制板上按图 1-8-4 所示电路图进行明板布线,并在线头上套编码套管和冷压接线头。

图 1-8-6 完成后的电路板

⑤根据电路图检验控制面板布线的正确性。

⑥安装电动机。

⑦可靠连接电动机和电气元件金属外壳的保护接地线。

⑧连接控制板外部的导线。

⑨自检。

⑩检查无误后通电试车。

2)注意事项

①用 Y-△降压启动控制的电动机，必须有6个出线端子且定子绕组在△接法时的额定电压等于三相电源线电压。

②接线时要保证电动机△接法的正确性，即接触器 $KM_{\triangle}$ 主触头闭合时，应保证定子绕组的 U1 与 W2、V1 与 U2、W1 与 V2 相连接。

③接触器 KM_{Y} 的进线必须从三相定子绕组的末端引入，若误将其首端引入，则在 $KM_{\triangle}$ 吸合时，会产生三相电源短路事故。

④控制板外部配线必须按要求一律装在导线通道内，使导线有适当的机械保护，以防止液体、铁屑和灰尘的侵入。在训练时可适当降低要求，但必须以能确保安全为条件，如采用多芯橡皮线或塑料护套软线。

⑤通电校验前要再检查一下熔体规格及时间继电器、热继电器的各整定值是否符合要求。

⑥通电校验必须有指导教师在现场监护，学生应根据电路图的控制要求独立进行校验，若出现故障也应自行排除。

⑦安装训练应在规定定额时间内完成，同时要做到安全操作和文明生产。

3)评分标准

评分标准见表 1-8-4。

表 1-8-4 评分标准

项目内容	配分	评分标准	扣　分
装前检查	15	(1)电动机质量检查，每漏一处扣 5 分 (2)电气元件漏检或出错，每处扣 2 分	
安装元件	15	(1)元件布置不整齐、不均匀、不合理，每只扣 3 分 (2)元件安装不紧固，每只扣 4 分 (3)安装元件时漏装木螺钉，每只扣 1 分 (4)损坏元件，扣 15 分	

续表

<table>
<tr><th>项目内容</th><th>配分</th><th colspan="4">评分标准</th><th>扣　分</th></tr>
<tr><td>布　线</td><td>30</td><td colspan="4">(1)不按电路图接线,扣 15 分
(2)布线不符合要求:
主电路,每根扣 4 分
控制电路,每根扣 2 分
(3)接点松动、露铜过长、压绝缘层、反圈等,每个接点扣 1 分
(4)损伤导线绝缘或线芯,每根扣 5 分
(5)漏套或错套编码管,每处扣 2 分
(6)漏接接地线,扣 10 分</td><td></td></tr>
<tr><td>通电试车</td><td>40</td><td colspan="4">(1)整定值未整定或定错,每只扣 5 分
(2)熔体规格配错,主、控电路各扣 5 分
(3)第一次试车不成功,扣 20 分
第二次试车不成功,扣 30 分
第三次试车不成功,扣 40 分</td><td></td></tr>
<tr><td>安全文明</td><td colspan="5">(1)违反安全文明生产规程,扣 5~40 分
(2)乱线敷设,扣 10 分</td><td></td></tr>
<tr><td>额定时间 4 h</td><td colspan="5">每超时 5 min,扣 5 分</td><td></td></tr>
<tr><td>备　注</td><td colspan="4">除额定时间外,各项目最高扣分不应超过配分数</td><td>成绩</td><td></td></tr>
<tr><td>开始时间</td><td colspan="2"></td><td>结束时间</td><td></td><td>实际时间</td><td></td></tr>
</table>

(4)故障检修

1)用试验法观察故障现象,初步判定故障范围

试验法是在不扩大故障范围、不损坏电气设备和机械设备的前提下,对线路进行通电试验,通过观察电气设备和电气元件的动作,看它是否正常,各控制环节的动作程序是否符合要求,找出故障发生部位或回路。

2)用逻辑分析法缩小故障范围

逻辑分析法是根据电气控制线路的工作原理、控制环节的动作程序以及它们之间的联系,结合故障现象作具体的分析,迅速地缩小故障范围,从而判断出故障所在。这种方法是一种以“准”为前提,以“快”为目的的检查方法,特别适用于对复杂线路的故障检查。

3)用测量法确定故障点

测量法是利用电工工具和仪表(如测电笔、万用表、钳形电流表、兆欧表等)对线路进行带电或断电测量,来查找故障点的有效方法。下面介绍电压分阶测量法和电阻分阶测量法,

关于其他的测量方法将在后面介绍。

①电压分阶测量法测量。检查时，首先把万用表的万能转换开关位置于交流电压 500 V 的挡位上，然后按如图 1-8-7 所示方法进行测量。

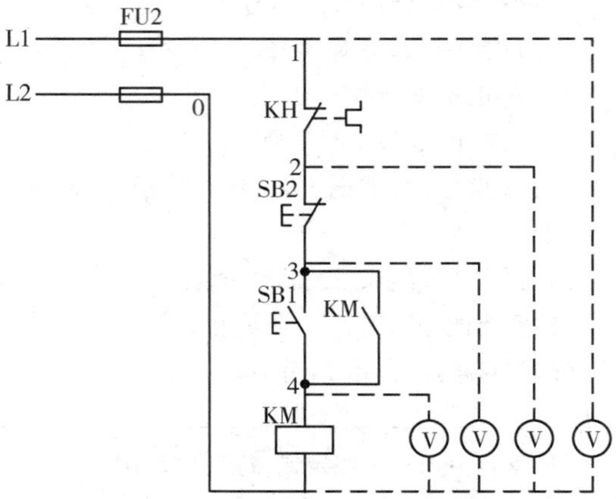

图 1-8-7　电压分阶测量法

断开主电路，接通控制电路的电源。若按下启动按钮 SB1 时，接触器 KM 不吸合，则说明控制电路有故障。

检测时，需要两人配合进行。一人先用万用表测量 0 和 1 两点之间的电压。若电压为 380 V，则说明控制电路的电源电压正常。然后由另一人按下 SB1 不放，一人把黑表棒接到 0 点上，红表棒依次接到 2、3、4 各点上，分别测量出 0—2、0—3、0—4 两点间的电压。根据其测量结果即可找出故障点，见表 1-8-5。

表 1-8-5　电压分阶测量法查找故障点

故障现象	测试状态	0—2	0—3	0—4	故障点
按下 SB1，KM 不吸合	按下 SB1 不放	0	0	0	KH 常闭触头接触不良
		380 V	0	0	SB2 常闭触头接触不良
		380 V	380 V	0	SB1 接触不良
		380 V	380 V	380 V	KM 线圈断路

这种测量方法像下(或上)台阶一样依次测量电压，所以叫电压分阶测量法。

②电阻分阶测量法测量。检查时，首先把万用表的转换开关位置于倍率适当的电阻挡，然后按如图 1-8-8 所示方法进行测量。断开主电路，接通控制电路电源。若按下启动按钮 SB1 时，接触器 KM 不吸合，则说明控制电路有故障。

检测时，首先切断控制电路电源(这点与电压分阶测量法不同)，然后一人按下 SB1 不放，另一人用万用表依次测量 0—1、0—2、0—3、0—4 各两点之间的电阻值，根据测量结果可找出故障点，见表 1-8-6。

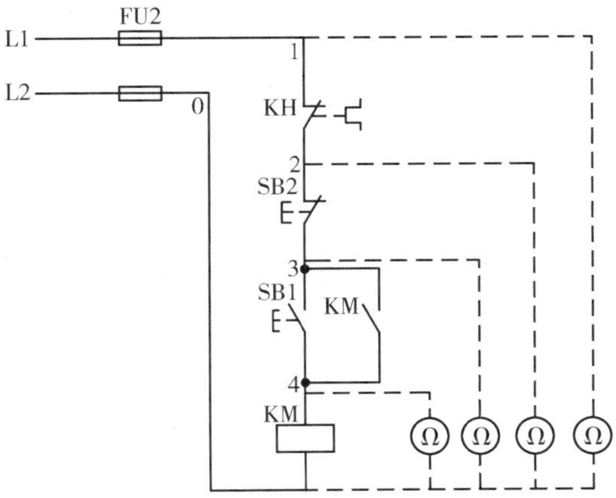

图 1-8-8　电阻分阶测量法

表 1-8-6　电阻分阶测最法查找故障点

故障现象	测试状态	0—1	0—2	0—3	0—4	故障点
按下 SB1，KM 不吸合	按下 SB1 不放	∞	R	R	R	KH 常闭触头接触不良
		∞	∞	R	R	SB2 常闭触头接触不良
		∞	∞	∞	R	SB1 接触不良
		∞	∞	∞	∞	KM 线圈断路

注：R 为 KM 线圈电阻值。

根据故障点的不同情况，采取正确的维修方法排除故障。检修完毕，进行通电空载校验或局部空载校验。校验合格，通电正常运行。

在实际维修工作中，由于电动机控制线路的故障不是千篇一律的，就是同一种故障现象，发生的故障部位也不一定相同。因此，采用以上故障检修步骤和方法时，不要生搬硬套，而应按不同的故障情况灵活运用，妥善处理，力求迅速、准确地找到故障点，查明故障原因，及时正确地排除故障。

(5) 排除如图 1-4-12 所示线路中人为设置的两个电气故障

在控制电路和主电路中各设置故障一处。控制线路通电检查时，一般先查控制电路，后查主电路。

1) 控制电路

①用实验法观察故障现象：先合上电源开关 QF，然后按下 SB1 或 SB3 时，KM 均不吸合。

②用逻辑分析法判定故障范围：根据故障现象（KM 不吸合），结合电路图，可初步确定故障点可能在控制电路的公共支路上。

③用测量法确定故障点：采用电压分阶测量法，如图 1-8-9 所示。先合上电源开关 QF，然后把万用表的转换开关置于交流 500 V 电压挡上，一人按下 SB1 不放，另一人把万用表的

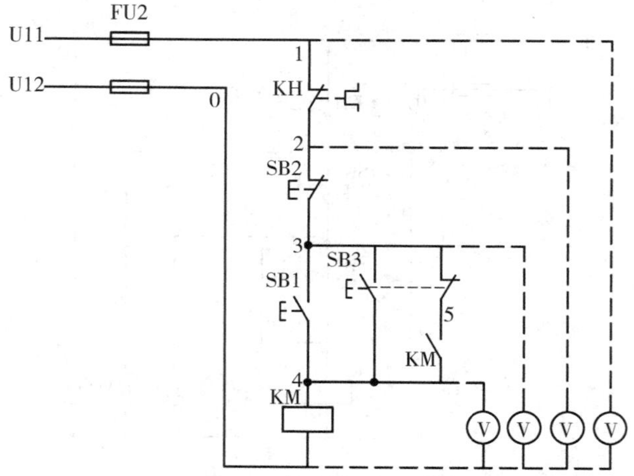

图 1-8-9　电压分阶测量法

黑表棒接到 0 点上，红表棒依次接 1、2、3、4 各点，分别测量 0—1、0—2、0—3、0—4 各阶之间的电压值，根据其测量结果即可找出故障点，见表 1-8-7。

查找故障点时，也可用电阻分阶测量法。

④根据故障点的情况，采取正确的检修方法，排除故障。

a.FU2 熔断：可查明熔断的原因，排除故障后更换相同规格的熔体。

表 1-8-7　用电压分阶测量法查找故障点

故障现象	测试状态	0—1	0—2	0—3	0—4	故障点
按下 SB1，KM 不吸合	按下 SB1 不放	0	0	0	0	FU2 熔断
		380 V	0	0	0	KH 常闭触头接触不良
		380 V	380 V	0	0	SB2 接触不良
		380 V	380 V	380 V	0	SB1 接触不良
		380 V	380 V	380 V	380 V	KM 线圈断路

b.KH 常闭触头接触不良：若按下复位按钮，热继电器常闭触头不能复位，则说明热继电器已损坏，可更换同型号的热继电器，并调整好其整定电流值；若按下复位按钮，KH 的常闭触头复位，则说明 KH 完好，可继续使用，但要查明 KH 常闭触头动作的原因并排除。

c.SB2 接触不良：更换按钮 SB2。

d.SB1 接触不良：更换按钮 SB1。

e.KM 线圈断路：更换相同规格的线圈或接触器。

本例设置的故障点是模拟电动机缺相运行后，KH 常闭触头断开，因此，按下 KH 复位按钮后，控制电路即正常。

2）主电路

①用实验法观察故障现象。合上电源开关 QF，按下 SB1 或 SB3 时，电动机转速极低甚

至不转，并发出"嗡嗡"声，应立即切断电源。

②用逻辑分析法确定故障范围。根据故障现象，结合本线路进行具体分析，判定故障范围可能在电源电路和主电路上。

③用测电笔确定故障点。先断开电源开关 QF，用测电笔检验主电路无电后，拆除电动机的负载线并恢复绝缘。再合上电源开关 QF，按下按钮 SB1，然后用测电笔从上至下依次测试 U11、V11、W11；U12、V12、W12；U13、V13、W13；U、V、W 各接点。当测到 W13 点时，发现测电笔的氖泡不亮，即说明连接接触器输出端 W13 与热继电器受电端 W13 的导线开路。

④根据故障点的情况，采用正确的检修方法，排除故障：更换同规格的连接接触器输出端 W13 与热继电器受电端 W13 的导线。

检修完毕通电试车：重新连接好电动机的负载线，征得教师同意后，并在教师的监护下，合上电源开关 QF，按下 SB1 或 SB3，观察线路和电动机的运行是否正常，控制环节的动作程序是否符合要求，用钳形电流表测电动机三相电流是否平衡等。经检验合格后，电动机正常运行。

3)注意事项

①在排除故障的过程中，故障分析、排除故障的思路和方法要正确。

②用测电笔检测故障时，必须检查测电笔是否符合使用要求。

③不能随意更改线路和带电触摸电气元件。

④仪表使用要正确，以防止引起错误判断。

⑤带电检修故障时，必须有教师在现场监护，并确保用电安全。

⑥排除故障必须在规定时间内完成。

4)评分标准(表 1-8-8)

表 1-8-8　评分标准

项目内容	配分	评分标准	扣　分
故障分析	30	(1)故障分析、排除故障思路不正确，每个扣 5~10 分 (2)标错电路故障范围，每个扣 15 分	
排除故障	70	(1)停电不验电，扣 5 分 (2)工具及仪表使用不当，每次扣 10 分 (3)排除故障顺序不对，扣 5~10 分 (4)不能查出故障，每个扣 35 分 (5)查出故障点，但不能排除，每个故障扣 25 分 (6)产生新的故障： 不能排除，每个扣 35 分 已经排除，每个扣 15 分 (7)损坏电动机，扣 70 分 (8)损坏电气元件，或排故方法不正确，每只(次)扣 5~20 分 (9)排故后通电试车不成功，扣 50 分	

续表

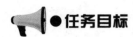

<table>
<tr><td>项目内容</td><td>配分</td><td colspan="3">评分标准</td><td>扣　分</td></tr>
<tr><td>安全文明生产</td><td></td><td colspan="3">违反安全文明生产规程,扣 10~70 分</td><td></td></tr>
<tr><td>定额时间 30 min</td><td></td><td colspan="3">不允许超时检查,若在修复故障过程中才允许超时,每超 1 min 扣 5 分</td><td></td></tr>
<tr><td>备　注</td><td colspan="3">除定额时间外,各项内容的最高扣分,不得超过配分数</td><td>成绩</td><td></td></tr>
<tr><td>开始时间</td><td></td><td>结束时间</td><td></td><td>实际时间</td><td></td></tr>
</table>

子任务 1.8.2　三相交流异步电动机串自耦变压器降压启动控制线路的安装与维修

●任务目标

- 掌握中间继电器的结构、动作原理和选用方法。
- 掌握电动机串自耦变压器降压启动控制线路的安装与维修。
- 进一步掌握槽板布线的操作技能。

●入门引导

Y-△降压启动电路缺点是转矩较小,只适用于轻载或空载下启动。电动机串自耦变压器降压启动控制线路适用于较大容量的笼型异步电动机,启动转矩和启动电流可以调节。自耦变压器有额定电压 65%和 80%两挡抽头,可满足不同的负载。本任务学习电动机串自耦变压器降压启动控制线路。因为要用到中间继电器,所以先来学习中间继电器的结构和工作原理。

●知识学习

(1)中间继电器

中间继电器是将一个输入信号变成一个或多个输出信号的继电器。它的输入信号为线圈的通电和断电状态,它的输出信号是触头的动作,不同动作状态的触头分别将信号传给几个元件或回路。外形如图 1-8-10 所示。

1)中间继电器的型号及含义

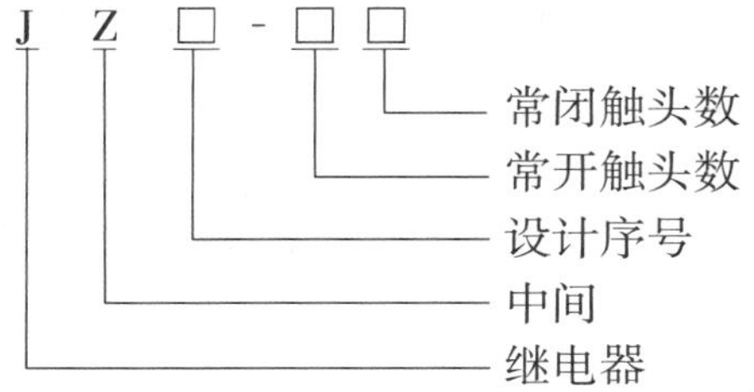

图 1-8-10 **中间继电器外形图**

2)中间继电器的结构及工作原理

中间继电器的结构及工作原理与接触器基本相同,故中间继电器又称为接触器式继电器。但中间继电器的触头对数多且没有主辅之分,各对触头允许通过的电流大小相同,多数为 5 A。因此,对于工作电流小于 5 A 的电气控制线路,可用中间继电器代替接触器实施控制。常用的中间继电器有 JZ7、JZ14 等系列,JZ7 系列为交流中间继电器,其结构如图 1-8-11(a)所示。

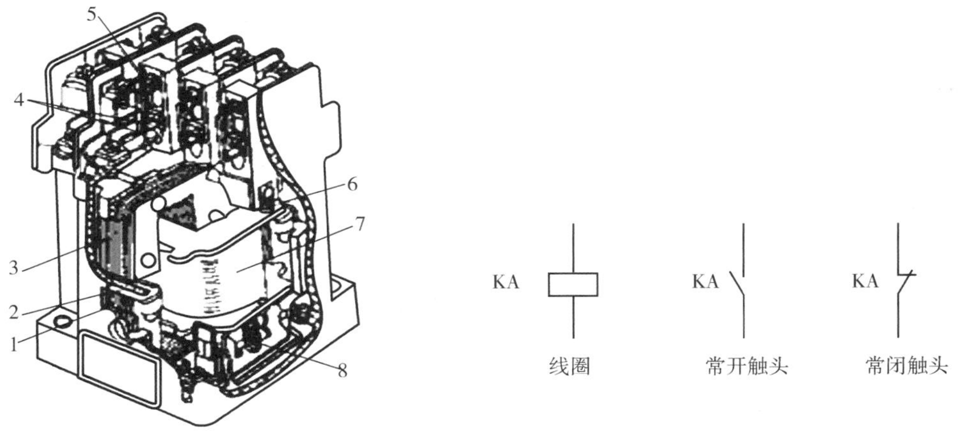

(a)结构　　(b)符号

图 1-8-11 JZ7 系列中间继电器

1—静铁芯;2—短路环;3—衔铁;4—常开触头;5—常闭触头;

6—反作用弹簧;7—线圈;8—缓冲弹簧

JZ7 系列中间继电器采用立体布置,由铁芯、衔铁、线圈、触头系统、反作用弹簧和缓冲弹簧等组成。触头采用双断点桥式结构,上下两层各有 4 对触头,下层触头只能是常开触头,故触头系统可按 8 常开、6 常开、2 常闭及 4 常开、4 常闭组合。继电器吸引线圈额定电压有 12 V、36 V、110 V、220 V、380 V 等。

JZ14 系列中间继电器有交流操作和直流操作两种,采用螺管式电磁系统和双断点桥式触头,其基本结构为交直流通用。只是交流铁芯为平顶形,直流铁芯与衔铁为圆锥形接触面,触头采用直列式分布,对数达 8 对,可按 6 常开、2 常闭;4 常开、4 常闭或 2 常开、6 常闭组合。该系列继电器带有透明外罩,可防止尘埃进入内部而影响工作的可靠性。中间继电器在电路图中的符号如图 1-8-11(b)所示。

中间继电器的主要用途有两个：一是当电压或电流继电器触头容量不够时，可借助中间继电器来控制，用中间继电器作为执行元件，这时中间继电器可被看成是一级放大器；二是当其他继电器或接触器触头数量不够时，可利用中间继电器来切换多条电路。

3）中间继电器的选用

中间继电器主要依据被控制电路的电压等级、所需触头的数量、种类、容量等要求来选择。常用中间继电器的技术数据见表 1-8-9。

中间继电器的安装、使用、常见故障及处理方法与接触器类似。

表 1-8-9　中间继电器的技术数据

型号	电压种类	触头电压/V	触头额定电流/A	触头组合		通电持续率/%	吸引线圈电压/A	吸引线圈消耗功率	额定操作频率/(次·h^{-1})
				常开	常闭				
JZ7-44 JZ7-62 JZ7-80	交流	380	5	4 6 8	4 2 0	40	12、24、36、48、110、127、380、220、440、500	12V·A	1 200
JZ14-□□J/□ JZ14-□□Z/□	交流 直流	380 220	5 5	6 4 2	2 4 6	40	110、127、220、380、 24、48、110、220	10 V·A 7 W	2 000
JZ15-□□J/□ JZ15-□□Z/□	交流 直流	380 220	10	6 4 2	2 4 6	40	36、127、220、380、 24、48、110、220	11 V·A 11 W	1 200

（2）自耦变压器（补偿器）降压启动控制线路

自耦变压器降压启动是指电动机启动时利用自耦变压器来降低加在电动机定子绕组上的启动电压。待电动机启动后，再使电动机与自耦变压器脱离，从而在全压下正常运行。这种降压启动原理如图 1-8-12 所示。启动时，先合上电源开关 QS1，再将开关 QS2 扳向“启动”位置，此时电动机的定子绕组与变压器的二次侧相接，电动机进行降压启动。待电动机转速上升到一定值时，迅速将开关 QS2 从“启动”位置扳到“运行”位置，这时，电动机与自耦变压器脱离而直接与电源相接，在额定电压下正常运行。

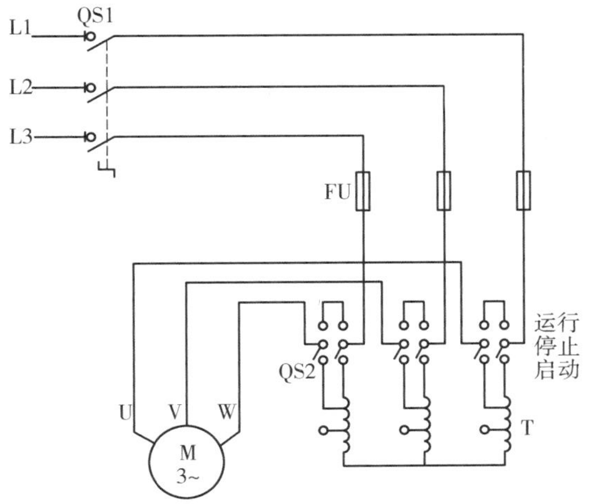

图 1-8-12　自耦变压器降压启动原理图

自耦减压启动器又称补偿器，是利用自耦变压器来进行降压的启动装置，其产品有手动式和自动式两种。

1）手动控制补偿器降压启动线路

常用的手动补偿器有 QJ3 系列油浸式和 QJ10 系列空气式两种。QJ3 系列手动控制补偿器的结构图如图 1-8-13 所示。由于 QJ10 和 QJ3 在结构上与 QJ3 相似，故省略其结构图，它们的结构、电路图、工作过程和适用场合见表 1-8-10。

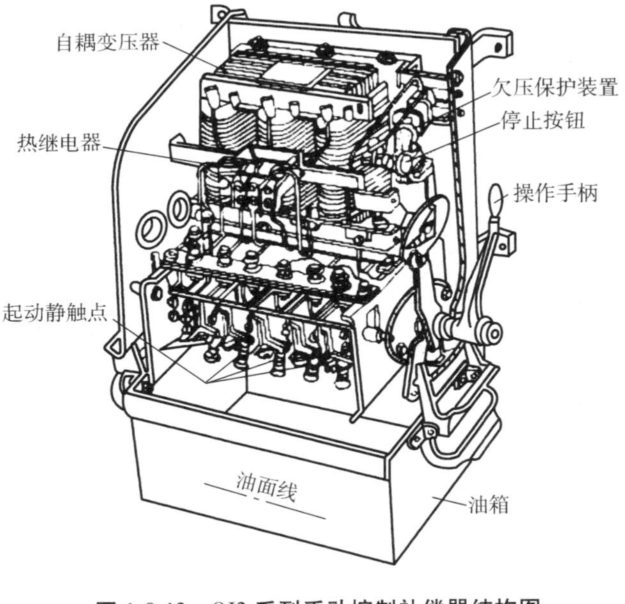

图 1-8-13　QJ3 系列手动控制补偿器结构图

2）按钮、接触器、中间继电器控制补偿器降压启动控制线路

按钮、触器、中间继电器控制的补偿器降压启动电路如图 1-8-14 所示。

表 1-8-10　QJ3、QJ10 系列手动补偿器的结构、电路图、工作原理和适用场合

	QJ3 系列		QJ10 系列	
	部　件	位置	部　件	位置
结构	1. 箱体		1. 箱体	补偿器的上部
	2. 自耦变压器:抽头电压有两种,分别是电源电压的 65% 和 80%(出厂时接在 65%),使用时可以根据电动机启动时负载的大小选择不同的启动电压。线圈是按短时通电设计的,只允许连续启动两次。 3. 保护装置:欠压保护采用欠压脱扣器;过载保护采用可以手动复位的 JR0 型热继电器 KH,其常闭触头与欠压脱扣器线圈 KV、停止按钮 SB 串接在一起。 4. 手柄操作机构:包括手柄、主轴和机械联锁装置等。	补偿器的上部	2. 自耦变压器:同 QJ3 3. 保护装置:同 QJ3 4. 手柄操作机构:同 QJ3	
	5. 触头系统:包括两排静触头和一排动触头,并全部装在补偿器的下部,浸在绝缘油内。绝缘油的作用是熄灭触头分断时产生的电弧。绝缘油必须保持清洁,防止水分和杂物掺入,以保证有良好的绝缘性能。上面一排静触头共有 5 个,叫启动静触头,其中右边 3 个在启动时与动触头接触,左边两个在启动时将自耦变压器的三相绕组接成 Y 形;下面一排静触头只有 3 个运行静触头;中间一排是动触头,共有 5 个,装在主轴上,右边 3 个触头用软金属带连接接线板上的三相电源,左边两个触头是自行接通的。所有触头是铜质指形转动式。	补偿器的下部	5. 触头系统:有一组启动触头、一组中性触头和一组运行触头。采用桥式双断点触头,并装有原配的陶土灭弧罩灭弧。	

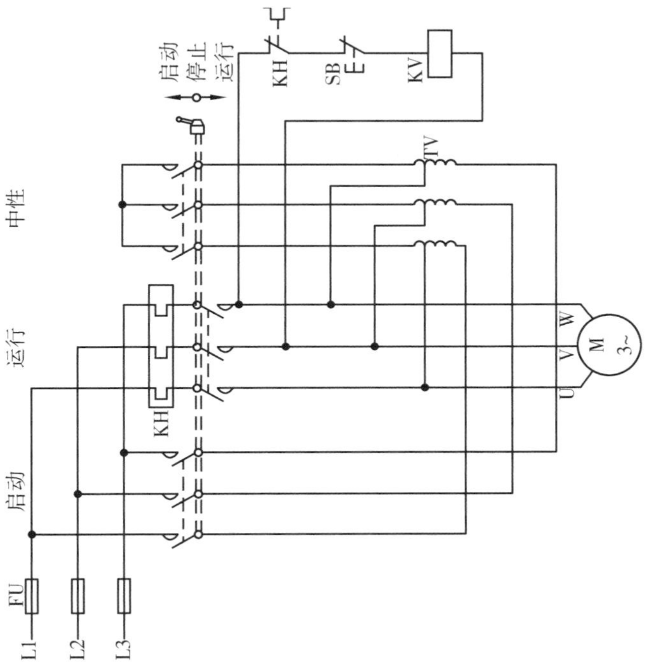
L1
L2
L3
FU
启动
运行
中性
KH
TV
KH
SB
KV
启动
停止
运行
U
V
W
M
3~

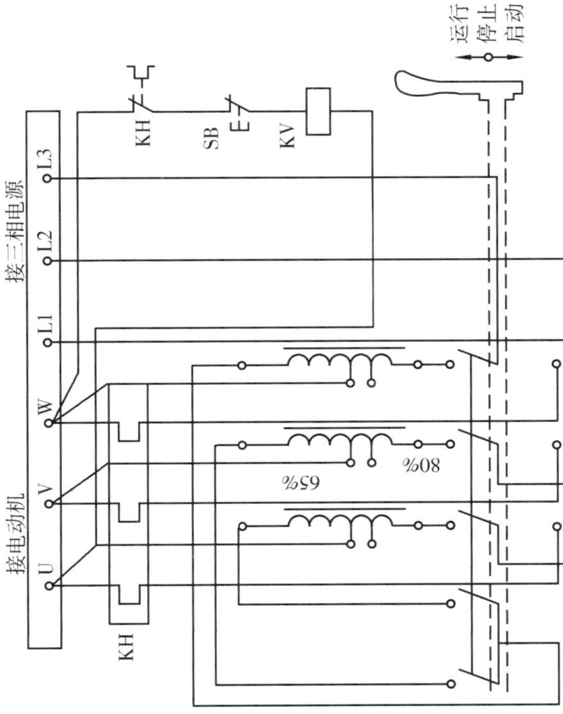
接电动机
接三相电源
U
V
W
L1
L2
L3
KH
KH
SB
KV
65%
80%
运行
停止
启动

降压启动控制线路图

续表

	QJ3 系列	QJ10 系列
工作过程	当手柄扳到“停止”位置时，装在主轴上的动触头与两排静触头都不接触，电动机处于断电停止状态； 当手柄向前推到“启动”位置时，动触头与上面的一排启动静触头接触，三相电源 L1、L2、L3 通过右边 3 个动、静触头接入自耦变压器，又经自耦变压器的 3 个 65%（或 80%）抽头接入电动机进行降压启动；左边两个动、静触头接触则把自耦变压器结成了 Y 形。 当电动机的转速上升到一定值时，将手柄向后迅速扳到“运行”位置，使右边 3 个动触头与下面一排的 3 个运行静触头接触。这时，自耦变压器脱离，电动机与三相电源 L1、L2、L3 直接相接全压运行。 停止时，按下停止按钮 SB 即可。	当手柄扳到“停止”位置时，所有的动、静触头均断开，电动机处于停止状态； 当手柄向前推至“启动”位置时，启动触头和中性触头同时闭合，三相电源经启动触头接入自耦变压器 TM，再由自耦变压器的 65%（或 80%）抽头处接入电动机进行降压启动，中性触头则把自耦变压器接成 Y 形；当电动机转速升至一定值后把手柄迅速扳至“运行”位置，启动触头和中性触头先同时断开，运行触头随后闭合，电动机进入全压运行。 停止时，按下 SB 即可。
适用场合	交流 50 或 60 Hz、电压 440 V 及以下、容量 75 kW 及以下的三相笼型电动机的不频繁启动和停止。	交流 50 Hz、电压 380 V 及以下、容量 75 kW 及以下的三相笼型异步电动机作不频繁启动和停止。

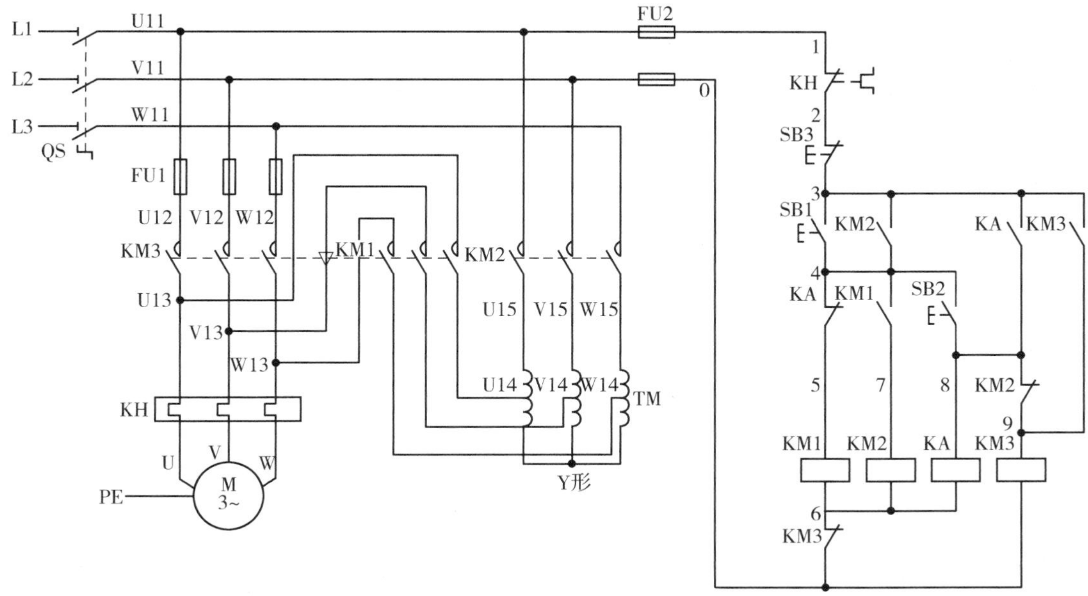

图 1-8-14　按钮、接触器、中间继电器控制的补偿器降压启动电路

其线路的工作原理如下：合上电源开关 QS。

①降压启动：

按下 SB1→KM1线圈得电
- →KM1 常开辅助触头闭合→KM2线圈得电
  - →KM2自锁触头闭合自锁
  - →KM2主触头闭合→
- →KM1 主触头闭合
- →KM1 联锁触头分断对 KM3联锁

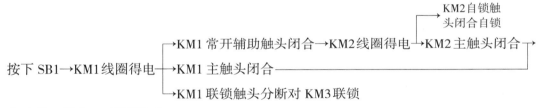

电动机 M 接入TM 降压启动

②全压运转：当电动机转速上升到接近额定转速时，

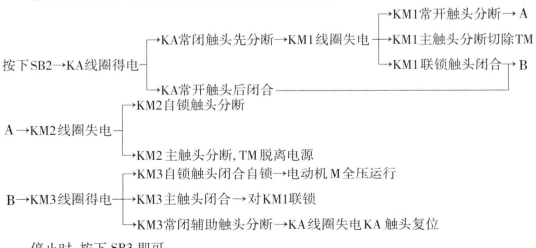

按下SB2→KA线圈得电
- →KA常闭触头先分断→KM1线圈失电
  - →KM1常开触头分断→A
  - →KM1主触头分断切除TM
  - →KM1联锁触头闭合→B
- →KA常开触头后闭合

A→KM2线圈失电
- →KM2自锁触头分断
- →KM2 主触头分断，TM 脱离电源

B→KM3线圈得电
- →KM3自锁触头闭合自锁→电动机 M 全压运行
- →KM3主触头闭合→对KM1联锁
- →KM3常闭辅助触头分断→KA线圈失电KA 触头复位

停止时，按下 SB3 即可。

该控制线路有如下优点：启动时若操作者直接误按 SB2，接触器 KM3 线圈也不会得电，避免电动机全压启动；由于接触器 KM1 常开触头与 KM2 线圈串联，所以当降压启动完毕后，接触器 KM1、KM2 均失电，即使接触器 KM3 出现故障使触头无法闭合时，也不会使电动机在低压下运行。该线路的缺点是从降压启动到全压运转，需要两次按动按钮，操作不便，且间隔时间也不能准确掌握。

3）时间继电器自动控制补偿器降压启动线路

为克服按钮、接触器、中间继电器控制补偿器减压启动控制线路的不足，可以将自耦变压器、交流接触器、中间继电器、热继电器、时间继电器和按钮等电气元件按照一定方式组合在一起，构成 XJ01 系列自动控制补偿器，如图 1-8-1 所示。

XJ01 系列自动控制补偿器适用于交流为 50 Hz、电压为 380 V、功率为 14～300 kW 的三相笼型异步电动机的降压启动用。对于 14～75 kW 的产品，采用自动控制方式；100～300 kW 的产品，具有手动和自动两种控制方式，由转换开关进行切换。时间继电器为可调试，在 5～120 s 内可以自由调节控制启动时间。自耦变压器备有额定电压 60%及 80%两挡抽头。补偿器具有过载和失压保护。最大启动时间为 2 min（包括一次或连续数次启动时间的总和），若启动时间超过 2 min，则启动后的冷却时间应不少于 4 h 才能再次启动。

图 1-8-15 所示为 XJ01 型自动控制补偿器电路图。从图中可知，该电路由主电路、控制电路和指示电路三部分组成，其工作原理如下：

①降压启动：合上电源开关 QS。

按下 SB1—
- →KM1线圈得电—
  - →KM1（1—3）闭合自锁 ─┐
  - →KM1 主触头闭合 ─┘→电动机 M 接入 TM 降压启动
  - →KM1（9—11）分断对 KM2 联锁
  - →KM1（15—17）分断→指示灯 HL1 熄灭
  - →KM1（15—19）闭合→指示灯 HL2 亮
- →KT 线圈得电，为电动机 M 的正常运转作准备

②全压运转：

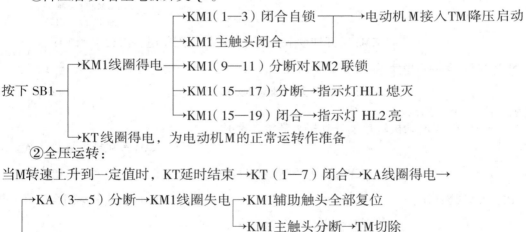

当M转速上升到一定值时，KT延时结束→KT（1—7）闭合→KA线圈得电→
- →KA（3—5）分断→KM1线圈失电
  - →KM1辅助触头全部复位
  - →KM1主触头分断→TM切除
- →KA（1—7）闭合自锁
- →KA（1—9）闭合→KM2线圈得电
  - →KM2两对常闭辅助触头分断触除TM的Y形连接
  - →KM2主触头闭合→电动机M全压运转
  - →KM2（13–21）闭合→指示灯HL3亮
- →KA（13–15）分断→指示灯HL1、HL2熄灭

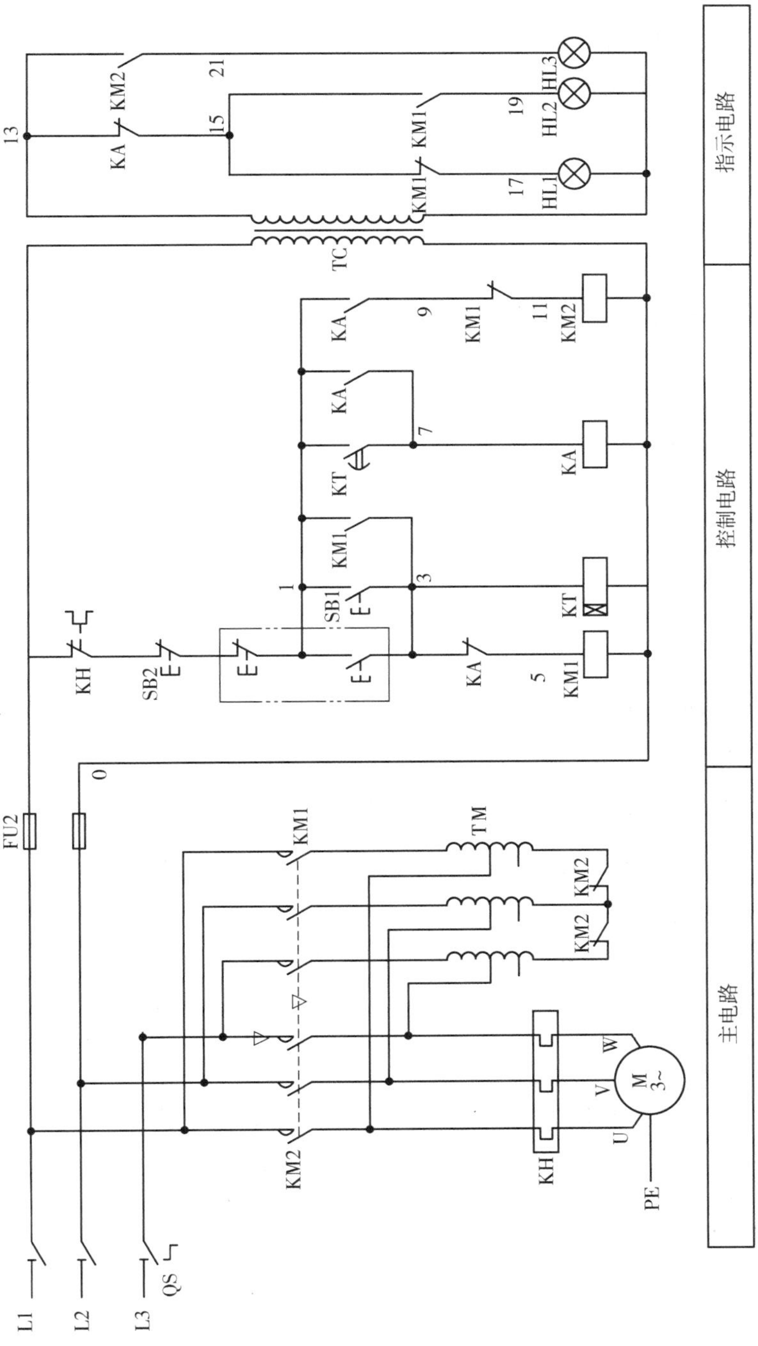

图1-8-15　XJ01型自动控制补偿器电路图

由以上分析可见，指示灯 HL1 亮，表示电源有电，电动机处于停止状态；指示灯 HL2 亮，表示电动机处于降压启动状态；指示灯 HL3 亮，表示电动机处于全压运转状态。

停止时，按下停止按钮 SB2，控制电路失电，电动机停转。

自耦变压器降压启动的优点是启动转矩和启动电流可以调节；缺点是设备庞大，成本较高。因此，这种方法适用于额定电压为 220/380 V、△-Y 接法、容量较大的三相异步电动机的降压启动。

●能力训练

时间继电器自动控制补偿器降压启动控制线路的安装

(1) 目的要求

掌握时间继电器自动控制补偿器降压启动控制线路的安装。

(2) 工具、仪表及器材

1) 工具

测电笔、螺钉旋具、尖嘴钳、斜口钳、剥线钳、电工刀等。

2) 仪表

5050 型兆欧表、T301-A 型钳形电流表、MF30 型万用表。

3) 器材

控制板一块，导线、走线槽若干；各种规格的紧固体、针形及叉形轧头、金属软管、编码套管等，其数量按需要而定。电气元件见表 1-8-11。

表 1-8-11　元件明细表

代　号	名　称	型　号	规　格	数　量
M	三相异步电动机	Y132S-4	5.5 kW、380 V、11.6 A、△接法、1 440 r/min	1
QF	低压断路器	DZ5-20/333	20 A	1
FU1	熔断器	RT18-60/25	500 V、60 A、熔体 25 A	3
FU2	熔断器	RL18-15/2	500 V、15 A、配熔体 2 A	2
KM1～KM3	交流接触器	CJ10-20	20 A、线圈电压 380 V	3
KT	时间继电器	JS7-2A	线圈电压 380 V、整定时间 3 s±1 s	1
KH	热继电器	JR16-20/3	三极、20 A、整定电流 11.6 A	1
SB1、SB2	按钮	LA10-3H	保护式、380 V、5 A、按钮数 3	1
XT	端子板	JX2-1015	380 V、10 A、15 节	1
TM	自耦变压器	GTZ	定制抽头电压 65%U_N	1

(3) 安装训练

完成如图 1-8-16 所示时间继电器自动控制补偿器降压启动控制线路的补画电路图工作，并标注线路编号。

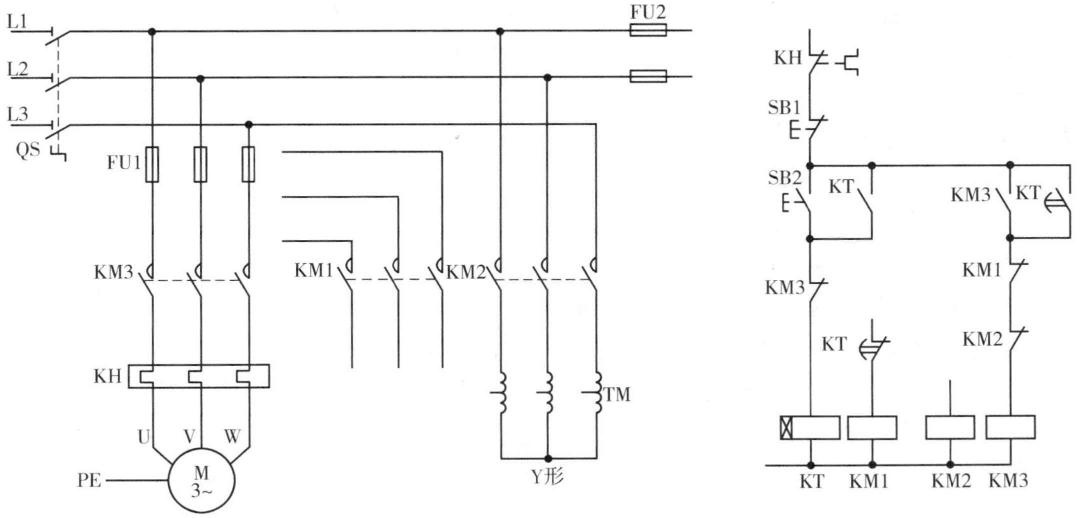

图 1-8-16　时间继电器自动控制补偿器降压启动线路

安装步骤：

①按表 1-8-11 配齐所用电气元件，并检验元件质量。

②画出布置图，如图 1-8-17 所示。

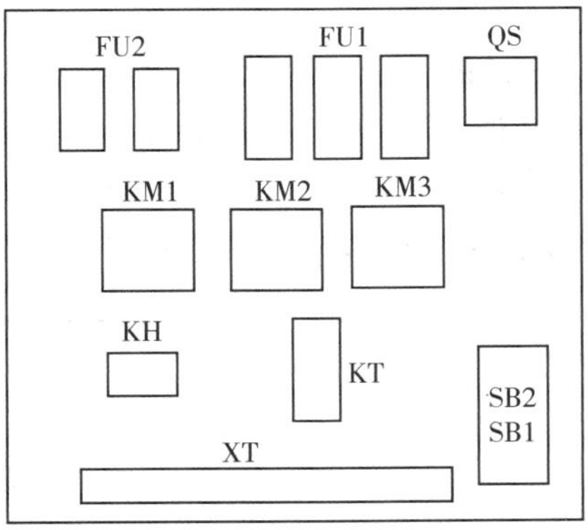

图 1-8-17　布置图

③在控制板上按布置图安装电气元件和走线槽，并贴上醒目的文字符号。安装走线槽时，应做到横平竖直、排列整齐匀称、安装牢固和便于走线等。

④在控制板上按图 1-8-16 所示电路图进行板前线槽布线，并在线头上套编码套管和冷压接线头。板前线槽配线的具体工艺要求是：

a.所有导线的截面积在等于或大于 0.5 mm^2时，必须采用软线。考虑机械强度的原因，所用导线的最小截面积：导线在控制箱外的为 1 mm^2，在控制箱内的为 0.75 mm^2。但对控制箱内很小电流的电路连线，如电子逻辑电路，可用 0.2 mm^2，并且可以采用硬线，但只能用于不移动又无振动的场合。

b.布线时，严禁损伤线芯和导线绝缘。

c.各电气元件接线端子引出导线的走向，以元件的水平中心线为界限，在水平中心线以上接线端子引出的导线必须进入元件上面的走线槽；在水平中心以下接线端子引出的导线，必须进入元件下面的走线槽。任何导线都不允许从水平方向进入走线槽内。

d.各电气元件接线端子上引出或引入的导线，除间距很小和元件机械强度很差而允许架空敷设外，其他导线必须经过走线槽进行连接。

e.进入走线槽内的导线要完全置于走线槽内,并应尽可能避免交叉;装线不要超过其容量的70%,以便于能盖上线槽盖和以后的装配及维修。

f.各电气元件与走线槽之间的外露导线,应走线合理,并尽可能做到横平竖直,变换走向要垂直。同一元件上位置一致的端子和同型号电气元件中位置一致的端子上引出或引入的导线,要敷设在同一平面上,并应做到高低一致或前后一致,不能交叉。

g.所有接线端子导线线头上部都应套有与电路图上相应接点线号一致的编码套管,并按线号进行连接,连接必须牢靠不得松动。

h.在任何情况下,接线端子与导线截面积和材料性质相适应。当接线端子不适合连接软线或较小截面积的软线时,可以在导线端头穿上针形或叉形轧头并压紧。

i.一般一个接线端子只能接一根导线,如果采用专门设计的端子,可以连接两根或多根导线。但导线的连接方式必须是公认的在工艺上成熟的各种方式,如夹紧、压接、焊接、绕接等,并严格按照连接工艺的工序要求进行。

⑤经教师审阅合格后进行安装训练。

(4)注意事项

①时间继电器和热继电器的整定值应在不通电时预先整定好,并在试车时校正。

②时间继电器的安装位置必须使继电器在断电后,动铁芯释放时的运动方向垂直向下。

③电动机和自耦变压器的金属外壳及时间继电器的金属底板必须可靠接地,并应将接地线接到它们指定的接地螺钉上。

④自耦变压器要安装在箱体内,否则应采取遮护或隔离措施,并在进、出线的端子上进行绝缘处理,以防止发生触电事故。

⑤无自耦变压器时,可采用两组灯箱来分别替代电动机和自耦变压器进行模拟试验,但三相规格必须相同,如图1-8-18所示。

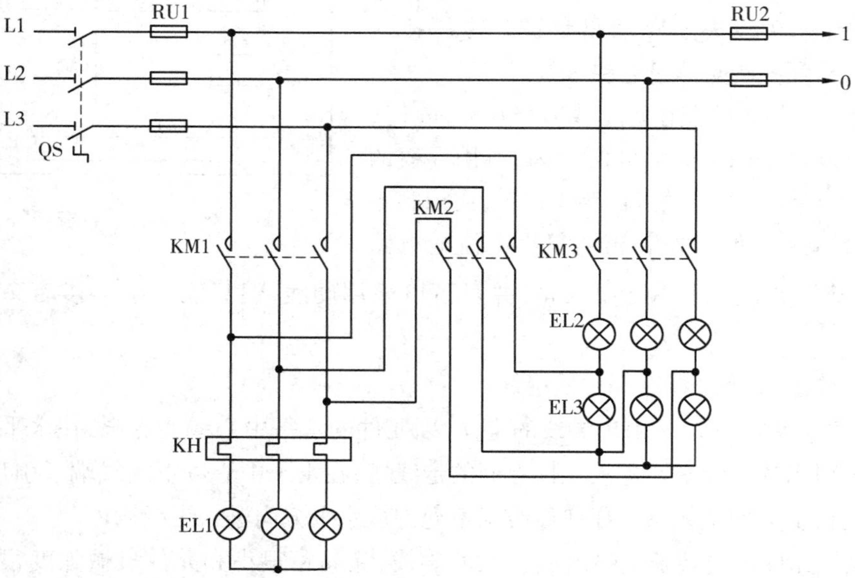

图1-8-18 灯箱进行模拟试验电路图

⑥布线时注意电路中 KM2 与 KM3 的相序不能接错，否则会使电动机的转向在工作时与启动时相反。

⑦通电试车时，必须有指导教师在现场监护，以确保用电安全。同时要做到安全文明生产。

(5)评分标准

评分标准见表 1-8-12。

表 1-8-12　评分标准

<table>
<tr><th>项目内容</th><th>配分</th><th colspan="3">评分标准</th><th>扣　分</th></tr>
<tr><td>补画线路</td><td>20</td><td colspan="3">(1)补画不正确，每处扣 2 分
(2)线路编号标注不正确，每处扣 1 分</td><td></td></tr>
<tr><td>自编安装工艺</td><td>15</td><td colspan="3">安装工艺不合理不完善，扣 5~10 分</td><td></td></tr>
<tr><td>装前检查</td><td>10</td><td colspan="3">(1)电动机质量检查，每漏一处扣 3 分
(2)电气元件漏检或错检，每处扣 1 分</td><td></td></tr>
<tr><td>安装元件</td><td>10</td><td colspan="3">(1)不按布置图安装，扣 10 分
(2)元件布置不整齐、不匀称、不合理，每只扣 2 分
(3)元件安装不紧固，每只扣 3 分
(4)安装元件时漏装木螺钉，每只扣 1 分
(5)走线槽安装不符合要求，每处扣 1 分
(6)损坏元件，扣 15 分</td><td></td></tr>
<tr><td>布　线</td><td>20</td><td colspan="3">(1)不按电路图接线，扣 15 分
(2)布线不符合要求：
主电路，每根扣 2 分
控制电路，每根扣 1 分
(3)接点松动、露铜过长、压绝缘层、反圈等，每个接点扣 1 分
(4)损伤导线绝缘或线芯，每根扣 4 分
(5)漏套或错套编码管，每处扣 2 分
(6)漏接接地线，扣 10 分</td><td></td></tr>
<tr><td>通电试车</td><td>25</td><td colspan="3">(1)整定值未整定或整定错，每只扣 5 分
(2)熔体规格配错，主、控电路各扣 5 分
(3)第一次试车不成功，扣 15 分
第二次试车不成功，扣 20 分
第三次试车不成功，扣 25 分</td><td></td></tr>
<tr><td>安全文明生产</td><td colspan="4">(1)违反安全文明生产规程，扣 5~25 分
(2)乱线敷设，扣 10 分</td><td></td></tr>
<tr><td>定额时间 4 h</td><td colspan="4">每超时 5 min，扣 5 分</td><td></td></tr>
<tr><td>备　注</td><td colspan="3">除额定时间外，各项目最高扣分不应超过配分数</td><td>成绩</td><td></td></tr>
<tr><td>开始时间</td><td></td><td>结束时间</td><td></td><td>实际时间</td><td></td></tr>
</table>

●知识技能测试

一、填空题

1.减压启动就是指利用启动设备将________后加到电动机的________上进行启动，待电动机启动运转后，再将电压恢复到额定值正常运转的一种启动方式。

2.减压启动的目的是减小电动机的________，从而减小电网的供电负荷。

3.定子绕组串接电阻减压启动是通过电阻的________来工作的。

4.自耦补偿启动器减压启动是在电动机启动时，将自耦变压器绕组与电动机绕组的________________部分电源电压，从而降低电动机绕组的启动电压。待电动机转速达到一定时，再让电动机与自耦变压器脱离，使电动机在全压下正常运行。

5.在按钮、接触器、中间继电器控制补偿器减压启动控制线路中，由于接触器 KM1 的________与________串联，所以当减压启动完毕后，接触器 KM1、KM2 均________，即使接触器 KM3 出现故障使触头无法闭合，也不会使电动机在低压下运行。

6.在安装时间继电器自动控制的电阻减压启动线路的过程中，电阻器要安装在________，同时要考虑其________对其他电器的影响。

7.在安装时间继电器自动控制减压启动线路中，布线时要特别注意电路中的 KM1 和 KM3 的________不能接错，否则会使电动机的转向在全压运行时________，甚至由此而损坏电动机。

8.在时间继电器自动控制 Y-△减压启动控制线路的安装过程中，接触器 KM_Y 的进线必须从________引入，否则，在 KM_Y 吸合时会产生三相电源________事故。

二、判断题

1.采用减压启动的电动机，可在任何情况下启动。 ( )

2.QJ3 和 QJ10 系列手动补偿器的结构大致相同，只是触头系统有所区别。 ( )

3.在按钮、接触器、中间继电器控制补偿器减压启动控制线路中，启动时如操作者直接误按 SB2，电动机就会全压启动。 ( )

4.XJ01 系列自动控制补偿器适用于交流 50 Hz、电压 380 V、功率为 14～300 kW 的三相笼型异步电动机的减压启动。 ( )

5.时间继电器自动控制 Y-△减压启动控制线路中，时间继电器 KT 用作控制星形减压启动时间并完成 Y-△的自动切换。 ( )

6.生产实际中使用较多的是定子绕组串电阻减压启动。 ( )

三、选择题

1.定子绕组串接电阻减压启动控制线路中，当电动机全压运行时，电阻上(　　)。

A.有电压，无电流　B.有电流，无电压　C.无电流，无电压

2.在按钮与接触器控制的定子绕组串接电阻减压启动控制线路中，电动机从减压启动到全压运行是由(　　)完成的。

A.人工操作　　B.电路自动　　C.人工或自动

3.14~75 kW 的 XJ01 系列自动控制补偿器采用的是(　　)控制方式。

A.自动　　B.手动　　C.自动和手动

4.XJ01 系列自动控制补偿器的最大启动时间为(　　)min。

A.1　　B.2　　C.5

5.自耦变压器备有 60%和 80%两挡抽头,出厂时一般(　　)。

A.接在 60%挡上　　B.接在 80%挡上　　C.接在 60%或 80%挡上

6.在正常运行时定子绕组接成(　　)的异步电动机可采用 Y-△减压启动方法。

A.星形　　B.三角形　　C.星形或三角形

7.安装时间继电器时必须保证继电器在断电后,其动铁芯释放时的运动方向是垂直向(　　)。

A.左或右　　B.上　　C.下

四、技能考核题

某学员安装完时间继电器自动控制补偿器减压启动控制线路后,试车时发现电动机在全压运行时运转方向与启动时的运行方向相反,请用万用表对电路进行检测并排除故障。

任务 1.9　三相笼型异步电动机变速控制线路的安装与维修

●任务目标

- 熟悉三相交流多速异步电动机改变磁极对数调速的原理和方法。
- 熟悉三相交流多速异步电动机控制电路的工作原理及线路特点。
- 掌握三相交流三速异步电动机控制电路的安装与维修。

●入门引导

在工业生产中,电动机需要在不同的转速下运行,这就需要学习电动机的调速。

●知识学习

由三相异步电动机的转速公式 $n=(1-s)\dfrac{60f_1}{p}$ 可知，改变异步电动机转速可通过三种方法来实现：一是改变电源频率 f_1；二是改变转差率 s；三是改变磁极对数 p。下面主要介绍通过改变磁极对数 p 来实现电动机调速的基本控制线路。

改变异步电动机的磁极对数调速称为变极调速。变极调速是通过改变定子绕组的连接方式来实现的，是有级调速，且只适用于笼型异步电动机。凡磁极对数可改变的电动机称为多速电动机，常见的多速电动机有双速、三速、四速等几种类型。下面就双速和三速异步电动机的启动及自动调速控制线路进行分析。

(1) 双速异步电动机的控制线路

1) 双速异步电动机定子绕组的连接

双速异步电动机定子绕组的△/YY 接线图如图 1-9-1 所示。图中，三相定子绕组接成三角形，由 3 个连接点接出 3 个出线端 U1、V1、W1，从每相绕组的中点各接出一个出线端 U2、V2、W2，这样定子绕组共有 6 个出线端。通过改变这 6 个出线端与电源的连接方式，就可以得到两种不同的转速。要使电动机低速工作，就把三相电源分别接至定子绕组作三角形连接顶点的出线端 U1、V1、W1 上，另外 3 个出线端 U2、V2、W2 空着不接，如图 1-9-1(a) 所示。此时电动机定子绕组接成三角形，磁极为 4 极，同步转速为1 500 r/min。要使电动机高速工作，就把 3 个出线端 U1、V1、W1 并接在一起，另外 3 个出线端 U2、V2、W2 分别接到三相电源

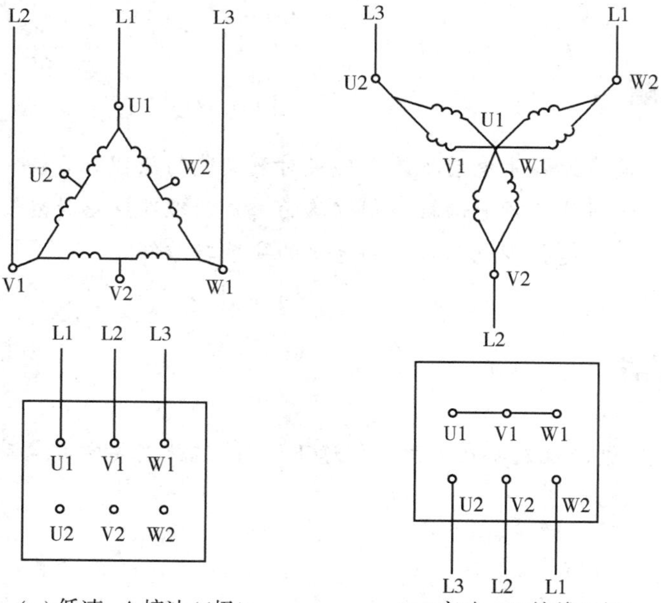

(a) 低速–△接法(4极)　　(b) 高速–YY接线(2极)

图 1-9-1　双速电动机三相定子绕组△-YY 接线图

上，如图 1-9-1（b）所示。这时电动机定子绕组按 YY 接法，磁极为 2 极，同步转速为 3 000 r/min。可见双速电动机高速运转时的转速是低速运转转速的两倍。

值得注意的是：双速电动机定子绕组从一种接法改变为另一种接法时，必须把电源相序反接，以保证电动机的旋转方向不变。

2）接触器控制双速电动机的控制线路

用按钮和接触器控制双速电动机的电路如图 1-9-2 所示。其中，SB1、KM1 控制电动机低速运转；SB2、KM2、KM3 控制电动机高速运转。

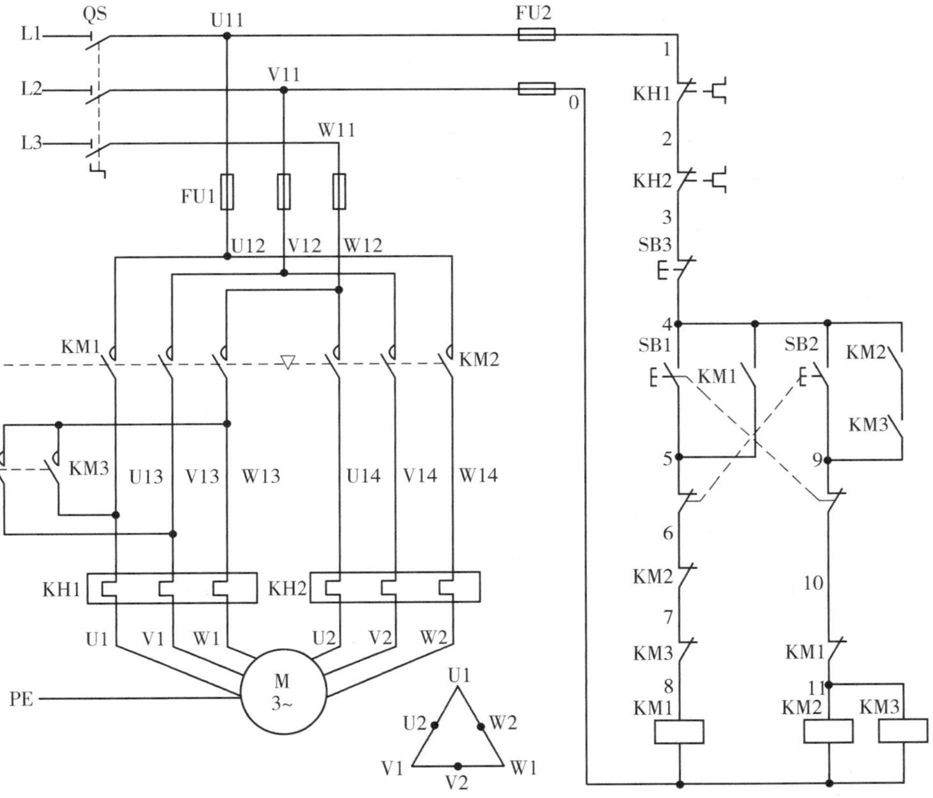

图 1-9-2　接触器控制双速电动机的电路图

线路工作原理如下：

先合上电源开关 QS。

①△接法低速启动运转：

按下 SB1—
- →SB1常闭触头先分断对KM2、KM3联锁
- →SB1常开触头后闭合→KM1线圈得电—
  - →KM1自锁触头闭合自锁—→电动机M接△形低速启动运转
  - →KM1主触头闭合——
  - →KM1联锁触头分断→对KM2、KM3联锁

②YY 接法高速启动运转：

按下SB2—→SB2常闭触头先分断→KM1线圈失电—→KM1自锁触头分断，解除自锁
—→KM1主触头分断
—→KM1联锁触头闭合
—→SB2常开触头后闭合→KM2、KM3线圈同时得电—→KM2、KM3自锁触头闭合自锁—→电动机M接成YY形高速启动
—→KM2、KM3主触头闭合—→电动机M接成YY形高速启动
—→KM2、KM3联锁触头分断对KM1联锁

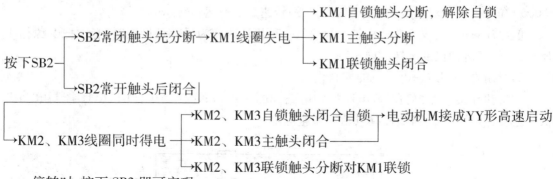

停转时，按下 SB3 即可实现。

3）时间继电器控制双速电动机的控制线路

用按钮和时间继电器控制双速电动机低速启动高速运转的电路图如图 1-9-3 所示。时间继电器 KT 控制电动机△启动时间和△-YY 的自动换接运转。

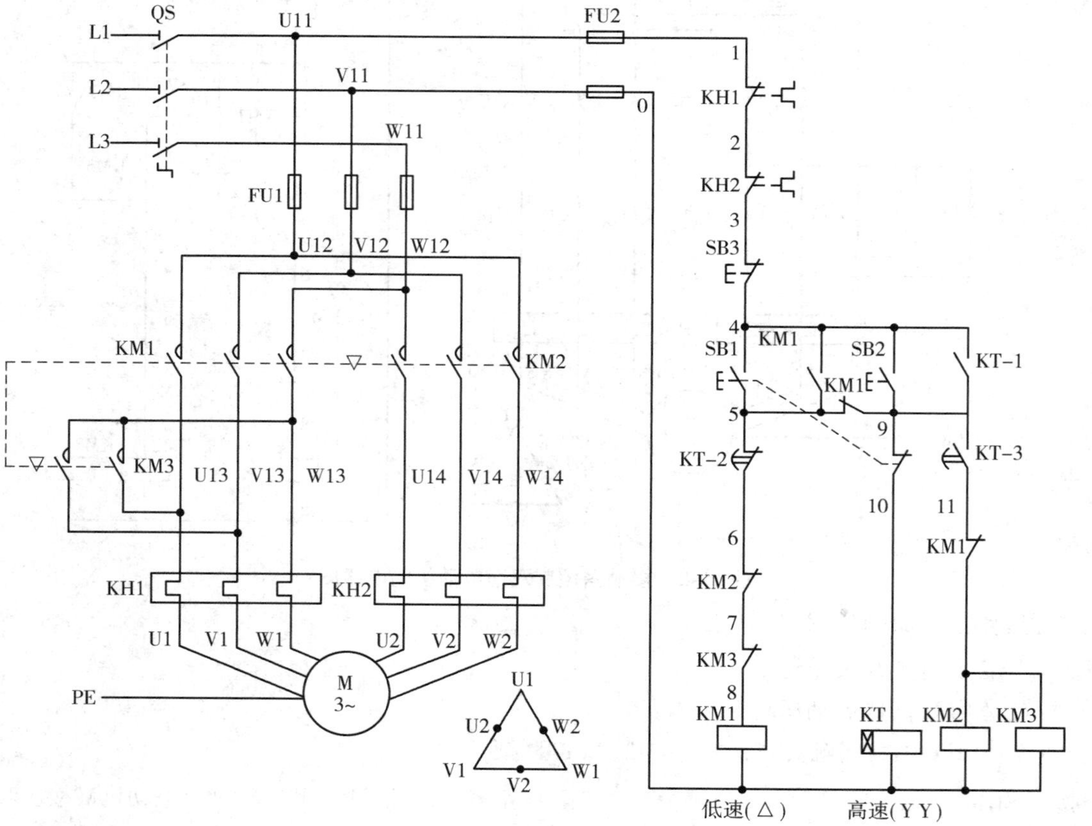

图 1-9-3　按钮和时间继电器控制双速电动机电路图

线路工作原理如下：

先合上电源开关 QS。

①△接法低速启动运转：

按下SB1→SB1常闭触头先分断

按下SB1→SB1常开触头后闭合→KM1线圈得电→KM1自锁触头闭合自锁 / KM1主触头闭合→电动机M接成△形低速启动运转

→KM1两对常闭触头分断对KM2、KM3联锁

②YY 接法高速运转：

按下SB2→KT线圈得电→KT-1常开触头瞬时闭合自锁

经KT整定时间→KT-2先分断→KM1线圈失电→KM1常开触头均分断

→KM1常闭触头恢复闭合

→KT-3后闭合

→KM2、KM3线圈得电→KM2、KM3主触头闭合电动机M接成YY形高速运转

→KM2、KM3联锁触头分断对KM1联锁

停止时，按下 SB3 即可。

若电动机只需高速运转时，可直接按下 SB2，则电动机△接法低速启动后按 YY 接法高速运转。

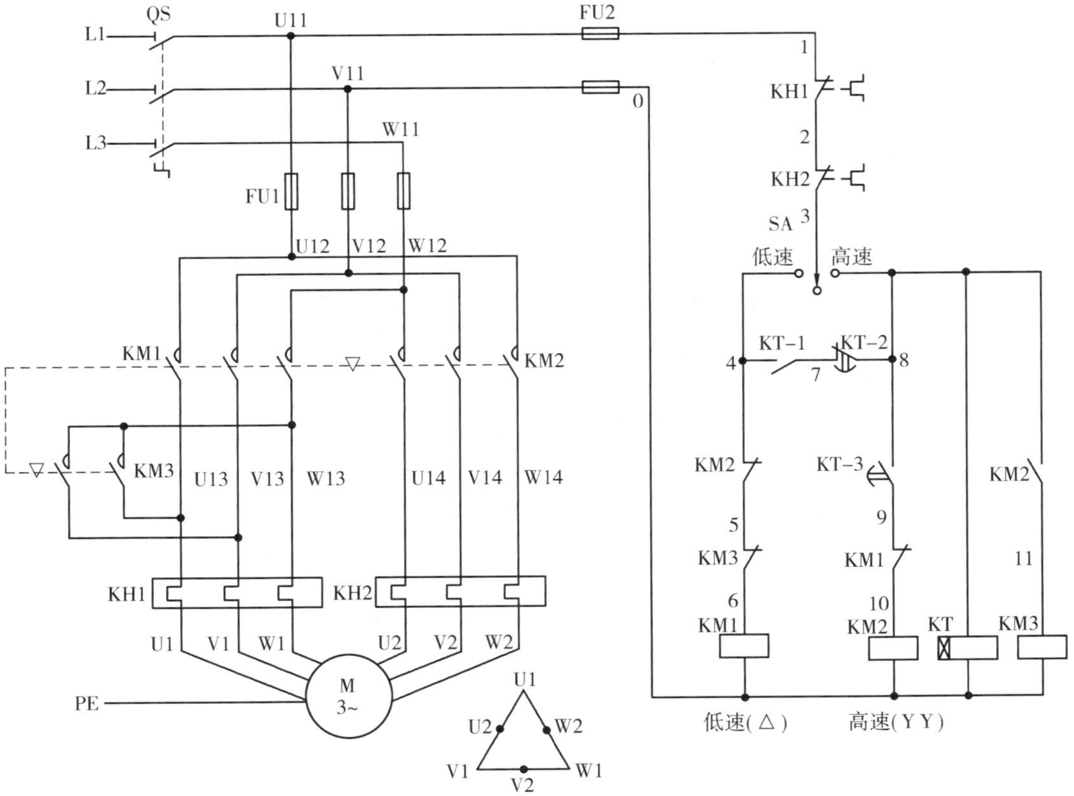

图 1-9-4 转换开关和时间继电器控制双速电动机电路图

用转换开关和时间继电器控制双速电动机低速启动高速运转的电路如图 1-9-4 所示。其中,SA 是具有 3 个接点位置的转换开关,其他各电器的作用和线路的工作原理,读者可参照上述几种线路自行分析。

(2)三速异步电动机的控制线路

1)三速异步电动机定子绕组的连接

三速异步电动机是在双速异步电动机的基础上发展起来的。它有两套定子绕组,分两层安放在定子槽内。第一套绕组(双速)有 7 个出线端:U1、V1、W1、U3、V2、W2,可作△或 YY 接法;第二套绕组(单速)有 3 个出线端:U4、V4、W4,只作 Y 接法,如图 1-9-5(a)所示。当分别改变两套定子绕组的连接方式(即改变极对数)时,电动机就可以得到 3 种不同的运转速度。

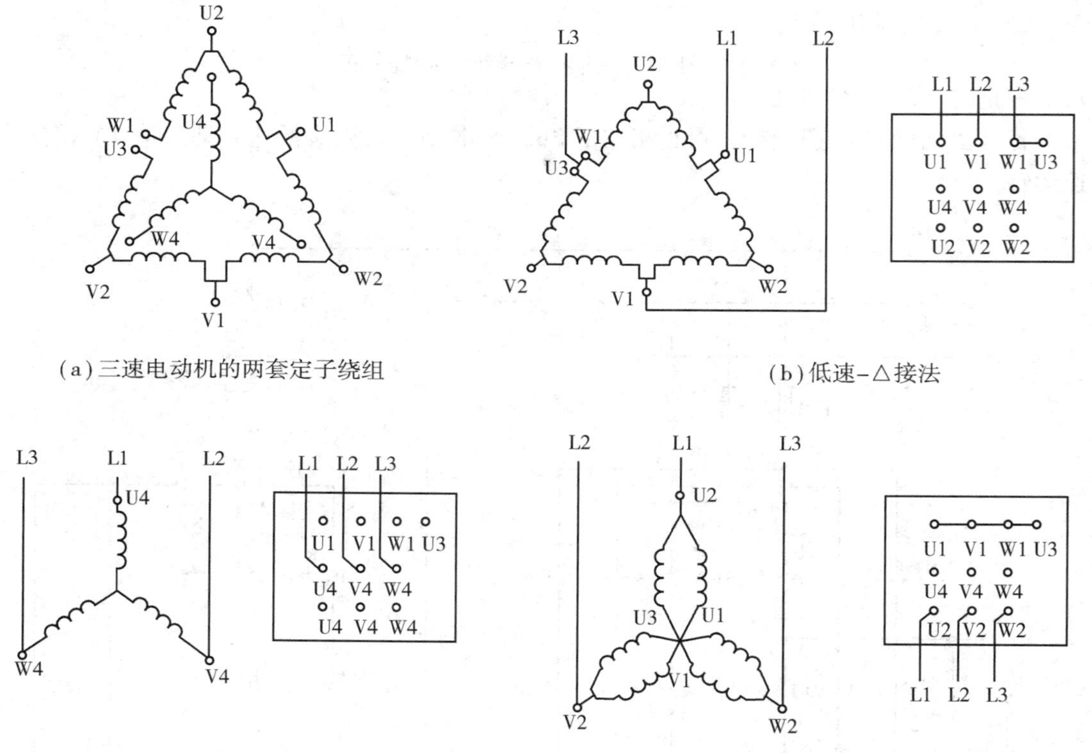

(a)三速电动机的两套定子绕组

(b)低速-△接法

(c)中速-Y接法

(d)高速-YY接法

图 1-9-5　三速电动机定子绕组接线图

三速异步电动机定子绕组的接线方法如图 1-9-5(b)、(c)、(d)和表 1-9-1 所示。图中 W1 和 U3 出线端分开的目的是当电动机定子绕组按 Y 接法中速运转时,避免在△接法的定子绕组中产生感生电流。

表 1-9-1　三速异步电动机定子绕组接线方法

转　速	电源接线	并　头	连接方式
	L1、L2、L3		
低　速	U1、V1、W1	U3、W1	△
中　速	U4、V4、W4	—	Y
高　速	U2、V2、W2	U1、V1、W1、U3	YY

2）接触器控制三速异步电动机的控制线路

用按钮和接触器控制三速异步电动机的电路如图 1-9-6 所示。其中，SB1、KM1 控制电动机△接法下低速运转；SB2、KM2 控制电动机 Y 接法下中速运转；SB3、KM3 控制电动机 YY 接法下高速运转。

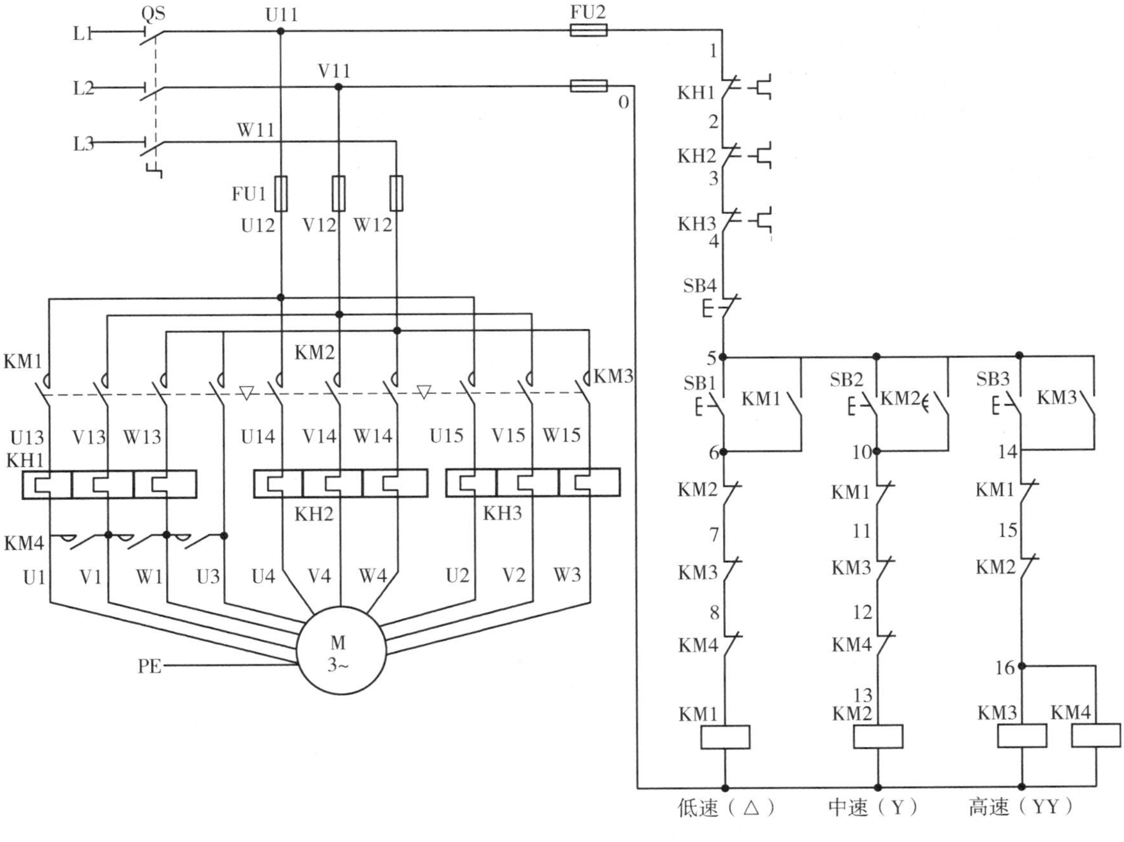

图 1-9-6　接触器控制三速电动机的电路图

线路工作原理如下：

先合上电源开关 QS。

①低速启动运转：

按下 SB1→接触器 KM1 线圈得电→KM1 触头动作→电动机 M 第一套定子绕组出线端 U1、V1、W1(U3 通过 KM1 常开触头与 W1 并接)与三相电源接通电动机 M 接成三角形，低速运转。

②低速转为中速运转：

先按下停止按钮 SB4→KM1 线圈失电→KM1 触头复位→电动机 M 失电，再按下 SB2→KM2 线圈得电→KM2 触头动作→电动机 M 第二套定子绕组出线端 U4、V4、W4 与三相电源接通电动机 M 按 Y 接法，中速运转。

③中速转为高速运转：

先按下 SB4→KM2 线圈失电→KM2 触头复位→电动机 M 失电，再按下 SB3→KM3、KM4 线圈得电→KM3、KM4 触头动作→电动机 M 第一套定子绕组出线端 U2、V2、W2 与三相电源接通(U1、V1、W1、W3 则通过 KM3 的 3 对常开触头并接)→电动机 M 按 YY 接法，高速运转。

该线路的缺点是在进行速度转换时，必须先按下停止按钮 SB4 后，才能再按相应的启动按钮变速，操作不方便。

3)时间继电器控制三速异步电动机的控制线路

用时间继电器自动控制三速异步电动机的电路如图 1-9-7 所示。其中，SB1、KM1 控制电动机在△接法下低速启动运转；SB2、KT1、KM2 控制电动机从△接法下低速启动到 Y 接法下中速运转的自动变换；SB3、KT1、KT2、KM3 控制电动机从△接法下低速启动到 Y 接法中速再过渡到 YY 接法下高速运转的自动变换。

线路工作原理如下：

先合上电源开关 QS。

①△接法低速启动运转：

按下 SB1→KM1 线圈得电
- →KM1 自锁触头闭合自锁 ┐
- →KM1 主触头闭合 ┘ →电动机 M 接成△形低速运转
- →KM1 两对联锁触头分断对 KM2、KM3 联锁

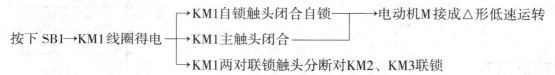

②△接法低速启动，Y 接法中速运转：

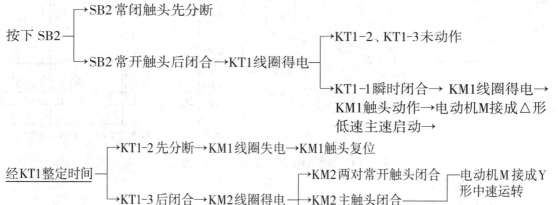

按下 SB2
- →SB2 常闭触头先分断
- →SB2 常开触头后闭合→KT1 线圈得电
  - →KT1-2、KT1-3 未动作
  - →KT1-1 瞬时闭合→ KM1 线圈得电→KM1 触头动作→电动机 M 接成△形低速主速启动→

经 KT1 整定时间
- →KT1-2 先分断→KM1 线圈失电→KM1 触头复位
- →KT1-3 后闭合→KM2 线圈得电
  - →KM2 两对常开触头闭合 ┐
  - →KM2 主触头闭合 ┘ →电动机 M 接成 Y 形中速运转
  - →KM2 两对联锁触头分断对 KM1、KM3 联锁

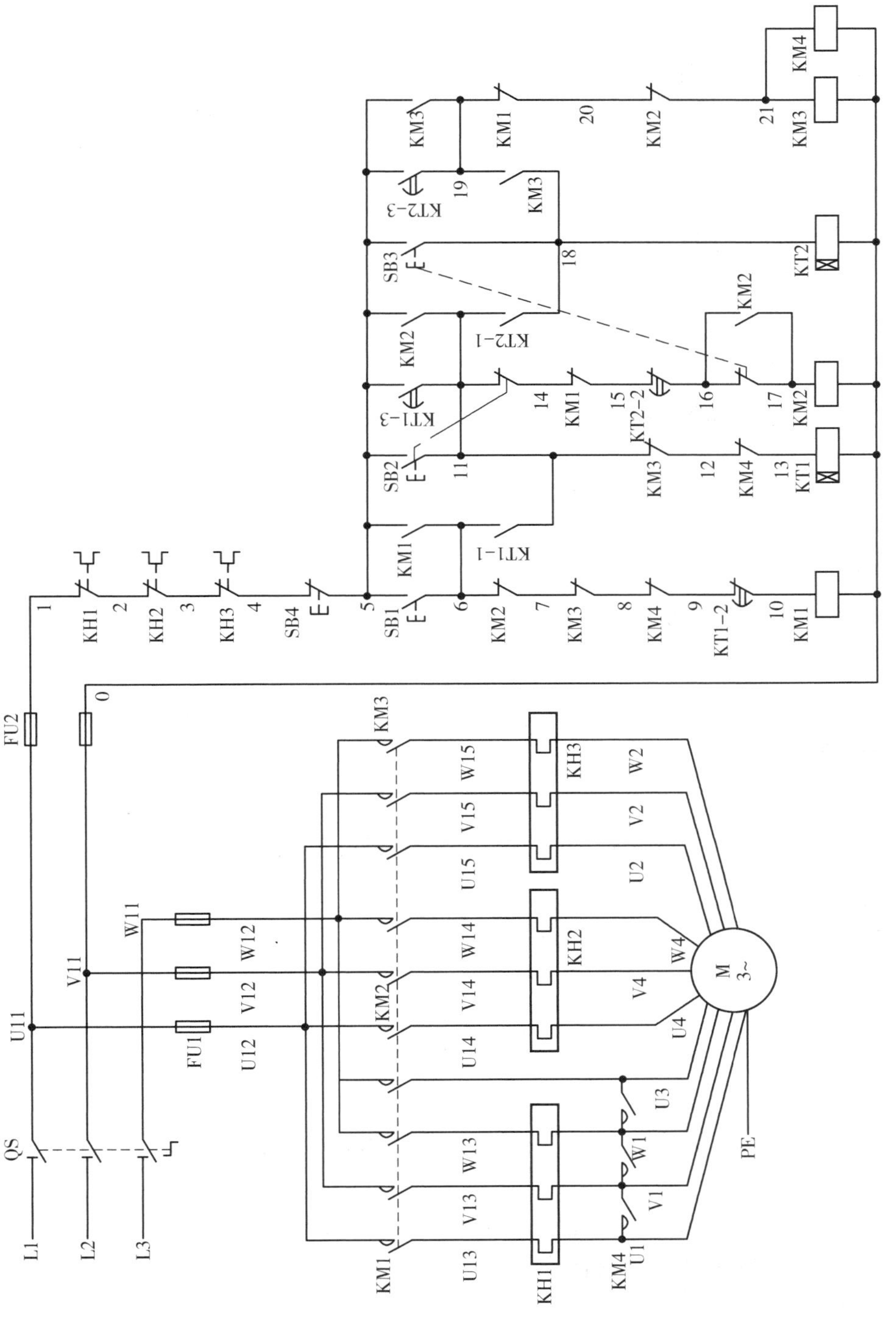

图1-9-7　时间继电器控制三速异步电动机的电路图

③△接法低速启动到 Y 接法中速运转再过渡到 YY 接法高速运转：

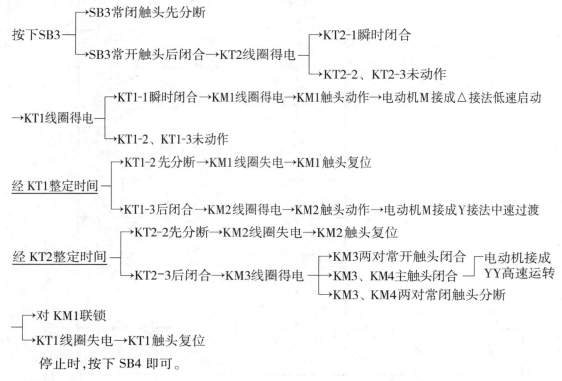

按下SB3
- →SB3常闭触头先分断
- →SB3常开触头后闭合→KT2线圈得电
  - →KT2-1瞬时闭合
  - →KT2-2、KT2-3未动作

→KT1线圈得电
- →KT1-1瞬时闭合→KM1线圈得电→KM1触头动作→电动机M接成△接法低速启动
- →KT1-2、KT1-3未动作

经 KT1整定时间
- →KT1-2 先分断→KM1线圈失电→KM1触头复位
- →KT1-3后闭合→KM2线圈得电→KM2触头动作→电动机M接成Y接法中速过渡

经 KT2整定时间
- →KT2-2先分断→KM2线圈失电→KM2触头复位
- →KT2-3后闭合→KM3线圈得电
  - →KM3两对常开触头闭合 ┐
  - →KM3、KM4主触头闭合 ┘ 电动机接成YY高速运转
  - →KM3、KM4两对常闭触头分断
    - →对 KM1联锁
    - →KT1线圈失电→KT1触头复位

停止时，按下 SB4 即可。

●能力训练

三速异步电动机控制线路的安装

(1)目的要求

掌握三速异步电动机控制线路的安装。

(2)工具、仪表及器材

1)工具

测电笔、螺钉旋具、尖嘴钳、斜口钳、剥线钳、电工刀等。

2)仪表

5050 型兆欧表、T301-A 型钳形电流表、MF30 型万用表、转速表。

3)器材

各种规格的紧固体、针形及叉形轧头、金属软管、编码套管等。电气元件可由学生自己根据电动机容量和图 1-9-7 所示电路图进行选配，并填入表 1-9-2 中。

(3)安装步骤及工艺要求

安装工艺仍参照任务 1.8 中能力训练的工艺要求进行。其安装步骤如下：

①按表 1-9-2 配齐所用电气元件，并检验元件质量。

②根据图 1-9-7 所示电路图画出布置图。

表 1-9-2 元件明细表

代 号	名 称	型 号	规 格	数量
M	三速电动机	YD160M-8、6、2	3.3 kW/4 kW/5.5 kW、10.2 A/9.9 A/11.6 A、△/Y/YY、720/960/1 440 r/min	1
QF	低压断路器			
FU1	熔断器			
FU2	熔断器			
KM1-KM3	交流接触器			
KH1	热继电器			
KH2	热继电器			
KH3	按 钮			
SB1-SB4	端子板			
XT	主电路导线			
	控制电路导线			
	按钮线			
	接地线			
	走槽线			
	控制板			

③在控制板上按布置图安装除电动机以外的电气元件，并贴上醒目的文字符号。
④在控制板上根据电路图进行板前线槽布线，并在线端套编码套管和冷压接线头。
⑤安装电动机。
⑥可靠连接电动机及电气元件不带电金属外壳的保护接地线。
⑦可靠连接控制板外部的导线。
⑧自检。
⑨检查无误后通电试车。
⑩用转速表、钳形电流表测量电动机转速和电流值，并记入表 1-9-3。

表 1-9-3 测量结果

绕组接法		△ 接法低速	Y 接法中速	YY 接法高速
电流/A	I_U			
	I_V			
	I_W			
转速/($r \cdot min^{-1}$)				

(4)注意事项

①控制电动机 YY 接法高速运转的接触器 KM3 是 6 极的。训练时若没有此型号的接触器,可用两只同规格的三极接触器代替。

②主电路接线时,要看清电动机出线端的标记,掌握其接线要点:△接法低速时,U1、V1、W1 经 KM1 接电源,W1、U3 并接;Y 接法中速时,U4、V4、W4 经 KM2 接电源,W1、U3 必须断开,空着不接;YY 接法高速时,U2、V2、W2 经 KM3 接电源,U1、V1、W1、U3 并接。接线要细心,保证正确无误。

③热继电器 KH1、KH2、KH3 的整定电流在三种转速下是不同的,调整时不要搞错。

④通电试车时,要复验一下电动机的接线是否正确,并测试绝缘电阻是否符合要求。同时必须有指导教师在现场监护,做到安全文明生产。

(5)评分标准

评分标准见表 1-9-4。

表 1-9-4　评分标准

项目内容	配分	评分标准	扣　分
选配元器件	10	(1)选错型号和规格,每个扣 5 分 (2)选错元件数量,每个扣 4 分 (3)型号没有写全,每个扣 3 分 (4)规格没有写全,每个扣 3 分	
装前检查	10	电气元件漏检或错检,每处扣 1 分	
安装元件	15	(1)元件布置不整齐、不匀称、不合理,每只扣 3 分 (2)元件安装不牢固,每只扣 4 分 (3)安装元件时漏装木螺钉,每只扣 1 分 (4)走线槽安装不符合要求,每处扣 2 分 (5)损坏元件,扣 5~15 分	
布　线	25	(1)不按电路图接线,扣 20 分 (2)布线不符合要求: 　主电路,每根扣 4 分 　控制电路,每根扣 2 分 (3)接点不符合要求,每个接点扣 1 分 (4)损伤导线绝缘或线芯,每根扣 5 分 (5)漏套或错套编码套管,每处扣 2 分 (6)漏接接地线,扣 10 分	

续表

<table>
<tr><th>项目内容</th><th>配分</th><th colspan="3">评分标准</th><th>扣　分</th></tr>
<tr><td>通电试车</td><td>40</td><td colspan="3">(1)热继电器整定值整定错误,每只扣5分
(2)配错熔体,主、控电路各扣5分
(3)第一次试车不成功,扣20分
第二次试车不成功,扣30分
第三次试车不成功,扣40分</td><td></td></tr>
<tr><td>安全文明生产</td><td colspan="4">(1)违反安全文明生产规程,扣5~40分
(2)乱线敷设,扣10分</td><td></td></tr>
<tr><td>定额时间 4 h</td><td colspan="4">每超时 5 min 以内以扣 5 分计算</td><td></td></tr>
<tr><td>备　注</td><td colspan="3">除定额时间外,各项内容的最高扣分不应超过配分数</td><td>成　绩</td><td></td></tr>
<tr><td>开始时间</td><td></td><td>结束时间</td><td></td><td>实际时间</td><td></td></tr>
</table>

●知识技能测试

一、填空题

1.三相异步电动机的调速方法有三种:一是改变________调速;二是改变________调速;三是改变________调速。

2.改变异步电动机的________调速称为变极调速。变极调速是通过改变电动机________连接方式来实现的。

3.变极调速是________极调速,只适用于________异步电动机。

4.凡____________可改变的电动机称为多速电动机。常见的多速电动机有________、________和________几种类型。

5.双速异步电动机的定子绕组共有________个出线端,可作________和________两种连接方式,电动机低速时定子绕组接成________形,高速时定子绕组接成________形。

6.双速异步电动机的定子绕组按△接法时,磁极为________极,同步转速为________ r/min;YY 接法时,磁极为________极,同步转速为________ r/min。

7.三速异步电动机有________套定子绕组,第一套双速绕组有________个出线端,用________、________和________、________、________、________、________表示,可作________或________连接;第二套单速绕组有________个出线端,用________、________和________表示,只作________形连接。

8.三速异步电动机低速运行时,定子绕组接成________形;中速时接成________形;高速时接成了________形。

二、判断题

1.双速电动机定子绕组从一种接法改变为另一种接法时,必须把电源相序反接,以保证

电动机在两种转速下的旋转方向相同。 ( )

2.三速异步电动机第一套双速绕组的出线端 W1 和 U3 分开的目的是:避免电动机定子绕组 Y 接法中速运转时,在△接法的定子绕组中产生感应电流。 ( )

3.在接触器控制三速电动机的线路中,进行速度转换时,直接按下相应启动按钮就可实现。 ( )

4.在接触器控制三速电动机的线路中,调整热继电器 KH1、KH2、KH3 的整定电流值,使它们 3 种转速基本相等,保证误差在±5%以内。 ( )

三、选择题

1.双速电动机高速运转时,定子绕组出线端的连接方式应为( )。

A.U1、V1、W1 接三相电源,U2、V2、W2 空着不接

B.U2、V2、W2 接三相电源,U1、V1、W1 空着不接

C.U2、V2、W2 接三相电源,U1、V1、W1 并接在一起

D.U1、V1、W1 接三相电源,U2、V2、W2 并接在一起

2.双速电动机高速运转时的转速是低速运转转速的( )。

A.1 倍　　B.2 倍　　C.3 倍

3.三速电动机低速运行时,定子绕组出线端的连接方式应为( )。

A.U1、V1、W1 接三相电源,U3、W1 并接在一起,其他出线端空着不接

B.U2、V2、W2 接三相电源,其他出线端空着不接

C.U4、V4、W4 接三相电源,其他出线端空着不接

D.U2、V2、W2 接三相电源,U1、V1、W1、U3 并接在一起,U4、V4、W4 空着不接

4.三速电动机中速运行时,定子绕组出线端的连接方式应为( )。

A.U1、V1、W1 接三相电源,U3、W1 并接在一起,其他出线端空着不接

B.U2、V2、W2 接三相电源,其他出线端空着不接

C.U4、V4、W4 接三相电源,其他出线端空着不接

D.U2、V2、W2 接三相电源,U1、V1、W1、U3 并接在一起,U4、V4、W4 空着不接

5.三速电动机高速运行时,定子绕组出线端的连接方式应为( )。

A.U1、V1、W1 接三相电源,U3、W1 并接在一起,其他出线端空着不接

B.U2、V2、W2 接三相电源,其他出线端空着不接

C.U4、V4、W4 接三相电源,其他出线端空着不接

D.U2、V2、W2 接三相电源,U1、V1、W1、U3 并接在一起,U4、V4、W4 空着不接

四、技能训练题

在三速电动机自动控制线路中,按下高速按钮时,电动机低速回路不接通,试分析其故障并排除。

任务1.10 三相交流异步电动机制动控制线路

●任务目标

- 熟悉速度继电器的结构和工作原理；
- 掌握三相交流异步电动机制动的方法及种类；
- 掌握每种制动方法安装、调试与维修。

●入门引导

任何物体都有惯性，电动机也不例外。对于运行中的电动机，当切断电源后，由于惯性作用，总要经过一定时间后才能停止运转。这对于某些要求定位准确、需要限制行程的生产机械来说是不合适的。如起重机的吊钩需要准确定位；万能铣床要求立即停转等，都要求电动机分断电源后能立即停转。下面介绍能实现上述控制要求的各种电路。

●知识学习

电动机断开电源以后，由于惯性作用不会马上停止转动，而是需要转动一段时间才会停止转动。这种情况对于某些生产机械是不适宜的，为了满足生产机械的这种要求就需要对电动机进行制动。

所谓制动，就是给电动机一个与转动方向相反的转矩使它迅速停转（或限制其转速）。制动的方法有两类：机械制动和电力制动。

（1）机械制动

利用机械装置使电动机断开电源后迅速停转的方法叫机械制动。机械制动常用的方法有：电磁抱闸制动器制动和电磁离合器制动。两者的制动原理类似，控制线路也基本相同。下面就以电磁抱闸制动器为例，介绍机械制动的制动原理和控制线路。

1）电磁抱闸制动器

常见的MZD1系列交流制动电磁铁与TJ2系列闸瓦制动器的外形如图1-10-1所示，它们配合使用，共同组成电磁抱闸制动器，其结构和符号如图1-10-2所示。TJ2系列闸瓦制动器与MZD1系列交流制动电磁铁的配用见表1-10-1。

(a) MZD1系列交流制动电磁铁

(b) TJ2系列闸瓦制动器

图 1-10-1　制动电磁铁与闸瓦制动器

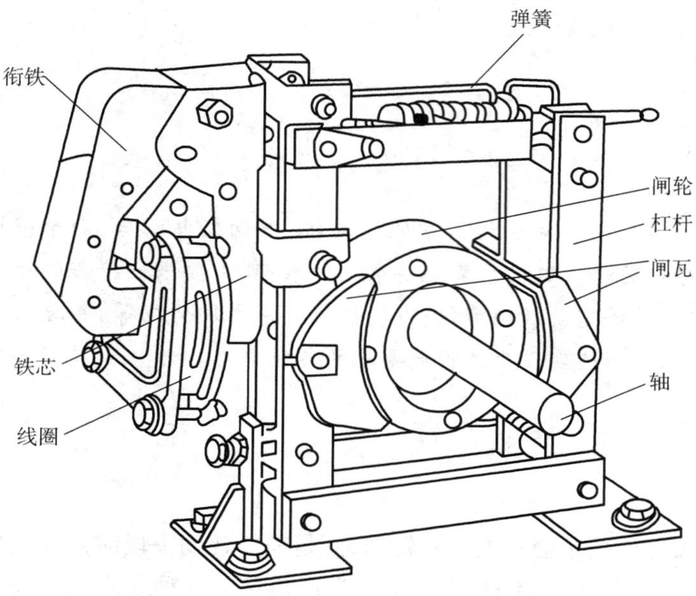

(a) 结构图

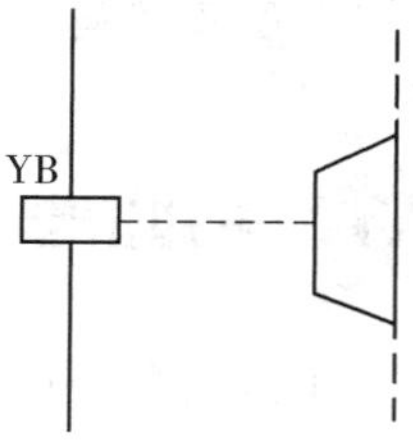

(b) 符号

图 1-10-2　电磁抱闸制动器

表 1-10-1　TJ2 系列闸瓦制动器与 MZD1 系列交流制动电磁铁的配用表

制动器型号	制动力矩/(N·m⁻¹)		闸瓦退距/mm 正常/最大	调整杆行程/mm 开始/最大	电磁铁型号	电磁铁转矩/(N·m⁻¹)	
	通电持续率为 25% 或 40%	通电持续率为 100%				通电持续率为 25% 或 40%	通电持续率为 100%
TJ2-100	20	10	0.4/0.6	2/3	MZD1-100	5.5	3
TJ2-200/100	40	20	0.4/0.6	2/3	MZD1-200	5.5	3
TJ2-200	160	80	0.5/0.8	2.5/3.8	MZD1-200	40	20
TJ2-300/200	240	120	0.5/0.8	2.5/3.8	MZD1-200	40	20
TJ2-300	300	200	0.7/1	3/4.4	MZD1-300	100	40

电磁铁和制动器的型号及其含义如下：

M Z D 1 - □
- □ — 制动轮直径（mm）
- 1 — 设计序号
- D — 单相
- Z — 制动
- M — 电磁铁

TJ 2 - □/ □
- □ — 配用电磁铁型号
- □ — 制动轮直径
- 2 — 设计序号
- TJ — 交流制动器

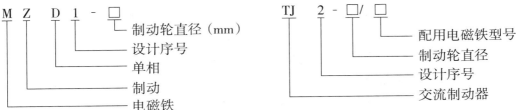

制动电磁铁由铁芯、衔铁和线圈三部分组成。闸瓦制动器包括闸轮、闸瓦、杠杆和弹簧等部分。电磁抱闸制动器分为断电制动型和通电制动型两种。断电制动型的工作原理是：制动电磁铁的线圈得电时，制动器的闸瓦与闸轮分开，无制动作用；线圈失电时，闸瓦紧紧抱住闸轮制动。通电制动型的工作原理是：线圈得电时，闸瓦紧紧抱住闸轮制动；线圈失电时，闸瓦与闸轮分开，无制动作用。

2）电磁抱闸制动器制动

①电磁抱闸制动器断电制动控制线路。电磁抱闸制动器断电制动控制的电路如图 1-10-3所示。

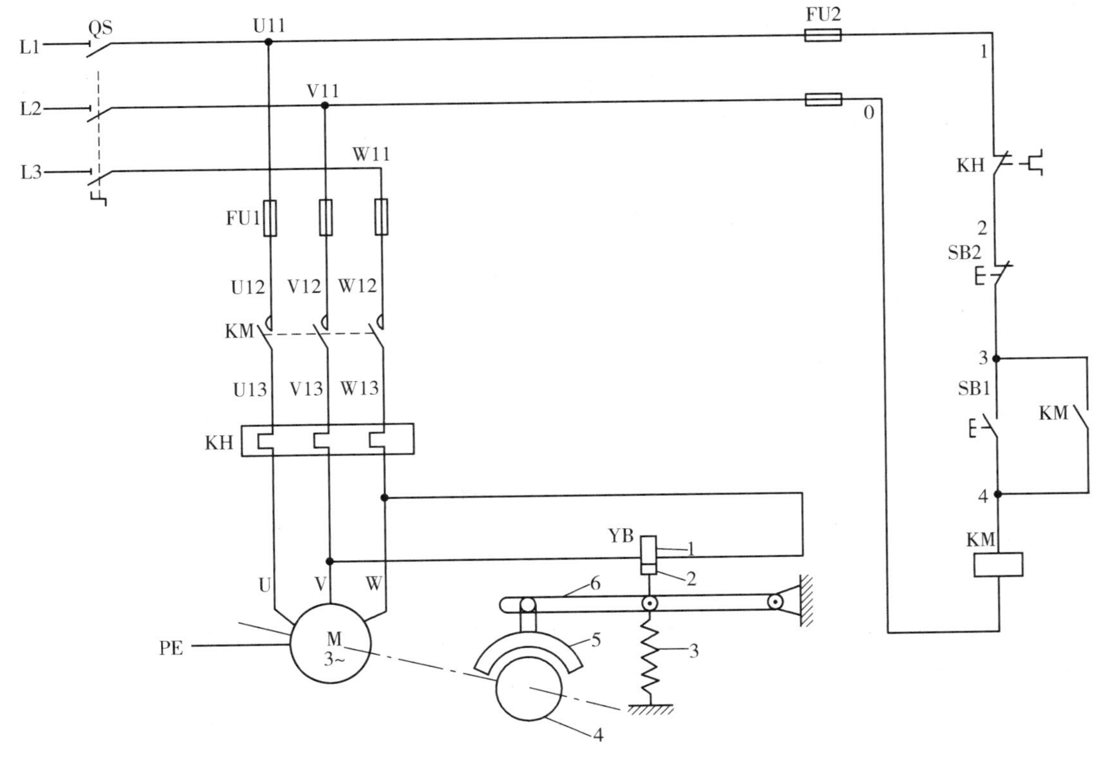

图 1-10-3 电磁抱闸制动器断电制动控制电路图

1—线圈；2—衔铁；3—弹簧；4—闸轮；5—闸瓦；6—杠杆

线路工作原理如下：

先合上电源开关 QS。

a.启动运转：按下启动按钮 SB1，接触器 KM 线圈得电，其自锁触头和主触头闭合，电动机 M 接通电源；同时电磁抱闸制动器 YB 线圈得电，衔铁与铁芯吸合，衔铁克服弹簧拉力，迫使制动杠杆向上移动，从而使制动器的闸瓦与闸轮分开，电动机正常运转。

b.制动停转：按下停止按钮 SB2，接触器 KM 线圈失电，其自锁触头和主触头分断，电动机 M 失电；同时电磁抱闸制动器线圈 YB 也失电，衔铁与铁芯分开，在弹簧拉力的作用下，闸瓦紧紧抱住闸轮，使电动机被迅速制动而停转。

电磁抱闸制动器断电制动在起重机械上被广泛采用。其优点是能够准确定位，同时可防止电动机突然断电时重物自行坠落。当重物起吊到一定高度时，按下停止按钮，电动机和电磁抱闸制动器线圈同时断电，闸瓦立即抱住闸轮，电动机立即制动停转，重物随之被准确定位。如果电动机在工作时，线路发生故障而突然断电，电磁抱闸制动器同样会使电动机迅速制动停转，从而避免重物自行坠落。这种制动方法的缺点是不经济，因为电磁抱闸制动器线圈耗电时间和电动机一样长。另外，切断电源后，由于电磁抱闸制动器的制动作用，使手动调整工件很困难。因此，对要求电动机制动后能调整工件位置的机床设备不能采用这种制动方法，可采用下述通电制动控制线路。

②电磁抱闸制动器通电制动控制线路。电磁抱闸制动器通电制动控制的电路如图 1-10-4所示。这种通电制动与上述断电制动方法稍有不同。其电动机得电运行时，电磁抱闸制动器的线圈断电，闸瓦与闸轮分开，无制动作用；电动机失电需停转时，电磁抱闸制动器的线圈得电，使闸瓦紧紧抱住闸轮制动；电动机处于停转常态时，电磁抱闸制动器的线圈也无电，闸瓦与闸轮分开，这样操作人员可以用手扳动主轴、调整工件对刀等。

线路的工作原理如下：

先合上电源开关 QS。

a.启动运转：按下启动按钮 SB1，接触器 KM1 线圈得电，其自锁触头和主触头闭合，电动机 M 启动运转。由于接触器 KM1 联锁触头分断，使接触器 KM2 不能得电动作，所以电磁抱闸制动器的线圈无电，衔铁与铁芯分开，在弹簧拉力的作用下，闸瓦与闸轮分开，电动机不受制动正常运转。

b.制动停转：按下复合按钮 SB2，其常闭触头先分断，使接触器 KM1 线圈失电，其自锁触头和主触头分断，电动机 M 失电，KM1 联锁触头恢复闭合；待 SB2 常开触头闭合后，接触器 KM2 线圈得电，KM2 主触头闭合，电磁抱闸制动器 YB 线圈得电，铁芯吸合衔铁，衔铁克服弹簧拉力带动杠杆向下移动，使闸瓦紧抱闸轮，电动机被迅速制动而停转。KM2 联锁触头分断对 KM1 联锁。

3）电磁离合器制动

电磁离合器制动的原理和电磁抱闸制动器的制动原理类似。电动葫芦的绳轮常采用这

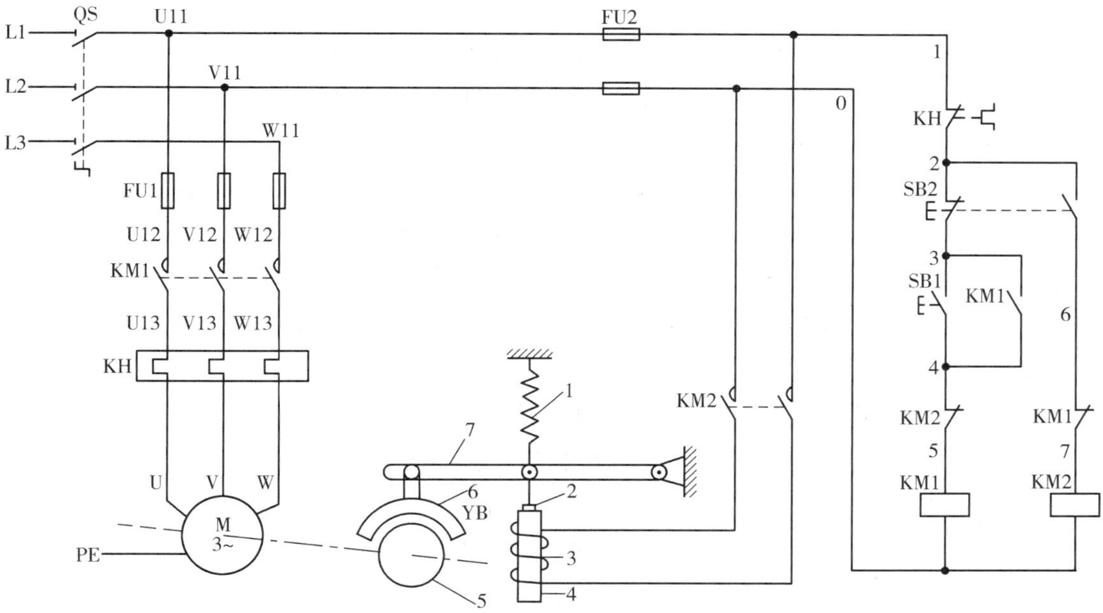

图 1-10-4　电磁抱闸制动器通电制动控制电路图

1—弹簧；2—衔铁；3—线圈；4—铁芯；5—闸轮；6—闸瓦；7—杠杆

种制动方法。断电制动型电磁离合器的结构示意图如图 1-10-5 所示。其结构及制动原理简述如下：

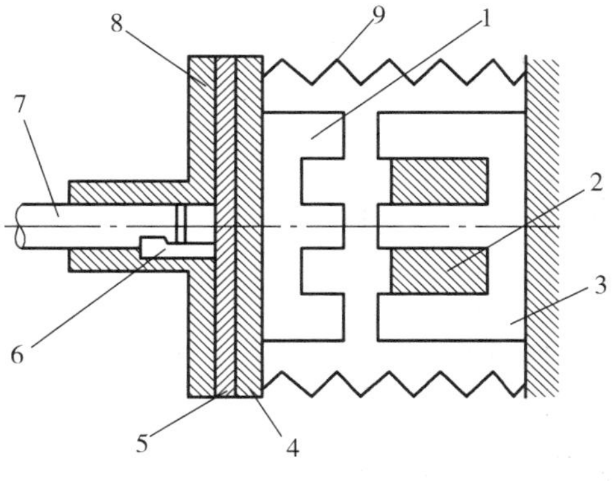

图 1-10-5　断电制动型电磁离合器结构示意图

1—动铁芯；2—激磁线圈；3—静铁芯；4—静摩擦片；

5—动摩擦片；6—键；7—绳轮轴；8—法兰；9—制动弹簧

①结构。电磁离合器主要由制动电磁铁(包括动铁芯 1、静铁芯 3 和激磁线圈 2)、静摩擦片 4、动摩擦片 5 以及制动弹簧 9 等组成。电磁铁的静铁芯 3 靠导向轴(图 1-10-5 中未画出)连接在电动葫芦本体上,动铁芯 1 与静摩擦片 4 固定在一起,并只能作轴向移动而不能绕轴转动。动摩擦片 5 通过连接法兰 8 与绳轮轴 7(与电动机共轴)由键 6 固定在一起,可随

电动机一起转动。

②制动原理。电动机静止时,激磁线圈 2 无电,制动弹簧 9 将静摩擦片 4 紧紧压在动摩擦片 5 上,此时电动机通过绳轮轴 7 被制动。当电动机通电运行时,激磁线圈 2 也同时得电,电磁铁的动铁芯 1 被静铁芯 3 吸合,使静摩擦片 4 与动摩擦片 5 分开,于是动摩擦片 5 连同轮绳轴 7 在电动机的带动下正常启动运行。当电动机切断电源时,激磁线圈 2 也同时失电,制动弹簧 9 立即将静摩擦片 4 连同动铁芯 1 推向转动着的动摩擦片 5,强大的弹簧张力迫使动、静摩擦片之间产生足够大的摩擦力,使电动机断电后立即受制动停转。电磁离合器的制动控制线路与图 1-10-3 所示线路基本相同,读者可自行画出并进行分析。

(2)电力制动

使电动机在切断电源停转的过程中产生一个和电动机实际旋转方向相反的电磁力矩(制动力矩),迫使电动机迅速制动停转的方法叫电力制动。电力制动常用的方法有:反接制动、能耗制动、电容制动和再生发电制动等,下面分别给予介绍。

表 1-10-2　几种电力制动方法比较

<table>
<tr><th>制动方法</th><th>控制线路</th><th>特　点</th></tr>
<tr><td>反接制动</td><td>
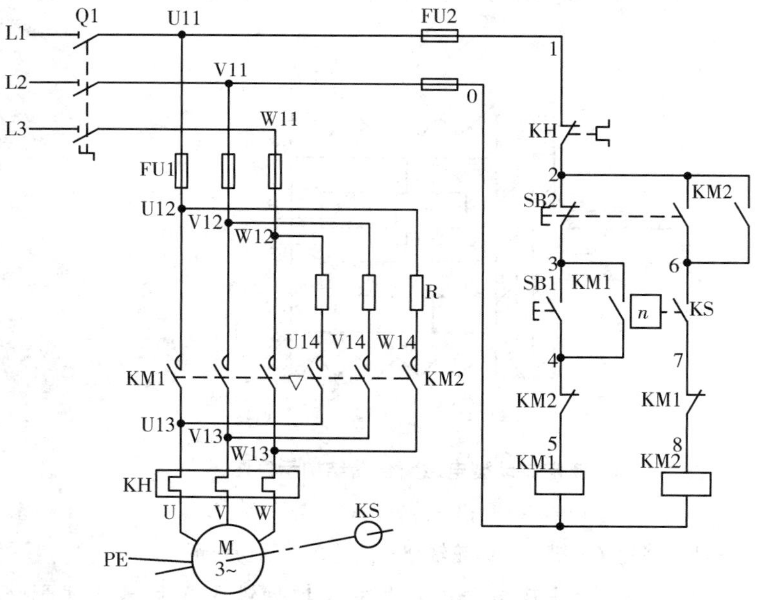

</td><td>反接制动的优点是制动力强、制动迅速。缺点是制动准确性差,制动过程中冲击强烈、易损坏传动零件、制动能量消耗较大、不宜经常制动。</td></tr>
</table>

续表

<table>
<tr><th>制动方法</th><th>控制线路</th><th>特　点</th></tr>
<tr><td>能耗制动</td><td>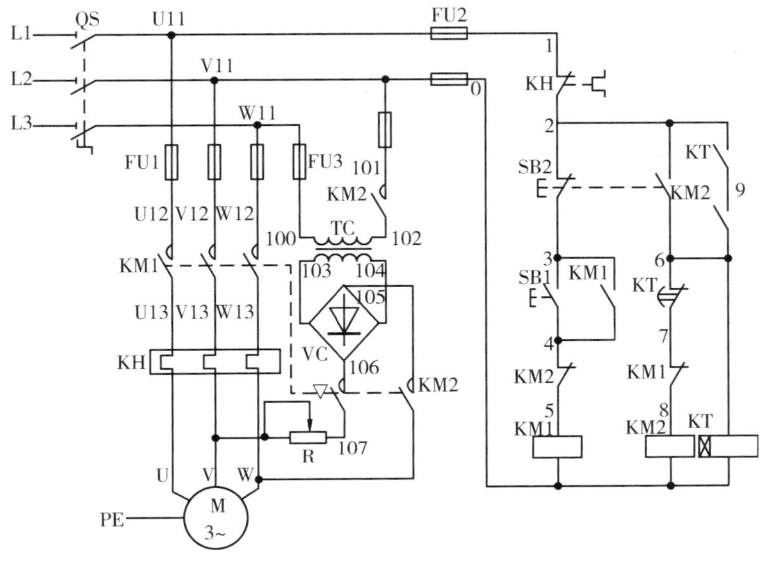
</td><td>用单相整流器作为直流电源，所用附加设备较少，线路简单，成本低，常用于 10 kW 以下小容量电动机，且对制动要求不高的场合。</td></tr>
<tr><td>电容制动</td><td>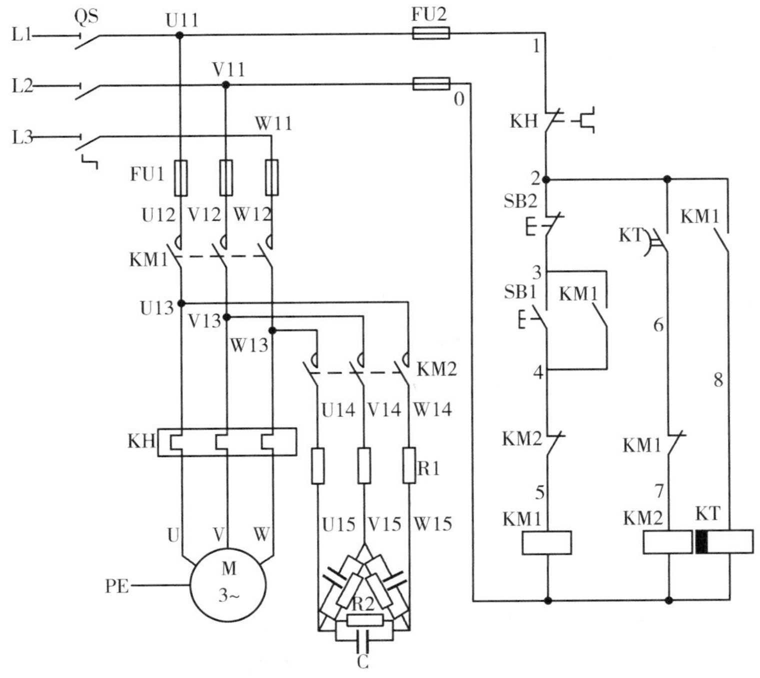
</td><td>电容制动是一种制动迅速、能量损耗小、设备简单的制动方法，一般用于 10 kW以下的小容量电动机，特别适用于存在机械摩擦和阻尼的生产机械和需要多台电动机同时制动的场合。</td></tr>
</table>

续表

制动方法	控制线路	特　点
再生发电制动	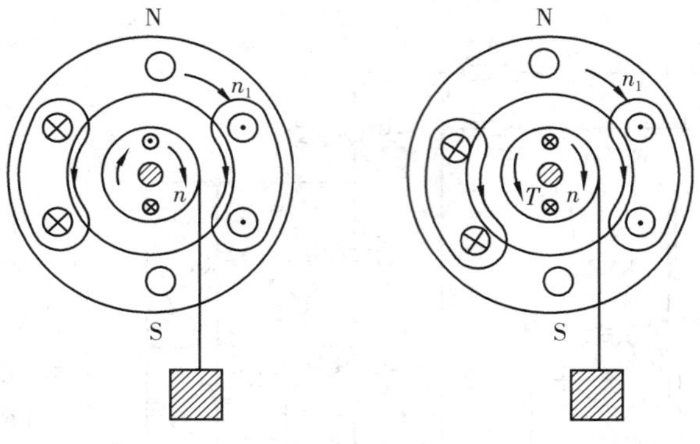(a)　(b)	制动时不需要改变线路即可从电动运行状态自动地转入发电制动状态，把机械能转换成电能，再回馈到电网，节能效果显著。缺点是应用范围较窄，仅当电动机转速大于同步转速时才能实现发电制动。

子任务 1.10.1　三相交流异步电动机反接制动控制线路的安装与维修

●任务目标

- 掌握速度继电器的原理及安装、调试方法。
- 掌握三相交流异步电动机反接制动控制线路的安装与维修技能。

●入门引导

机械制动多用于起重机械上，它能准确定位，同时可防止电动机突然断电时重物的自行坠落。但这种制动方法的缺点是不经济，维修困难。所以，在一些机械设备的制动方法上采用了电力制动。本任务学习三相交流异步电动机反接制动。

●知识学习

(1)速度继电器

速度继电器是反映转速和转向的继电器，其主要作用是以旋转速度的快慢为指令信号，与接触器配合实现对电动机的反接制动控制，故又称为反接制动继电器。机床控制线路中常用的速度继电器有 JY1 型和 JFZ0 型，其外形如图 1-10-6 所示。

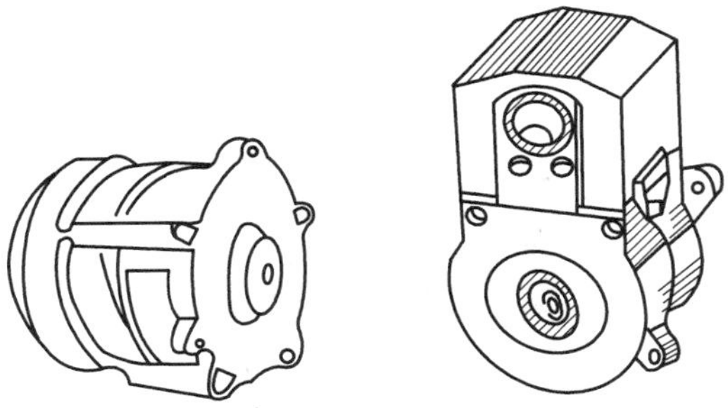

（a）JY1型　　（b）JFZ0型

图 1-10-6　速度继电器的外形

1）速度继电器的型号及含义

以 JFZ0 为例，速度继电器的型号及含义如下：

J F Z 0 - □

- □——转速等级
- 0——设计序号
- Z——制动
- F——反接
- J——继电器

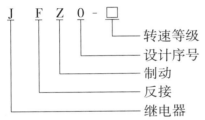

2）速度继电器的结构及工作原理

JY1 型速度继电器的结构和工作原理如图 1-10-7 所示。它主要由定子、转子、可动支架、触头系统及端盖等部分组成。转子由永久磁铁制成，固定在转轴上；定子由硅钢片叠成并装有笼型短路绕组，能作小范围偏转；触头系统由两组转换触头组成，一组在转子正转时动作，另一组在转子反转时动作。

速度继电器的工作原理：当电动机旋转时，带动与电动机同轴连接的速度继电器的转子旋转，相当于在空间中产生一个旋转磁场，从而在定子笼型短路绕组中产生感生电流。感生电流与永久磁铁的旋转磁场相互作用，产生电磁转矩，使定子随永久磁铁转动的方向偏转，与定子相连的胶木摆杆也随之偏转。当定子偏转到一定角度，胶木摆杆推动簧片，使继电器的触头动作。当转子转速减小到接近零时，由于定子的电磁转矩减小，胶木摆杆恢复原状态，触头随即复位。

速度继电器的动作转速一般不低于 100～300 r/min，复位转速约 100 r/min 以下。常用的速度继电器中，JY1 型能在3 000 r/min 以下转速可靠地工作；JFZ0 型的两组触头改用两个微动开关，使其触头的动作速度不受定子偏转速度的影响，额定工作转速有 300～1 000 r/min（JFZ0-1 型）和1 000～3 600 r/min（JFZ0-2 型）两种。

速度继电器在电路图中的符号如图 1-10-7（c）所示。

3）速度继电器的选用

速度继电器主要根据所需控制的转速大小、触头的数量和电压、电流来选用。常用速度继电器的技术数据见表 1-10-3。

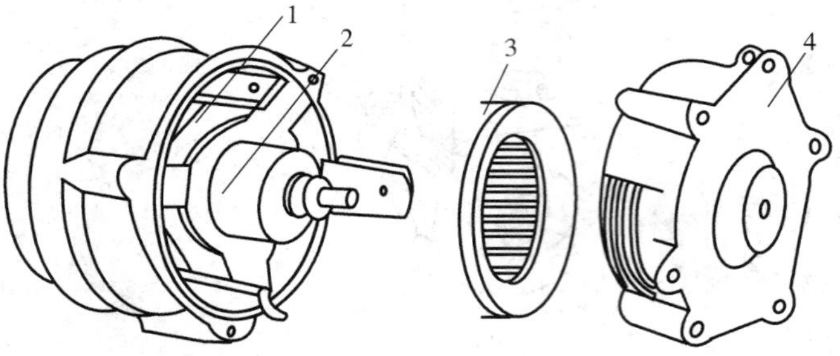

(a)外形

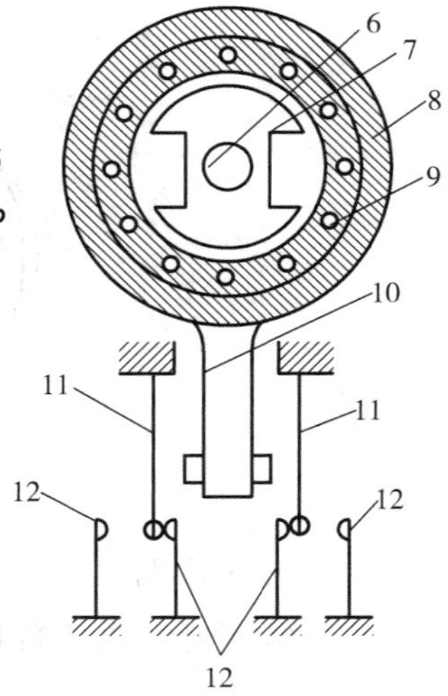

(b)结构

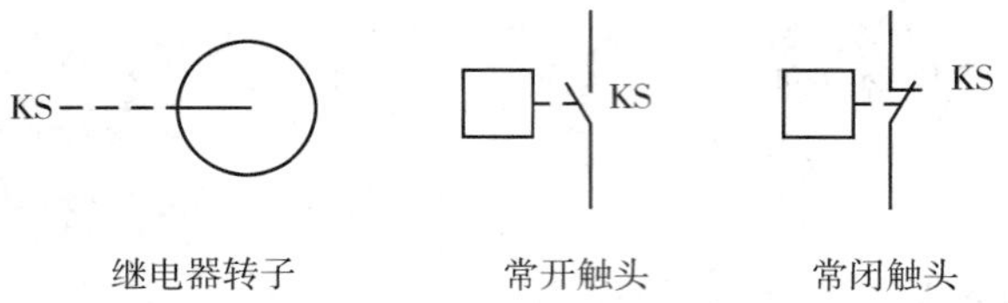

(c)符号

图 1-10-7　JY1 型速度继电器

1—可动支架;2—转子;3—定子;4—端盖;5—连接头;6—电动机轴;7—转子(永久磁铁);

8—定子;9—定子绕组;10—胶木摆杆;11—簧片(动触头);12—静触头

表 1-10-3　速度继电器的主要技术数据

型　号	触头额定电压/V	触头额定电流/A	触头对数		额定工作转速/(r·min^{-1})	允许操作频率/(次·h^{-1})
			正转动作	反转动作		
JY1	380	2	一组转换触头	一组转换触头	100~3 000	<30
JFZ0-1			1 常开、1 常闭	1 常开、1 常闭	300~1 000	
JFZ0-2			1 常开、1 常闭	1 常开、1 常闭	1 000~3 000	

4)速度继电器的安装与使用

①速度继电器的转轴应与电动机同轴连接,使两轴的中心线重合。速度继电器的轴可用联轴器与电动机的轴连接,如图 1-10-8 所示。

②速度继电器安装接线时,应注意正反向触头不能接错,否则不能实现反接制动控制。

③速度继电器的金属外壳应可靠接地。

5)速度继电器的常见故障及处理方法

速度继电器的常见故障及处理方法见表 1-10-4。

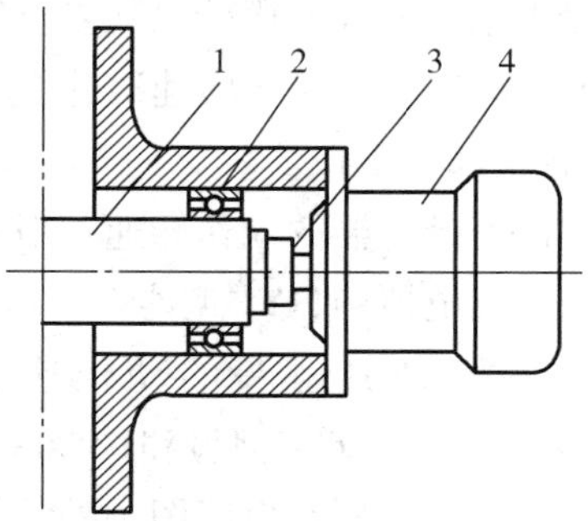

图 1-10-8　速度继电器的安装

1—电动机轴;2—电动机轴承;

3—联轴器;4—速度继电器

表 1-10-4 速度继电器的常见故障及处理方法

故障现象	可能的原因	处理方法
反接制动时速度继电器失效,电动机不制动	(1)胶木摆杆断裂 (2)触头接触不良 (3)弹性动触片断裂或失去弹性 (4)笼型绕组开路	(1)更换胶木摆杆 (2)清洗触头表面油污 (3)更换弹性动触片 (4)更换笼型绕组
电动机不能正常制动	速度继电器的弹性动触片调整不当	重新调节调整螺钉: (1)将调整螺钉向下旋,弹性动触片弹性增大,速度较高时继电器才动作。 (2)将调整螺钉向上旋,弹性动触片弹性减小,速度较低时继电器即动作。

(2)反接制动

依靠改变电动机定子绕组的电源相序来产生制动力矩,迫使电动机迅速停转的方法叫反接制动。其制动原理如图 1-10-9 所示。在图 1-10-9(a)中,当 QS 向上投合时,电动机定子绕组电源相序为 L1—L2—L3,电动机将沿旋转磁场方向(图 1-10-9(b)中顺时针方向),以$n<n_1$ 的转速正常运转。当电动机需要停转时,可断开开关 QS,使电动机先脱离电源(此时转子由于惯性仍按原方向旋转),随后将开关 QS 迅速向下投合,由于 L1、L2 两相电源线对调,电动机定子绕组电源相序变为 L2—L1—L3,旋转磁场反转(图 1-10-9(b)中逆时针方向)。此时转子将以 $n+n_1$ 的相对转速沿原转动方向切割旋转磁场,在转子绕组中产生感生电流,其方向可用右手定则判断,如图 1-10-9(b)所示。而转子绕组一旦产生电流,又受到旋转磁场的作用,产生电磁转矩,其方向可由左手定则判断。可见此转矩方向与电动机的转动方向相反,使电动机受制动而迅速停转。

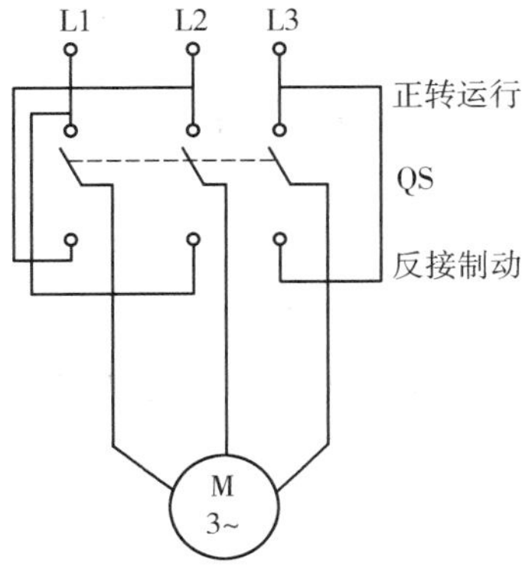

(a)

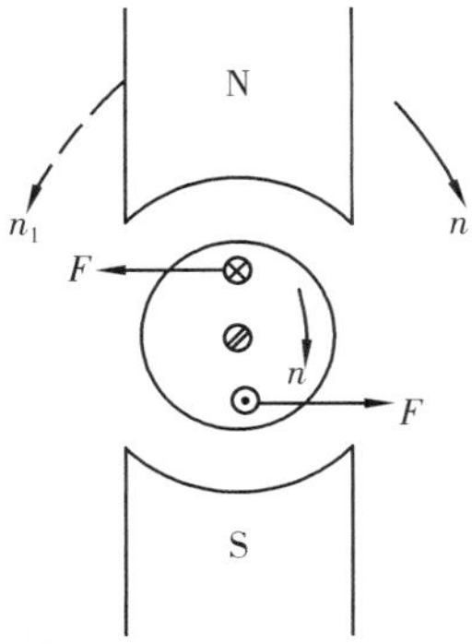

(b)

图 1-10-9 反接制动原理图

值得注意的是：当电动机转速接近零值时，应立即切断电动机电源，否则电动机将反转。为此在反接制动设施中，为保证电动机的转速被制动到接近零值时能迅速切断电源，防止反向启动，常利用速度继电器（又称反接制动继电器）来自动地及时切断电源。

1）单向启动反接制动控制线路

单向启动反接制动控制电路如图 1-10-10 所示。该线路的主电路和正反转控制线路的主电路相同，只是在反接制动时增加了 3 个限流电阻 R。线路中 KM1 为正转运行接触器，KM2 为反接制动接触器，KS 为速度继电器，其轴与电动机轴相连。

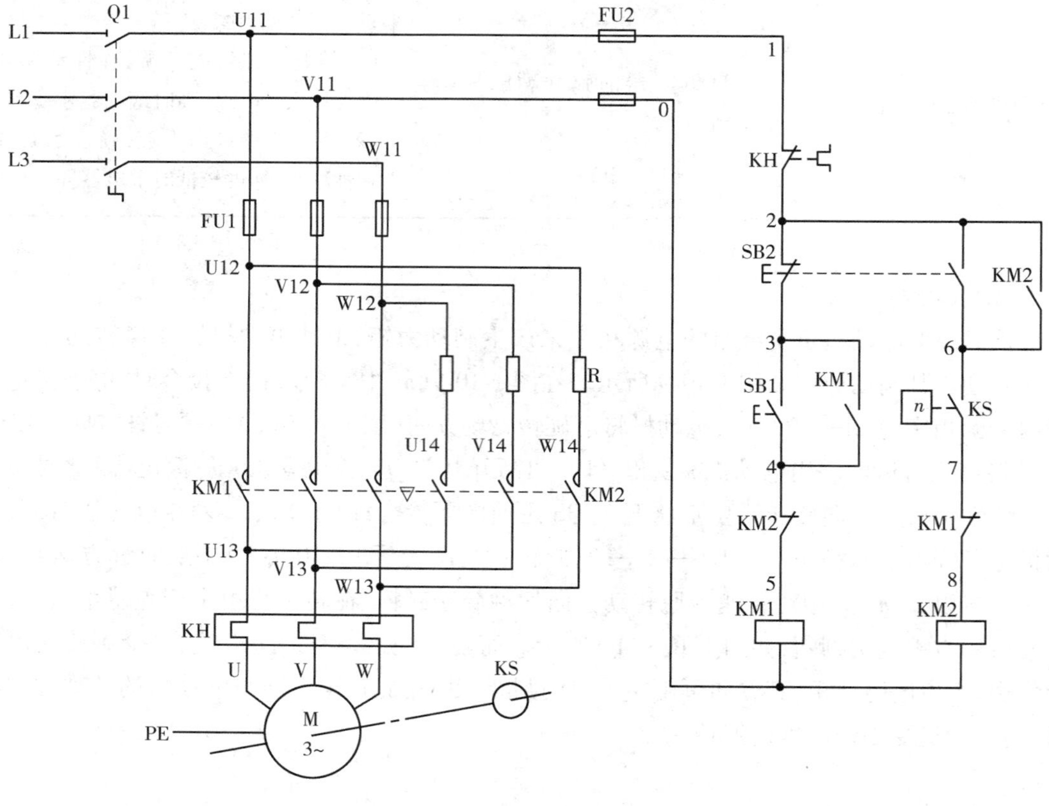

图 1-10-10　单向启动反接制动控制电路图

线路的工作原理如下：

先合上电源开关 QS。

①单向启动：

按下 SB1→KM1线圈得电→
- →KM1自锁触头闭合自锁→电动机 M启动运转→
- →KM1主触头闭合（→电动机 M启动运转）
- →KM1联锁触头分断对 KM2 联锁

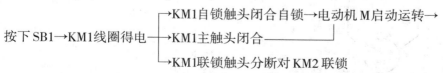

→至电动机转速上升到一定值（120 r/min 左右）时→KS 常开触头闭合为制动作准备

②反接制动：

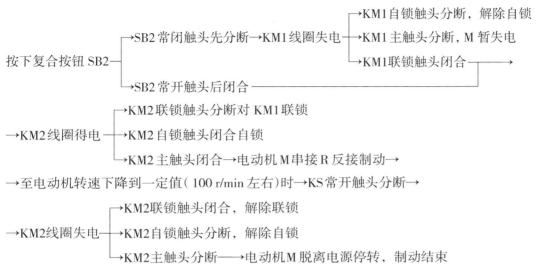

按下复合按钮SB2→SB2常闭触头先分断→KM1线圈失电→KM1自锁触头分断，解除自锁
→KM1主触头分断，M暂失电
→KM1联锁触头闭合→
→SB2常开触头后闭合→

→KM2线圈得电→KM2联锁触头分断对KM1联锁
→KM2自锁触头闭合自锁
→KM2主触头闭合→电动机M串接R反接制动→

→至电动机转速下降到一定值（100 r/min左右）时→KS常开触头分断→

→KM2线圈失电→KM2联锁触头闭合，解除联锁
→KM2自锁触头分断，解除自锁
→KM2主触头分断——→电动机M脱离电源停转，制动结束

反接制动时，由于旋转磁场与转子的相对转速（$n+n_1$）很高，故转子绕组中感生电流很大，致使定子绕组中的电流也很大，一般约为电动机额定电流的10倍左右。因此，反接制动适用于10 kW以下小容量电动机的制动，并且对4.5 kW以上的电动机进行反接制动时，需要在定子回路中串入限流电阻R，以限制反接制动电流。限流电阻R的大小可参考下述经验公式进行估算。

在电源电压为380 V时，若要使反接制动电流等于电动机直接启动时的启动电流$\frac{1}{2}I_{st}$，则每相串入的电阻R（Ω）值可按式（1-10-1）所示取值：

$$R \approx 1.5 \times \frac{220}{I_{st}} \tag{1-10-1}$$

若使反接制动电流等于启动电流I_{st}，则每相串入电阻R（Ω）值可按式1-10-2所示取值：

$$R \approx 1.3 \times \frac{220}{I_{st}} \tag{1-10-2}$$

如果反接制动时只在电源串接电阻，则电阻值应加大，分别取上述电阻值的1.5倍。

2）双向启动反接制动控制线路

双向启动反接制动控制电路如图1-10-11所示。该线路所用电器较多，其中KM1既是正转运行接触器，又是反转运行时的反接制动接触器；KM2既是反转运行接触器，又是正转运行时的反接制动接触器；KM3作短接限流电阻R用；中间继电器KA1、KA3和接触器KM1、KM3配合完成电动机的正向启动、反接制动的控制要求；中间继电器KA2、KA4和接触器KM2、KM3配合完成电动机的反向启动、反接制动的控制要求；速度继电器KS有两对常开触头KS-1、KS-2，分别用于控制电动机正转和反转时反接制动的时间；R既是反接制动限流电阻，又是正反向启动的限流电阻。

其线路的工作原理如下：

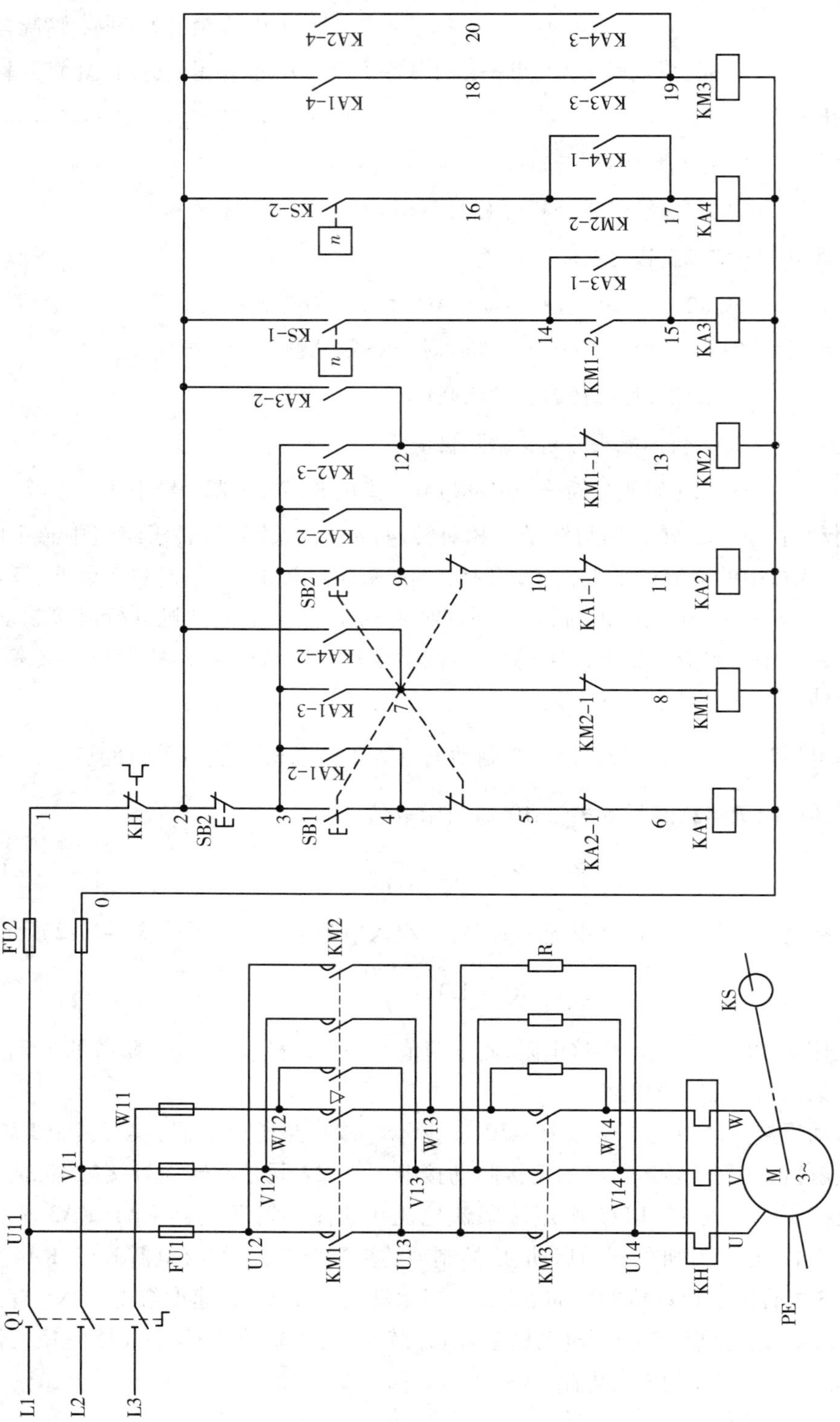

图1-10-11　双向启动反接制动控制电器

先合上电源开关 QS。

①正转启动运转：

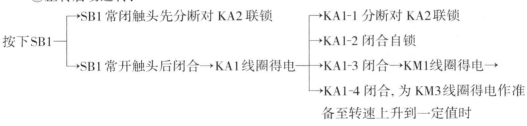

按下SB1—
→SB1 常闭触头先分断对 KA2 联锁
→SB1 常开触头后闭合→KA1 线圈得电—
→KA1-1 分断对 KA2 联锁
→KA1-2 闭合自锁
→KA1-3 闭合→KM1线圈得电→
→KA1-4 闭合，为 KM3线圈得电作准备至转速上升到一定值时

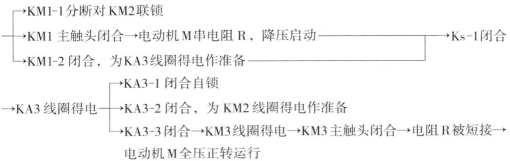

→KM1-1分断对KM2联锁
→KM1 主触头闭合→电动机 M 串电阻 R，降压启动
→KM1-2 闭合，为KA3线圈得电作准备
→Ks-1闭合

→KA3 线圈得电—
→KA3-1 闭合自锁
→KA3-2 闭合，为 KM2 线圈得电作准备
→KA3-3 闭合→KM3线圈得电→KM3 主触头闭合→电阻 R 被短接→电动机 M 全压正转运行

②反接制动停转：

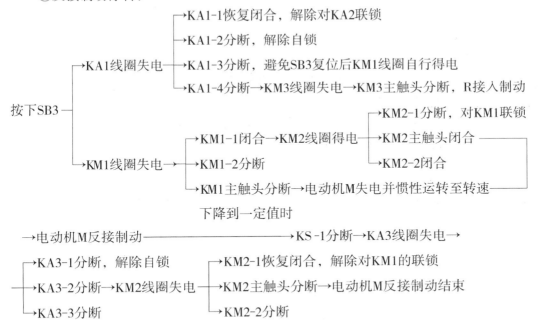

按下SB3—
→KA1线圈失电—
→KA1-1恢复闭合，解除对KA2联锁
→KA1-2分断，解除自锁
→KA1-3分断，避免SB3复位后KM1线圈自行得电
→KA1-4分断→KM3线圈失电→KM3主触头分断，R接入制动
→KM1线圈失电→
→KM1-1闭合→KM2线圈得电—
→KM2-1分断，对KM1联锁
→KM2主触头闭合
→KM2-2闭合
→KM1-2分断
→KM1主触头分断→电动机M失电并惯性运转至转速下降到一定值时

→电动机M反接制动→KS-1分断→KA3线圈失电→
→KA3-1分断，解除自锁
→KA3-2分断→KM2线圈失电—
→KM2-1恢复闭合，解除对KM1的联锁
→KM2主触头分断→电动机M反接制动结束
→KM2-2分断
→KA3-3分断

电动机的反向启动及反接制动控制是由启动按钮 SB2、中间继电器 KA2 和 KA4、接触器 KM2 和 KM3、停止按钮 SB3、速度继电器的常开触头 KS-2 等电器来完成，其启动过程、制动过程和上述类同，读者可自行分析。

双向启动反接制动控制线路所用电器较多，线路也比较繁杂，但操作方便，运行安全可靠，是一种比较完善的控制线路。线路中的电阻 R 既能限制反接制动电流，又能限制启动电

流；中间继电器 KA3、KA4 可避免停车时由于速度继电器 KS-1 或 KS-2 触头的偶然闭合而接通电源。

反接制动的优点是制动力强，制动迅速。缺点是制动准确性差，制动过程中冲击强烈，易损坏传动零件，制动能量消耗大，不宜经常制动。因此，反接制动一般适用于制动要求迅速、系统惯性较大、不经常启动与制动的场合，如铣床、镗床、中型车床等主轴的制动控制。

●能力训练

单向启动反接制动控制线路的安装

(1)目的要求

掌握单向启动反接制动控制线路的安装。

(2)工具、仪表及器材

1)工具

测电笔、螺钉旋具、尖嘴钳、斜口钳、剥线钳、电工刀等。

2)仪表

5050 型兆欧表、T301-A 型钳形电流表、MF30 型万用表。

3)器材

各种规格的紧固体、针形及叉形轧头、金属软管、编码套管等。电气元件见表 1-10-5。

(3)安装步骤

表 1-10-5　元件明细表

代　号	名　称	型　号	规　格	数量
M	三相异步电动机	Y112M-4	4 kW、380 V、8.8 A、△接法、1 440 r/min	1
QF	组合开关	DZ5-20/333	三极、25 A、380 V	1
FU1	熔断器	RT18-63/25	500 V、60 A、配熔体 25 A	3
FU2	熔断器	RLT18-32/4	500 V、15 A、配熔体 4 A	2
KM1、KM2	交流接触器	CJ10-20	20 A、线圈电压 380 V	2
KH	热继电器	JR16-20/3	三极、20 A、整定电流 8.8 A	1
KS	速度继电器	JY1		1
SB1、SB2	按钮	LA10-3H	保护式、380 V、5 A、按钮数 3	1
XT	端子板	JD0-1 020	380 V、10 A、20 节	1
	主电路导线	BVR-1.5	1.5 mm^2(7×0.52 mm^2)	若干
	控制电路导线	BVR-1.0	1 mm^2(77×0.43 mm^2)	若干
	按钮线	BVR-0.75	0.75 mm^2	若干
	接地线	BVR-1.5	1.5 mm^2	若干
	走线槽		18 mm×25 mm	若干
	控制板		500 mm×400 mm×20 mm	1

①按表1-10-5配齐所用电气元件，并检验元件质量。

②根据图1-10-10所示电路图，画出布置图。

③在控制板上按布置图安装走线槽和除电动机、速度继电器以外的电气元件，并贴上醒目的文字符号。

④在控制板上按电路图进行板前线槽布线，并在导线端部套编码套管和冷压接线头。

⑤安装电动机、速度继电器。

⑥可靠连接电动机、速度继电器和电气元件不带电的金属外壳的保护接地线。

⑦连接控制板外部的导线。

⑧自检。

⑨检查无误后通电试车。

(4)注意事项

①安装速度继电器前，要弄清其结构，辨明常开触头的接线端。

②速度继电器可以预先安装好。安装时，采用速度继电器的连接头与电动机转轴直接连接的方法，并使两轴中心线重合。

③通电试车时，若制动不正常，可检查速度继电器是否符合规定要求。若需调节速度继电器的调整螺钉，必须切断电源，以防止出现相对地短路而引起事故。

④速度继电器动作值和返回值的调整，应先由教师示范后，再由学生自己调整。

⑤制动操作不宜过于频繁。

⑥通电试车时，必须有指导教师在现场监护，同时做到安全文明生产。

(5)评分标准

评分标准见表1-10-6。

表1-10-6　评分标准

项目内容	配分	评分标准	扣　分
装前检查	10	电气元件漏检或错检，每处扣2分	
安装元件	15	(1)不按布置图安装，扣10分 (2)元件安装不牢固，每只扣4分 (3)元件安装不整齐、不均匀、不合理，每只扣3分 (4)安装元件时漏装木螺钉，每只扣1分 (5)走线槽安装不符合要求，每处扣2分 (6)损坏元件，每只扣5分~扣15分	
布　线	35	(1)不按电路图接线，扣25分 (2)布线不符合要求： 主电路，每根扣4分 控制电路，每根扣2分 (3)接点松动，露铜过长、反圈、压绝缘层，每个接点扣1分 (4)损伤导线绝缘或线芯，每根扣5分 (5)漏套或错套编码套管，每处扣2分 (6)漏接接地线，扣10分	

续表

<table>
<tr><td>项目内容</td><td>配分</td><td colspan="3">评分标准</td><td>扣　分</td></tr>
<tr><td>通电试车</td><td>40</td><td colspan="3">(1)整定值未整定或整定错,每只扣 5 分
(2)配错熔体,主、控电路各扣 4 分
(3)第一次试车不成功,扣 20 分
第二次试车不成功,扣 30 分
第三次试车不成功,扣 40 分</td><td></td></tr>
<tr><td>安全文明生产</td><td colspan="4">违反安全文明生产规程,扣 5~40 分</td><td></td></tr>
<tr><td>额定时间 3.5 h</td><td colspan="4">每超时 5 min,扣 5 分</td><td></td></tr>
<tr><td>备　注</td><td colspan="3">除额定时间外,各项内容的最高扣分不得超过配分数</td><td>成　绩</td><td></td></tr>
<tr><td>开始时间</td><td></td><td>结束时间</td><td></td><td>实际时间</td><td></td></tr>
</table>

在已安装好的控制线路板上加装一只中间继电器 KA(型号:JZ7-44,规格:5 A、吸引线圈电压 380 V),使之改装成如图 1-10-12 所示的控制线路。

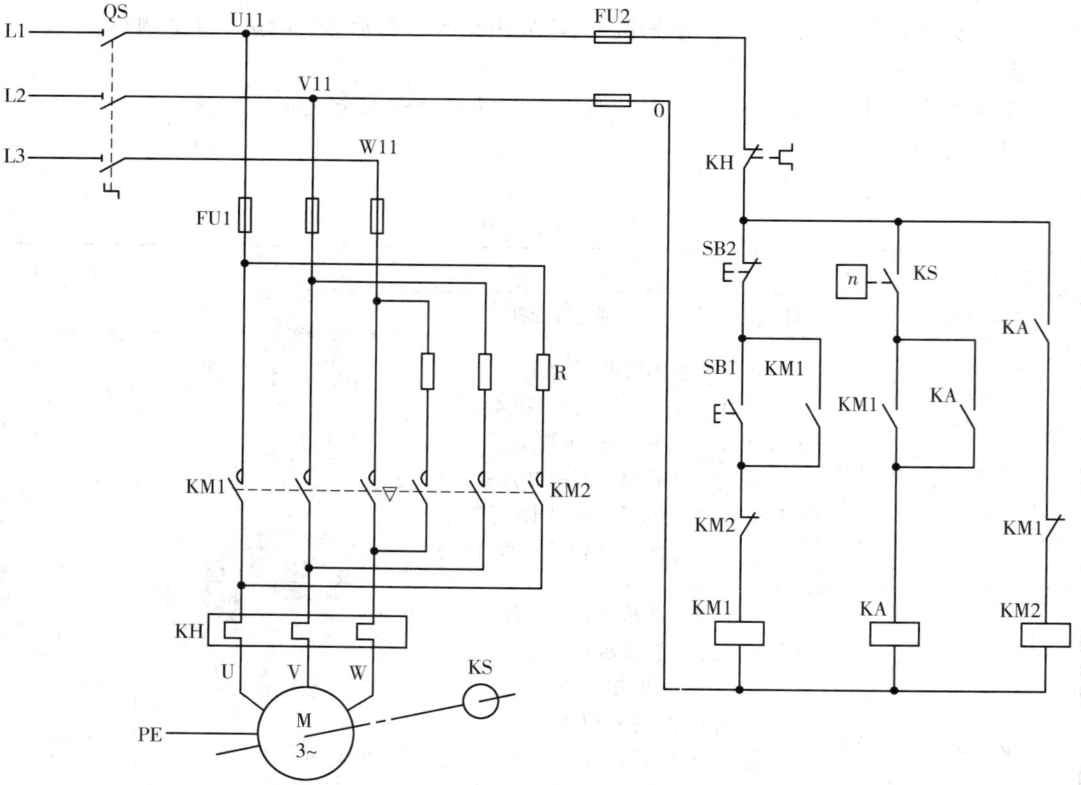

图 1-10-12　单向启动反接制动控制电路图

子任务 1.10.2　三相交流异步电动机能耗制动控制线路的安装与维修

●任务目标

- 掌握三相异步电动机能耗制动控制线路的原理。
- 掌握三相交流异步电动机能耗制动控制线路的安装与检修。

●入门引导

反接制动虽然有制动力强、制动迅速的优点，但是也有制动准确性差、制动过程中冲击强烈、易损坏传动零件、制动消耗大、不宜经常制动等缺点。所以，下面介绍另一种制动方式——能耗制动。这种制动克服了反接制动的一些缺点。

●知识学习

当电动机切断交流电源后，立即在定子绕组的任意两相中通入直流电，迫使电动机迅速停转的方法，叫能耗制动。其制动原理如图 1-10-13 所示，先断开电源开关 QS1，切断电动机的交流电源，这时转子仍沿原方向惯性运转；随后立即合上开关 QS2，并将 QS1 向下合闸，电动机 V、W 两相定子绕组通入直流电，使定子中产生一个恒定的静止磁场。这样，作惯性运转的转子因切割磁力线而在转子绕组中产生感生电流，其方向可用右手定则判断，上面应标⊗，下面应标⊙。转子绕组中一旦产生了感生电流，又立即受到静止磁场的作用而产生电磁

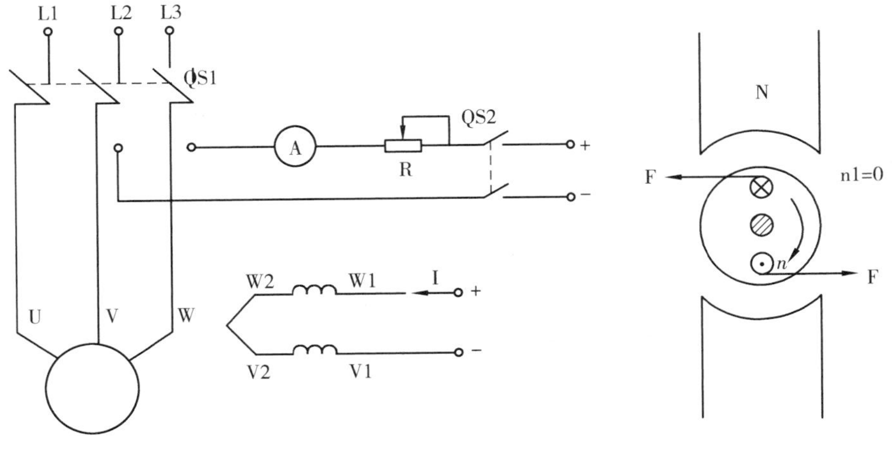

图 1-10-13　能耗制动原理图

转矩。用左手定则判断,可知此转矩的方向正好与电动机的转向相反,使电动机受制动迅速停转。由于这种制动方法是通过在定子绕组中通入直流电以消耗转子惯性运转的动能来进行制动的,所以称为能耗制动,又称动能制动。

(1)无变压器单相半波整流能耗制动自动控制线路

无变压器单相半波整流单向启动能耗制动自动控制电路如图 1-10-14 所示。该线路采用单相半波整流器作为直流电源,所用附加设备较少,线路简单,成本低,常用于 10 kW 以下小容量电动机且对制动要求不高的场合。

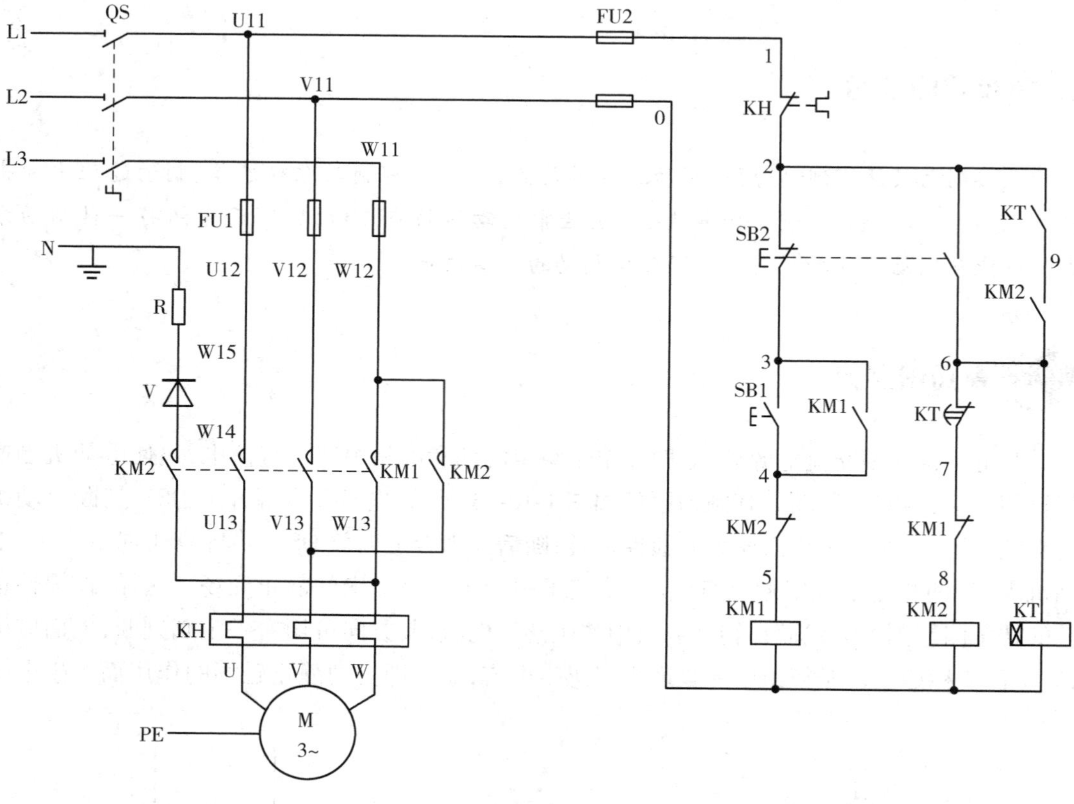

图 1-10-14　无变压器单相半波整流单向启动能耗制动控制电路图

其线路的工作原理如下:

先合上电源开关 QS。

①单向启动运转:

按下 SB1→KM1线圈得电 →KM1自锁触头闭合自锁 →电动机 M启动

　　　　　　　　　　　 →KM1主触头闭合 →(电动机 M启动)

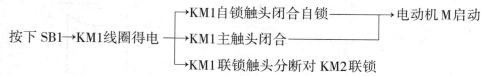

　　　　　　　　　　　 →KM1联锁触头分断对 KM2联锁

②能耗制动停转：

按下SB2→SB2常闭触头先分断→KM1线圈失电→KM1自锁触头分断，解除自锁
　　　　　　　　　　　　　　　　　　　　　→KM1主触头分断→M暂失电并惯性运转
　　　　　　　　　　　　　　　　　　　　　→KM1联锁触头闭合→
　　　　→SB2常开触头后闭合→

→KM2线圈得电→KM2联锁触头分断对KM1联锁
　　　　　　　→KM2主触头闭合→电动机M接入直流电能耗制动
　　　　　　　→KM2自锁触头闭合自锁
→KT线圈得电→KT常开触头瞬时闭合自锁
　　　　　　→KT常闭触头延时后分断→KM2线圈失电→

→KM2自锁触头分断→KT线圈失电→KT触头瞬时复位
→KM2主触头分断→电动机M切断直流电源并停转，能耗制动结束
→KM2联锁触头恢复闭合

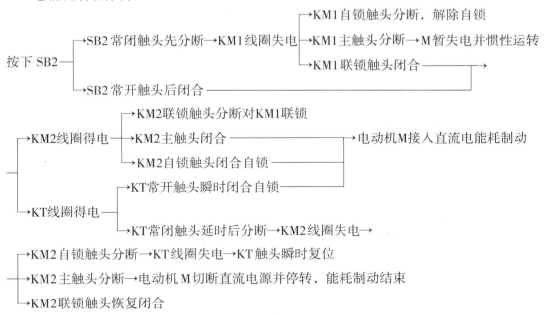

图1-10-14中，KT瞬时闭合常开触头的作用是当KT出现线圈断线或机械卡住等故障时，按下SB2后能使电动机制动后脱离直流电源。

（2）有变压器单相桥式整流能耗制动自动控制线路

对于10 kW以上容量的电动机，多采用有变压器单相桥式整流能耗制动自动控制线路。如图1-10-15所示为有变压器单相桥式整流单向启动能耗制动自动控制的电路图。其中，直流电源由单相桥式整流器VC供给，TC是整流变压器，电阻R是用来调节直流电流的，从而调节制动强度，使整流变压器一次侧与整流器的直流侧同时进行切换，有利于提高触头的使用寿命。

图1-10-15与图1-10-14的控制电路相同，所以其工作原理也相同，读者可自行分析。

能耗制动的优点是制动准确、平稳，且能量消耗较小。缺点是需附加直流电源装置，设备费用较高，制动力较弱，在低速时制动力矩小。因此能耗制动一般用于要求制动准确、平稳的场合，如磨床、立式铣床等的控制线路中。

能耗制动时产生的制动力矩大小与通入定子绕组中的直流电流大小、电动机的转速及转子电路中的电阻有关。电流越大，产生的静止磁场就越强，而转速越高，转子切割磁力线的速度就越大，产生的制动力矩也就越大。但对笼型异步电动机，增大制动力矩只能通过增大通入电动机的直流电流来实现。而通入的直流电流又不能太大，过大会烧坏定子绕组。因此能耗制动所需的直流电源一般用以下方法进行估算（以常用的单相桥式整流电路为例）：

①首先测量出电动机三根进线中任意两根之间的电阻$R(\Omega)$。

②测量出电动机的进线空载电流I_0。

③能耗制动所需的直流电流$I_L=KI_0$，能耗制动所需的直流电压$U_L=I_LR$。

其中K是系数，一般取3.5~4。若考虑到电动机定子绕组的发热情况，并使电动机达到较满意的制动效果，对转速高、惯性大的传动装置可取其上限。

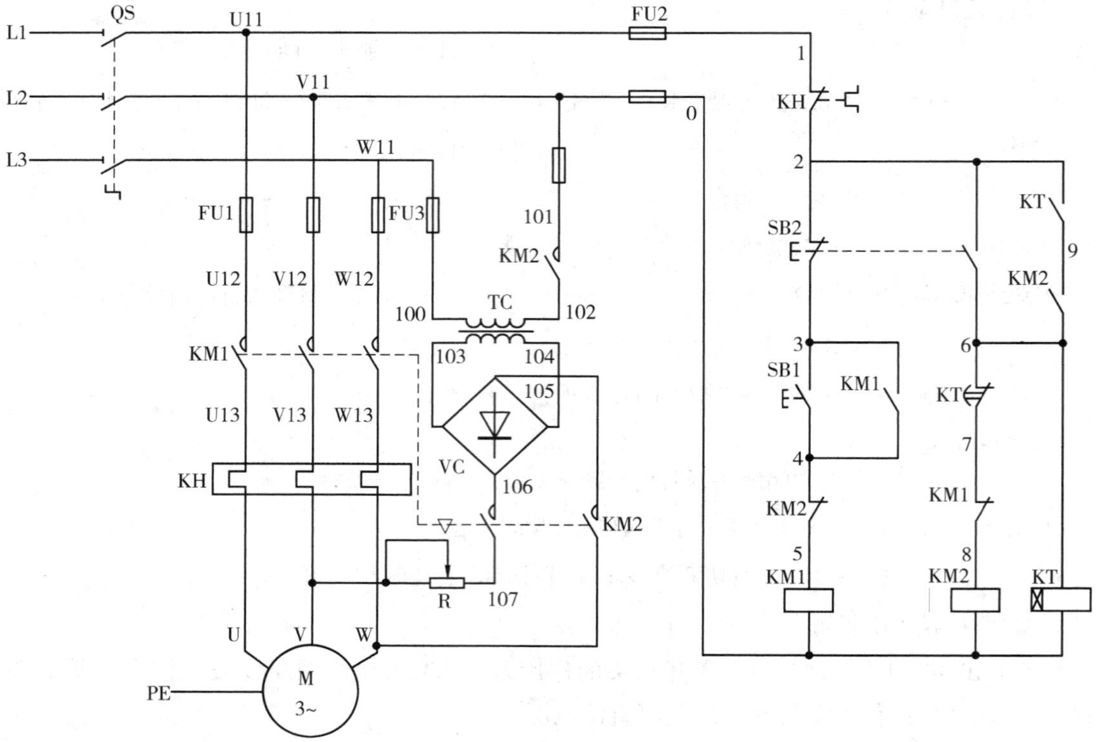

图 1-10-15　有变压器单相桥式整流单向启动能耗制动控制电路图

④单相桥式整流电源变压器次级绕组电压和电流有效值如式(1-10-3)和式(1-10-4)所示:

$$U_2 = \frac{U_L}{0.9} \tag{1-10-3}$$

$$I_2 = \frac{I_L}{0.9} \tag{1-10-4}$$

变压器计算容量如式(1-10-5)所示:

$$S = U_2 I_2 \tag{1-10-5}$$

如果制动不频繁,可取变压器实际容量如式(1-10-6)所示:

$$S' = \left(\frac{1}{3} - \frac{1}{4}\right) S \tag{1-10-6}$$

⑤可调电阻 $R \approx 2\ \Omega$,电阻功率 $P_R = I_L^2 R$。实际选用时,电阻功率也可小些。

●能力训练

无变压器半波整流单向启动能耗制动控制线路的安装和检修

(1)目的要求

掌握无变压器半波整流单向启动能耗制动控制线路的安装和检修。

(2)工具、仪表及器材

1)工具

测电笔、螺钉旋具、尖嘴钳、斜口钳、剥线钳、电工刀等。

2)仪表

5050 型兆欧表、T301-A 型钳形电流表、MF30 型万用表。

3)器材

各种规格的紧固体、针形及叉形轧头、金属软管、编码套管等。电气元件见表 1-10-7。

表 1-10-7 元件明细表

代号	名称	型号	规格	数量
M	三相异步电动机	Y112M-4	4 kW、380 V、8.8 A、△接法、1 440 r/min	1
QF	低压断路器	DZ5-25/333	三极、25 A、380 V	1
FU1	熔断器	RT18-63/25	500 V、60 A、配熔体 25 A	3
FU2	熔断器	RT18-32/4	500 V、15 A、配熔体 4 A	2
KM1、KM2	交流接触器	CJ10-20	20 A、线圈电压 380 V	2
KH	热继电器	JR16-20/3	三极、20 A、整定电流 8.8 A	1
KT	时间继电器	JS7-2 A	线圈电压 380 V	1
SB1、SB2	按钮	LA10-3H	保护式、380 V、5 A、按钮数 3	1
V	整流二极管	2CZ30	30 A、600 V	1
R	制动电阻		0.5 Ω、50 W(外接)	1
XT	端子板	JD0-1 020	380 V、10 A、20 节	1
	主电路导线	BVR-1.5	1.5 mm^2(7×0.52 mm^2)	若干
	控制电路导线	BVR-1.0	1 mm^2(77×0.43 mm^2)	若干
	按钮线	BVR-0.75	0.75 mm^2	若干
	接地线	BVR-1.5	1.5 mm^2	若干
	走线槽		18 mm×25 mm	若干
	控制板		600 mm×400 mm×20 mm	1

(3)安装训练

1)安装

按表 1-10-7 配齐所用电气元件,根据图 1-10-14 所示电路图进行安装。

2)注意事项

①时间继电器的整定时间不要调得太长,以免制动时间过长而引起定子绕组发热。

②整流二极管要配装散热器和固装散热器支架。

③制动电阻要安装在控制板外面。

④进行制动时,停止按钮 SB2 要按到底。

⑤通电试车时,必须有指导教师在现场监护,同时要做到安全文明生产。

3）评分标准

评分标准见表 1-10-8。

表 1-10-8 评分标准

<table>
<tr><th>项目内容</th><th>配分</th><th colspan="4">评分标准</th><th>扣 分</th></tr>
<tr><td>装前检查</td><td>10</td><td colspan="4">电气元件漏检或错检，每处扣 2 分</td><td></td></tr>
<tr><td>安装元件</td><td>15</td><td colspan="4">（1）不按布置图安装，扣 10 分
（2）元件安装不牢固，每只扣 4 分
（3）元件安装不整齐、不均匀、不合理，每只扣 3 分
（4）安装元件时漏装木螺钉，每只扣 1 分
（5）走线槽安装不符合要求，每处扣 2 分
（6）损坏元件，每只扣 5～15 分</td><td></td></tr>
<tr><td>布 线</td><td>35</td><td colspan="4">（1）不按电路图接线，扣 25 分
（2）布线不符合要求：
主电路，每根扣 4 分
控制电路，每根扣 2 分
（3）接点松动，露铜过长、反圈、压绝缘层，每个接点扣 1 分
（4）损伤导线绝缘或线芯，每根扣 5 分
（5）漏套或错套编码套管，每处扣 2 分
（6）漏接接地线，扣 10 分</td><td></td></tr>
<tr><td>通电试车</td><td>40</td><td colspan="4">（1）整定值未整定或整定错，每只扣 5 分
（2）配错熔体，主、控电路各扣 4 分
（3）第一次试车不成功，扣 20 分
第二次试车不成功，扣 30 分
第三次试车不成功，扣 40 分</td><td></td></tr>
<tr><td>安全文明生产</td><td colspan="5">违反安全文明生产规程，扣 5～40 分</td><td></td></tr>
<tr><td>额定时间 3.5 h</td><td colspan="5">每超时 5 min，扣 5 分</td><td></td></tr>
<tr><td>备 注</td><td colspan="4">除额定时间外，各项内容的最高扣分不得超过配分数</td><td>成 绩</td><td></td></tr>
<tr><td>开始时间</td><td colspan="2"></td><td>结束时间</td><td></td><td>实际时间</td><td></td></tr>
</table>

（4）检修训练

1）故障设置

在控制电路或主电路中人为设置电气故障两处。

2）故障检修其检修步骤

①用通电试验法观察故障现象，若发现异常情况，应立即断电检查。

②用逻辑分析法判断故障范围，并在电路图上用虚线标出故障部位的最小范围。

③用测量法准确迅速地找出故障点。

④采用正确方法快速排除故障。

⑤排除故障后通电试车。

3）注意事项

①检修前要掌握线路的构成、工作原理及操作顺序。

②检修过程中严禁扩大故障和产生新的故障。

③带电检修时必须有指导教师在现场监护，并确保用电安全。

4）评分标准

评分标准见表1-10-9。

表1-10-9　评分标准

<table>
<tr><td>项目内容</td><td>配分</td><td colspan="4">评分标准</td><td>扣　分</td></tr>
<tr><td>故障分析</td><td>30</td><td colspan="4">（1）检修思路不正确，扣5~10分
（2）标错电路故障范围，每个扣15分</td><td></td></tr>
<tr><td>排除故障</td><td>70</td><td colspan="4">（1）停电不验电，扣5分
（2）工具及仪表使用不当，每次扣10分
（3）排除故障的顺序不对，扣5~10分
（4）不能查出故障，每个扣35分
（5）查出故障点但不能排除，每个扣25分
（6）产生新的故障：
不能排除，每个扣35分
已排除，每个扣15分
（7）损坏电动机，扣70分
（8）损坏电气元件，每只扣5~20分
（9）排除故障方法不正确，每次扣5~10分
（10）排除故障后通电试车不成功，扣70分</td><td></td></tr>
<tr><td>安全文明生产</td><td colspan="5">违反安全文明生产规程，扣10~70分</td><td></td></tr>
<tr><td>额定时间30 min</td><td colspan="5">不允许超时检查，若在修复故障过程中才允许超时，但以每超时1 min扣5分计算</td><td></td></tr>
<tr><td>备　注</td><td colspan="4">除额定时间外，各项内容的最高扣分不得超过配分数</td><td>成　绩</td><td></td></tr>
<tr><td>开始时间</td><td colspan="2"></td><td>结束时间</td><td></td><td>实际时间</td><td></td></tr>
</table>

●知识技能测试

一、填空题

1.利用________方法称为机械制动。机械制动常用的方法有________和________。

2.电磁抱闸制动器制动分为________和________两种。

3.电磁抱闸制动器断电制动控制线路常在________中使用。

4.在反接制动控制线路中，速度继电器的__________与被控制电动机的________装在________转轴上，其常开触头________在电动机控制线路中。

5.在安装电磁抱闸制动器断电制动控制线路时，电动机轴伸出端上的制动闸轮必须与闸瓦制动器的抱闸机构________，而且__________。

6.用无变压器半波整流单向启动能耗制动控制线路对电动机进行制动时，停止按钮要________，以免因________而不能制动。

二、判断题

1.电磁抱闸制动器通电制动控制线路常在起重机上采用。（　　）

2.反接制动控制线路中的主电路与正反转线路的主电路完全相同。（　　）

3.反接制动控制线路中，当转速为零时应及时切断反转电源，否则电动机将反转。（　　）

4.电磁抱闸制动器必须安装在电动机上。（　　）

5.在能耗制动控制线路中，整流二极管要配装散热器。（　　）

6.在单向启动反接制动控制线路中，速度继电器 KS 的动作反映电动机转速快慢。（　　）

三、选择题

1.电磁抱闸制动器通电制动控制线路中，电磁抱闸制动器的电磁线圈在（　　）后通电。

A.电动机正常运转　　B.电动机停转　　C.按下电动机的停止按钮

2.反接制动一般使用于（　　）的小容量电动机。

A.10 kW 以上　　B.4.5 kW 以上、10 kW 以下　　C.4.5 kW 以下

3.铣床、镗床等主轴的制动中常采用（　　）。

A.机械制动　　B.能耗制动　　C.反接制动

4.磨床、立式铣床等控制线路中常用（　　）进行制动。

A.反接制动　　B.能耗制动　　C.电容制动

5.电磁抱闸制动器的粗调应在（　　）状态下先进行，微调要在（　　）试车时进行。

A.通电、断电　　B.通电、通电　　C.断电、通电

6.某学员在安装完成单向启动反接制动控制线路后试车时，轻轻按下停止按钮 SB2 后发现线路无制动，最可能的原因是（　　）。

A.主电路故障　　B.控制电路故障　　C.操作不规范

四、技能考核题

某同学在安装完无变压器半波整流单向启动能耗制动控制线路后，通电试车时发现电动机不能迅速停转。请对该故障进行检修。

任务 1.11 电气控制线路设计

●任务目标

- 熟悉电气控制线路的设计方法。
- 能够根据技术要求设计较简单的电气控制线路。
- 正确选用电动机和电气元件。
- 掌握一般电气控制线路的设计原则、方法、规律和注意事项。

●入门引导

工业生产中,所用的机械设备种类繁多,对电动机提出的控制要求各不相同,从而构成的电气控制线路也不一样。那么,如何根据生产机械的控制要求来正确合理地设计电气控制线路呢?下面作一简单介绍。

●知识学习

(1)电气控制线路设计应遵循的原则

①电气设备应最大限度地满足机械设备对电气控制线路的控制要求和保护要求。

②在满足生产工艺要求的前提下,应力求使控制线路简单、经济、合理。

③保证控制的可靠性和安全性。

④操作和维修方便。

(2)电气控制线路的设计步骤

1)分析设计要求

①熟悉所设计设备的总体要求及工作过程,弄清其对电气控制系统的要求。

②通过技术分析,选择合理的传动方案和最佳控制方案。

③电气控制线路设计应力求简单合理、技术先进、工作可靠、维修方便。设计完后应进行模拟试验,验证控制线路能否满足设计要求。

④保证使用的安全性,贯彻最新国家标准。

2)确定拖动方案和控制方式

①确定电力拖动方案。电力拖动方案包括传动的调速方式、启动、正反转和制动等,一般情况下对于设备的电力拖动方案应从以下几个方面考虑:

a.确定传动的调速方式。机械设备的调速要求,对确定其拖动方案是一个重要的因素。因为机械设备的调速方式分为机械调速和电气控制调速,又分为有级调速和无级调速。

b.确定电动机的启动方式。由于电动机的启动方式分为直接启动和降压启动,应根据设计要求选择合理的启动方式。

c.确定主电动机有无正反转的要求。

d.确定电动机的制动方式。电动机是否需要制动,要根据机床工作需要而定。如无特殊要求,一般采用反接制动,这样可以使线路简化。如在制动过程中要求平稳、准确,而且不允许有反转情况发生时,则必须采用其他的可靠措施,如能耗制动方式、电磁制动器、锥形转子电动机等。

总之,对于其他一些要求启制动频繁、转速平稳、定位准确的精密机械设备,除必须采用限制电动机启动电流外,还需要采用反馈控制系统、高转差电动机系统、步进电动机系统或其他较复杂的控制方式,以满足控制要求。

②电气控制方案的确定。在设计设备的拖动方案中,实际上对设备的电气控制方案也同时进行了考虑。由于这两种方案具有密切的联系,只有通过这两种方案的相互实施,才能实现设备的工艺要求。

电气控制的方案有继电器接触式控制系统、可编程控制器、数控装置及微机控制等。电气控制方案的确定应与设备的通用性和专用性的程序相适用。

在一般普通设备中,需要的控制元件很少,其工作程序往往是固定的,使用中一般不需要改变固有程序。因此,可采用有触头的继电器接触式控制系统。虽然该控制系统在线路形式上是固定的,但它能控制的功率较大,控制方法简单,价格便宜,应用广泛。

对于在控制中需要进行模拟量处理及数学运算,输入输出信号多,控制要求复杂或控制要求经常变动的,或控制系统要求体积小、动作频率高、响应时间快的,可根据情况采用可编程控制、数控及微机控制方案等。

③控制方式的选择。控制方式主要有时间控制、速度控制、电流控制及行程控制。

a.时间控制方式:利用时间继电器或 PLC 的延时单元,将感测系统接收的信号经过延时后才发出输出信号,从而实现线路的切换时间控制。

b.速度控制方式:利用速度继电器或测速发电机,间接或直接地检测某运动部件的运动速度来实现按速度控制。

c.电流控制方式:借助于电流继电器,其动作反映了某一线路的电流变化,从而实现按电流控制。

d.行程控制方式:利用生产机械运动部件与事先安排好位置的行程开关或接近开关进行相互配合,达到位置控制作用。

在确定控制方式时,究竟采用何种控制方式,需要根据设计要求来决定。如在控制过程中,由于工作条件不允许安置行程开关,那么只能将位置控制的物理量转换成时间的物理量,从而采用时间控制方式。又如某些压力、切削力、转矩等物理量,通过转换可变成电流物理量，这就可采用电流控制方式来控制这些物理量。因此，尽管实际情况有所不同，只要通过物理量的相互转换，便可灵活地使用各种控制方式。

在实际生产中，反接制动中不允许采用时间控制方式，而在能耗制动控制中可采用时间控制方式；一般对组合机床和自动生产线等的自动工作循环，为了保证加工精度而常用行程控制；对于反接制动和速度反馈环节，可用速度控制；对 Y-△降压启动或多速电动机的变速控制采用时间控制；对过载保护、电流保护等环节则采用电流控制。

3）设计主电路

设计电气原理图是在拖动方案和控制方式确定后进行的。继电器接触式基本控制线路的设计方法通常有两种。一种方法是经验设计法；另一种是逻辑设计法。

经验设计是根据生产工艺要求，参照各种典型的继电器接触式基本控制线路直接设计控制线路。这种设计方法比较简单，但是要求设计者必须熟悉大量的基本控制线路，同时又要掌握一定的设计方法和技巧，在设计过程中往往还要经过多次反复修改，才能使线路符合设计要求。这种设计方法灵活性比较大，初步设计时实现的功能不一定完善，此时要加以比较分析，根据生产工艺要求逐步完善，并加以适当的联锁和保护环节。经验设计法的设计顺序为：主电路→控制→电路→其他辅助电路→联锁与保护电路→总体检查与完善。

逻辑设计方法是根据生产工艺要求，利用逻辑代数来分析、设计线路。这种设计方法虽然设计出来的线路比较合理，但是掌握这种方法的难度比较大，一般情况下不采用，只是在完成较复杂生产工艺要求所需的控制线路时才使用。

4）设计控制电路

电气控制线路的设计应注意遵循以下规律：

①当要求在几个条件中，只要具备其中任何一个条件，被控电器线圈就能得电时，可用几个常开触点并联后与被控线圈串联来实现。

②当要求在几个条件中，只要具备其中任何一个条件，被控电器线圈就能断电时，可用几个常闭触点与被控线圈串联的方法来实现。

③当要求必须同时具备其几个条件，被控电器线圈才能得电时，可采用几个常开触点与被控线圈串联的方法来实现。

④当要求必须同时具备其几个条件，被控电器线圈才能断电时，可采用几个常闭触点并联后与被控线圈串联来实现。

⑤将主电路与控制电路合并成一个整体。

⑥检查与完善。

控制线路初步设计完成后，可能还有不合理、不可靠、不安全的地方，应当根据经验和控制要求对线路进行认真仔细地校核，以保证线路的正确性和实用性。

（3）选择电动机及元器件

1）关于电动机的选择

在电力拖动系统中，正确选择拖动生产机械的电动机是系统安全、经济、可靠和合理运行的重要保证。而衡量电动机的选择是否合理，要看选择电动机时是否遵循了以下基本原则：

第一，电动机能够完全满足生产机械在机械特性方面的要求。如生产机械所需要的工作速度、调速的指标、加速度以及启动、制动时间等。

第二，电动机在工作过程中，其功率能被充分利用。即温升应达到国家标准规定的数值。

第三，电动机的结构形式应适合周围环境的条件。如防止外界灰尘，水滴等物质进入电动机内部；防止绕组绝缘受有害气体的侵蚀；在有爆炸危险的环境中应把电动机的导电部位和有火花的部位封闭起来，不使它们影响外部等。

电动机的选择包括以下内容：电动机的额定功率（即额定容量）、额定电压、额定转速，电动机的种类，电动机的结构形式。其中以电动机额定功率的选择最为重要。所以，下面重点介绍电动机额定功率的选择问题。

①电动机额定功率的选择。正确合理地选择电动机的功率是很重要的。因为如果电动机的功率选得很小，电动机将过载运行，使温升超过允许值，会缩短电动机的使用寿命甚至烧坏电动机；如果选得过大，虽然能保证设备正常工作，但由于电动机不在满载下运行，其用电效率和功率因数较低，电动机的容量得不到充分利用，造成电力浪费，同时使得设备投资大，运行费用高。

电动机的工作方式有三种：连续工作制（或长期工作制）、短期工作制和周期性断续工作制。下面分别介绍在三种工作方式下电动机额定功率的选择方法。

a.连续工作制电动机额定功率的选择。在这种工作方式下，电动机连续工作时间很长，可使其温升达到规定的稳定值，如通风机、泵等机械的拖动运转就属于这类工作制。连续工作制电动机的负载可分为恒定负载和变化负载两类。

• 恒定负载下电动机额定功率的选择。在工业生产中，相当多的生产机械是在长期恒定的或变化很小的负载下运转。这一类机械选择电动机的功率比较简单，只要电动机的额定功率等于或略大于生产机械所需要的功率即可。若负载功率为 P_L，电动机的额定功率为 P_N，则应满足下式：

$$P_N \geqslant P_L \tag{1-11-1}$$

电机制造厂生产的电动机一般都是按照恒定负载连续运转设计的，并进行了型式试验和出厂试验，完全可以保证电动机在额定功率工作时电动机的温升不会超过允许值。

电动机的容量通常是按周围环境温度为 40 ℃而确定的。绝缘材料最高允许温度与 40 ℃的差值称为允许温升。

我国幅员辽阔，地域之间温差较大，就是在同一地区，一年四季的气温变化也较大，因此电动机运行时周围环境的温度不可能正好是 40 ℃，一般是小于 40 ℃。为了充分利用电动机，可以对电动机应有的额定值进行修正。

• 变化负载下电动机额定功率的选择。在变化负载下使用的电动机，一般是为恒定负载工作而设计的。因此，这种电动机在变化负载下使用时，必须进行发热校验。所谓发热校验，就是看电动机在整个运行过程中所达到的最高温升是否接近并低于允许温升。只有这样，电动机的绝缘材料才能充分利用而又不致过热。某周期性变化负载的生产机械负载记录图如图 1-11-1 所示。当电动机拖动这一机械工作时,因为输出功率周期性改变,故其温升也必然作周期性的波动。

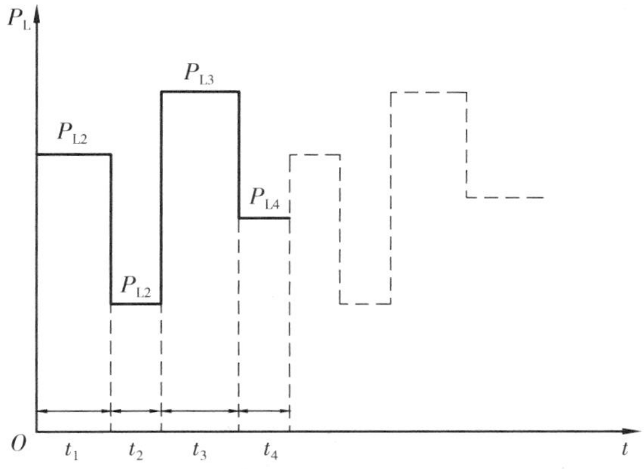

图 1-11-1 周期变化负载记录图

因此,电动机功率可以在最大负载和最小负载之间适当选择,以使电动机得到充分利用,而又不致过载。

在变化负载下长期运转的电动机功率可按以下步骤进行选择:

第一步,计算并绘制如图 1-11-1 所示生产机械的负载记录图。

第二步,根据下列公式求出负载的平均功率 P_{Lj}:

$$P_{Lj}=\frac{P_{L1}t_1+P_{L2}t_2+\cdots+P_{Ln}t_n}{t_1+t_2+\cdots+t_n}=\frac{\sum_{i=1}^{n}P_{Li}t_i}{\sum_{i=1}^{n}t_i} \tag{1-11-2}$$

式中 P_{L1}、P_{L2}、…、P_{Ln}——各段负载的功率;

t_1、t_2、…、t_n——各段负载工作所用时间。

第三步,按 $P_N \geqslant (1.1 \sim 1.6) P_{Lj}$ 预选电动机。如果在工作过程中负载所占的比例较大时,则系数应选得大些。

第四步,对预选电动机进行发热、过载能力及启动能力校验,合格后即可使用。

b.短期工作制电动机额定功率的选择。在这种工作方式下,电动机的工作时间较短,在运行期间温度未升到规定的稳定值,而在停止运转期间,温度则可能降到周围环境的温度值。如吊桥、水闸、车床夹紧装置的拖动运转。

为了满足某些生产机械短期工作需要,电机生产厂家专门制造了一些具有较大过载能力的短期工作制电动机,其标准工作时间有 15 min、30 min、60 min、90 min 四种。因此,若电动机的实际工作时间符合标准工作时间,选择电动机的额定功率 P_N 只要不小于负载功率 P_L 即可,即满足 $P_N \geqslant P_L$。

c.周期性断续工作制电动机额定功率的选择。这种工作方式的电动机的工作与停止交替进行。在工作期间内,温度未升到稳定值,而在停止期间,温度也来不及降到周围温度值。如很多超重设备以及某些金属切削机床的拖动运转即属此类。

电机制造厂专门设计生产的周期性断续工作制的交流电动机有 YZR 和 YZ 系列。标准负载持续率 FC（负载工作时间与整个周期之比称为负载持续率）有 15%、25%、40%和 60%四种，一个周期的时间规定不大于 10 min。

周期性断续工作制电动机功率的选择方法和连续工作制变化负载下的功率选择相类似，在此不再叙述。但需指出的是，当负载持续率 $FC \leqslant 10\%$时，按短期工作制选择；当负载持续率 $FC \geqslant 70\%$时，可按长期工作制选择。

②电动机额定电压的选择。电动机额定电压应与现场供电电网电压等级相符。若选择电动机的额定电压低于供电电源电压，电动机将由于电流过大而被烧毁；若选择的额定电压高于供电电源电压，电动机可能因电压过低而不能启动，或能启动但因电流过大而减小其使用寿命甚至被烧毁。

中小型交流电动机的额定电压一般为380V，大型交流电动机的额定电压一般为 3 kV、6 kV等。直流电动机的额定电压一般为 110 V、220 V、440 V 等，最常用的直流电压等级为 220 V。直流电动机一般是由车间交流电压经整流器整流后的直流电压供电。选择电动机的额定电压时，要与供电电网的交流电压及不同形式的整流电路相配合。当交流电压为 380 V时，若采用晶闸整流装置直接供电，电动机的额定电压应选用 440 V（配合三相桥式整流电路）或 160 V（配合单相整流电路），电动机采用改进的 Z3 型。

③电动机额定转速的选择。电动机额定转速选择合理与否，将直接影响到电动机的价格、能量损耗及生产机械的生产率等各项技术指标和经济指标。额定功率相同的电动机，转速高的电动机的尺寸小、质量轻、价格低，所以选用高额定转速的电动机比较经济。但由于生产机械的工作速度较低（30～900 r/min），故电动机转速越高，传动机构的传动比越大，传动机构越复杂。所以，选择电动机的额定转速时必须全面考虑，在电动机性能满足生产机械要求的前提下，力求电能损耗少、设备投资少、维护费用少。通常，电动机的额定转速选在 750～1 500 r/min 比较合适。

④电动机种类的选择。选择电动机种类时，在考虑电动机性能必须满足生产机械的要求下，优先选用结构简单、价格便宜、运行可靠、维修方便的电动机。在这方面，交流电动机优于直流电动机，笼型电动机优于绕线转子电动机，异步电动机优于同步电动机。

a.三相笼型异步电动机。三相笼型异步电动机的电源采用的是应用最普遍的动力电源——三相交流电源。这种电动机的优点是结构简单、价格便宜、运行可靠、维修方便，缺点是启动和调速性能差。因此，在不要求调速和启动性能要求不高的场合，如各种机床、水泵、通风机等生产机械上应优先选用三相笼型异步电动机；对要求大启动转矩的三相笼型异步电动机，有斜槽式、深槽式或双笼式异步电动机等；对需要有级调速的生产机械，如某些机床和电梯等，可选用多速笼型异步电动机。目前，随着变频调速技术发展，三相笼型异步电动机越来越多地应用在要求无级调速的生产机械上。

b.三相绕线转子异步电动机。在启动、制动比较频繁。启动、制动转矩较大，而且有一定调速要求的生产机械上，如桥式起重机、矿井提升机等可以优先选用三相绕线转子异步电动机。绕线转子电动机一般采用转子串接电阻（或电抗器）的方法实现启动和调速，调速范围有限，而使用晶闸管串级调速，则扩展了绕线转子异步电动机的应用范围，如水泵、风机的节能调速。

c.三相同步电动机。在要求大功率、恒转速和改善功率因数的场合，如大功率水泵、压缩机、通风机等生产机械上应选用三相同步电动机。

d.直流电动机。由于直流电动机的启动性能好，可以实现无级平滑调速，且调速范围广、精度高，所以对于要求在大范围内平滑调速和需要准确的位置控制的生产机械，如高精度的数控机床、龙门刨床、可逆轧钢机、造纸机、矿井卷扬机等可使用他励或并励直流电动机；对于要求启动转矩大、机械特性较软的生产机械，如电车、重型起重机等则选用串励直流电动机。近年来，在大功率的生产机械上，广泛采用晶闸管励磁的直流发电机—电动机组或晶闸管—直流电动机组。

⑤电动机形式的选择。电动机按其工作方式不同可分为连续工作制、短期工作制和周期性断续工作三种。原则上，电动机与生产机械的工作方式应该一致，但可选用连续工作制的电动机来代替。

电动机按其安装方式不同可分为卧式和立式两种。由于立式电动机的价格较贵，所以一般情况下应选用卧式电动机。只有当需要简化传动装置时，如深井水泵和钻床等，才使用立式电动机。

电动机按轴伸个数分为单轴和双轴两种。一般情况下，选用单轴伸电动机，特殊情况下才选双轴伸电动机。如需要一边安装测速发电机，另一边需要拖动生产机械时，则必须选用双轴伸出电动机。

电动机按防护形式分为开启式、防护式、封闭式和防爆式四种。为防止周围的媒介质对电动机的损坏以及因电动机本身故障而引起的危害，电动机必须根据不同环境选择适当的防护形式。开启式电动机价格便宜，散热好，但灰尘、铁屑、水滴及油垢等容易进入其内部，影响电动机的正常工作和寿命，因此，只在干燥、清洁的环境中使用。防护式电动机的通风孔位于机壳的下部，通风条件较好，并能防止水滴、铁屑等杂物落入电动机内部，但不能防止潮气和灰尘侵入，因此只能用于比较干燥、灰尘不多、无腐蚀性气体和爆炸性气体的环境。封闭式电动机分为自扇冷式、他扇冷式和密闭式三种。前两种用于潮湿、尘土多、有腐蚀性气体、易引起火灾和易受风雨侵蚀的环境中，如纺织厂、水泥厂等；密闭式电动机则用于浸入水中的机械，如潜水泵电动机；防爆式电动机在易燃、易爆气体的危险环境中选用，如煤气站、油库及矿井等场所。

综合以上分析可见，选择电动机时，应从额定功率、额定电压、额定转速、种类和形式几方面综合考虑，做到既经济又合理。

2）电气元件的选择

①电气元件的选择应遵循以下原则：

a.根据对控制元件功能的要求，确定元件的类型。

b.确定元件承受能力的临界值及使用寿命，主要根据控制的电压、电流及功率的大小来确定元件的规格。

c.确定元件的工作环境及供应情况。

d.确定元件在使用时的可靠性,并进行一些必要的计算。

②对于电气线路元器件的选择见表 1-11-1。

表 1-11-1　电气元件的选择

<table>
<tr><th colspan="2">电气元件</th><th>选择要求</th></tr>
<tr><td rowspan="2">电源开关</td><td>自动空气开关</td><td>a.自动空气开关的工作电压不小于线路或电动机的额定电压;额定电流不小于线路的实际工作电流
b.热脱扣器的整定电流等于所控制的电动机或其他负载的额定电流
c.电磁脱扣器的瞬时动作整定电流大于负载电路正常工作时可能出现的峰值电流
d.自动空气开关欠电压脱扣器的额定电压等于线路额定电压</td></tr>
<tr><td>封闭式负荷开关</td><td>封闭式负荷开关的额定电压不小于线路工作电压;用于照明、电热负荷的控制时,开关额定电流不小于全部负载额定电流之和;用于控制电动机时,开关额定电流不小于电动机额定电流的 3 倍</td></tr>
<tr><td colspan="2">热继电器</td><td>a.热继电器的额定电压不小于电动机的额定电压;额定电流不小于电动机的额定电流
b.在结构形式上,一般都选三相结构;对于三角形接法的电动机,可选用带断相保护装置的热继电器</td></tr>
<tr><td colspan="2">接触器</td><td>a.交(直)流负载选交(直)流接触器。如控制系统中主要是交流电动机,而直流电动机或直流负载的容量比较小时,也可以全选用交流接触器进行控制,但是触头的额定电流应适当大一些
b.接触器主触头的额定电压不小于负载回路的额定电压
c.控制电阻性负载时,主触头的额定电流等于负载的工作电流;控制电动机时,主触头的额定电流不小于电动机的额定电流
d.接触器吸引线圈电压等于控制回路电压
e.接触器触头的数量、种类应满足控制线路的要求
f.接触器使用在频繁启动、制动和频繁可逆的场合时,一般可选用大一个等级的交流接触器</td></tr>
<tr><td colspan="2">熔断器</td><td>熔断器的额定电压不小于线路的额定电压;额定电流不小于所装熔体的额定电流;分断能力应大于电路中最大短路电流</td></tr>
<tr><td colspan="2">按　钮</td><td>a.根据使用场合选择按钮的种类,如开启式、保护式等
b.根据用途选用合适的形式,如一般式、旋钮式等
c.根据控制回路需要,确定不同的按钮数,如单联钮、双联钮等
d.按工作状态指示和工作情况要求,选择按钮和指示灯的颜色</td></tr>
<tr><td colspan="2">时间继电器</td><td>a.根据系统的延时范围和精度选择时间继电器的类型和系列
b.根据控制线路的要求选择时间继电器的延时方式(通电延时或断电延时),考虑线路对瞬时触头的要求
c.根据控制线路电压选择时间继电器吸引线圈的电压</td></tr>
</table>

续表

电气元件	选择要求
中间继电器	中间继电器的额定电流应满足被控电路的要求;继电器触点的品种和数量必须满足控制电路的要求。另外,还要注意核查继电器的额定电压和励磁线圈的额定电压是否适用
制动电磁铁	a.制动电磁铁取电应遵循就近、容易、方便的原则。当制动装置的动作频率超过 300 次/h 时,应选用直流电磁铁 b.制动电磁铁行程的长短,主要根据机械制动装置制动力矩的大小、动作时间的长短及安装位置来确定 c.串励电动机的制动装置都是采用串励制动电磁铁,并励电动机的制动装置则采用并励制动电磁铁。有时为安全起见,在一台电动机的制动中,既用串励制动电磁铁,又用并励制动电磁铁 d.制动电磁铁的形式确定以后,要进一步确定容量、吸力、行程和回转角等参数
控制变压器	a.控制变压器一、二次侧电压应符合交流电压、控制电路和辅助电路电压的要求 b.保证接在变压器二次侧的交流电磁器件启动时可靠地吸合 c.电路正常运行时,变压器的温升不应超过允许值
整流变压器	a.整流变压器一次侧电压应与交流电源电压相等,二次侧电压应满足直流电压的要求 b.整流变压器的容量要根据直流电压、直流电流来确定,二次侧的交流电压、交流电流与整流方式有关
机床工作灯和信号灯	根据机床机构、电源电压、灯泡功率、灯头形式和灯架长度,确定所用的工作灯。信号灯的选用主要是确定其额定电压、功率、灯壳、灯头型号、灯罩颜色及附加电阻的功率和阻值等参数。目前有各种型号发光二极管可替代信号灯,它具有工作电流小、能耗小、寿命长、性能稳定等优点
接线板	根据连接线路的额定电压、额定电流和接线形式,选择接线板的形式与数量
导线	根据负载的额定电流选用铜芯多股软线,考虑其强度,不能采用 0.75 mm^2 以下的导线(弱电线路除外);应采用不同颜色的导线表示不同电压及主、辅电路

(4)注意事项

1)合理选择控制电源

当控制电器较少、控制电路较简单时,控制电路可直接使用主电路电源,如 380 V 或 220 V电源。当控制电器较多、控制电路较复杂时,通常采用控制变压器,将控制电压降低到 110 V 及以下。

对于要求吸力稳定、操作频繁的直流电磁器件,如液压阀中的电磁铁,必须采用相应的直流控制电源。

2)尽量缩减电器种类的数量

采用标准件和尽可能选用相同型号的电器设计线路时,应减少不必要的触头以简化线路，提高线路的可靠性。若把如图 1-11-2(a)所示线路改接成如图 1-11-2(b)所示线路，就可以减少一个触头。

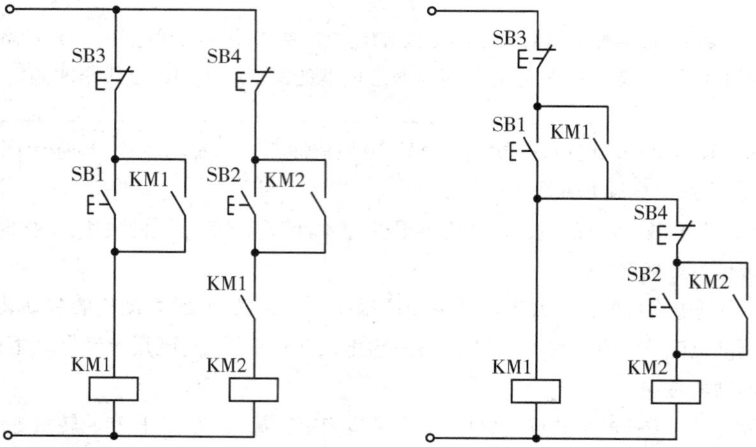

(a)多一个触头　　(b)少一个触头

图 1-11-2　简化线路触头

3)尽量缩短连接导线的数量和长度

设计线路时，应考虑到各电气元件之间的实际接线，特别要注意电气柜、操作台和行程开关之间的连接线。例如，如图 1-11-3(a)所示的接线就不合理，因为按钮通常是安装在操作台上，而接触器是安装在电气柜内，所以按此线路安装时，由电气柜内引出的连接线势必要两次引接到操作台上的按钮处。因此，合理的接法应当是把启动按钮和停止按钮直接连接，而不经过接触器线圈，如图 1-11-3(b)所示，这样就减少了一次引出线。

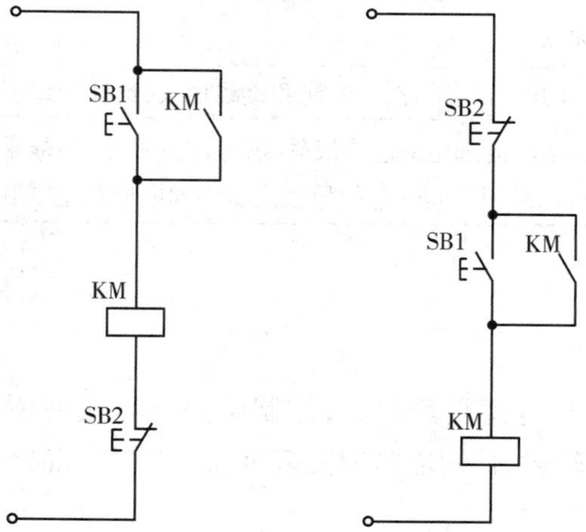

(a)不合理　　(b)合理

图 1-11-3　减少各电气元件间的实际接线

4)正确连接电器的线圈

在交流控制电路的一条支路中不能串联两个电器的线圈,如图 1-11-4(a)所示。即使外加电压是两个线圈额定电压之和,也是不允许的。因为每个线圈上所分配到的电压与线圈阻抗成正比,两个电器需要同时动作时,其线圈应该并接,如图 1-11-4(b)所示。

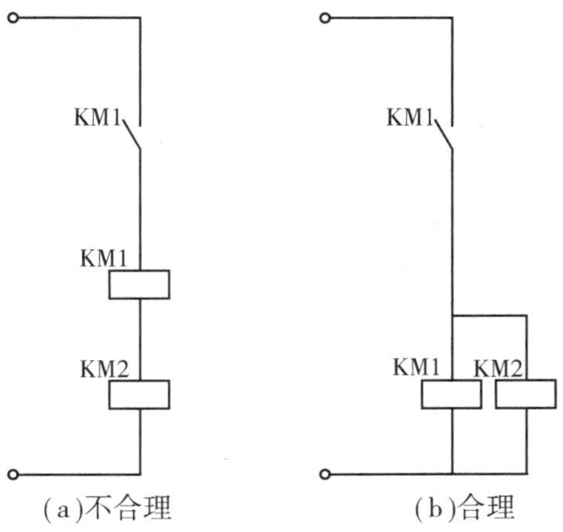

图 1-11-4 电器线圈不能串联

5)正确连接电器的触头

同一个电器的常开和常闭辅助触头靠得很近,如果连接不当,将会造成线路工作不正常。如图 1-11-5(a)所示接线,行程开关 SQ 的常开触头和常闭触头由于不是等电位,当触头断开产生电弧时很可能在两对触头间形成飞弧而造成电源短路。因此,在一般情况下,应将共用同一电源的所有接触器、继电器以及执行电器线圈的一端均接在电源的一侧,而这些电器的控制触头接在电源的另一侧,如图 1-11-5(b)所示。

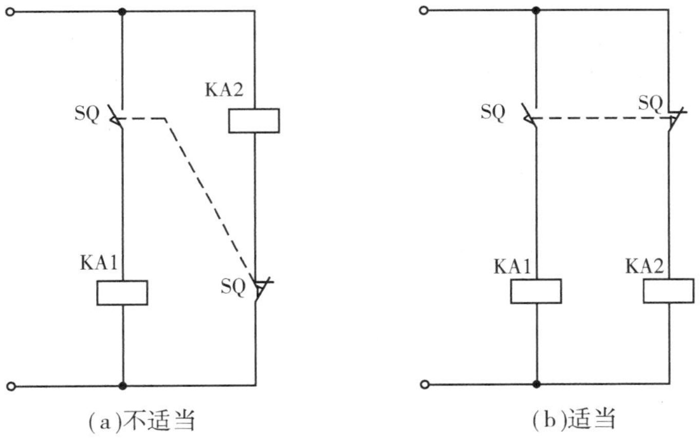

图 1-11-5 连接电器的触头

6)尽量减少电器通电的数量

在满足控制要求的情况下,应尽量减少电器通电的数量。

现以三相异步电动机串电阻降压启动的控制线路为例进行分析。在如图 1-11-6(a)所示线路中,电动机启动后,时间继电器 KT 就失去了作用,但仍然需要长期使接触器 KM1 和时间继电器 KT 通电,从而使能耗增加,电器寿命缩短。当采用如图 1-11-6(b)所示线路时,就可以在电动机启动后切除 KM1 和 KT 的电源,既节约了电能,又延长了电器的使用寿命。

7)应尽量避免采用许多电器依次动作才能接通另一个电器的控制线路

在如图 1-11-6(a)、(b)所示线路中,中间继电器 KA1 得电动作后,KA2 才动作,而后 KA3

才能得电动作。KA3 的得电动作要通过 KA1 和 KA2 两个电器的动作,若接成如图 1-11-6(c)所示线路,KA3 的动作只需 KA1 电器动作,而且只需要经过一对触头,故工作可靠。

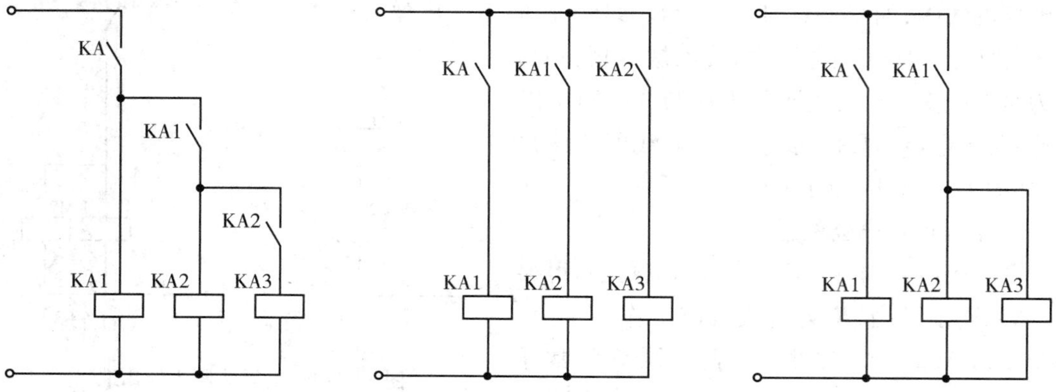

(a)不适当　(b)不适当　(c)适当

图 1-11-6　触头的使用

8)在控制线路中应避免出现寄生回路

在控制线路的动作过程中,非正常接通的线路叫寄生回路。在设计线路时要避免出现寄生回路,因为它会破坏电气元件和控制线路的动作顺序。如图 1-11-7 所示,线路是一个具有指示灯和过载保护的正反转控制线路。在正常工作时,能完成正反转启动,停止和信号指示。当热继电器 KH 动作时,线路就出现了寄生回路。这时虽然 KH 的常闭触头已断开,由于存在寄生回路,仍有电流沿图 1-11-7 中虚线所示的路径流过 KM1 线圈,使正转接触器 KM1 不能可靠释放,起不到过载保护作用。

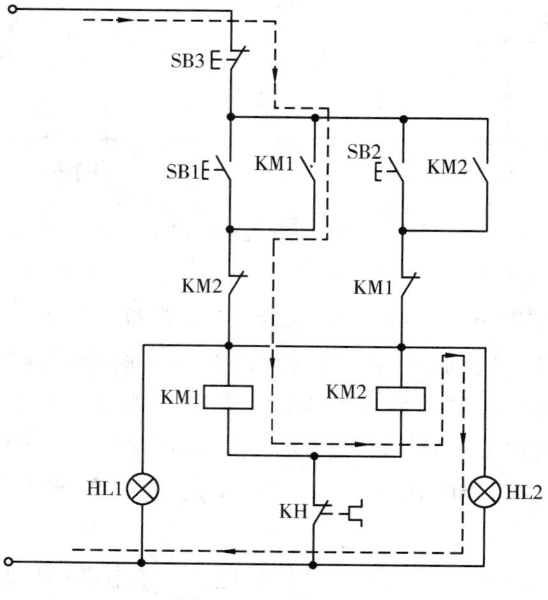

图 1-11-7　寄生回路

9)保证控制线路工作可靠和安全

保证控制线路工作可靠,最主要的是选用可靠的电气元件。尽量选用机械和电气寿命长,结构合理,动作可靠,抗干扰性能好的电器。在线路中采用小容量继电器的触头断开和接通大容量接触器的线圈时,要计算继电器触头断开和接通容量是否足够。若不够,必须加大继电器容量或增加中间继电器,否则工作不可靠。

10)线路应具有必要的保护环节

一般应根据线路的需要选用过载、短路、过流、过压、失压、弱磁等保护环节,必要时还应考虑设置合闸、断开、事故、安全等指示信号。

●能力训练

设计电路图并进行安装调试

(1)设计任务要求

某机床需要两台电动机拖动,根据该机床的特点,要求两地控制,一台电动机需要正反转控制,而另一台电动机只需单向控制,并且还要求一台电动机启动 3 min 后另一台电动机才能启动;停车时逆序停止;两台电动机都具有短路保护、过载保护、失压保护和欠压保护(电动机 M1,M2 为:Y132M-6,9.4 A,△接法,4 kW)。试设计一个符合要求的电路图,并进行安装和调试。

(2)任务分析

本设计要求是两地控制、正反转控制、顺序启动和逆序停止,并且具有短路保护、过载保护、失压保护和欠压保护,无调速控制要求和制动控制要求。通过分析设计要求,本电气控制线路设计属于基本控制线路的组合。

(3)主电路的设计

根据设计要求,主电动机 M1 需要正反转控制,故选择接触器控制的正反转线路,顺序启动、逆序停止的控制要求放在控制电路中实现;主电路中 M1、M2 的短路保护由 FU1 实现,M1、M2 的过载保护分别由 KH1、KH2 实现,欠压和失压保护由接触器 KM1、KM2 和 KM3 来分别实现。本课题要求一台电动机启动 3 min 后,另一台电动机才能启动,所以采用时间继电器来实现时间控制。设计的主电路的草图如图 1-11-8 所示。

(4)设计控制线路

对主电动机采用接触器联锁正反转控制;对顺序控制采取通电延时时间继电器进行控制;对于逆序停车,采用将 KM3 的辅助常开触头与停止按钮 SB1 并联的形式来实施;由于需要 KM3 的 3 个辅助触头,可采用加装中间继电器给予解决。具体控制电路图如图 1-11-9 所示。

(5)将主电路与控制电路合并

将主电路与控制电路合并成一个整体,如图 1-11-10 所示。

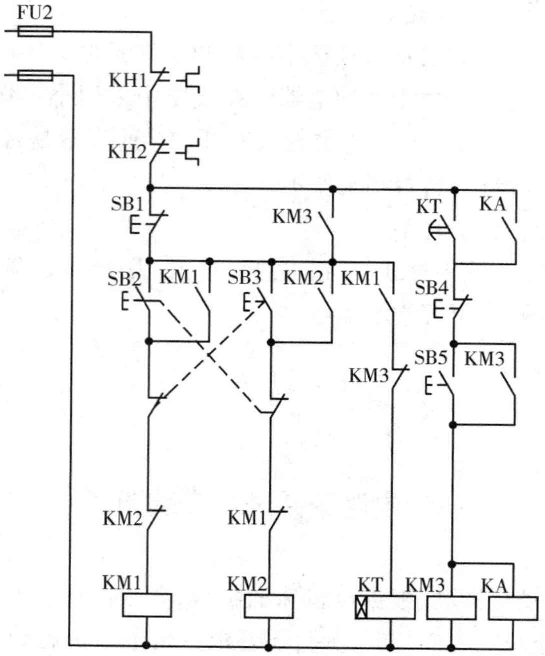

图 1-11-8　控制电路图

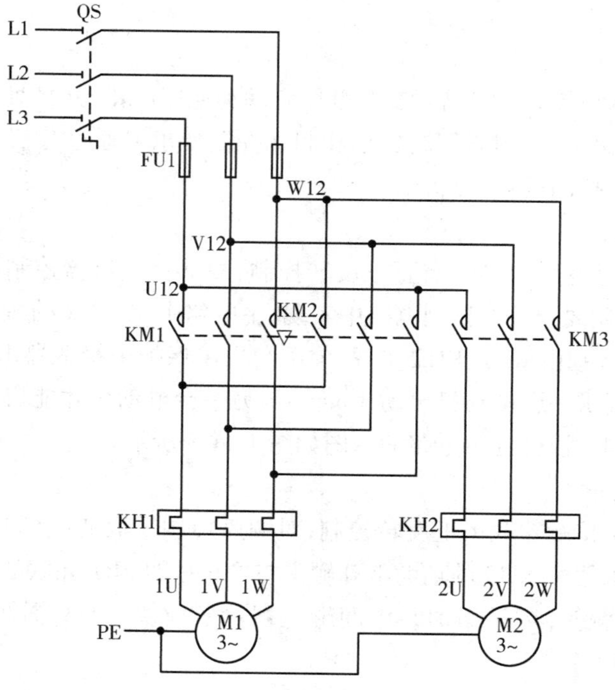

图 1-11-9　主电路

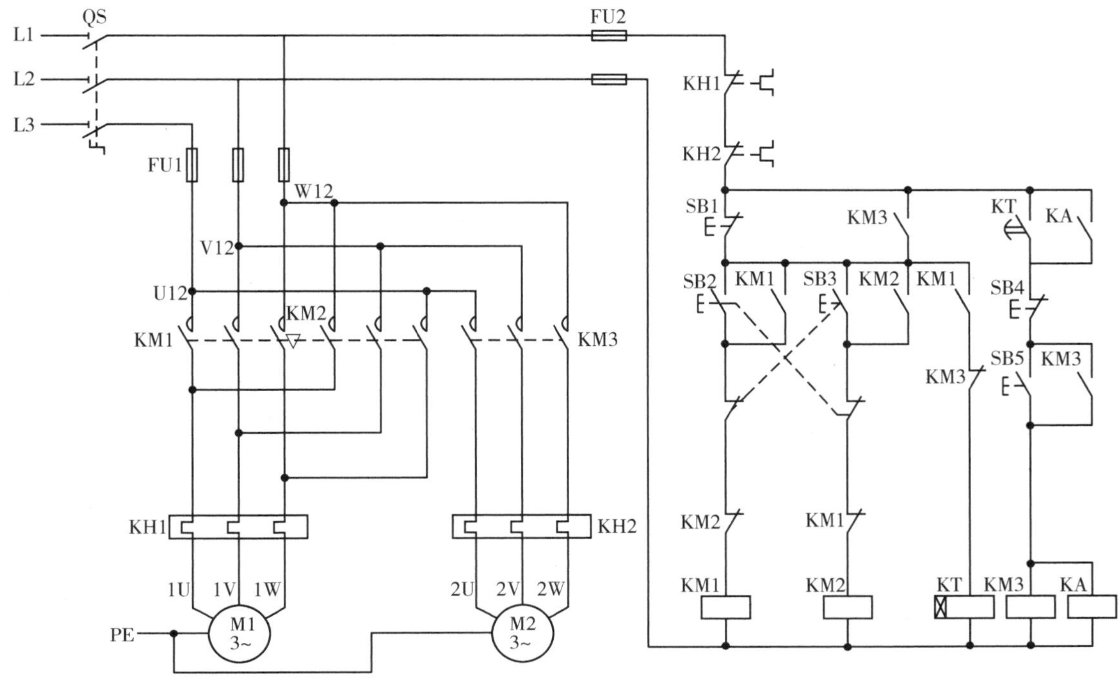

图 1-11-10　电路图

(6)检查与完善

控制线路初步设计完成后,可能还有不合理、不可靠、不安全的地方,应当根据经验和控制要求对线路进行认真仔细地校核,以保证线路的正确性和实用性。

(7)选择电动机及元器件

①本设计主要考虑电动机 M1 和 M2 的启动电流,选择 QS 为三极转换开关(组合开关),HZ10-25/3 型,额定电流 25 A。

②根据电动机 M1 和 M2 的额定电流选择额定电流为 20 A 的热继电器,其整定电流为 M1 的额定电流,选择 11 A 的热元件,其调节范围为 6.8~9~~11 A。由于电动机采用△接法,应选择带断相保护的热继电器。因此,可选用型号为 JR16B-20/3D 或 JRS2-25/2 热继电器。

③由于电动机 M1 和 M2 的额定电流为 9.4 A,因此,KM1、KM2 和 KM3 选择 CJ10-20 的交流接触器,主触头额定电流为 20 A,线圈电压为 380 V;中间继电器选用 J27 系列。也可选择 B 系列接触器,型号为 B25-30-10,可以不要中间继电器而在 KM3 上挂装 3 个辅助常开触头,其电路图如图 1-11-11 所示。

④根据设计要求熔断器 FU1 对 M1 和 M2 进行短路保护。根据 M1 和 M2 的额定电流,选用 RL1-60 型熔断器,配用额定电流为 30 A 的熔体。

FU2 分别对 M1 和 M2 进行短路保护。根据 M1 和 M2 的额定电流,选用 RL1-60 型熔断器,配用额定电流为 20 A 的熔体。

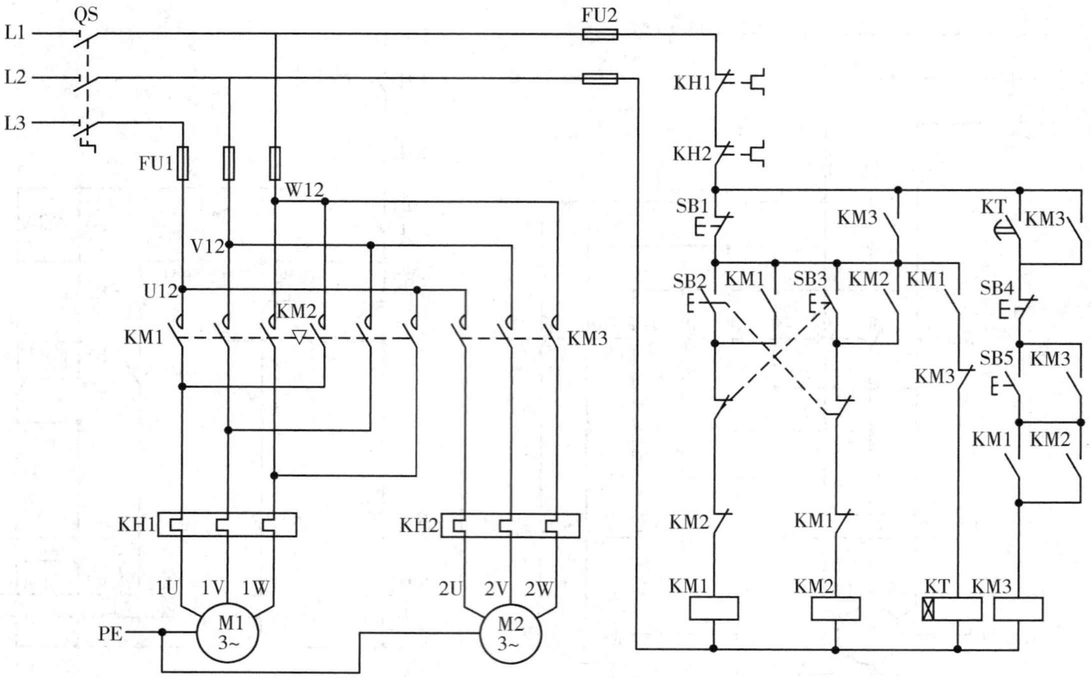

图 1-11-11　电路图

⑤两个启动按钮选用黑色,两个停止按钮选用红色 LA-18 型按钮。

⑥本设计任务要求延时 3 min,故选用通电延时的 JS20 晶体管时间继电器。

⑦根据电路图,画出布置图,如图 1-11-12 所示。

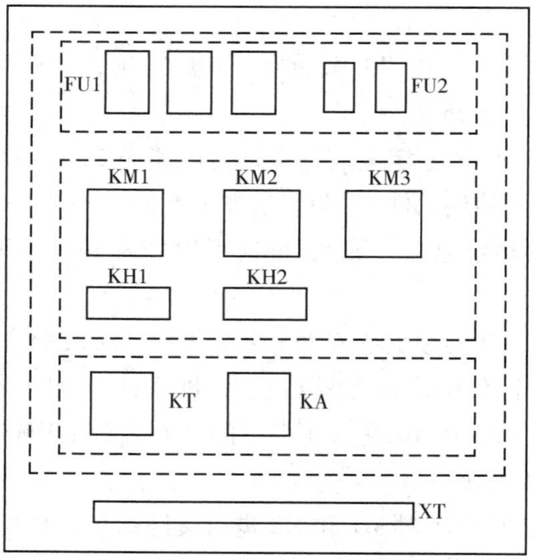

图 1-11-12　布置图

⑧安装控制电路,并进行安装调试。

(8)评分标准

评分标准见表 1-11-2。

表 1-11-2 评分标准

序号	主要内容	技术要求	评分标准	配分	扣分	得分
1	电路设计	1.根据提出的电气控制要求,正确绘制电路图 2.按所设计的电路图,提出主要材料单	1.主电路设计错误,1 次扣 10 分 2.控制电路设计错误,扣 10 分 3.主要材料单有材料提供的参数不准确,扣 5 分 4.电路图绘制不标准,1 处扣 4 分	40		
2	元器件安装	1.按图纸的要求,正确使用工具和仪表,熟练安装电气元件 2.元器件在配电板上布置要合理,安装要准确、紧固 3.按钮盒不固定在板上	1.元器件布置不整齐、不均匀、不合格,每个扣 2 分 2.元器件安装不牢固、安装元器件时漏装螺钉,每个扣 2 分 3.损坏元器件,每个扣 3 分	15		
3	布线	1.布线要求横平竖直,接线紧固美观 2.电源和电动机配线、按钮接线要接到端子排上,要注明引出端子号 3.导线不能乱敷设	1.电动机运行正常但未按电路图接线,扣 5 分 2.布线不横平竖直,主控电路每根扣 2 分 3.接点松动、接头露铜过长、反圈、压绝缘层,标记号不清楚、遗漏或误标,每处扣 5 分 4.损伤导线绝缘层或线芯,每根扣 2 分 5.导线乱线敷设,扣 15 分	35		
4	通电	在保证人身安全的前提下,通试车电试验一次成功	1.时间继电器及热继电器整定值错误,每个扣 2 分 2.主、控电路配错熔体,每个扣 2 分 3.一次试车不成功扣 5 分,二次试车不成功扣 10 分	20		
备注			合 计	100		
			教师签字	年 月 日		

知识技能测试

一、填空题

1.对电动机控制的一般原则有:________控制原则、____控制原则、__________控制原则和________控制原则。

2.在电动机控制线路中,实现短路保护的电器是________和__________。

3.在电动机控制线路中,实现过载保护的电器是__________。

4.设计电气控制线路的基本原则有:____、__________________________________、____、____。

二、选择题

1.根据生产机械运动部件的行程或位置,利用(   )来控制电动机的工作状态称为行程控制原则。

A.电流继电器　　B.时间继电器　　C.行程开关　　D.速度继电器

2.利用(   )按一定时间间隔来控制电动机的工作状态称为速度控制原则。

A.电流继电器　　B.时间继电器　　C.行程开关　　D.速度继电器

3.根据电动机主回路电流的大小,利用(   )来控制电动机的工作状态称为电流控制原则。

A.时间继电器　　B.电流继电器　　C.速度继电器　　D.热继电器

4.若短期工作制电动机的实际工作时间符合标准工作时间时,电动机的额定功率与负载额定功率之间满足(   )。

A.$P_N \leqslant P_L$　　B.$P_N \geqslant P_L$　　C.$P_N < P_L$　　D.$P_N > P_L$

5.在干燥、清洁的环境中应选用(   )。

A.防护式电动机　　B.开启式电动机　　C.封闭式电动机　　D.防爆电动机

6.在潮湿、尘土多、有腐蚀性气体和爆炸性气体的环境中,应选用(   )。

A.防护式电动机　　B.开启式电动机　　C.封闭式电动机　　D.防爆电动机

7.在有易燃、易爆气体的环境中,应选用(   )。

A.防护式电动机　　B.开启式电动机　　C.封闭式电动机　　D.防爆电动机

三、判断题

1.对电动机的选择,以合理选择电动机的额定功率最为重要。(   )

2.电动机的额定转速一般应在 750~1 500 r/min 的范围内。(   )

3.不管是交流电动机,还是直流电动机,都要进行弱磁保护。(   )

4.熔断器的选用,首先是选择熔断器的规格,其次是选择熔体的规格。(   )

5.设计电气控制原理图时,对于每一部分的设计是按主电路→连锁保护电路→控制电路→总体检查的顺序进行的。(   )

6.对于设计采用继电器-接触器控制电气系统的第一步是设计主电路和控制电路。(   )

7.电气控制电路应最大限度满足机械设备加工工艺的要求,这是电路设计的原则之一。(   )

四、操作练习题

1.一台机床需要两台电动机拖动，根据机床特点和工艺，要求如下：

①M1 电动机启动后，M2 才能启动工作；

②M2 在轻载条件下自动降压启动；

③M1 能正反转；

④M2 停车时采用能耗制动。

试设计一个符合要求的电路图，并进行安装和调试。

2.试设计一个两地控制三速异步电动机自动变速电路图，并按图进行安装与调试。

项目 2

常用生产机械电气设备及线路安装、调试与维修

在学习了常用低压电器及其拆装与维修、电动机基本控制线路及其安装、调试与维修的基础上，本项目将对普通车床、摇臂钻床、万能铣床等具有代表性的常用生产机械的电气控制线路及其安装、调试与维修进行分析和研究。

任务 2.1　CA6140 车床电气控制线路安装、调试与维修

●任务目标

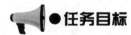

- 了解工业机械电气设备维修的一般要求和方法。
- 掌握电气故障检修的一般方法。
- 认识 CA6140 型车床的主要结构和电器位置。
- 掌握 CA6140 车床电气控制线路安装、调试与维修。

●入门引导

工业生产中大量使用着各种机械，车床就是其中之一。车床的种类很多，图 2-1-1 所示为常见的 CA6140 型普通车床，本任务将在介绍其结构、电力拖动特点和电气控制线路的基础上，介绍车床电气控制线路的安装、调试和检修。

图 2-1-1　CA6140 型普通车床

●知识学习

车床是一种应用极为广泛的金属切削机床，能够车削外圆、内圆、端面、螺纹、螺杆以及车削定型表面等。

普通车床有两个主要的运动部分，一是卡盘或顶尖带动工件的旋转运动，也就是车床主轴的运动；二是溜板带动刀架的直线运动，称为进给运动。车床工作时，绝大部分功率消耗在主轴运动上。下面以 CA6140 型车床为例进行介绍。

（1）CA6140 车床的主要结构和运动形式

1）型号意义

C　A　6　1　40

- C —— 类代号（车床类）
- A —— 结构特性代号
- 6 —— 组代号（落地及卧式车床组）
- 1 —— 系代号（卧式车床系）
- 40 —— 主参数折算值

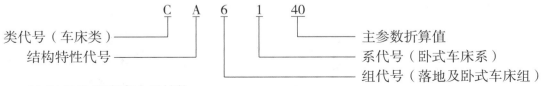

2）CA6140 型车床主要结构

CA6140 型车床为我国自行设计制造的普通车床，具有性能优越、结构先进、操作方便和外形美观等优点。

CA6140 型普通车床的外形图如图 2-1-2 所示，主要由床身、主轴箱、进给箱、溜板箱、刀架、丝杠、光杠、尾架等部分组成。

车床的切削运动包括工件旋转的主运动和刀具的直线进给运动。车削速度是指工件与刀具接触点的相对速度。根据工件的材料性质、车刀材料及几何形状、工件直径、加工方式及冷却条件的不同，要求主轴有不同的切削速度。主轴变速是由主轴电动机经 V 带传递到主轴变速箱来实现的。

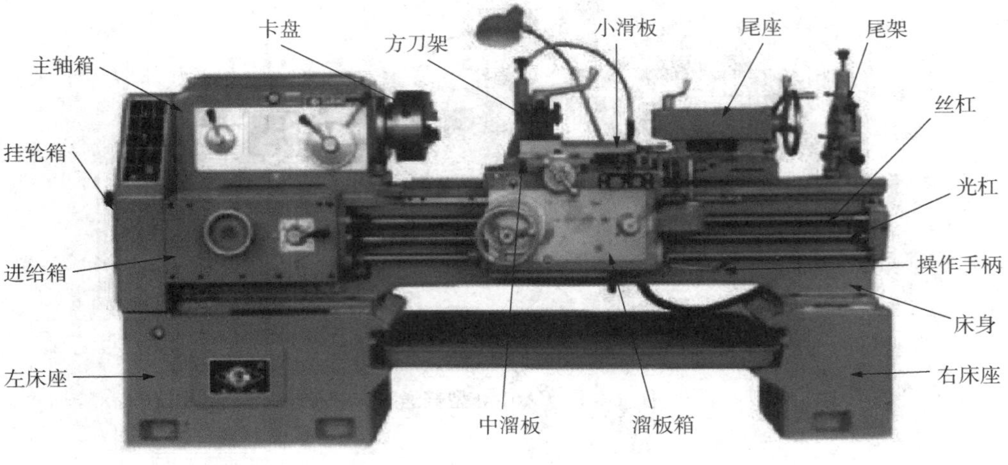

图 2-1-2　CA6140 型普通车床外形图

CA6140 型车床的主轴正转速度有 24 种(10～1 400 r/min),反转速度有 12 种(14～1 580 r/min)。

CA6140 型车操纵部件布置如图 2-1-3 所示。

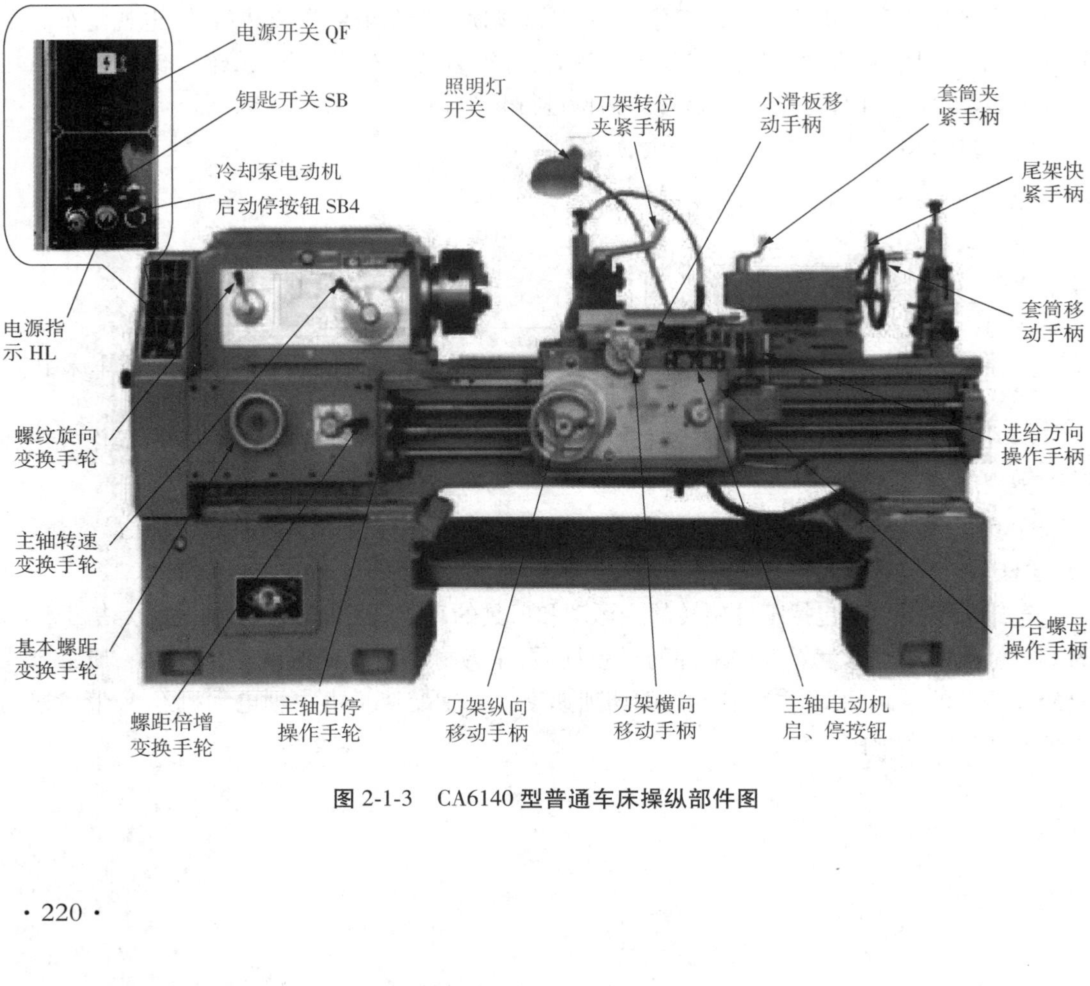

图 2-1-3　CA6140 型普通车床操纵部件图

3)CA6140 型车床运动形式

车床的进给运动是刀架带动刀具的直线运动。溜板箱把丝杠或光杠的转动传递给刀架部分,变换溜板箱外的手柄位置,经刀架部分使车刀作纵向或横向进给。

车床的辅助运动为车床上除切削运动以外的其他的运动,如尾架的纵向移动,工件的夹紧与放松等。各种运动形式如图 2-1-4 所示。

图 2-1-4 CA6140 各种运动形式

(2)电力拖动特点及控制要求

①主拖动电动机一般选用三相笼型异步电动机,不进行电气调速。

②采用齿轮箱进行机械有级调速。为减小振动,主拖动电动机通过几条 V 带将动力传递到主轴箱。

③在车削螺纹时,要求主轴正、反转,由主拖动电动机正反转或采用机械方法来实现。

④主拖动电动机的启动、停止采用按钮操作。

⑤刀架移动和主轴转动有固定的比例关系,以满足对螺纹的加工需要。

⑥车削加工时,由于刀具及工件温度过高,有时需要冷却,因而应该配有冷却泵电动机,要求在主拖动电动机启动后方可决定冷却泵开动与否。当主拖动电动机停止时,冷却泵应立即停止。

⑦必须有过载、短路、欠压、失压保护。

⑧具有安全的局部照明装置。

(3)对机床电气设备维修的要求

①采取的维修步骤和方法必须正确,切实可行。

②不得损坏完好的电气元件。

③不得随意更换电气元件及连接导线的型号规格。

④不得擅自改动线路。

⑤损坏的电气装置应尽量修复使用,但不得降低其固有的性能。

⑥电气设备的各种保护性能必须满足使用要求。

⑦绝缘电阻合格,通电试车能满足电路的各种功能,控制环节的动作程序符合要求。

⑧修理后的电气装置必须满足其质量标准要求。电气装置的检修质量标准是:

a.外观整洁,无破损和碳化现象。

b.所有的触头均应完整、光洁、接触良好。

c.压力弹簧和反作用力弹簧应具有足够的弹力。

d.操纵、复位机构都必须灵活可靠。

e.各种衔铁运动灵活,无卡阻现象。

f.灭弧罩完整、清洁,安装牢固。

g.整定数值大小应符合电路使用要求。

h.指示装置能正常发出信号。

(4)机床电气设备的维护和保养

电气设备的维修包括故障检修和日常维护保养两方面。

1)电气设备的故障检修

电气设备在运行过程中出现的故障,有些可能是由于操作使用不当、安装不合理或维修不正确等人为因素造成的,称为人为故障。而有些故障则可能是由于电气设备在运行时过载、机械振动、电弧烧损、长期动作的自然磨损、周围环境温度和湿度的影响、金属屑和油污等有害介质的侵蚀以及电气元件的自身质量问题或使用寿命等原因而产生的,称为自然故障。显然,如果加强对电气设备的日常检查、维护和保养,及时发现一些非正常因素,并给予及时修复或更换处理,就可以将故障消灭在萌芽状态,防患于未然,使电气设备少出甚至不出故障,以保证工业机械的正常运行。

2)电气设备的日常维护保养

①电动机的日常维护保养。

a.电动机应保持表面清洁,进、出风口必须保持畅通无阻,不允许水滴、油污或金属屑等任何异物进入电动机的内部。

b.经常检查运行中的电动机负载电流是否正常,用钳形电流表查看三相电流是否平衡,三相电流中的任何一相与其他相平均值相差不允许超过10%。

c.对工作在正常环境条件下的电动机,应定期用兆欧表检查其绝缘电阻;对工作在潮湿、多尘及含有腐蚀性气体等环境条件的电动机,更应该经常检查其绝缘电阻。三相380 V的电动机及各种低压电动机,其绝缘电阻至少为0.5 MΩ时方可使用。高压电动机定子绕组绝缘电阻为1 MΩ/kV。转子绝缘电阻至少为0.5 MΩ时方可使用。若发现电动机的绝缘电阻达不到规定要求,应采取相应措施处理,使其符合规定要求后,方可继续使用。

d.经常检查电动机的接地装置,使之保持牢固可靠。

e.经常检查电源电压是否与铭牌相符,三相电源电压是否对称。

f.经常检查电动机的温升是否正常。交流三相异步电动机各部位温度的最高允许值见表2-1-1。

表 2-1-1 三相异步电动机的最高允许温度(用温度计测量法,环境温度+40 ℃)

绝缘等级		A	E	B	F	H
最高允许温度/℃	定子和绕线转子绕组	95	105	110	125	145
	定子铁芯	100	115	120	140	165
	滑环	100	110	120	130	140

注:对于滑动和滚动轴承的最高允许温度分别为 80 ℃和 95 ℃。

g.经常检查电动机的振动、噪声是否正常,有无异常气味、冒烟、启动困难等现象。一旦发现故障现象,应立即停车检修。

h.经常检查电动机轴承是否有过热、润滑脂不足或磨损等现象,轴承的振动和轴向位移不得超过规定值。轴承应定期清洗检查,定期补充或更换轴承润滑脂(一般一年左右)。电动机的常用润滑脂特性见表2-1-2。

表 2-1-2 各种电动机使用的润滑脂特性

名 称	钙基润滑脂	钠基润滑脂	钙钠基润滑脂	铝基润滑脂
最高工作温度/℃	70~85	120~140	115~125	200
最低工作温度/℃	≥-10	≥-10	≥-10	—
外观	黄色软膏	暗褐色软膏	淡黄色、深棕色软膏	黄褐色软膏
适用电动机	封闭式、低速轻载的电动机	开启式、高速重载的电动机	开启式及封闭式高速重载的电动机	开启式及封闭式高速重载的电动机

i.对绕线转子异步电动机,应检查电刷与滑环之间的接触压力、磨损及火花情况。当发现有不正常的火花时,需进一步检查电刷或清理滑环表面,并校正电刷弹簧压力。一般电刷与滑环的接触面的面积不应小于全面积的75%;电刷压强应为15 000~25 000Pa;刷握和滑环间应有2~4 mm间距;电刷与刷握内壁应保持0.1~0.2 mm游隙;磨损严重者需更换。

j.对直流电动机,应检查换向器表面是否光滑圆整,有无机械损伤或火花灼伤。若沾有碳粉、油污等杂物,要用干净柔软的白布蘸酒精擦去。换向器在负荷下长期运行后,其表面会产生一层均匀的深褐色的氧化膜。这层薄膜具有保护换向器的功效,切忌用砂布磨去。但当换向器表面出现明显的灼痕或因火花烧损出现凹凸不平的现象时,则需要对其表面用零号砂布进行细致研磨或用车床重新车光,而后再将换向器片间的云母下刻1~1.5 mm深,并将表面的毛刺、杂物清理干净后,方能重新装配使用。

k.检查机械传动装置是否正常,联轴器、带轮或传动齿轮是否跳动。

l.检查电动机的引出线是否绝缘良好、连接可靠。

②控制设备的日常维护保养。

a.电气柜的门、盖、锁及门框周边的耐油密封垫均应良好。门、盖应关闭严密，柜内应保持清洁，不得有水滴、油污和金属屑等进入电气柜内，以免损坏电器而造成事故。

b.操纵台上的所有操纵按钮、主令开关的手柄、信号灯及仪表护罩都应保持清洁完好。

c.检查接触器、继电器等电器的触头系统吸合是否良好，有无噪声、卡住或迟滞现象，触头接触面有无烧蚀、毛刺或穴坑；电磁线圈是否过热；各种弹簧弹力是否适当；灭弧装置是否完好无损等。

d.试验位置开关能否起位置保护作用。

e.检查各电器的操作机构是否灵活可靠，有关整定值是否符合要求。

f.检查各线路接头与端子板的连接是否牢靠，各部件之间的连接导线、电缆或保护导线的软管不得被冷却液、油污等腐蚀，管接头处不得产生脱落或散头等现象。

g.检查电气柜及导线通道的散热情况是否良好。

h.检查各类指示信号装置和照明装置是否完好。

i.检查电气设备和工业机械上所有裸露导体件是否接到保护接地专用端子上，是否达到保护电路连续性的要求。

③电气设备的维护保养周期。

对设置在电气柜内的电气元件，一般不经常进行开门监护，主要是靠定期的维护保养来实现电气设备较长时间的安全稳定运行。其维护保养的周期应根据电气设备的结构、使用情况以及环境条件等来确定。一般可采用配合工业机械的一、二级保养同时进行其电气设备的维护保养工作。

a.配合工业机械一级保养进行电气设备的维护保养工作。如金属切削机床的一级保养一般在一季度左右进行一次。机床作业时间常在6~12 h，这时可对机床电气柜内的电气元件进行如下维护保养：

- 清扫电气柜内的积灰、异物。
- 修复或更换即将损坏的电气元件。
- 整理内部接线，使之整齐美观。特别是在平时应急修理处，应尽量复原成正规状态。
- 紧固熔断器的可动部分，使之接触良好。
- 紧固接线端子和电气元件上的压线螺钉，使所有压接线头牢固可靠，以减小接触电阻。
- 对电动机进行小修和中修检查。
- 通电试车，使电气元件的动作程序正确可靠。

b.配合工业机械二级保养进行电气设备的维护保养工作。如金属切削机床的二级保养一般在一年左右进行一次，机床作业时间常在3~6天，此时可对机床电气柜内的电气元件进行如下维护保养：

- 机床一级保养时，对机床电器所进行的各项维护保养工作，在二级保养时仍需照例进行。

● 着重检查动作频繁且电流较大的接触器、继电器触头。为了承受频繁切合电路所受的机械冲击和电流的烧损，多数接触器和继电器的触头均采用银或银合金制成，其表面会自然形成一层氧化银或硫化银。它并不影响导电性能，这是因为在电弧的作用下它还能还原成银，因此不要随意清除掉。即使这类触头表面出现烧毛或凹凸不平的现象，仍不会影响触头的良好接触，不必修整锉平（铜质触头表面烧毛后则应及时修平）。但触头严重磨损至原厚度的1/2及以下时，应更换新触头。

● 检修有明显噪声的接触器和继电器，找出原因并修复后方可继续使用，否则应更换新件。

● 校验热继电器，看其是否能正常动作。校验结果应符合热继电器的动作特性。

● 校验时间继电器，看其延时时间是否符合要求。如误差超过允许值，应调整或修理，使之重新达到要求。

（5）CA6140型车床电气线路

1）CA6140型卧式车床电气原理

CA6140型卧式车床电气原理图如图2-1-5所示。

机床电路图所包含的电气元件和电气设备的符号较多，要正确绘制和阅读机床电路图，除前面讲述的一般原则之外，还要明确以下几点：

①将电路图按功能划分成若干个图区，通常是一条回路或一条支路划为一个图区，并从左向右依次用阿拉伯数字编号，标注在图形下部的图区栏中，如图2-1-5所示。

②对电路图中每个电路在机床电气操作中的用途，必须用文字标明在电路图上部的用途栏内，如图2-1-5所示。

③在电路图中每个接触器线圈的文字符号KM的下面画两条竖直线，分成左、中、右三栏，把受其控制而动作的触头所处的图区号按表2-1-3的规定填入相应栏内。对备而未用的触头，在相应的栏中用记号“×”标出或不标出任何符号。接触器线圈符号下的数字标记见表2-1-3。

表2-1-3　接触器线圈符号下的数字标记

栏　目	左　栏	中　栏	右　栏
触头类型	主触头所处的图区号	辅助常开触头所处的图区号	辅助常闭触头所处图的区号
举例 KM 2　8　× 2　10　× 2	表示3对主触头均在图区2	表示1对辅助常开触头在图区8，另1对常开触头在图区10	表示两对辅助常闭触头未用

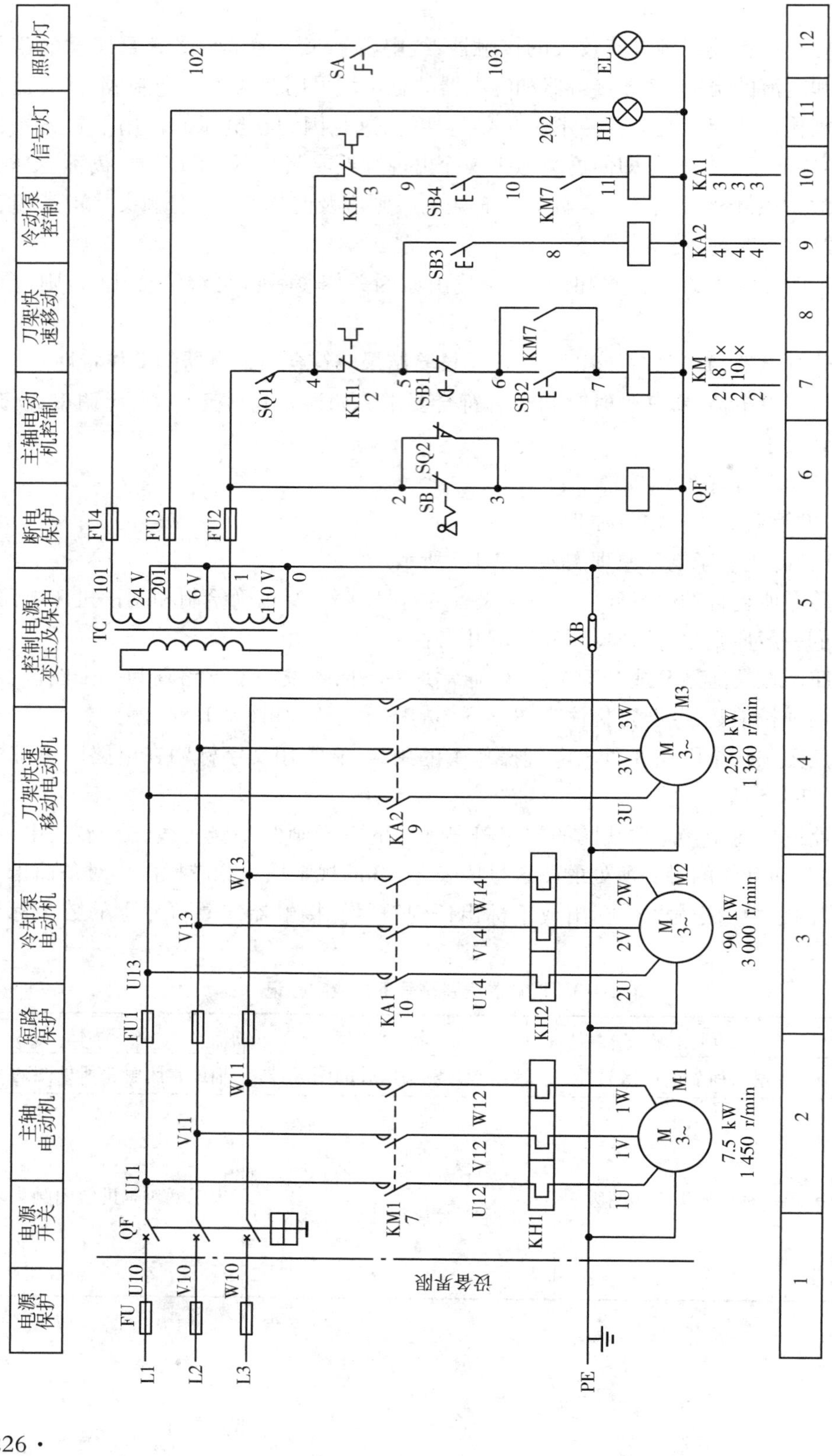

图2-1-5　CA6140型卧式车床电路图

④在电路图中每个继电器线圈符号下面画一条竖直线，分成左、右两栏，把受其控制而动作的触头所处的图区号按表 2-1-4 的规定填入相应栏内。同样，对备而未用的触头在相应的栏中用记号“×”标出或不标出任何符号。继电器线圈符号下的数字标记见表 2-1-4。

表 2-1-4 继电器线圈符号下的数字标记

栏 目	左 栏	右 栏
触头类型	常开触头所处的图区号	常闭触头所处图的区号
举例 KA2 4 | 4 | 4 |	示 3 对主触头均在图区 4	表示常闭触头未用

⑤电路图中触头文字符号下面的数字表示该电器线圈所处的图区号。如图 2-1-5 所示，在图区 4 标有 KA2，表示中间继电器 KA2 的线圈在图区 9。

2）电路分析

①主电路。

主电路共有 3 台电动机，如图 2-1-6 所示：M1 为主轴电动机，带动主轴旋转和刀架作进给运动；M2 为冷却泵电动机，用以输送切削液；M3 为刀架快速移动电动机。

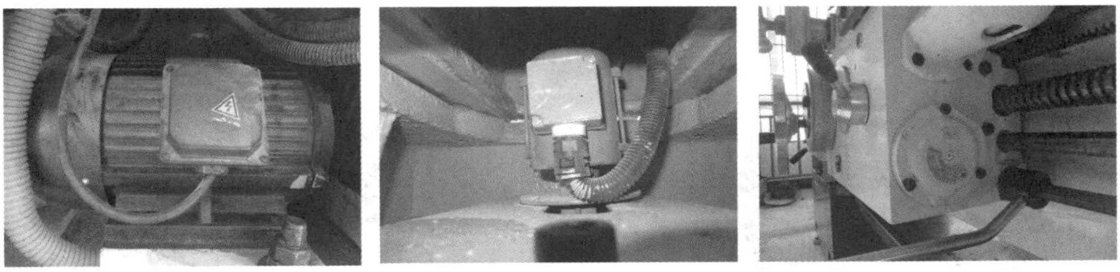

(a)主轴电动机M1　(b)冷却泵电动机M2　(c)刀架快速电动机M3

图 2-1-6

将钥匙开关 SB 向右旋转，再扳动断路器 QF 将三相电源引入，如图 2-1-7 所示。主轴电动机 M1 由接触器 KM 控制，热继电器作过载保护，熔断器 FU 作短路保护，接触器 KM 作失压和欠压保护。冷却泵电动机 M2 由中间继电器 KA1 控制，热继电器 KH2 作为它的过载保护。刀架快速移动电动机码由中间继电器 KA2 控制，由于是点动控制，故未设过载保护。FU1 作为冷却泵电动机 M2、快速移动电动机 M3、控制变压器 TC 的短路保护。

②控制电路。

控制电路的电源由控制变压器 TC 二次侧输出 110 V 电压提供。在正常工作时，位置开关 SQ1 的常开触头闭合如图 2-1-8 所示。打开床头皮带罩后，SQ1 断开，切断控制电路电源，以确保人身安全。钥匙开关 SB 和位置开关 SQ2 在正常工作时是断开的，QF 线圈不通电，断路器 QF 能合闸。打开配电盘壁龛门时，SQ2 闭合，QF 线圈获电，断路器 QF 自动断开。

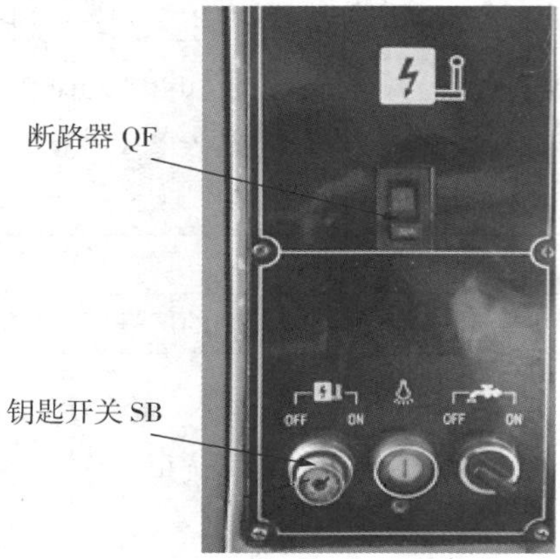

图 2-1-7　SB 向右旋

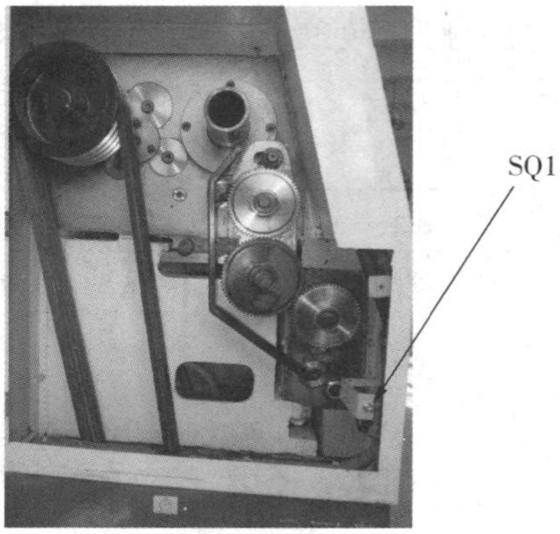

图 2-1-8　SQ1 的常开触头闭合

a.主轴电动机 M1 的控制(主轴启、停按钮如图 2-1-9 所示)。

M1 启动(按下 SB2,如图 2-1-10 所示):

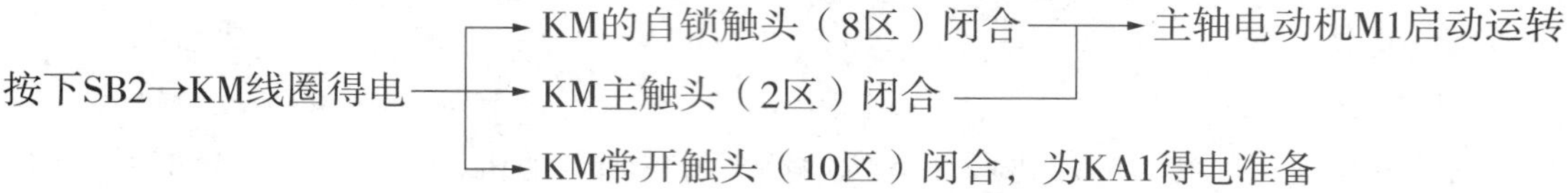

M1 停止(按下 SB1,如图 2-1-11 所示):

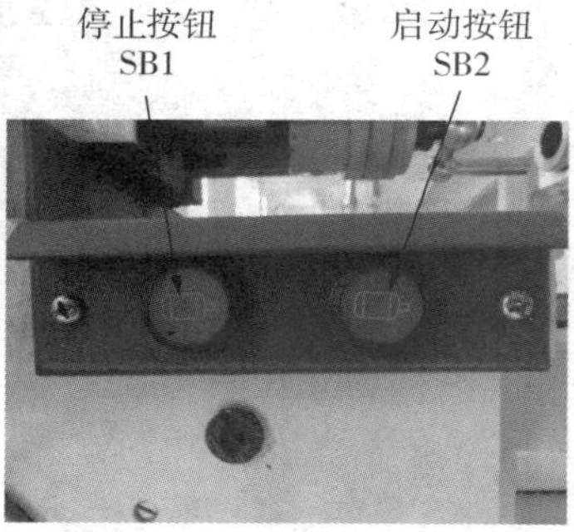

图 2-1-9　主轴启、停按钮

图 2-1-10　启动

按下 SB1→KM 线圈失电→KM 触头复位断开→M1 失电停转

主轴的正反转是采用多片摩擦离合器实现的。

b.冷却泵电动机 M2(图 2-1-12)的控制。

由于主轴电动机 M1 和冷却泵电动机 M2 在控制电路中采用顺序控制,所以,只有当主轴电动机 M1 启动后,即 KM 常开触头(10 区)闭合,旋钮开关 SB4 于 ON 位置,冷却泵电动机 M2 才可能启动。旋钮开关 SB4 于 OFF 位置,冷却泵电动机 M2 停止(如图 2-1-13)。或当 M1 停止运行时,M2 自行停止。

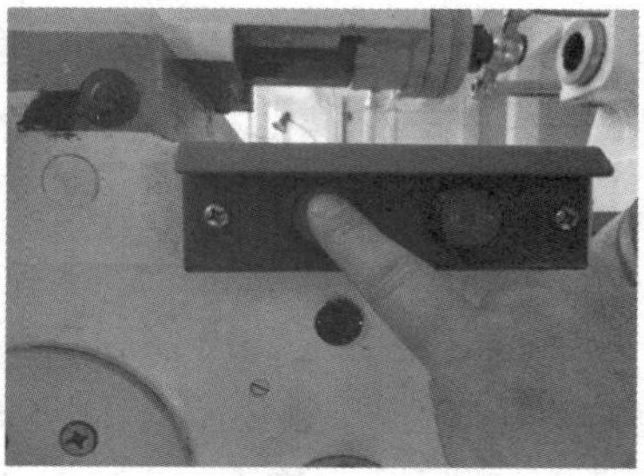

图 2-1-11　停止

图 2-1-12 冷却泵电动机 M2

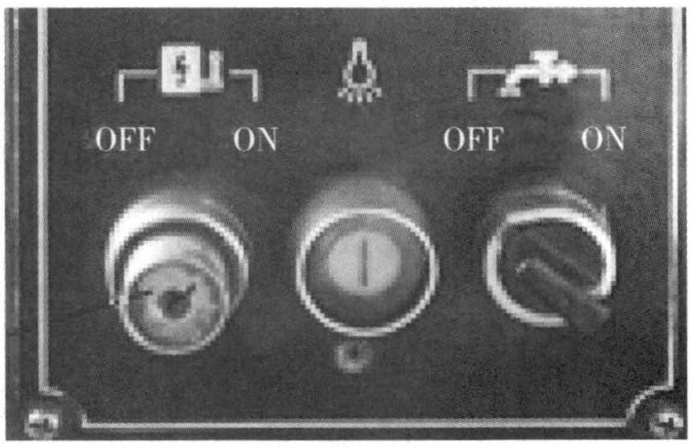

图 2-1-13 旋钮开关 SB4(右)

c.刀架快速移动电动机 M3 的控制。

刀架快速移动电动机 M3 如图 2-1-14 所示。刀架快速移动电动机 M3 的启动是由安装在进给操作手柄顶端的按钮 SB3 控制,它与中间继电器 KA2 组成点动控制线路。刀架移动方向(前、后、左、右)的改变,是由进给操作手柄配合机械装置实现,如图 2-1-15 所示。若刀架向前移动,则操作手柄置于向前位,需要快速移动时按下 SB3 即可,如图 2-1-16所示。若刀架向后移动,则操作手柄置于向后位,需要快速移动时按下 SB3 即可,如图 2-1-17 所示。

图 2-1-14 刀架快速移动电动机 M3

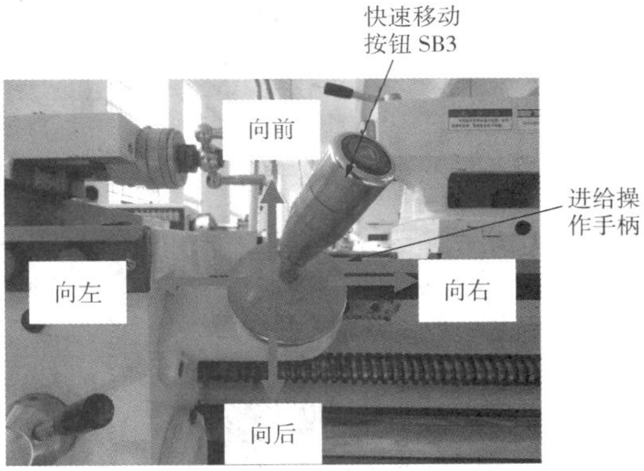

图 2-1-15 手柄配合机械装置

(a)向前移动

(b)向前快速移动

图 2-1-16 刀架向前方向移动

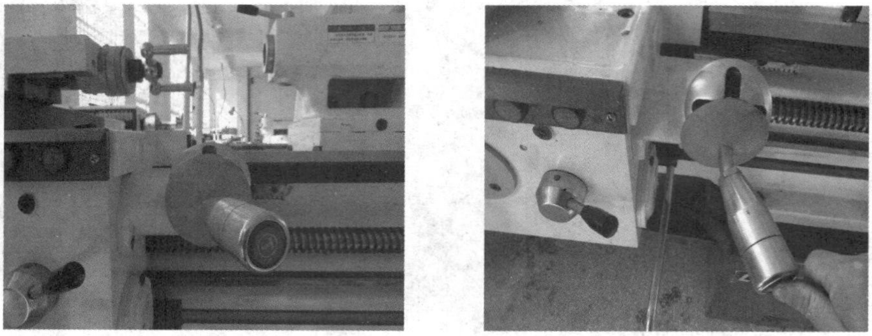

（a）向后移动　　（b）向后快速移动

图 2-1-17　刀架向后方向移动

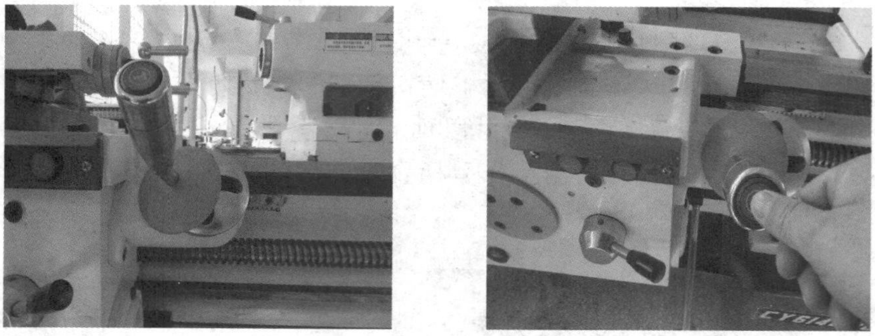

（a）向左移动　　（b）向左快速移动

图 2-1-18　刀架向左方向移动

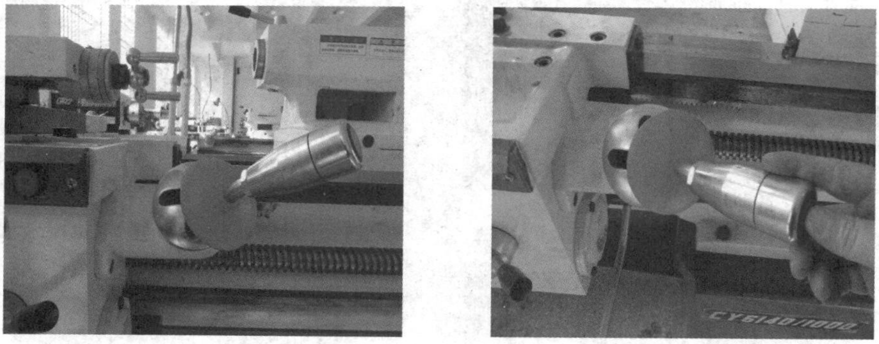

（a）向右移动　　（b）向右快速移动

图 2-1-19　刀架向右方向移动

若刀架向左移动，则操作手柄置于向左位，需要快速移动时按下 SB3 即可，如图 2-1-18 所示。若刀架向右移动，则操作手柄置于向右位，需要快速移动时按下 SB3 即可，如图 2-1-19所示。

d.照明、信号电路。控制变压器 TC 的二次侧分别输出 24 V 和 6 V 电压，作为车床低压照明灯和信号灯的电源。EL 作为车床的低压照明灯，由开关 SA 控制；HL 为电源信号灯。它们分别由 FU4 和 FU3 作为短路保护。

●能力训练一

CA6140型车床电气控制线路的安装与调试

(1)目的要求

掌握CA6140型车床电气控制线路的安装与调试。

(2)工具、仪表及器材

1)工具

测电笔、电工刀、剥线钳、尖嘴钳、斜口钳、螺钉旋具等。

2)仪表

MF30型万用表、5050型兆欧表、T301-A型钳形电流表。

3)器材

控制板、走线槽、各种规格软线和紧固体、金属软管、编码套管等。

(3)元件

CA6140型车床的电气元件明细表见表2-1-5。

表2-1-5 CA6140型车床的电气元件明细表

代 号	名 称	型号及规格	数量	用 途	备 注
M1	主轴电动机	Y132M-4-B3 7.5 kW、1 450 r/min	1	主传动用	
M2	冷却泵电动机	AOB-25、90 W、3 000 r/min	1	输送冷却液用	
M3	快速移动电动机	AOS5634、250 W、1 360 r/min	1	溜板快速移动用	
KH1	热继电器	JR16-20/3D、15.4 A	1	M1过载保护	
KH2	热继电器	JR16-20/3D、0.32 A	1	M2过载保护	
KM	交流接触器	CJ10-20B、线圈电压110 V	1	控制M1	
KA1	中间继电器	JZ7-44、线圈电压110 V	1	控制M2	
KA2	中间继电器	JZ7-44、线圈电压110 V	1	控制M3	
SB1	按钮	LAY3-01ZS/1	1	停止M1	
SB2	按钮	LAY3-10/3.11	1	启动M1	
SB3	按钮	LA9	1	启动M3	
SB4	旋钮开关	LAY3-10X/2	1	控制M2	
SQ1	位置开关	JWM6-11	2	断电保护	
SQ2	位置开关	ZSD-0.6 V	1	刻度照明	

续表

代 号	名 称	型号及规格	数量	用 途	备 注
HL	信号灯	AM2-40、20 A	1	电源引入	无灯罩
QF	断路器	JBK2-100	1		
TC	控制变压器	380 V/110 V/24 V/6 V			110 V、50 VA
EL	机床照明灯	JC11	1	工作照明	24 V、45 VA
SB	旋钮开关	LAY3-01Y/2	1	电源开关锁	
FU1	熔断器	BZ001、熔体 6 A	3		带钥匙
FU2	熔断器	BZ001、熔体 1 A	1	110 V 控制电路短路保护	
FU3	熔断器	BZ001、熔体 1 A	1	信号灯电路短路保护	
FU4	熔断器	BZ001、熔体 2 A	1	照明电路短路保护	

(4)安装步骤及工艺要求

①按照表 2-1-5 配齐电气设备和元件,并逐个检验其规格和质量是否合格。

②根据电动机容量、线路走向及要求和各元件的安装尺寸,正确选配导线的规格、导线通道类型和数量,接线端子板型号及节数,控制板、管夹、束节、紧固体等。

③在控制板上安装电气元件,并在各电气元件附近做好与电路图上相同代号的标记。

④按照控制板内布线的工艺要求进行布线和套编码套管。

⑤选择合理的导线走向,做好导线通道的支持准备,并安装控制板外部的所有电器。

⑥进行控制箱外部布线,并在导线线头上套装与电路图相同线号的编码套管。对于可移动的导线通道应放适当的余量,使金属软管在运动时不承受拉力,并按规定在通道内放好备用导线。

⑦检查电路的接线是否正确和接地通道是否具有连续性。

⑧检查热继电器的整定值是否符合要求。各级熔断器的熔体是否符合要求,如不符合要求应予以更换。

⑨检查电动机的安装是否牢固,与生产机械传动装置的连接是否可靠。

⑩检测电动机及线路的绝缘电阻,清理安装场地。

⑪接通电源开关,点动控制各电动机启动,以检查各电动机的转向是否符合要求。

⑫通电空转试验时,应认真观察各电气元件、线路、电动机及传动装置的工作情况是否正常。如不正常,应立即切断电源进行检查,在调整或修复后方能再次通电试车。

(5)注意事项

①不要漏接接地线。严禁采用金属软管作为接地通道。

②在控制箱外部进行布线时，导线必须穿在导线通道内或敷设在机床底座内的导线通道里。所有的导线不允许有接头。

③在导线通道内敷设的导线进行接线时，必须集中思想。查出一根导线，立即套上编码套管，接上后再进行复验。

④在进行快速进给时，要注意将运动部件处于行程的中间位置，以防止运动部件与车头或尾架相撞产生设备事故。

⑤在安装、调试过程中，工具、仪表的使用应符合要求。

⑥通电操作时，必须严格遵守安全操作规程。

(6)评分标准

CA6140 车床电气控制线路安装的评分标准见表 2-1-6。

表 2-1-6　评分标准

<table>
<tr><th>项目内容</th><th>配分</th><th colspan="4">评分标准</th><th>扣　分</th></tr>
<tr><td>装前检查</td><td>5</td><td colspan="4">电气元件错检或漏检，每处扣 2 分</td><td></td></tr>
<tr><td>器材选用</td><td>10</td><td colspan="4">(1)导线选用不符合要求，每处扣 4 分
(2)穿线管选用不符合要求，每处扣 3 分
(3)编码管等附件选用不当，每项扣 2 分</td><td></td></tr>
<tr><td>元件安装</td><td>20</td><td colspan="4">(1)控制箱内部元件安装不符合要求，每处扣 3 分
(2)控制箱外部电气元件安装不牢固，每处扣 3 分
(3)损坏电气元件，每只扣 10 分
(4)电动机安装不符合要求，每台扣 5 分
(5)导线通道敷设不符合要求，每处扣 4 分</td><td></td></tr>
<tr><td>布　线</td><td>30</td><td colspan="4">(1)不按电路图接线，扣 20 分
(2)控制箱内导线敷设不符合要求，每根扣 3 分
(3)通道内导线敷设不符合要求，每根扣 3 分
(4)漏接接地线，扣 8 分</td><td></td></tr>
<tr><td>通电试车</td><td>35</td><td colspan="4">(1)位置开关安装不合适，扣 5 分
(2)整定值未整定或整定错，每只扣 5 分
(3)熔体规格配错，每只扣 3 分
(4)通电不成功，扣 30 分</td><td></td></tr>
<tr><td>安全文明生产</td><td colspan="5">违反安全文明生产规程，扣 10~40 分</td><td></td></tr>
<tr><td>额定时间 15 h</td><td colspan="5">每超时 5 min，扣 5 分</td><td></td></tr>
<tr><td>备　注</td><td colspan="4">除额定时间外，各项内容的扣分不得超过配分数</td><td>成绩</td><td></td></tr>
<tr><td>开始时间</td><td colspan="2"></td><td>结束时间</td><td></td><td>实际时间</td><td></td></tr>
</table>

●能力训练二

CA6140 车床电气控制线路的检修

(1)目的要求

掌握 CA6140 车床电气控制线路的故障分析及检修方法。

(2)工具与仪表

1)工具

测电笔、电工刀、剥线钳、尖嘴钳、斜口钳、螺钉旋具等。

2)仪表

MF30 型万用表、5050 型兆欧表、T30-A 型钳形电流表。

(3)电气故障检修的一般方法

尽管对电气设备采取了日常维护保养工作,降低了电气故障的发生率,但绝不可能杜绝电气故障的发生。因此,维修电工不但要掌握电气设备的日常维护保养,同时还要学会正确的检修方法。下面介绍电气故障发生后的一般分析和检修方法。

1)检修前的故障调查

当工业机械发生电气故障后,切忌盲目动手检修。在检修前,通过问、看、听、摸来了解故障前后的操作情况和故障发生后出现的异常现象,以便根据故障现象判断出故障发生的部位,进而准确地排除故障。

问:询问操作者故障前后电路和设备的运行状况及故障发生后的症状,如故障是经常发生还是偶尔发生;是否有响声、冒烟、火花、异常振动等征兆;故障发生前有无切削力过大和频繁地启动、停止、制动等情况;有无经过保养检修或改动线路等。

看:察看故障发生前是否有明显的外观征兆,如各种信号;带有指示装置的熔断器的情况;保护电器脱扣动作;接线脱落;触头烧蚀或熔焊;线圈过热烧毁等。

听:在线路还能运行和不扩大故障范围、不损坏设备的前提下,可通电试车,细听电动机、接触器和继电器等电器的声音是否正常。

摸:在刚切断电源后,尽快触摸检查电动机、变压器、电磁线圈及熔断器等,看是否有过热现象。

2)用逻辑分析法确定并缩小故障范围

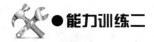

检修简单的电气控制线路时,对每个电气元件、每根导线逐一进行检查,一般能很快找到故障点。但对复杂的线路而言,往往有上百个元件,成千条连线,若采取逐一检查的方法,不仅需耗费大量的时间,而且也容易漏查。在这种情况下,应根据电路图,采用逻辑分析法,对故障现象作具体分析,划出可疑范围,提高维修的针对性,可以收到准而快的效果。分析电路时,通常先从主电路入手,了解工业机械各运动部件和机构采用了几台电动机拖动,与每台电动机相关的电气元件有哪些,采用了何种控制,然后根据电动机主电路所用电气元件

的文字符号、图区号及控制要求,找到相应的控制电路。在此基础上,结合故障现象和线路工作原理进行认真分析排查,即可迅速判定故障发生的可能范围。

当故障的可疑范围较大时,不必按部就班地逐级进行检查,这时可在故障范围内的中间环节进行检查,以判断故障究竟是发生在哪一部分,从而缩小故障范围,提高检修速度。

3)对故障范围进行外观检查

在确定了故障发生的可能范围后,可对范围内的电气元件及连接导线进行外观检查,例如:熔断器的熔体熔断;导线接头松动或脱落;接触器和继电器的触头脱落或接触不良,线圈烧坏使表层绝缘纸烧焦变色,烧化的绝缘清漆流出;弹簧脱落或断裂;电气开关的动作机构受阻失灵等,都能明显地表明故障点所在。

4)用试验法进一步缩小故障范围

经外观检查未发现故障点时,可根据故障现象,结合电路图分析故障原因,在不扩大故障范围、不损伤电气和机械设备的前提下进行直接通电试验,或除去负载(从控制箱接线端子板上卸下)通电试验,以分清故障可能是在电气部分还是在机械等其他部分;是在电动机上还是在控制设备上;是在主电路上还是在控制电路上。一般情况下先检查控制电路,具体做法是:操作某一只按钮或开关时,线路中有关的接触器、继电器将按规定的动作顺序进行工作。若依次动作至某一电气元件时,发现动作不符合要求,即说明该电气元件或其相关电路有问题。再在此电路中进行逐项分析和检查,一般便可发现故障。待控制电路的故障排除恢复正常后,再接通主电路,检查控制电路对主电路的控制效果,观察主电路的工作情况有无异常等。

在通电试验时,必须注意人身和设备的安全。要遵守安全操作规程,不得随意触动带电部分,尽可能切断电动机主电路电源,只在控制电路带电的情况下进行检查;如需电动机运转,则应使电动机在空载下运行,以避免工业机械的运动部分发生误动作和碰撞;要暂时隔断有故障的主电路,以免故障扩大,并预先充分估计到局部线路动作后可能发生的不良后果。

5)用测量法确定故障点

测量法是维修电工工作中用来准确确定故障点的一种行之有效的检查方法。常用的测试工具和仪表有校验灯、测电笔、万用表、钳形电流表、兆欧表等,主要通过对电路进行带电或断电时的有关参数(如电压、电阻、电流等)的测量,来判断电气元件的好坏、设备的绝缘情况以及线路的通断情况。随着科学技术的发展,测量手段也在不断更新。例如,在晶闸管—电动机自动调速系统中,利用示波器来观察晶闸管整流装置的输出波形、触发电路的脉冲波形,就能很快判断系统的故障所在。

在用测量法检查故障点时,一定要保证各种测量工具和仪表完好,使用方法正确,还要注意防止感应电、回路电及其他并联支路的影响,以免产生误判断。

前面介绍了电压分阶测量法和电阻分阶测量法,下面再介绍几种常用的测量方法。

①电压分段测量法。

首先把万用表的转换开关置于交流电压 500 V 的挡位上。

先用万用表测量如图 2-1-20 所示 0—1 两点间的电压,若为 380 V,则说明电源电压正常。然后一人按下启动按钮SB2，若接触器KM1不吸合，则说明电路有故障。这时另一人可用万用表的红、黑两根表棒逐段测量相邻两点1—2、2—3、3—4、4—5、5—6、6—0之间的电压，根据其测量结果即可找出故障点，见表2-1-7。

表2-1-7 电压分段测量法所测电压值及故障点

故障现象	测试状态	1—2	2—3	3—4	4—5	5—6	6—0	故障点
按下SB2时，KM1不吸合	按下SB2不放	380 V	0	0	0	0	0	KH常闭触头接触不良
		0	380 V	0	0	0	0	SB1的常闭触头接触不良
		0	0	380 V	0	0	0	SB2的常闭触头接触不良
		0	0	0	380 V	0	0	KM2的常闭触头接触不良
		0	0	0	0	380 V	0	SQ的常闭触头接触不良
		0	0	0	0	0	380 V	KM1线圈断路

②电阻分段测量法。

测量检查时，首先切断电源，然后把万用表的转换开关置于倍率适当的电阻挡，并逐段测量如图2-1-21所示相邻号点1—2、2—3、3—4（测量时由一人按下SB2）、4—5、5—6、6—0之间的电阻。如果测得某两点间电阻值很大（∞），即说明该两点间接触不良或导线断路，见表2-1-8。

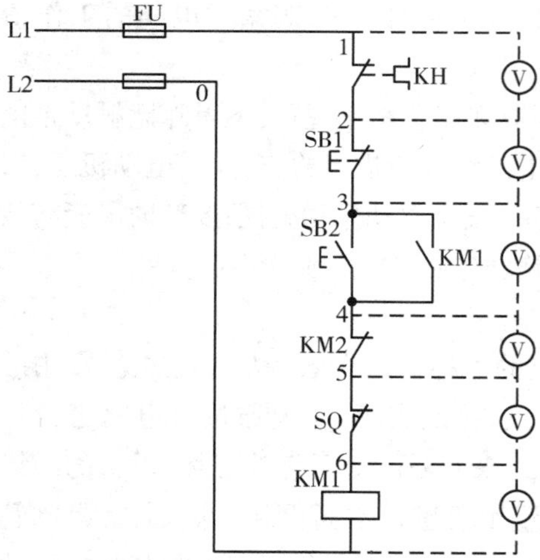

图2-1-20 电压分段测量法

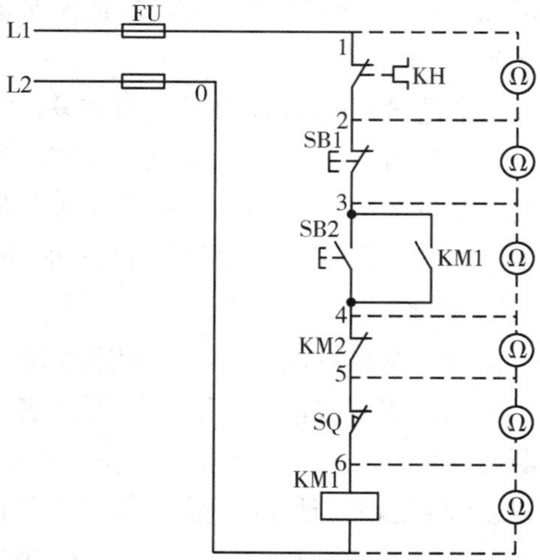

图2-1-21 电阻分段测量法

电阻分段测量法的优点是安全，缺点是测量电阻值不准确时，易造成判断错误，为此应注意以下几点：

a.电阻测量法检查故障时，一定要先切断电源。

b.所测电路若与其他电路并联，必须将该电路与其他电路断开，否则所测电阻值不准确。

c.测量高电阻电气元件时，要将万用表的电阻挡转换到适当挡位。

表 2-1-8　电阻分段测量法查找故障点

故障现象	测量点	电阻值	故障点
按下 SB2,KM1 不吸合	1—2	∞	KH 常闭触头接触不良或误动作
	2—3	∞	SB1 常闭触头接触不良
	3—4	∞	SB2 常开触头接触不良
	4—5	∞	KM2 的常闭触头接触不良
	5—6	∞	SQ 的常闭触头接触不良
	6—0	∞	KM1 线圈断路

③短接法。

机床电气设备的常见故障为断路故障,如导线断路、虚连、虚焊、触头接触不良、熔断器熔断等。对这类故障,除用电压法和电阻法检查外,还有一种更为简便可靠的方法,就是短接法。检查时,用一根绝缘良好的导线将所怀疑的断路部位短接,若短接到某处电路接通,则说明该处断路。

a.长短接法。长短接法是指一次短接两个或多个触头来检查故障的方法。

当 KH 的常闭触头和 SB1 的常闭触头同时接触不良时,若用局部短接法短接,如图 2-1-23所示中的 1—2 两点,按下 SB2,KM1 仍不能吸合,则可能造成判断错误;而用长短接法将 1—6 两点短接,如果 KM1 吸合,则说明 1—6 这段电路上有断路故障;然后再用局部短接法逐段找出故障点。

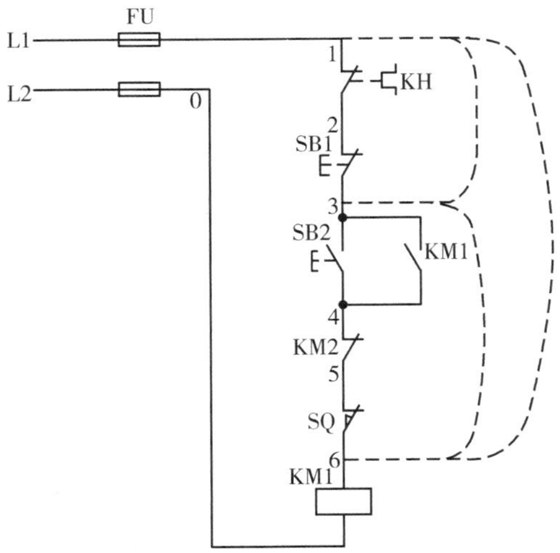

图 2-1-22　长短接法

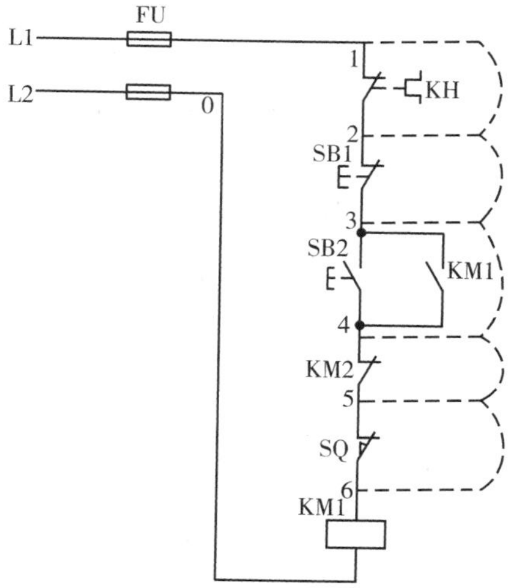

图 2-1-23　局部短接法

b.局部短接法。检查前,先用万用表测量如图 2-1-23 所示 1—0 两点间的电压。若电压正常,可一人按下启动按钮 SB2 不放,然后另一人用一根绝缘良好的导线,分别短接标号相邻的两点:1—2、2—3、3—4、4—5、5—6(注意不要短接 6—0 两点,否则造成短路)。当短接到某两点时,接触器 KM1 吸合,即说明断路故障就在该两点之间,见表 2-1-9。

表 2-1-9 局部短接法查找故障点

故障现象	短接点标号	KM1 动作	故障点
按下 SB2,KM1 不吸合	1—2	KM1 吸合	KH 常闭触头接触不良或误动作
	2—3	KM1 吸合	SB1 常闭触头接触不良
	3—4	KM1 吸合	SB2 常开触头接触不良
	4—5	KM1 吸合	KM2 的常闭触头接触不良
	5—6	KM1 吸合	SQ 的常闭触头接触不良

长短接法的另一个作用是可把故障点缩小到一个较小的范围。例如,第一次先短接 3—6两点,KM1 不吸合,再短接 1—3 两点,KM1 吸合,说明故障在 1—3 范围内。可见,如果长短接法和局部短接法能结合使用,可很快找出故障点。

用短接法检查故障时必须注意以下几点:

第一,用短接法检测时,是用手拿绝缘导线带电操作的,所以一定要注意安全,避免触电事故。

第二,短接法只适用于压降极小的导线及触头之类的断路故障。对于压降较大的电器,如电阻、线圈、绕组等断路故障,不能采用短接法,否则会出现短路故障。

第三,对于工业机械的某些要害部位,必须保证电气设备或机械部件在不会出现事故的情况下,才能使用短接法。

6)检查是否存在机械、液压故障

在许多电气设备中,电气元件的动作是由机械、液压来推动的,或与它们有着密切的联动关系,所以在检修电气故障的同时应检查、调整和排除机械、液压部分的故障,或与机械维修工配合完成。

以上所述检查分析电气设备故障的一般顺序和方法,应根据故障的性质和具体情况灵活选用,断电检查多采用电阻法,通电检查多采用电压法或电流法。各种方法可交叉使用,以便迅速有效地找出故障点。

7)修复及注意事项

当找出电气设备的故障点后,就要着手进行修复、试运转、记录等,然后交付使用,但必须注意如下事项:

①在找出故障点和修复故障时,应注意不能把找出的故障点作为寻找故障的终点,还必须进一步分析查明产生故障的根本原因。例如:在处理某台电动机因过载烧毁的事故时,绝不能认为将烧毁的电动机重新修复或换上一台同型号的新电动机就算完事,而应进一步查明电动机过载的原因,例如是因负载过重,还是电动机选择不当、功率过小所致,因为两者都将导致电动机过载。所以在处理故障时,修复故障应在找出故障原因并排除之后进行。

②找出故障点后,一定要针对不同故障情况和部位相应采取正确的修复方法,不要轻易采用更换电气元件和补线等方法,更不允许轻易改动线路或更换规格不同的电气元件,以防

止产生人为故障。

③在故障点的修理工作中，一般情况下应尽量做到复原。但是，有时为了尽快恢复工业机械的正常运行，根据实际情况也允许采取一些适当的应急措施，但绝不可凑合行事。

④电气故障修复完毕，需要通电试运行时，应和操作者配合，避免出现新的故障。

⑤每次排除故障后，应及时总结经验，并做好维修记录。记录的内容可包括：工业机械的型号、名称、编号，故障发生日期、故障现象、部位、损坏的电器、故障原因、修复措施及修复后的运行情况等。记录的目的：作为档案以备日后维修时参考，并通过对历次故障的分析采取相应的有效措施，防止类似事故的再次发生或对电气设备本身的设计提出改进意见等。

(4)CA6140 车床常见电气故障分析与检修

当需要打开配电盘壁龛门进行带电检修时，将 SQ2 开关的传动杆拉出，断路器 QF 仍可合上。关上壁龛门后，SQ2 复原恢复保护作用。

1)主轴电动机 M1 不能启动

主轴电动机 M1 不能启动，可按图 2-1-24 流程图的步骤检修：

若接触器 KM 不吸合，可按下列步骤检修：首先检查 KA2 是否吸合。若吸合，说明 KM 和 KA2 的公共控制电路部分(0—1—2—4—5)正常，故障范围在 KM 的线圈部分支路(5—6—7—0)；若 KA2 也不吸合，就要检查照明灯和信号灯是否亮，若照明灯和信号灯亮，说明故障范围在控制电路上，若灯 HL、EL 都不亮，说明电源部分有故障，但不能排除控制电路有故障。下面用电压分段测量法检修如图 2-1-25 所示控制电路的故障。根据各段电压值来检查故障的方法见表 2-1-10。

表 2-1-10　用电压分段测量法检测故障点并排除

故障现象	测量状态	5—6	6—7	7—0	故障点	排　除
按下 SB2 时，KM 不吸合，按下 SB3 时，KA2 吸合	按下 SB2 不放	110 V	0	0	SB1 接触不良或接线脱落	更换按钮 SB1 或将脱落线接好
		0	110 V	0	SB2 接触不良或接线脱落	更换按钮 SB2 或将脱落线接好
		0	0	110 V	KM 线圈开路或接线脱落	更换同型号线圈或将脱落线接好

2)主轴电动机 M1 启动后不能自锁

当按下启动按钮 SB2 时，主轴电动机能启动运转，但松开 SB2 后，M1 也随之停止。造成这种故障的原因是接触器 KM 的自锁触头接触不良或连接导线松脱。

3)主轴电动机 M1 不能停车

造成这种故障的原因多是接触器 KM 的主触头熔焊；停止按钮 SB1 击穿或线路中 5、6 两点连接导线短路；接触器铁芯表面有污垢。可采用下列方法判明是哪种原因造成电动机 M1 不能停车：若断开 QF，接触器 KM 释放，则说明故障为 SB1 击穿或导线短接；若接触器过

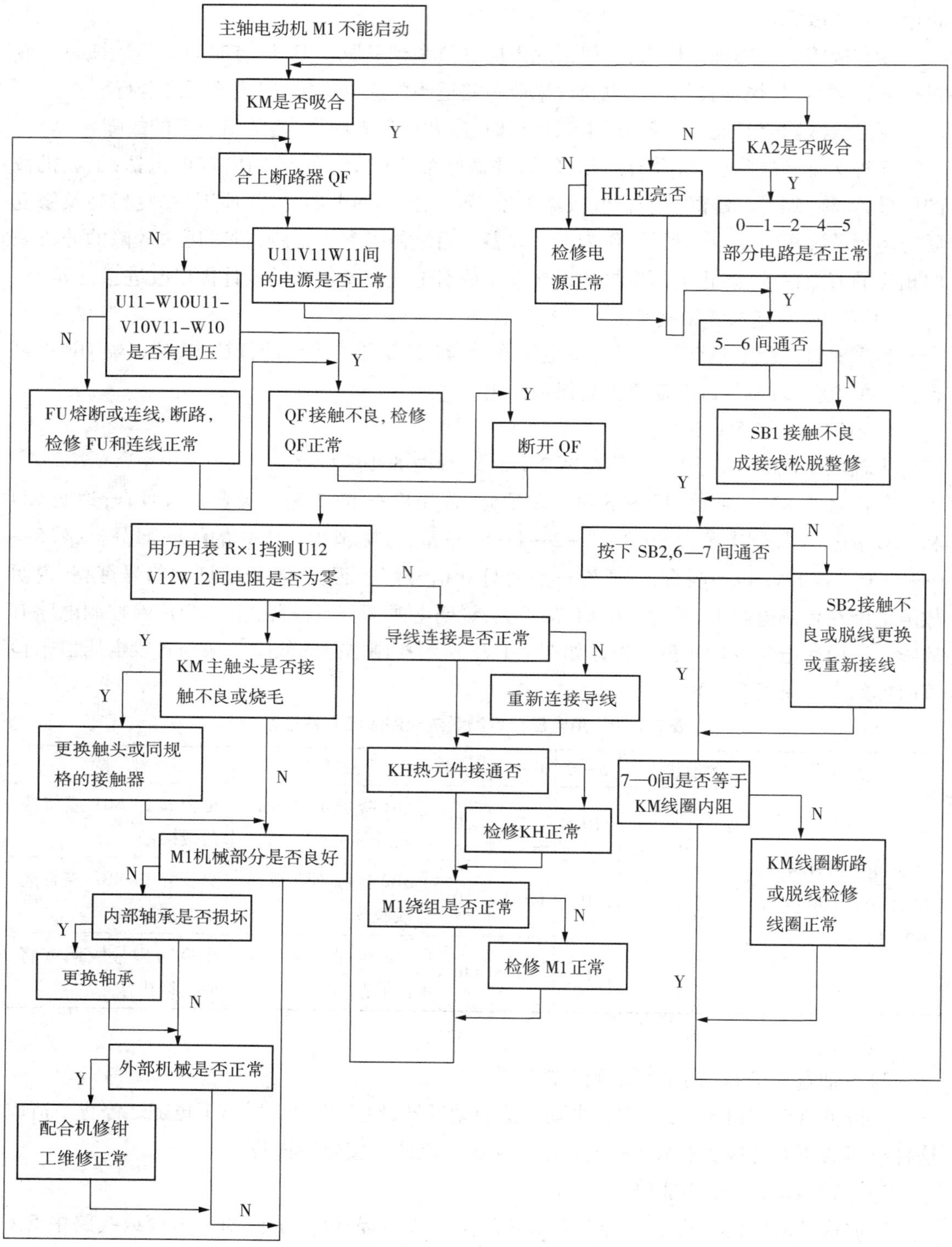

图 2-1-24　主轴电动机 M1 不能启动故障检修流程图

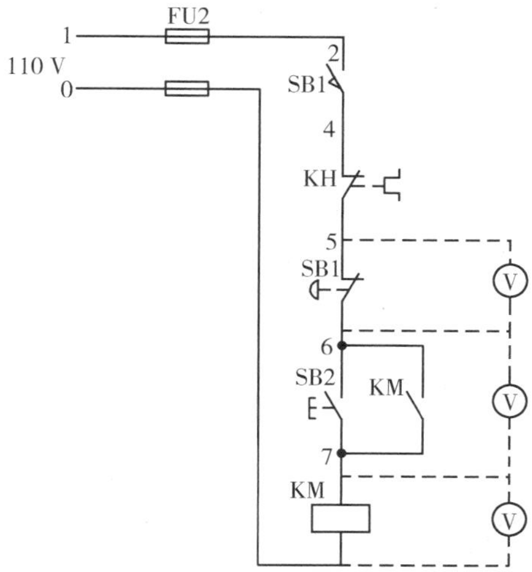

图 2-1-25　电压分段测量法

一段时间释放，则故障为铁芯表面有污垢；若断开 QF，接触器 KM 不释放，则故障为主触头熔焊。检修时可按图 2-1-26 所示的流程图进行。

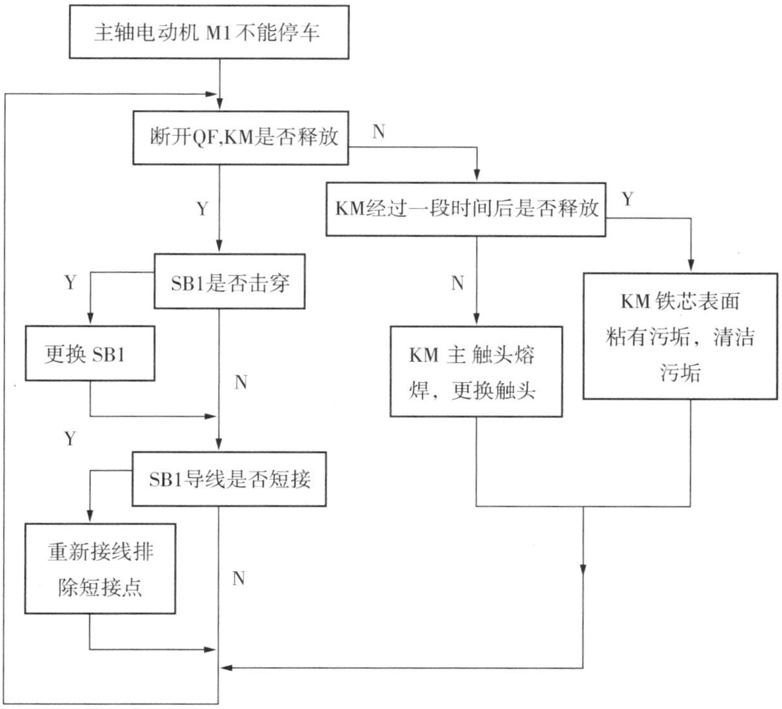

图 2-1-26　主轴电动机 M1 不能停车故障检修流程图

4）主轴电动机在运行中突然停车

这种故障的主要原因是由于热继电器动作。发生这种故障后，一定要找出热继电器动作的原因，排除后才能使其复位。引起热继电器动作的原因可能是：三相电源电压不平衡；

电源电压较长时间过低;负载过重以及 M1 的连接导线接触不良等。检修时可按图 2-1-27 所示的流程图进行。

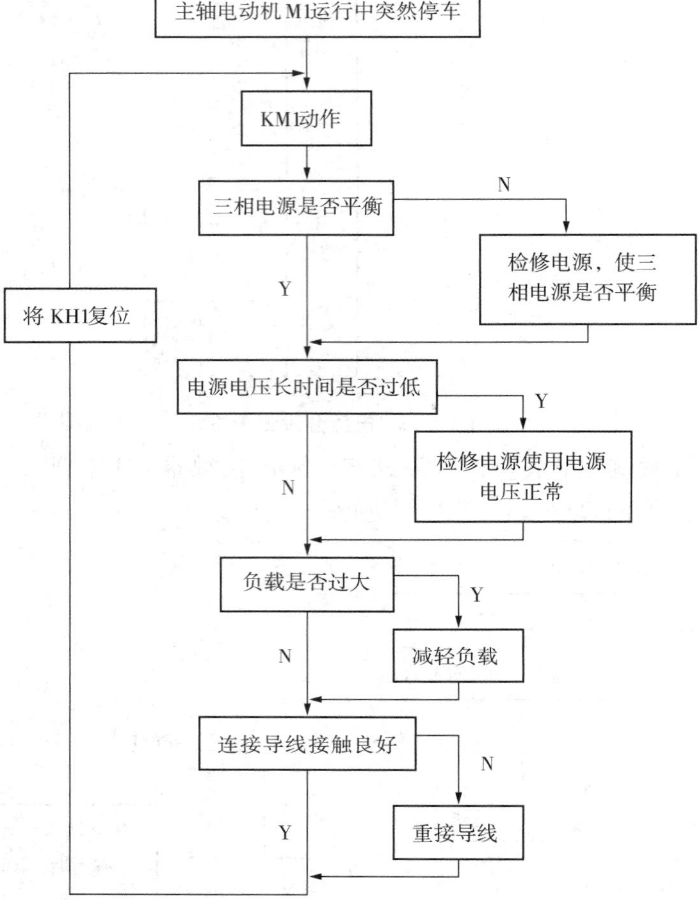

图 2-1-27　主轴电动机 M1 运行中突然停车故障检修流程图

5)刀架快速移动电动机不能启动

首先检查 FU2 熔丝是否熔断;其次检查中间继电器 KA2 触头的接触是否良好;若无异常或按下 SB3 时继电器 KA2 不吸合,则故障必定在控制电路中。这时依次检查的常闭触头、点动按钮 SB3 及继电器 KA2 的线圈是否有断路现象即可。检修时可按图 2-1-28 所示的流程图进行。

(5)检修步骤及工艺要求

①在操作师傅的指导下对车床进行操作,了解车床的各种工作状态及操作方法。

②在教师的指导下,参照电器位置图和机床接线图,熟悉车床电气元件的分布位置和走线情况。

③在 CA6140 车床上人为设置自然故障点。故障设置时应注意以下几点:

a.人为设置的故障必须是模拟车床在使用中,由于受外界因素影响而造成的自然故障。

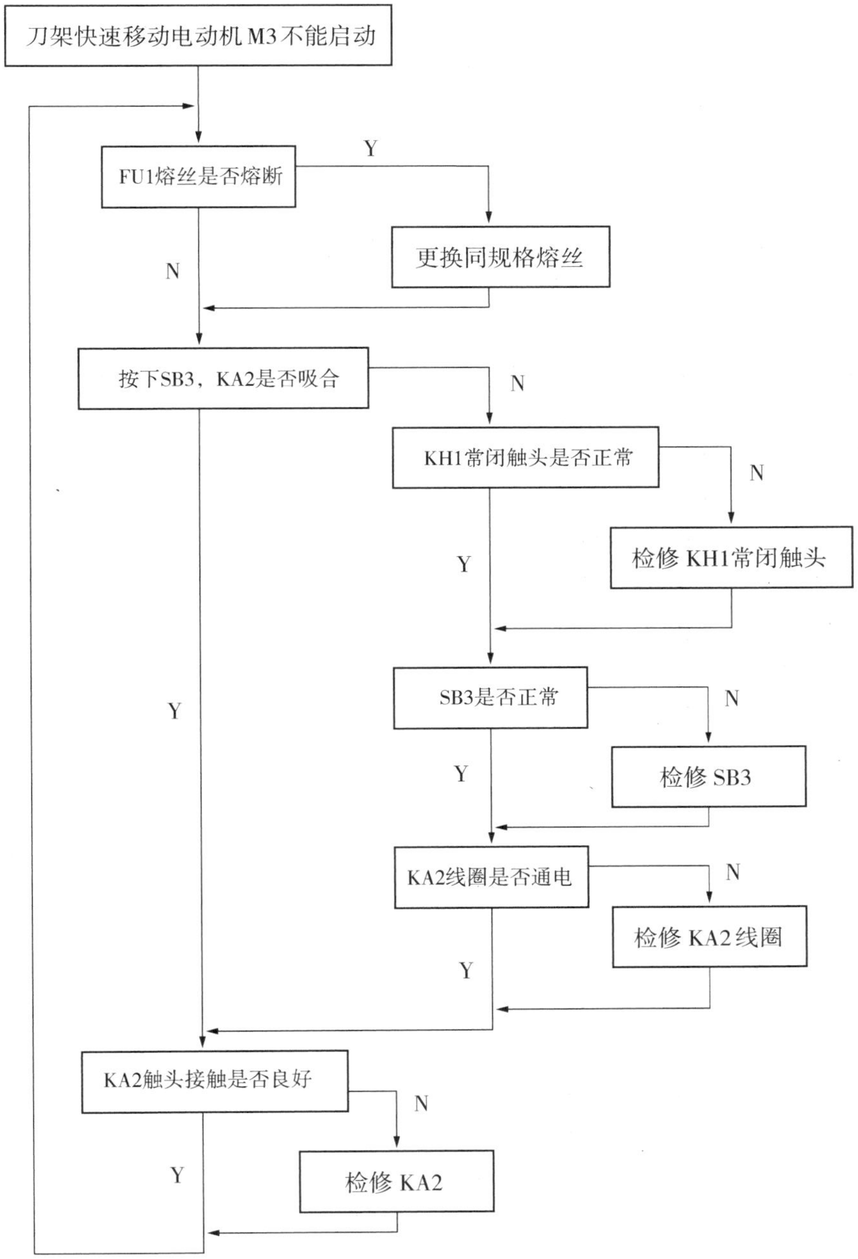

图 2-1-28 刀架快速移动电动机 M3 不能启动故障检修流程图

b.切忌设置更改线路或更换电气元件等由于人为原因而造成的非自然故障。

c.对于设置一个以上故障点的线路,故障现象尽可能不要相互掩盖。如果故障相互掩盖,按要求应有明显检查顺序。

d.设置的故障必须与学生应该具有的修复能力相适应。随着学生检修水平的逐步提高,再相应提高故障的难度等级。

e.应尽量设置不容易造成人身或设备事故的故障点,如有必要时,教师必须在现场密切注意学生的检修动态,随时做好采取应急措施的准备。

④教师示范检修。教师进行示范检修时,可把下述检修步骤及要求贯穿其中,直至故障排除。

a.用通电试验法引导学生观察故障现象。

b.根据故障现象,依据电路图用逻辑分析法确定故障范围。

c.用正确的检查方法查找故障点,并排除故障。

d.检修完毕进行通电试验,并做好维修记录。

⑤教师设置让学生事先不知道的故障点,指导学生如何从故障现象着手进行分析,逐步引导学生采用正确的检修步骤和检修方法。

⑥教师设置故障点,由学生检修。

(6)注意事项

①熟悉 CA6140 车床电气控制线路的基本环节及控制要求,认真观摩教师示范检修。

②检修所用工具、仪表应符合使用要求。

③排除故障时,必须修复故障点,但不得采用元件代换法。

④检修时,严禁扩大故障范围或产生新的故障。

⑤带电检修时,必须有指导教师在场指导。

(7)评分标准

CA6140 车床电气控制线路故障检修评分标准见表 2-1-11。

表 2-1-11 评分标准

<table>
<tr><td>项目内容</td><td>配分</td><td colspan="4">评分标准</td><td>扣分</td></tr>
<tr><td>故障分析</td><td>30</td><td colspan="4">(1)标不出故障线段或错标在故障回路以外,每个故障点扣 15 分
(2)不能标出最小故障范围,每个故障点扣 5~10 分</td><td></td></tr>
<tr><td>排除故障</td><td>70</td><td colspan="4">(1)停电不验电,扣 5 分
(2)测量仪器和工具使用不正确,每次扣 5 分
(3)排除故障的方法不正确,扣 10 分
(4)损坏电气元件,每个扣 40 分
(5)不能排除故障点,每个扣 35 分
(6)扩大故障范围或产生新故障,每个扣 40 分</td><td></td></tr>
<tr><td>安全文明生产</td><td colspan="5">违反安全文明生产规程,扣 10~70 分</td><td></td></tr>
<tr><td>定额时间 1 h</td><td colspan="5">不允许超时检查,修复故障过程中允许超时,但以每超时 5 min 扣 5 分计算</td><td></td></tr>
<tr><td>备　注</td><td colspan="4">除定额时间外,各项内容的最高扣分不得超过配分数</td><td>成　绩</td><td></td></tr>
<tr><td>开始时间</td><td></td><td>结束时间</td><td></td><td></td><td>实际时间</td><td></td></tr>
</table>

知识技能测试

一、填空题

1.机床电气设备的维修包括________和________两方面。

2.保持电动机表面________，进、出风口必须保持不允许等任何异物掉入电动机的内部。

3.配合生产机械一级保养进行________维护保养工作。金属切削机床的一级保养一般在____左右进行一次。金属切削机床的二级保养一般____左右进行一次，保养作业时间通常为____。

4.CA6140 型车床主要由________、____________、____________等部分组成。

5.CA6140 型车床的主运动是____，进给运动是________，辅助运动是________。

二、判断题

1.如果加强对电气设备的日常维护保养，就可以杜绝电气故障的发生。（　　）

2.电动机的接地装置应经常检查，使之保持牢固可靠。（　　）

3.CA6140 型车床主轴的正反转是通过主轴电动机 M1 的正反转来实现的。（　　）

4.车床车削螺纹是靠刀架移动和主轴转动（按固定比例）来完成的。（　　）

5.如果加强对电气设备的日常维护保养，就可以杜绝电气故障的发生。（　　）

6.电动机的接地装置应经常检查，使之保持牢固可靠。（　　）

7.CY6140型车床电源信号灯由 SA 控制。（　　）

三、选择题

1.CA6140 型车床调速是（　　）。

A.电气无级调速　　B.齿轮箱进行机械有级调速　　C.电气与机械配合调速

2.CA6140 型车床主轴电动机是（　　）。

A.三相笼型异步电动机　　B.三相绕线转子异步电动机　　C.直流电动机

3.CA6140 型车床的刀架快速移动电动机采用的是（　　）线路。

A.正反转控制　　B.电动控制　　C.接触器自锁控制

4.CA6140 型车床的主轴电动机的过载保护是由（　　）承担。

A.热继电器 KH1　　B.热继电器 KH2　　C.中间继电器 KA1

5.在 CA6140 型车床电气控制线路中，如果 KM 主触头熔焊，则可能出现的故障是（　　）。

A.主轴电动机不能启动　　B.主轴电动机不能停止　　C.主轴电动机能启动不能停止

四、技能考核题

某 CA6140 型车床主轴电动机不能正常停车，试对它进行检修。

任务 2.2 Z3050 型摇臂钻床电气控制线路安装、调试与维修

●任务目标

- 认识 Z3050 型摇臂钻床的主要结构特点和电器位置。
- 能够维护 Z3050 型摇臂钻床的电器、设备。
- 能对 Z3050 型摇臂钻床的电气故障进行维修

●入门引导

在钻削操作中,我们已经使用过钻床,已了解到钻床的一些基本操作方法。但钻床各部分是怎样进行电气控制的?如何安装和调试其电气控制线路?如何根据钻床的一些故障现象准确分析、判断故障部位并加以排除?这些都是本任务要解决的问题。

●知识学习

钻床是一种用来进行钻孔、扩孔、铰孔、镗孔及攻螺纹等机械加工的通用机床。钻床的结构有多种,如立式钻床、卧式钻床、深孔钻床等。摇臂钻床属于立式钻床。本任务以 Z3050 型摇臂钻床为例进行介绍,其外形如图 2-2-1 所示。

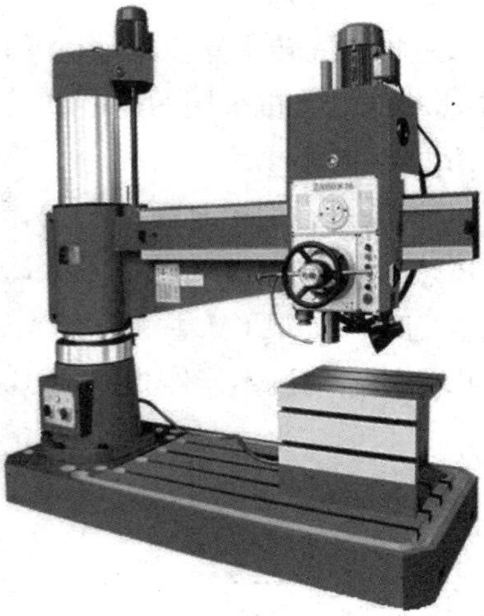

图 2-2-1 Z3050 型摇臂钻床

(1)Z3050 型摇臂钻床的主要结构和运行形式

1)型号意义

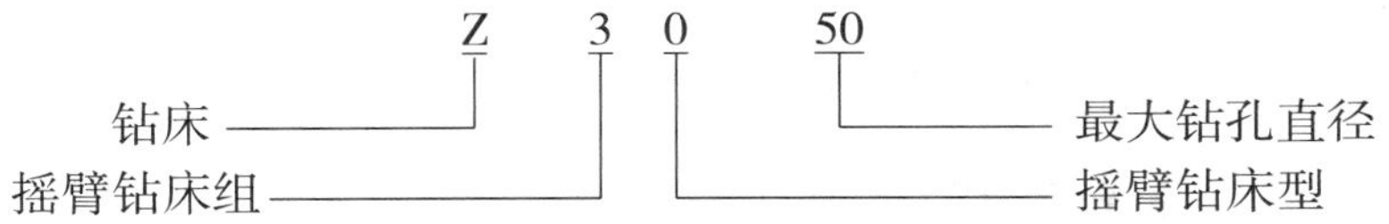

2)Z3050 摇臂钻床的主要结构

Z3050 型摇臂钻床主要由底座、外立柱、内立柱、摇臂、主轴箱工作台等部分组成，如图 2-2-2 所示。

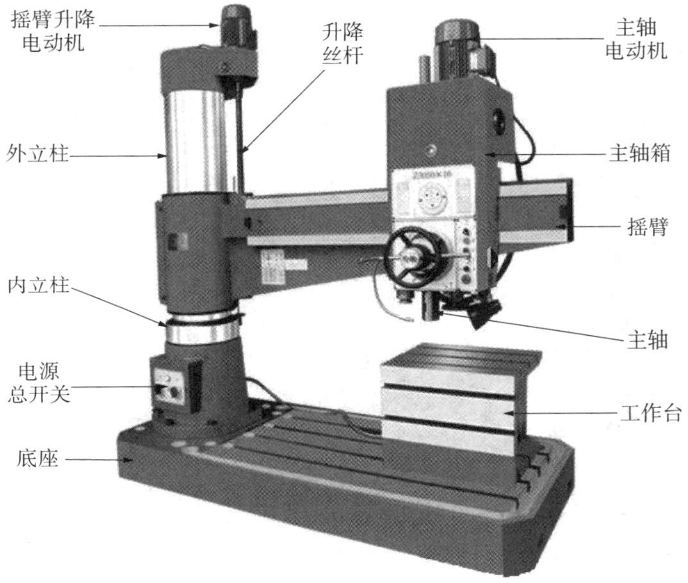

图 2-2-2　Z3050 摇臂钻床的结构

Z3050 摇臂钻床各部件作用及特点见表 2-2-2。

表 2-2-1　Z3050 型摇臂钻床各部件作用及特点

部件名称	作用及特点
底座	用于固定钻床，当加工工件较大时，还用于固定工件
内立柱	内立柱固定在底座上，不能转动，它外面套有空心的外立柱
外立柱	套在内立柱外，可绕内立柱作 360°回转
摇　臂	其一端的套筒部分与外立柱滑动配合，借助于丝杠可沿着外立柱上下移动，但不能与外立柱作相对转动，故摇臂与外立柱一起绕着内立柱回转，需要时可通过夹紧机构夹紧在立柱上。
主轴箱	包括主轴及主轴旋转和进给运动的全部传动变速和操作机构。它安装在摇臂的水平导轨上，可通过手轮操作使它沿着摇臂上的水平导轨作径向移动
工作台	用于固定不太大的加工件

Z3050 摇臂钻床各主要部件的装配关系如下：

主轴 —安装在→ 主轴箱 —座落在→ 摇臂 —套在→ 外立柱 —套在→ 内立柱 —固定在→ 底座 ←固定在— 工作台 ←固定在— 工件

3）Z3050 摇臂钻床操作部件布置（如图 2-2-3 所示）

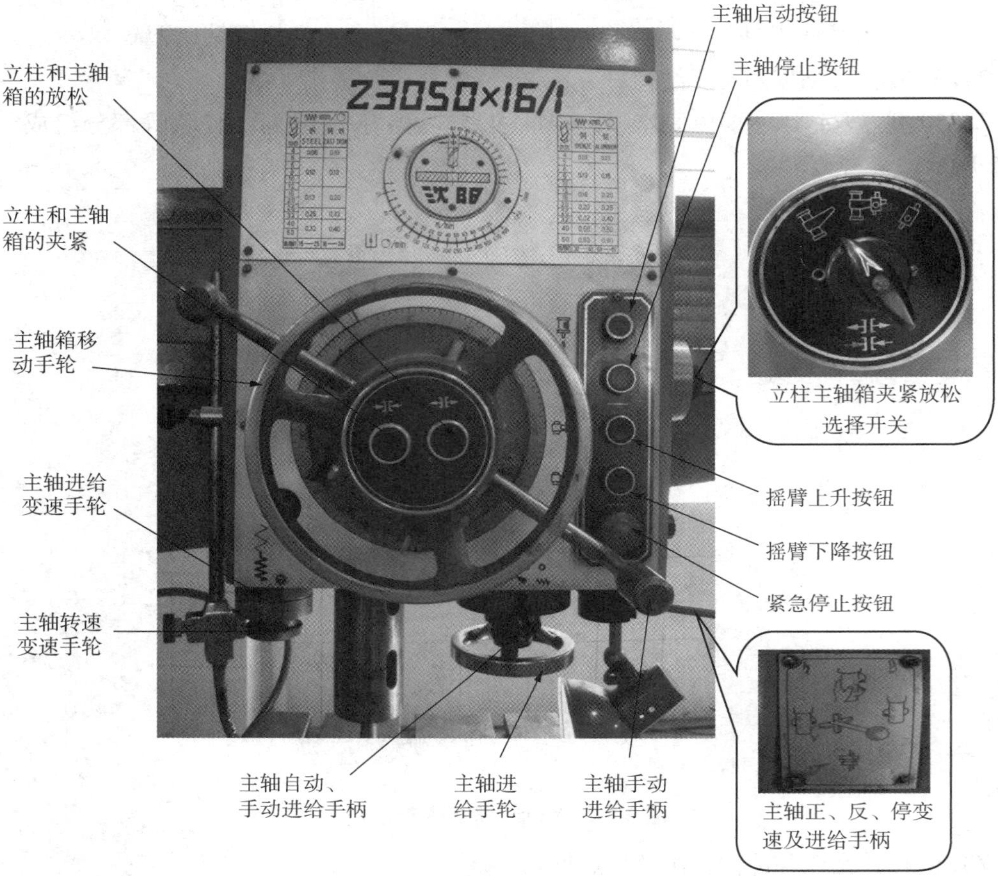

图 2-2-3　Z3050 摇臂钻床操作部件布置图

4）Z3050 摇臂钻床运动形式（如图 2-2-4 所示）

①主运动。

主运动是指摇臂钻床主轴带动钻头（刀具）的旋转运动。

②进给运动。

进给运动是指摇臂钻床主轴的垂直运动，即主轴带动钻头（刀具）的上下运动（手动或自动）。

③辅助运动。

辅助运动是用来调整主轴（刀具）与工件纵向、横向即水平面上的相对位置以及相对高度的运动，即主轴箱沿摇臂水平移动、摇臂沿外立柱上下移动以及摇臂连同外立柱一起相对于内立柱的回转运动。

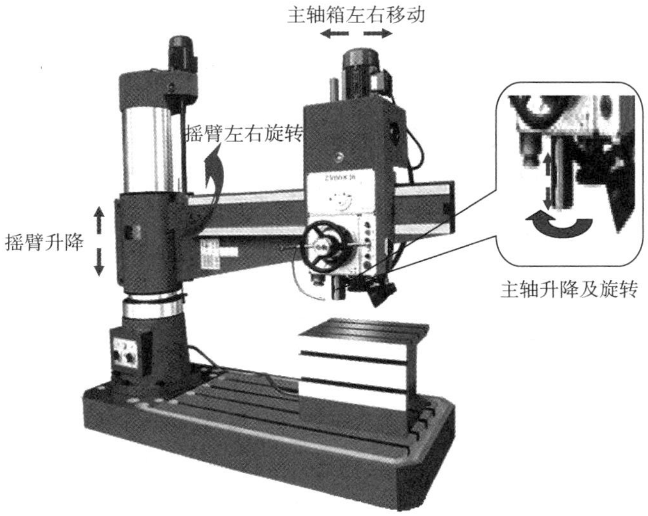

图 2-2-4　Z3050 摇臂钻床运动形式

(2)电力拖动特点及控制要求

Z3050 摇臂钻床电力拖动特点及控制要求见表 2-2-2。

表 2-2-2　Z3050 摇臂钻床电力拖动特点及控制要求

特　点		控制要求
多台电动机拖动	1M	主轴电动机,承担钻削及进给任务,只要求单向旋转(主轴的正反转通过正反转摩擦离合器来实现)
	2M	摇臂升降电动机,能正反转且要求有限位保护
	3M	拖动油泵供给液压装置压力油,实现摇臂、立柱、主轴箱的松开与夹紧,要求能正反转
	4M	用于拖动冷却泵输送冷却液,只需单向运转即可
调速范围大		采用机械调速,用手柄操作,对电动机无任何调速要求;主轴变速机构和进给变速机构位于一个变速箱内

(3)Z3050 摇臂钻床电气线路

1)Z3050 摇臂钻床的电气原理图

电气原理图如图 2-2-5 所示。

2)主电路

Z3050 摇臂钻床共有 4 台电动机,其外形如图 2-2-6 所示。各电动机的控制元件及其作用见表 2-2-3。电源配电盘在立柱前下部,电源电压为交流 380 V,断路器 QF1 作为电源引入开关如图 2-2-7 所示。

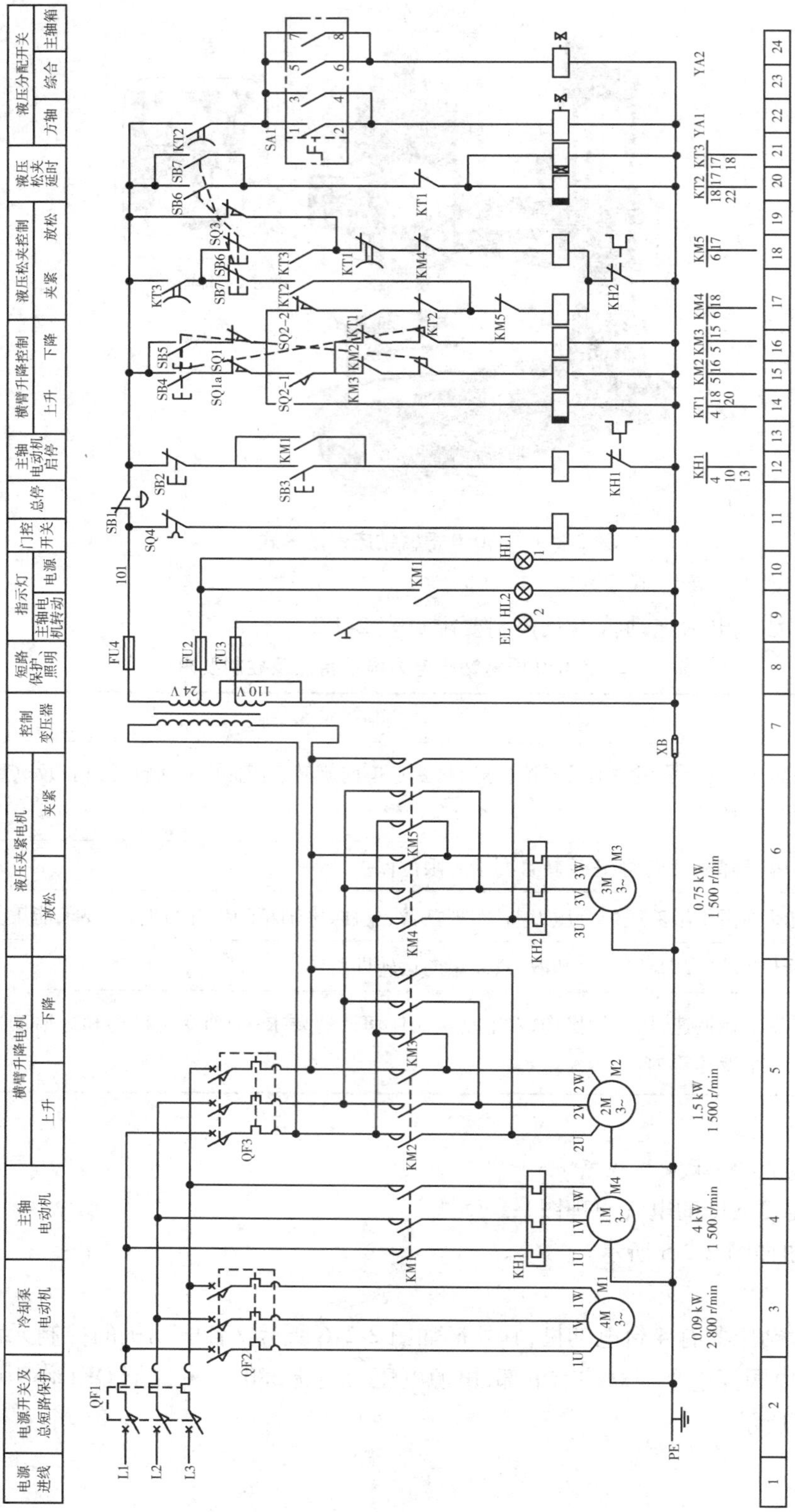

图2-2-5 Z3050摇臂钻床的电气原理图

（a）主轴电动机1M　（b）摇臂升降电动机2M

（c）液压泵电动机3M　（d）冷却泵电动机4M

图 2-2-6　摇臂钻床四台电动机外形图

表 2-2-3　Z3050 摇臂钻床各电动机控制元件及其作用

电动机名称	控制元件
主轴电动机 1M	带动主轴及进给传动系统的运动，由交流接触器 KM1 控制，热继电器 KH1 作为过载保护及断相保护，总电源开关中的电磁脱扣装置作短路保护
摇臂升降电动机 2M	由接触器 KM2、KM3 控制正反转。因该电动机只短时工作，故无过载保护装置
液压油泵电动机 3M	接触器 KM4 用于正转控制，接触器 KM5 用于反转控制，热继电器 KH2 作为过载及断相保护
冷却泵电动机 4M	功率很小，由开关 QF2 直接启动和停止

3）控制电路

控制电路电源由控制变压器 TC 降压后供给 110 V 电压，熔断器 FU1 作为短路保护，如图 2-2-8 所示。

（4）开机步骤

1）开机前的准备工作

为保证操作安全，Z3050 摇臂钻床总电源具有“机械锁”，电源配电盘和控制箱具有“开门断电”功能。所以开车前应将立柱下部及摇臂后部的电门盖关好，方能接通电源，如图 2-2-8所示。

图 2-2-7　电源配电盘

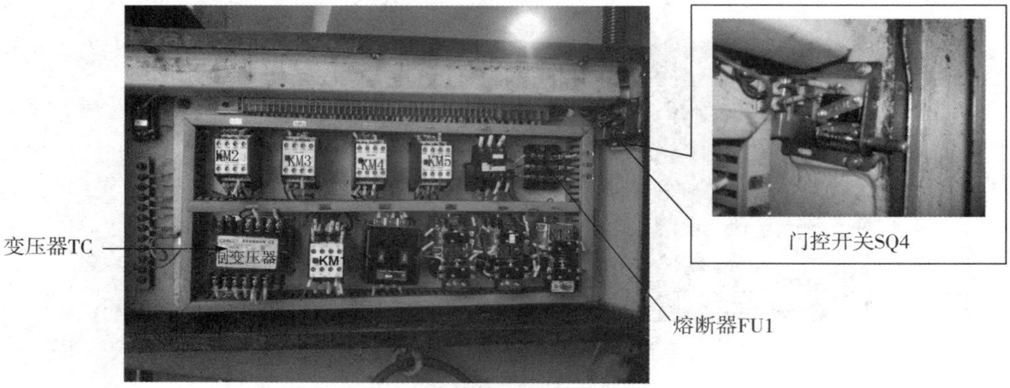

图 2-2-8　控制箱

2）开机操作步骤

①送电时，合上 QF3（5 区），关好控制箱电门盖；用钥匙打开机械锁，合上总电源断路器 QF1（2 区），总电源指示灯 HL1（10 区）显亮，表示钻床的电源已在供电状态，如图 2-2-9 所示。

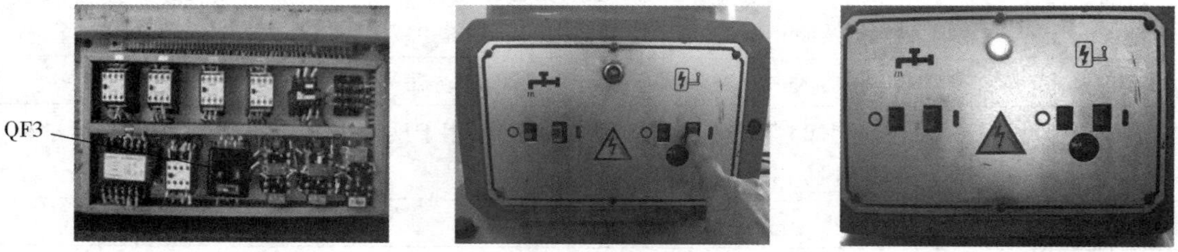

（a）合上QF3　（b）合上电源总开关QF1　（c）电源指示灯HL1亮

图 2-2-9　合上电源总开关 QF1

②主轴电动机 M1 的控制。按下启动按钮 SB3（12 区），接触器 KM1 吸合并自锁，使主轴电动机 M1 启动运行，同时指示灯 HL2（9 区）显亮；按下停止按钮 SB2（12 区），接触器 KM1 释放，使主轴电动机 M1 停止旋转，同时指示灯 HL2 熄灭，如图 2-2-10 所示。

③摇臂升降控制。按下上升按钮 SB4（15 区）（或下降按钮 SB5），如图 2-2-11 所示，则时间继电器 KT1（14 区）通电吸合，其瞬时闭合的常开触头（17 区）闭合，接触器 KM4 线圈（17 区）通电，液压泵电动机 3M 启动，正向旋转，供给压力油。压力油经分配阀门进入摇臂的“松开油腔”，推动活塞移动，活塞推动菱形块，将摇臂松开。同时活塞杆通过弹簧片压下

位置开关 SQ2,如图 2-2-12 所示,使其常闭触头(17 区)断开,常开触头(15 区)闭合。前者切断了接触器 KM4 的线圈电路,使 KM4 主触头(6 区)断开,液压泵电动机 3M 停止工作。后者使交流接触器 KM2(或 KM3)的线圈(15 区或 16 区)通电,KM2(或 KM3)的主触头(5 区)接通 2M 的电源,摇臂升降电动机 2M 启动旋转,带动摇臂上升(或下降)。如果此时摇臂尚未松开,则位置开关 SQ2 的常开触头则不能闭合,接触器 KM2(或 KM3)的线圈无电,摇臂就不能上升(或下降)。

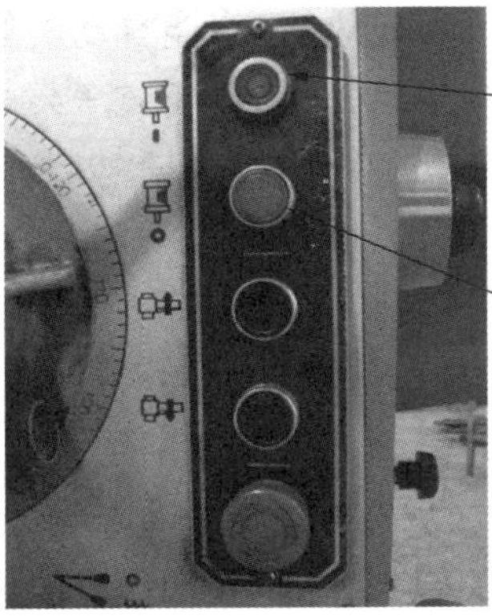

图 2-2-10　主轴启停控制按钮

图 2-2-11　摇臂上、下控制按钮

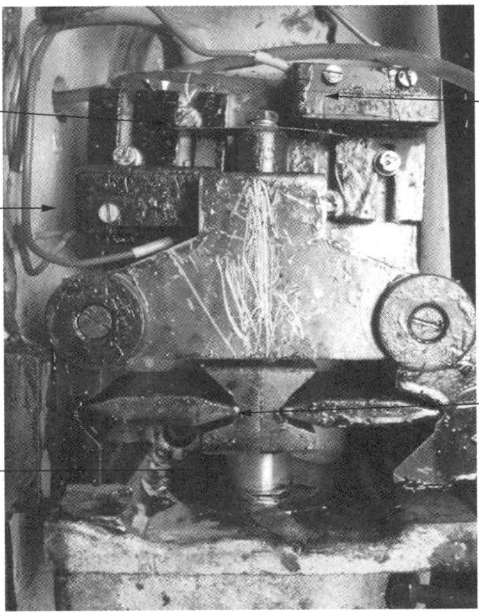

图 2-2-12　位置开关 SQ2、SQ3 位置分布图

当摇臂上升(或下降)到所需位置时,松开按钮 SB4(或 SB5),则接触器 KM2(或 KM3)和时间继电器 KT1 同时断电释放,2M 停止工作,随之摇臂停止上升(或下降)。由于时间继电器 KT1 断电释放,经 1~3 s 时间的延时后,其延时闭合的常闭触头(18 区)闭合,使接触器 KM5(18 区)吸合,液压泵电动机 3M 反向旋转,泵内压力油随之经分配阀进入摇臂的"夹紧油腔",使摇臂夹紧。摇臂夹紧后,活塞杆推动弹簧片压下位置开关 SQ3,其常闭触头(19

区）断开，KM5 断电释放，3M 最终停止工作，完成了摇臂的松开→上升（或下降）→夹紧的整套动作。

组合开关 SQ1a（15 区）和 SQ1b（16 区）作为摇臂升降的超程限位保护，如图 2-2-15 所示。当摇臂上升到极限位置时，压下 SQ1a 使其断开，接触器 KM2 断电释放，2M 停止运行，摇臂停止上升；当摇臂下降到极限位置时，压下 SQ1b 使其断开，接触器 KM3 断电释放，2M 停止运行，摇臂停止下降。

摇臂的自动夹紧由位置开关 SQ3 控制。如果液压夹紧系统出现故障，不能自动夹紧摇臂，或者由于 SQ3 调整不当，在摇臂夹紧后不能使 SQ3 的常闭触头断开，都会使液压泵电动机 3M 因长期过载运行而损坏。为此电路中设有热继电器 KH2，其整定值应根据电动机 3M 的额定电流进行整定。

摇臂升降电动机芯的正反转接触器 KM2 和 KM3 不允许同时获电动作，以防止电源相间短路。为避免因操作失误、主触头熔焊等原因而造成短路事故，在摇臂上升和下降的控制电路中采用了接触器联锁和复合按钮联锁，以确保电路安全工作。

④立柱和主轴箱的夹紧与放松控制。立柱和主轴箱的夹紧（或放松）既可以同时进行，也可以单独进行，由转换开关 SA1（22—24 区）和复合按钮 SB6（或 SB7）（20 或 21 区）进行控制。SA1 有 3 个位置，如图 2-2-13 所示：扳到中间位置时，立柱和主轴箱的夹紧（或放松）同时进行；扳到左边位置时，立柱夹紧（或放松）；扳到右边位置时，主轴箱夹紧（或放松）。复合按钮 SB6 是松开控制按钮，SB7 是夹紧控制按钮，如图 2-2-14 所示。

（a）SA1置于中间位置

（b）SA1置于中间位置

（c）SA1置于中间位置

图 2-2-13　SA1 位置图

a.立柱和主轴箱同时松开、夹紧。将转换开关 SA1 拨到中间位置，如图 2-2-13（b）所示，然后按下松开按钮 SB6，时间继电器 KT2、KT3 线圈（20、21 区）同时得电。KT2 延时断开的常开触头（22 区）瞬时闭合，电磁铁 YA2 得电吸合。而 KT3 延时闭合的常开触头（17 区）经 1～3 s 延时后闭合，使接触器 KM4 获电吸合，液压泵电动机 3M 正转，供出的压力油进入立柱和主轴箱的松开油腔，使立柱和主轴箱同时松开。

松开 SB6，时间继电器 KT2 和 KT3 的线圈断电释放，KT3 延时闭合的常开触头（17 区）瞬时分断，接触器 KM4 断电释放，液压泵电动机 3M 停转。KT2 延时分断的常开触头（22

图 2-2-14 电磁铁分布图

图 2-2-15 松开、夹紧按钮布置图

区)经 1~3 s 后分断,电磁铁 YA1、YA2 线圈断电释放,立柱和主轴箱同时松开的操作结束。

立柱和主轴箱同时夹紧的工作原理与松开相似,只要按下 SB7,使接触器 KM5 获电吸合,液压泵电动机 3M 反转即可。

b.立柱和主轴箱单独松开、夹紧。如果希望单独控制主轴箱,可将转换开关 SA1 扳到右侧位置,如图 2-2-13(c)所示。按下松开按钮 SB6(或夹紧按钮 SB7),时间继电器 KT2 和 KT3 的线圈同时得电,这时只有电磁铁 YA2 单独通电吸合,从而实现主轴箱的单独松开(或夹紧)。松开复合按钮 SB6(或 SB7),时间继电器 KT2 和 KT3 的线圈断电释放,KT3 的通电延时闭合的常开触头瞬时断开,接触器 KM4(或 KM5)的线圈断电释放,液压泵电动机 3M 停转。经 1~3 s 的延时后,KT2 延时分断的常开触头(22 区)分断,电磁铁 YA2 的线圈断电释放,主轴箱松开(或夹紧)的操作结束。

同理,把转换开关 SA1 扳到左侧,如图 2-2-13(a)所示,则使立柱单独松开或夹紧。

因为立柱和主轴箱的松开与夹紧是短时间的调整工作,所以采用点动控制。

⑤冷却泵电动机 4M 的控制。

合上断路器 QF2,就可以接通电源,如图 2-2-16(a)所示,冷却泵电动机 4M 工作,供给冷却液。停止时,断路器 QF2 分断,如图 2-2-16(b)所示,冷却泵电动机 4M 停止工作。

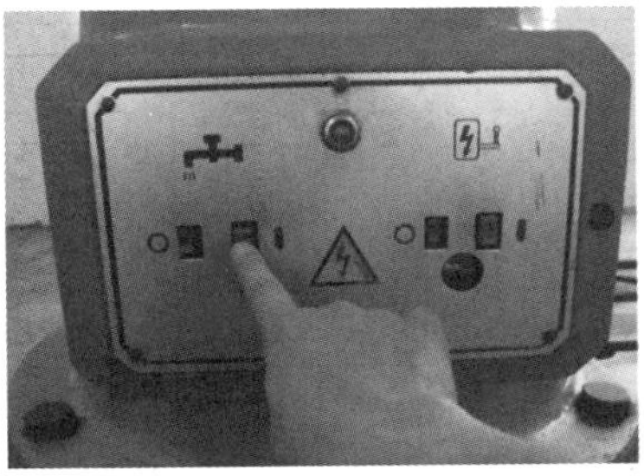

(a)合上断路器QF2

(b)分断断路器QF2

图 2-2-16 冷却泵电动机的控制

3）照明、指示电路分析

照明、指示电路的电源也由控制变压器 TC 降压后提供 24 V、6 V 的电压，由熔断器 FU3、FU2 作短路保护，如图 2-2-17（a）所示。EL 是照明灯，如图 2-2-17（b）所示，HL1 是电源指示灯，如图 2-2-17（c）所示，HL2 是主轴指示灯。

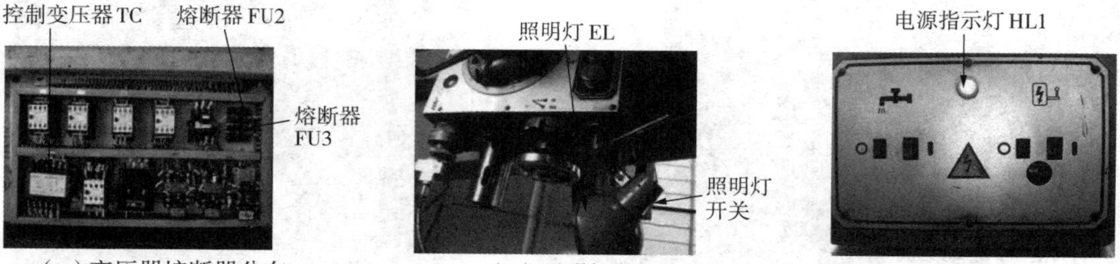

（a）变压器熔断器分布　（b）照明灯　（c）电源指示灯

图 2-2-17　照明、指示电路

●能力训练一

Z3050 摇臂钻床电气控制线路的安装与调试

（1）目的要求

掌握 Z3050 摇臂钻床电气控制线路的安装与调试。

（2）工具、仪表与器材

1）工具

测电笔、电工刀、剥线钳、尖嘴钳、斜口钳、螺钉旋具等。

2）仪表

MF30 型万用表、5050 型兆欧表、T301-A 型钳形电流表。

3）器材

控制板、走线槽、各种规格软线和紧固体、金属软管、编码套管等。

Z3050 摇臂钻床的电气元件明细表见表 2-2-4。

表 2-2-4　Z3050 摇臂钻床电气元件明细表

元件代号	图上区号	名　称	型号规格	数量	用　途
1M	4	主轴电动机	Y112M-4-B，4 kW，1 440 r/min	1	驱动主轴及进给
2M	5	摇臂升降电动机	Y90 L-4，1.5 kW，1 400 r/min	1	驱动摇臂升降
3M	6	液压油泵电动机	Y802-4，0.75 kW，1 390 r/min	1	驱动液压系统
4M	3	冷却泵电动机	AOB-25，90 W，2 800 r/min	1	驱动冷却泵
KM1	13	交流接触器	CJ0-20B，线圈电压 110 V	1	控制主轴电动机
KM2～KM5	15～19	交流接触器	CJ0-10B，线圈电压 110 V	4	控制 M2、M3 正反转

续表

元件代号	图上区号	名　称	型号规格	数量	用　途
KT1、KT2	17、20	时间继电器	JJSK2-4，线圈电压 110 V	2	
KT3	21	时间继电器	JJSK2-2，线圈电压 110 V	1	
KH1	6	热继电器	JR0-20/30D，6.8～11 A	1	M1 的过载保护
KH2	6	热继电器	JR0-20/30D，1.5～2.4 A	1	M3 的过载保护
QF1	2	低压断路器	DZ25-20/330HFSH，10 A	1	电源总开关
QF2	3	低压断路器	DZ25-20/330H，0.3～0.45 A	1	M4 控制开关
QF3	5	低压断路器	DZ25-20/330H，6.5 A	1	M1、M2、M3 电源开关
YA	22	交流电磁铁	MFJ1-3，线圈电压 110 V	1	液压分配
TC	7	控制变压器	BK-150，380 V/110 V-24 V-6 V	1	控制、照明、指示电路供电
FU1～FU3	8	熔断器	BZ-001 A，2 A	3	控制、照明、指示电路短路保护
SB1	12	按　钮	LAY3-11ZS/1，红色	1	总停止开关
SB2	13	按　钮	LAY3-11，红色	1	主轴电动机停止
SB3	13	按　钮	LAY3-11，绿色	1	主轴电动机启动
SB4	15、16	按　钮	LAY3-11，绿色	1	摇臂上升
SB5	15、16	按　钮	LAY3-11，绿色	1	摇臂下降
SB6	19、20	按　钮	LAY3-11，绿色	1	液压松开控制
SB7	18、20	按　钮	LAY3-11，绿色	1	液压夹紧控制
SQ1	15、16	组合开关	HZ4-22	1	摇臂升降限位
SQ2、SQ3	15、17、19	位置开关	LX5-11	2	摇臂松、紧限位
SQ4	10	位置开关	LX5-11	1	主轴箱和立柱松、紧指示控制
SQ5	12	门控开关	JWM6-11	1	防触电的门控开关
HL1	11	信号灯	XD1，6 V，白色	1	电源指示
HL1～HL4	10	指示灯	XD1，6 V	3	主轴、主轴箱和立柱松、紧指示
EL	9	钻床工作灯	JC-25，40 W、24 V	1	钻床工作照明

(3)Z3050 摇臂钻床开机操作步骤

1)开机前的准备工作

为保证操作安全，Z3050 摇臂钻床总电源具有“机械锁”，电源配电盘和控制箱具有“开门断电”功能。所以开车前应将立柱下部及摇臂后部的电门盖关好，方能接通电源。

2）开机操作步骤

①送电时，合上 QF3 关好控制箱电门盖，用钥匙打开机械锁，合上总电源断路器 QF1，总电源指示灯 HL1 显亮，表示钻床的电源已在供电状态，如图 2-2-18 所示。

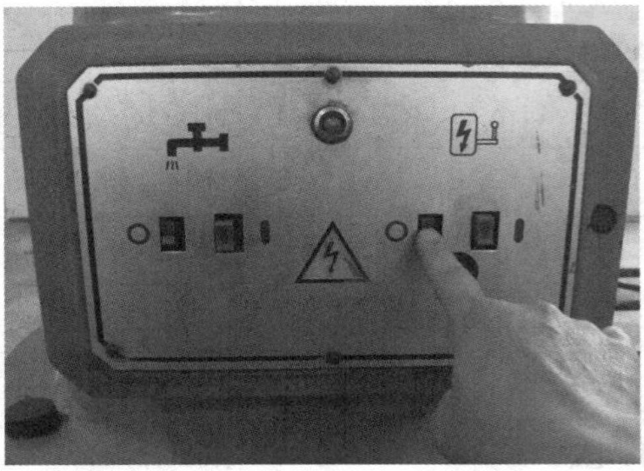

图 2-2-18　合上电源开关 QF1

图 2-2-19　SA1 的位置确定

②将工件定位并固定在工作台上。根据加工需求，选择 SA1 的位置，如图 2-2-19 所示。按下放松按钮 SB6，如图 2-2-20 使内外立柱之间和主轴箱、摇臂之间液压夹紧机构松开。按钮 SB6 内指示灯 HL4 点亮，说明液压夹紧机已松开，可以调整主轴与工件的纵向（前后）相对位置。转动主轴箱手轮，调整主轴箱在摇臂导轨上横向（左右）相对位置。然后按下夹紧按钮 SB7，如图 2-2-21 所示，使内、外立柱之间的主轴箱、摇臂之间的液压夹紧机构夹紧。当液压夹紧机构完全夹紧时，按钮 SB7 内指示灯 HL3 点亮。

图 2-2-20　立柱、主轴箱、摇臂松开

图 2-2-21　立柱、主轴箱、摇臂夹紧

③根据加工要求，摇臂需上升时，按下摇臂上升按钮 SB4，如图 2-2-22 所示。调整主轴与工件的相对高度，当摇臂上升到所需位置时，松开上升按钮 SB4，摇臂停止上升。摇臂自动夹紧在外立柱上。

摇臂需下降时，按下摇臂下降按钮 SB5，如图 2-2-23 所示。调整主轴与工件的相对高度，当摇臂下降到所需位置时，松开下降按钮 SB5，摇臂停止下降。摇臂自动夹紧在外立柱上。

④根据加工需要，主轴变速及自动进给手柄扳至所需旋转方向位置如图 2-2-24 所示。手柄向“外”为正转，如图 2-2-25 所示；手柄向“内”为反转，如图 2-2-26 所示。通过操纵手柄

图 2-2-22 按下摇臂上升按钮 SB4

图 2-2-23 按下摇臂下降按钮 SB5

使两个操纵阀相互改变位置，使一股压力油将制动摩擦离合器松开，为主轴旋转创造条件；另一股压力油压紧正转或反转摩擦离合器，接通主轴电动机到主轴的传动链，驱动主轴正转或反转。

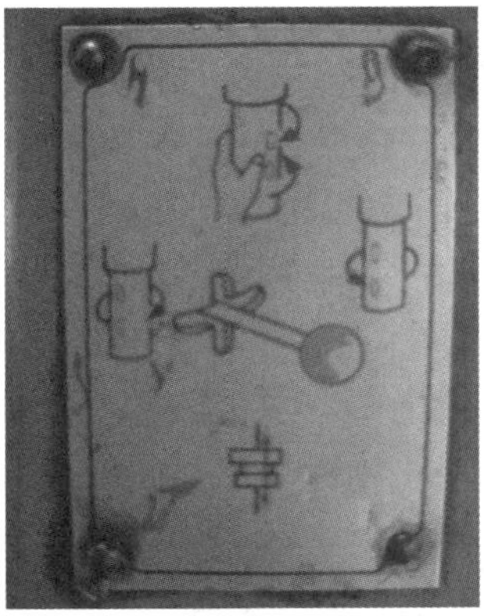

图 2-2-24 主轴变速及自动进给手柄位置

图 2-2-25 手柄向“外”为正转

图 2-2-26 手柄向“内”为反转

图 2-2-27 按下主轴电动机启动按钮 SB3

⑤按下主轴电动机启动按钮 SB3，如图 2-2-27 所示。主轴电动机 M1 得电启动，指示灯 HL2 亮，说明主轴电动机已开始工作，主轴转动。

⑥根据加工需要，可在主轴正转或反转的过程中改变主轴转速或主轴进给量。将主轴变速及自动进给手柄扳向“下”变速位置，如图 2-2-28 所示。

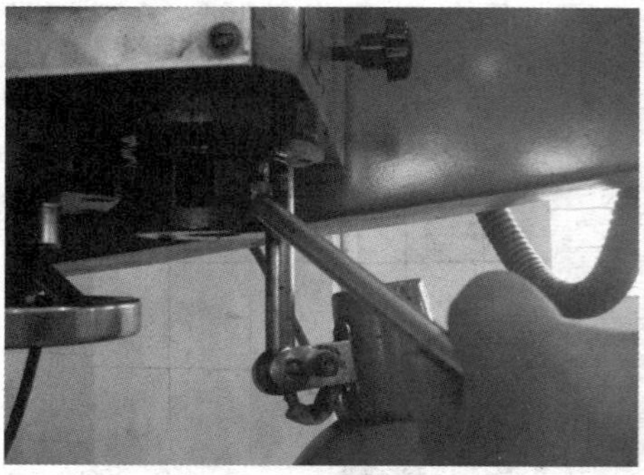

图 2-2-28　手柄向“下”主轴变速

图 2-2-29　手柄居“中”停车

视所选择主轴转速和进给量大小而定，改变两个操纵阀的相互位置，使送出的压力油进入主轴转速预选阀，然后进入各变速油缸。与此同时，另一油路系统推动拨叉缓缓移动，逐渐压紧主轴转速摩擦离合器，接通主轴电动机到主轴的传动链，带动主轴缓慢旋转，以利于齿轮的顺利啮合。当变速完成后，松开手柄，手柄就在弹簧作用下由“变速”位置自动复位到主轴“停车”位置，然后再操纵主轴正转或反转，主轴将在新的转速或进给量下工作。

⑦需要主轴停车时，将主轴变速及进给手柄扳回“中”位置，如图 2-2-29 所示。这时主轴电动机仍拖动齿轮旋转，但此时整个液压系统为低压油，无法松开制动摩擦离合器。在制动弹簧作用下，制动摩擦离合器被压紧，使制动轴上的齿轮不能转动，实现主轴停车。因此主轴停车时主轴电动机仍在旋转，只是不能将动力传到主轴上。

⑧将主轴变速及自动进给手柄扳到“上”空挡位置，如图 2-2-30 所示。压力油使主轴传动中的滑移齿轮处于脱开位置。这时，可用手轻便地转动主轴。

图 2-2-30　手柄向“上”主轴空挡

图 2-2-31　按下主轴电动机停止按钮 SB2

⑨按下主轴电动机停止按钮 SB2，如图 2-2-31 所示，主轴电动机 M1 失电停止运行，主轴停止转动。同时指示灯 HL2 熄灭，说明主轴电动机已停止工作。

⑩钻床加工时，按下冷却泵电动机开关 QF2，控制冷却泵电动机 M4 输送冷却液，如图 2-2-32所示。

⑪遇到紧急状况时可按下总停止按钮 SB1，如图 2-2-33 所示。

⑫加工结束，断开电源总开关 QF1，电源指示灯 HL1 灭，如图 2-2-34 所示。

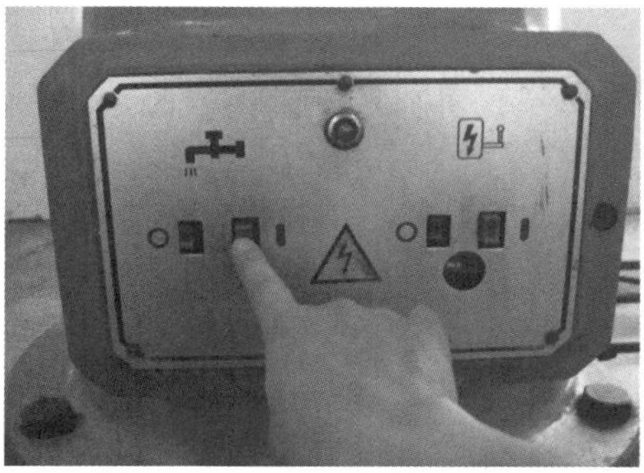

图 2-2-32 按下冷却泵电动机开关 QF2

图 2-2-33 按下总停止按钮 SB1

(4)安装步骤及工艺要求

①按照元件明细表配齐电气设备和元件，并逐个检验其型号、规格和质量是否合格。

②根据电动机容量、线路走向及要求和各元件的安装尺寸，正确选择导线的规格、导线通道类型和数量、接线端子板型号及节数、控制板、管夹、束节、紧固体等。

③在控制板上安装电气元件，并在各电气元件附近做好与电路图上相同代号的标记。

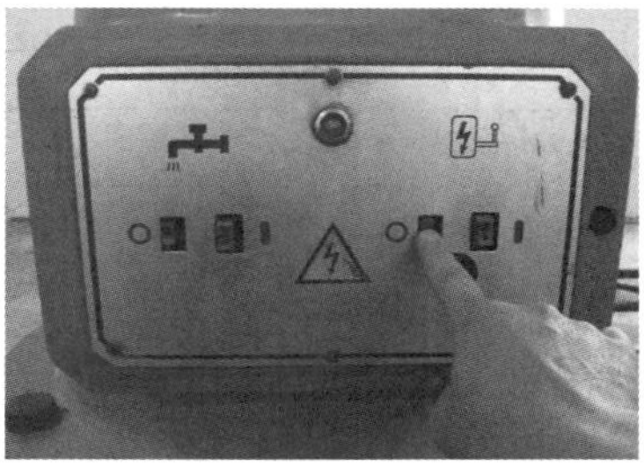

图 2-2-34 断开电源总开关 QF1

④按照控制板内布线的工艺要求进行布线和套编码套管。

⑤选择合理的导线走向，做好导线通道的支持准备，并安装控制板外部的所有电气设备。

⑥进行控制箱外部布线，并在导线线头上套装与电路图相同线号的编码套管。对于可移动的导线通道应放适当的余量，使金属软管在运动时不承受拉力，并按规定在通道内放好备用导线。

⑦检查电路的接线是否正确和接地通道是否具有连续性。

⑧检查位置开关 SQ1、SQ2、SQ3 的安装位置是否符合机械要求。

⑨检查热继电器的整定值是否符合要求，各级熔断器的熔体是否符合要求，如不符合要求应予以更换。

⑩检查电动机的安装是否牢固，与生产机械传动装置的连接是否可靠。

⑪检测电动机及线路的绝缘电阻，清理安装场地。

⑫接通电源开关，点动控制各电动机启动，以检查各电动机的转向是否符合要求。

⑬通电空转试验时，应检查各电气元件、线路、电动机及传动装置的工作情况是否正常。如不正常，应立即切断电源进行检查，在调整或修复后方能再次通电试车。

(5)注意事项

①不要漏接接地线。严禁采用金属软管作为接地通道。

②在控制箱外部进行布线时，导线必须穿在导线通道内或敷设在机床底座内的导线通

道里。通道内所有的导线不允许有接头。

③在导线通道内敷设的导线进行接线时,必须集中思想。做到查出一根导线,立即套上编码套管,接上后再进行复验。

④不能互换开关 SA 上 6、9 两触头的接线;不能随意改变升降电动机原来的电源相序。否则将使摇臂升降失控,不接受开关 SA 的指令,也不接受位置开关 SQ1、SQ2 的限位保护。此时应立即切断总电源开关 QF1,以免造成严重的机损事故。

⑤在安装、调试过程中,工具、仪表的使用应符合要求。

⑥通电操作时,必须严格遵守安全操作规程。

(6)评分标准

Z3050 摇臂钻床电气控制线路安装的评分标准见表 2-2-5。

表 2-2-5　评分标准

项目内容	配分	评分标准			扣　分
装前检查	5	电气元件错检或漏检,每处扣 2 分			
器材选用	10	(1)导线选用不符合要求,每处扣 4 分 (2)穿线管选用不符合要求,每处扣 3 分 (3)编码管等附件选用不当,每项扣 2 分			
元件安装	20	(1)控制箱内部元件安装不符合要求,每处扣 3 分 (2)控制箱外部电气元件安装不牢固,每处扣 3 分 (3)损坏电气元件,每只扣 10 分 (4)电动机安装不符合要求,每台扣 5 分 (5)导线通道敷设不符合要求,每处扣 4 分			
布　线	30	(1)不按电路图接线,扣 20 分 (2)控制箱内导线敷设不符合要求,每根扣 3 分 (3)通道内导线敷设不符合要求,每根扣 3 分 (4)漏接接地线,扣 8 分			
通电试车	35	(1)位置开关安装不合适,扣 5 分 (2)整定值未整定或整定错,每只扣 5 分 (3)熔体规格配错,每只扣 3 分 (4)通电不成功,扣 30 分			
安全文明生产	违反安全文明生产规程,扣 10~40 分				
额定时间 15 h	每超时 5 min 扣 5 分				
备　注	除额定时间外,各项内容的扣分不得超过配分数			成　绩	
开始时间		结束时间		实际时间	

能力训练二

Z3050 摇臂钻床电气控制线路的故障检修

(1)目的要求

掌握 Z3050 摇臂钻床电气控制线路的故障分析及检修方法。

(2)工具与仪表

1)工具

测电笔、电工刀、剥线钳、斜口钳、螺钉旋具等。

2)仪表

MF30 型万用表、5050 型兆欧表、T301-A 型钳形电流表。

(3)常见电气故障分析与检修

摇臂钻床电气控制的特殊环节是摇臂升降、立柱和主轴箱的夹紧与松开。Z3050 型摇臂钻床的工作过程是由电气、机械以及液压系统紧密配合实现的。因此,在维修中不仅要注意电气部分能否正常工作,而且也要注意它与机械和液压部分的协调关系。

1)摇臂不能升降(检修流程如图 2-2-35 所示)

由摇臂升降过程可知,升降电动机 2M 旋转,带动摇臂升降,其条件是使摇臂从立柱上完全松开后,活塞杆压合位置开关 SQ2。所以发生故障时,应首先检查位置开关 SQ2 是否动作。如果 SQ2 不动作,常见故障是 SQ2 的安装位置移动或已损坏。这样,摇臂虽已放松,但活塞杆压不上 SQ2,摇臂就不能升降。有时,液压系统发生故障,使摇臂放松不够,也会压不上 SQ2,使摇臂不能运动。由此可见,SQ2 的位置非常重要,排除故障时,应配合机械、液压

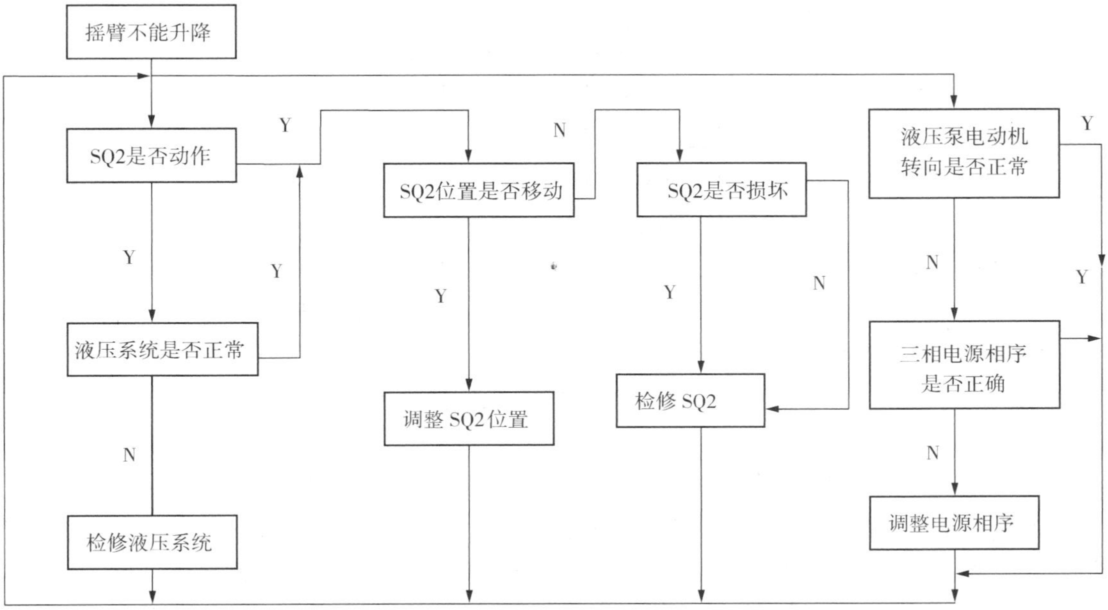

图 2-2-35　摇臂不能升降故障检修流程图

调整好后紧固。

另外，电动机 3M 电源相序接反时，按上升按钮 SB4（或下降按钮 SB5），3M 反转，使摇臂夹紧，压不上 SQ2，摇臂也不能升降。所以，在钻床大修或安装后，一定要检查电源相序。

2）摇臂升降后，摇臂夹不紧（检修流程如图 2-2-36 所示）

由摇臂夹紧的动作过程可知，夹紧动作的结束是由位置开关 SQ3 来完成的。如果 SQ3 动作过早，则使 3M 尚未充分夹紧就停转。

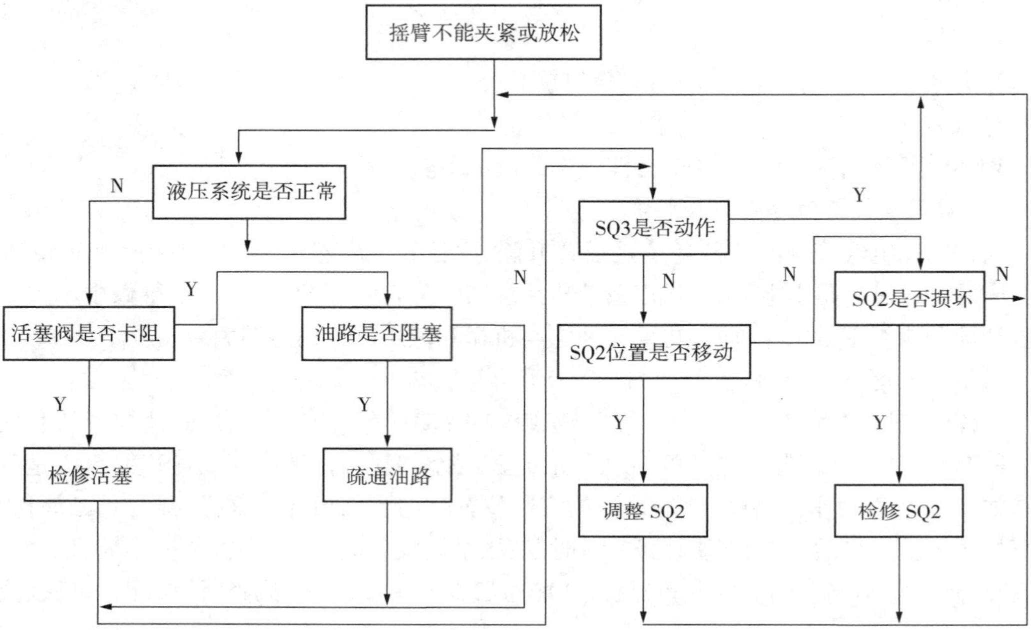

图 2-2-36　摇臂不能夹紧或放松故障检修流程图

常见的故障原因是 SQ3 安装位置不合适，或固定螺丝松动造成 SQ3 移位，使 SQ3 在摇臂夹紧动作未完成时就被压上，切断了 KM5 回路，3M 停转。

排除故障时，首先判断是液压系统的故障（如活塞杆阀芯卡死或油路堵塞造成的夹紧力不够）还是电气系统故障。对电气方面的故障，应重新调整 SQ3 的动作距离，固定好螺钉即可。

3）立柱、主轴箱不能夹紧或松开（检修流程如图 2-2-37 所示）

立柱、主轴箱不能夹紧或松开的原因可能是油路堵塞、接触器 KM4 或 KM5 不能吸合所致。出现故障时，应检查按钮 SB6、SB7 接线情况是否良好。若接触器 KM4 或 KM5 能吸合，3M 能运转，可排除电气方面的故障，则应请液压、机械修理人员检修油路，以确定是否是油路故障。

4）摇臂上升或下降限位保护开关失灵（检修流程如图 2-2-38 所示）

组合开关 SQ1 的失灵分两种情况：一是组合开关 SQ1 损坏，SQ1 触头不能因开关动作而闭合或接触不良使线路断开，由此使摇臂不能上升或下降；二是组合开关 SQ1 不能动作，触头熔焊，使线路始终处于接通状态，当摇臂上升或下降到极限位置后，摇臂升降电动机 2M 发生堵转，这时应立即松开 SB4 或 SB5。根据上述情况进行分析，找出故障原因，更换或修

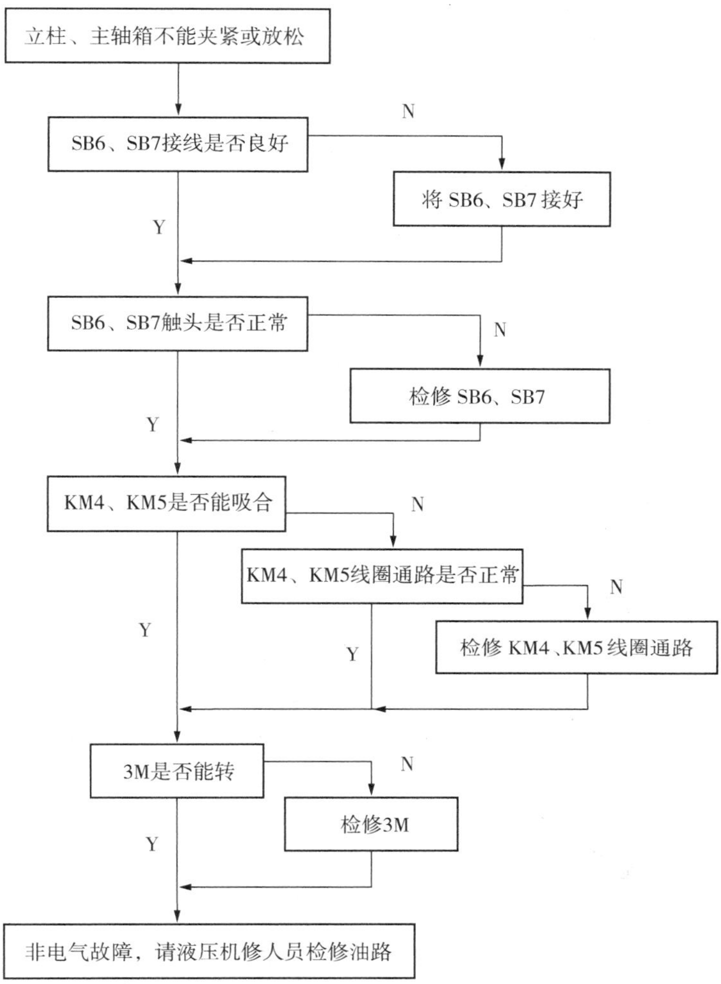

图 2-2-37　立柱、主轴箱不能夹紧或松开检修流程图

理失灵的组合开关 SQ1 即可。

5）按下 SB6，立柱、主轴箱能夹紧，但释放后就松开

由于立柱、主轴箱的夹紧和松开机构都采用机械菱形块结构，所以这种故障多为机械原因造成（可能是菱形块和承压块的角度方向装错，或者距离不适当；如果菱形块立不起来，这是因夹紧力调得太大或夹紧液压系统压力不够所致），可找机械维修工检修。

（4）检修步骤及工艺要求

①在操作师傅的指导下，对钻床进行操作，了解钻床的各种工作状态及操作方法。

②在教师指导下，弄清钻床电气元件安装位置及走线情况；结合机械、电气、液压几方面相关的知识，搞清钻床电气控制的特殊环节。

③在 Z3050 摇臂钻床上人为设置自然故障。

④教师示范检修。步骤如下：

a.用通电试验法引导学生观察故障现象。

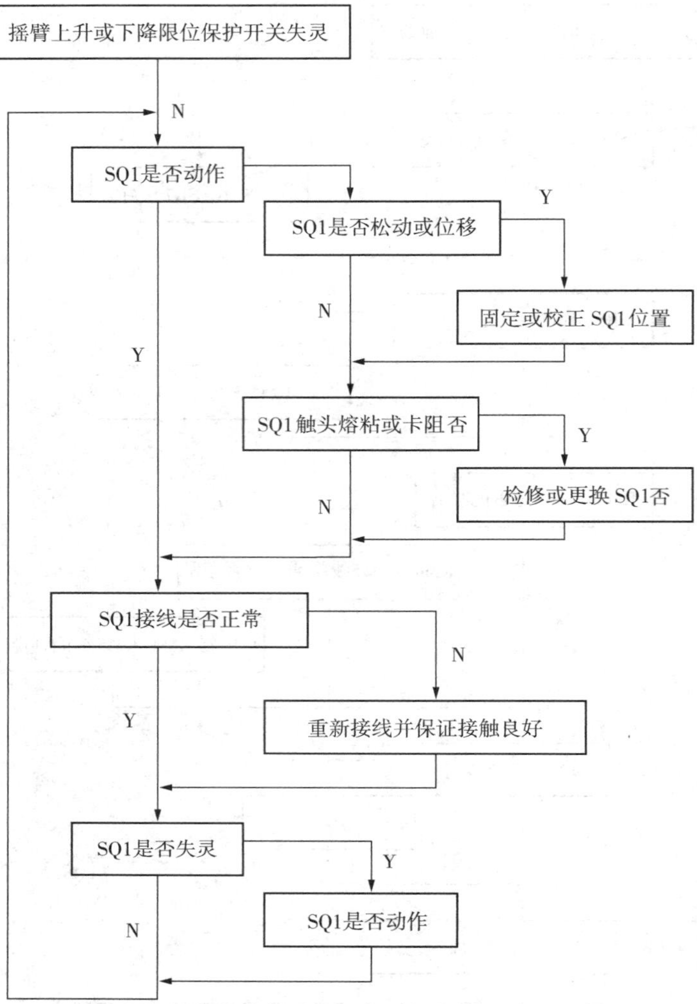

图 2-2-38　摇臂上升或下降限位保护开关失灵检修流程图

b.根据故障现象,依据电路图用逻辑分析法确定故障范围。

c.采用正确的检查方法,查找故障点并排除故障。

d.检修完毕,进行通电试验,并做好维修记录。

⑤由教师设置让学生事先不知道的故障点,指导学生如何从故障现象着手进行分析,逐步引导学生采用正确的检修步骤和检修方法。

⑥教师设置故障,由学生检修。

(5)注意事项

①熟悉 Z3050 摇臂钻床电气线路的基本环节及控制要求;弄清电气与执行部件如何配合实现某种运动方式;认真观摩教师的示范检修。

②检修所用工具、仪表应符合使用要求。

③不能随意改变升降电动机原来的电源相序。

④排除故障时，必须修复故障点，但不得采用元件代换法。

⑤检修时，严禁扩大故障范围或产生新的故障。

⑥带电检修，必须有指导教师监护，以确保安全。

(6)评分标准

Z3050 摇臂钻床电气控制线路故障检修的评分标准见表 2-2-6。

表 2-2-6 评分标准

<table>
<tr><th>项目内容</th><th>配分</th><th colspan="3">评分标准</th><th>扣 分</th></tr>
<tr><td>故障分析</td><td>30</td><td colspan="3">(1)标不出故障线段或错标在故障回路以外，每个故障点扣 15 分
(2)不能标出最小故障范围，每个故障点扣 5~10 分</td><td></td></tr>
<tr><td>排除故障</td><td>70</td><td colspan="3">(1)停电不验电，扣 5 分
(2)测量仪器和工具使用不正确，每次扣 5 分
(3)不能查出故障，每个扣 30 分
(4)检修步骤不正确，每处扣 5~10 分
(5)查出故障点但不能排除，每个扣 25 分
(6)扩大故障范围或产生新故障：
不能排除，每处扣 30 分
能排除，每处扣 20 分
(7)损坏电气元件，每个扣 40 分</td><td></td></tr>
<tr><td>安全文明生产</td><td colspan="4">违反安全文明生产规程，扣 10~70 分</td><td></td></tr>
<tr><td>定额时间 1 h</td><td colspan="4">不允许超时检查，修复故障过程中允许超时，每超时 5 min 扣 5 分</td><td></td></tr>
<tr><td>备 注</td><td colspan="3">除定额时间外，各项内容的最高扣分不得超过配分数</td><td>成 绩</td><td></td></tr>
<tr><td>开始时间</td><td></td><td>结束时间</td><td></td><td>实际时间</td><td></td></tr>
</table>

知识技能测试

一、填空题

1.Z3050 型摇臂钻床主要由________、________、________、________、________及________等组成。

2.Z3050 型摇臂钻床的主运动是________________________________，进给运动是________________________，辅助运动是________________________。

3.Z3050 型摇臂钻床的主轴电动机 M1 承担__________任务，M2 用于__________，M3 用于__________，M4 用于__________。

4.为了适应多种加工方式的要求，主轴及进给应__________调速。但这些调速都是机械调速，对电动机无任何____________。

5.Z3050 型摇臂钻床电气控制线路中的控制电路的电源有控制变压器 TC 提供________电压。为了保证操作安全，Z3050 型摇臂钻床设置了“__________”功能。

6.摇臂的升降由单独的电动机驱动,能正反转且要求有__________保护。

二、判断题

1.Z3050 型摇臂钻床的底座只能用于固定钻床。（　　）

2.主轴变速机构和进给变速机构各用一台电动机驱动。（　　）

3.切削液电动机的功率很大,故要有专门的保护措施。（　　）

4.只有在立柱下部及摇臂后部的电门盖关好后,Z3050 型摇臂钻床方能接通电源。（　　）

5.发生摇臂不能上升或下降故障时,一定是 SQ2 的安装位置移动或已损坏。（　　）

三、选择题

1.Z3050 型摇臂钻床的四台电动机中,要求能正反转的电动机有(　　)台。

A.1　　B.2　　C.3

2.KM4、KM5 分别用于(　　)正反转控制。

A.主轴电动机　　B.摇臂升降电动机　　C.液压泵电动机

3.如果 Z3050 型摇臂钻床的 HL2 亮,表示(　　)启动运行。

A.主轴电动机　　B.摇臂升降电动机　　C.液压泵电动机

4.将转换开关 SA1 拨到中间位置时,Z3050 型摇臂钻床的立柱和主轴箱(　　)。

A.立柱独立松紧　　B.主轴箱独立松紧　　C.立柱和主轴箱同时松紧

5.装在 Z3050 型摇臂钻床立柱顶部的电动机是(　　)。

A.主轴电动机　　B.摇臂升降电动机　　C.液压泵电动机

四、技能考核题

若 Z3050 摇臂钻床的摇臂上升后不能完全夹紧,请检修该故障。

任务 2.3　X62W 万能铣床电气控制线路的检修

●任务目标

- 认识 X62W 型万能铣床的主要结构和电器位置。
- 掌握 X62W 型万能铣床电气控制线路安装、调试与维修。

●入门引导

在机床加工中,还有一种经常用到的精确加工方式称为铣削。用于铣削的机床称为铣床,下面介绍铣床电气控制线路的有关知识和维修技能。

●知识学习

铣床的种类很多，按照结构形式和加工性能的不同，可分为立式铣床、卧式铣床、龙门铣床、仿形铣床和专用铣床等。

万能铣床是一种通用的多用途机床，可以用圆柱铣刀、圆片铣刀、角度铣刀、成型铣刀及端面铣刀等刀具对各种零件进行平面、斜面、螺旋面及成形表面的加工，还可以加装万能铣头、分度头和圆工作台等机床附件来扩大加工范围。常用的万能铣床有两种，一种是 X62W 型卧式万能铣床，铣头水平方向放置，如图 2-3-1 所示；另一种是 X52K 型立式万能铣床，铣头垂直方向放置。这两种铣床在结构上大体相似，差别在于铣头的放置方向不同，而工作台的进给方式、主轴变速的工作原理等都相同，电气控制线路经过系列化以后也基本相同。

图 2-3-1　X62W 型卧式万能铣床

本课题以 X62W 型卧式万能铣床为例，分析铣床对电气传动的要求，电气控制线路的构成、工作原理及其安装、调试与维修。

(1) X62W 型万能铣床的主要结构及运动形式

1) 型号意义

X 6 2 W

铣床 —— X

卧式 —— 6

2 —— 2号工作台（用0、1、2、3、4号表示工作台台面宽度）

W —— 万能

2) X62W 型万能铣床主要结构及运动形式

X62W 型万能铣床的外形结构如图 2-3-2 所示，它主要由床身、主轴、刀杆、悬梁、工作台,回转盘、横溜板、升降台、底座等几部分组成。箱形的床身固定在底座上,床身内装有主轴的传动机构和变速操纵机构。床身的顶部有水平导轨,上面装着带有一个或两个刀杆支架的悬梁。刀杆支架用来支撑铣刀心轴的一端,心轴的另一端则固定在主轴上,由主轴带动铣刀铣削。刀杆支架在悬梁上以及悬梁在床身顶部的水平导轨上都可以作水平移动,以便安装不同的心轴。床身的前面有垂直导轨,升降台可沿着它上下移动。工作台上有T形槽用来固定工件。安装在工作台上的工件可以在3个坐标上的6个方向调整位置或进给。

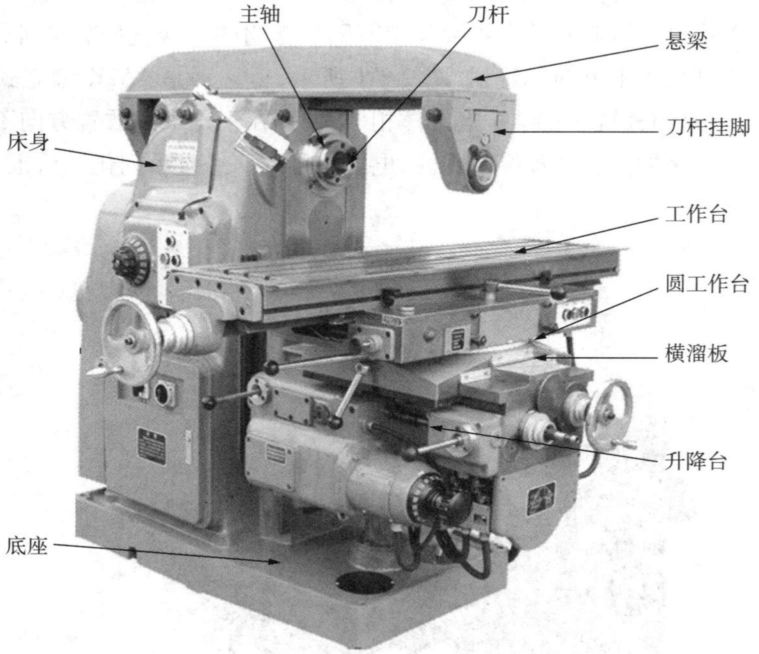

图 2-3-2　X62W 型万能铣床的外形结构图

此外,由于回转盘相对于溜板可绕中心轴线左右转过一个角度(通常为±45°),因此,工作台在水平面上除了能在平行于或垂直于主轴轴线方向进给外,还能在倾斜方向进给,可以加工螺旋槽,故称万能铣床。铣削是一种高效率的加工方式。铣床主轴带动铣刀的旋转运动是主运动;铣床工作台的前后(横向)、左右(纵向)和上下(垂直)6个方向的运动是进给运动;铣床其他的运动,如工作台的旋转运动则属于辅助运动,如图2-3-3所示。

3)X62W 万能铣床操纵部件位置图

X62W 万能铣床左侧面操纵部件位置如图2-3-4所示。

X62W 万能铣床正面操纵部件位置如图2-3-5所示。X62W 万能铣床右侧面操纵部件位置如图2-3-6所示。

(2)X62W 万能铣床电力拖动的特点及控制要求

该铣床共用3台异步电动机拖动,它们分别是主轴电动机M1、进给电动机M2和冷却泵电动机M3。

铣削加工有顺铣和逆铣两种加工方式,所以要求主轴电动机能正反转,但考虑到正反转

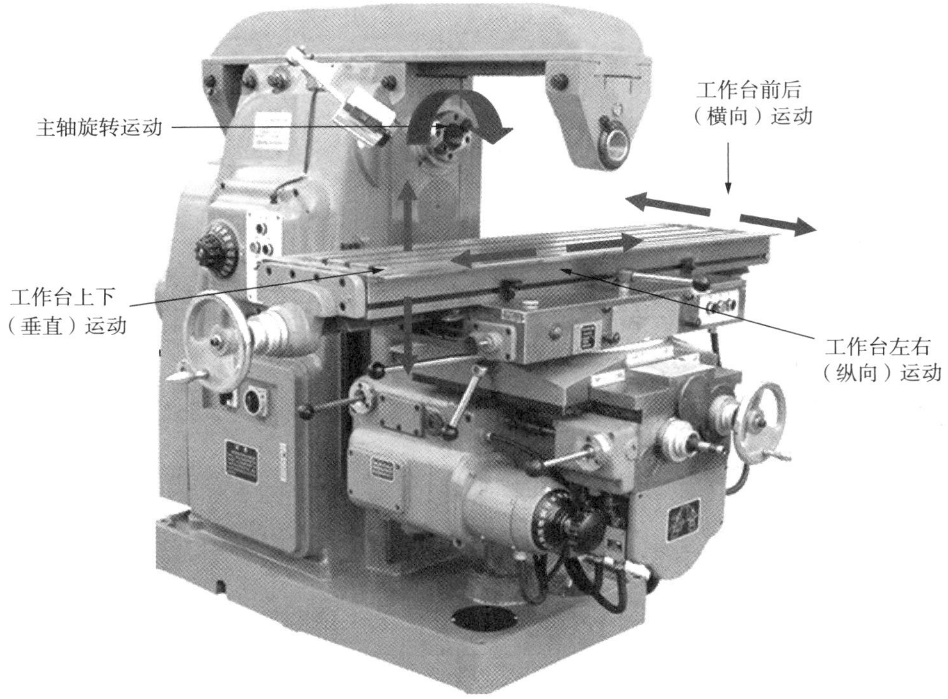

图 2-3-3 X62W 万能铣床运动形式

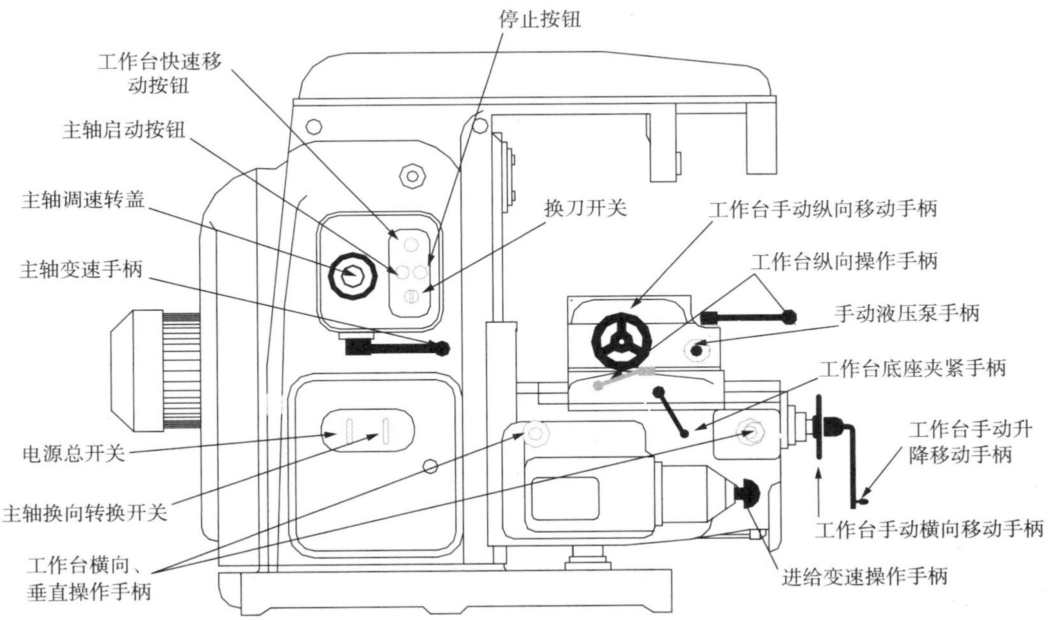

图 2-3-4 X62W 万能铣床左侧面操纵部件位置图

操作并不频繁（批量顺铣或逆铣），因此在铣床床身下侧电器箱上设置有一个组合开关来改变电源相序实现主轴电动机的正反转，如图 2-3-7 所示。由于主轴传动系统中装有避免振动的惯性轮，使主轴停车困难，故主轴电动机采用电磁离合器制动以实现准确停车。

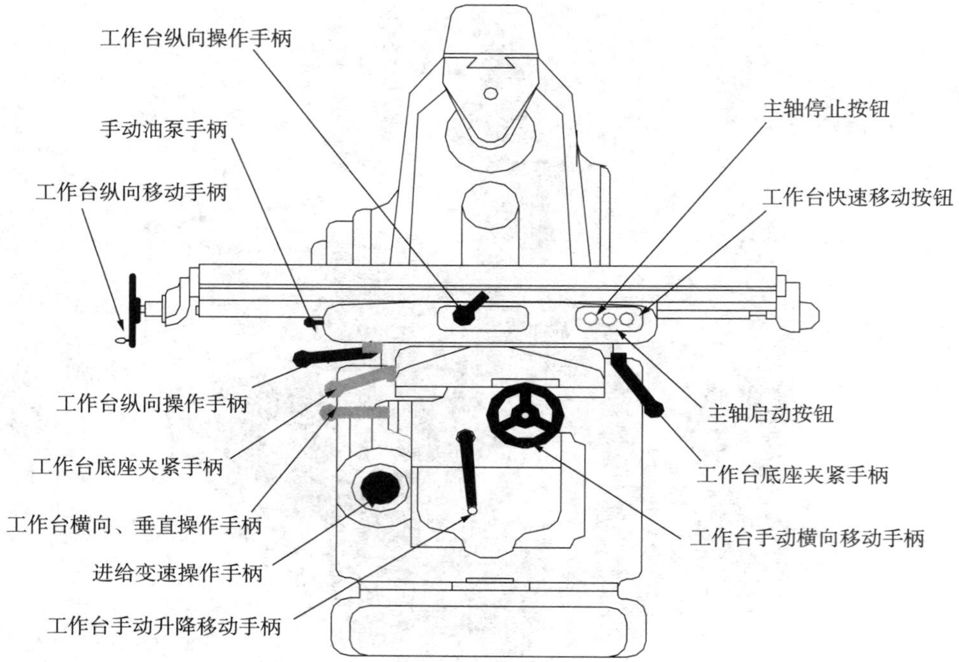

图 2-3-5　X62W 万能铣床正面操纵部件位置图

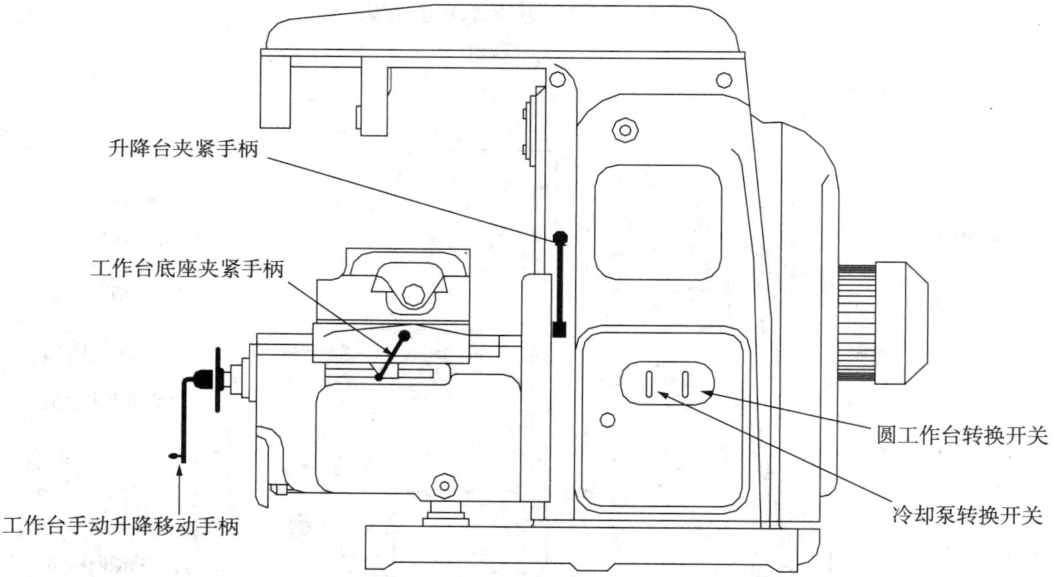

图 2-3-6　X62W 万能铣床右侧面操纵部件位置图

铣床的工作台要求有前后、左右、上下 6 个方向的进给运动和快速移动(如图 2-3-3 所示),所以也要求进给电动机能正反转,并通过操纵手柄和机械离合器相配合来实现。进给的快速移动是通过电磁铁和机械挂挡来完成的。为了扩大其加工能力,在工作台上可加装圆形工作台,圆形工作台的回转运动是由进给电动机经传动机构驱动的。

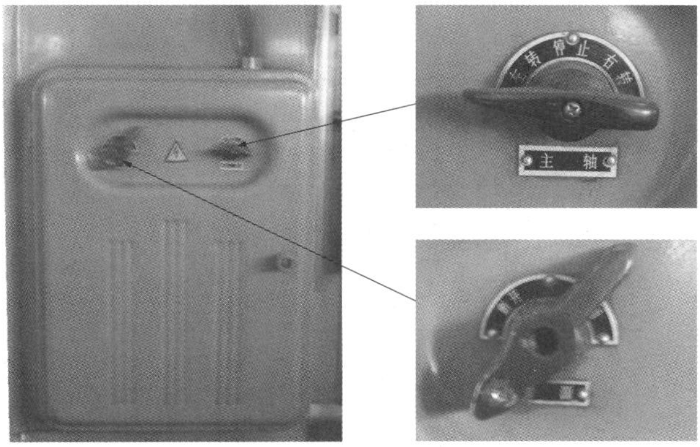

图 2-3-7　**右侧电器箱**

根据加工工艺的要求,该铣床应具有以下电气联锁措施:

①为防止刀具和铣床的损坏,要求只有主轴旋转后才允许有进给运动和进给方向的快速移动。

②为了减小加工件表面的粗糙度,只有进给停止后主轴才能停止或同时停止。该铣床在电气上采用了主轴和进给同时停止的方式,但由于主轴运动的惯性很大,实际上就保证了进给运动先停止而主轴运动后停止的要求。

③6 个方向的进给运动中同时只能有一种运动产生,该铣床采用了机械操纵手柄和位置开关相配合的方式来实现 6 个方向的联锁。

④主轴运动和进给运动采用变速盘来进行速度选择。为保证变速齿轮进入良好啮合状态,两种运动都要求变速后作瞬时点动,如图 2-3-8 所示。

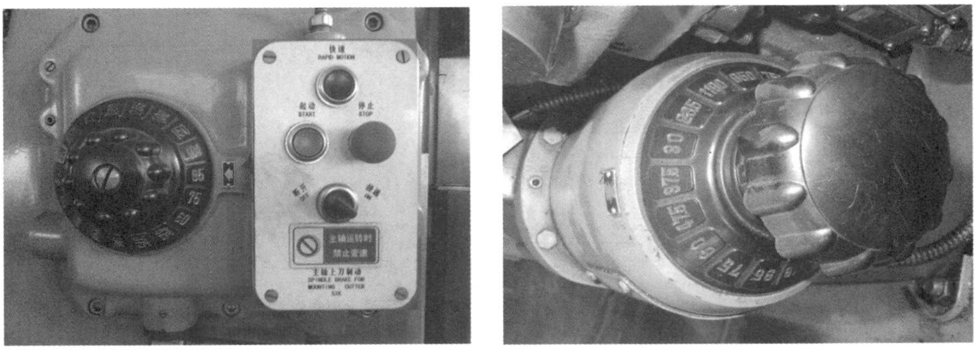

(a)主轴运动变速盘　　(b)进给运动变速盘

图 2-3-8　**主轴、进给运动变速盘**

⑤当主轴电动机或冷却泵电动机过载时,进给运动必须立即停止,以免损坏刀具和铣床。

⑥要求有冷却系统、照明设备及各种保护措施。

(3) X62W 万能铣床电气线路

1) X62W 型万能铣床电气原理图分析

①X62W 型万能铣床电气原理图如图 2-3-9 所示。

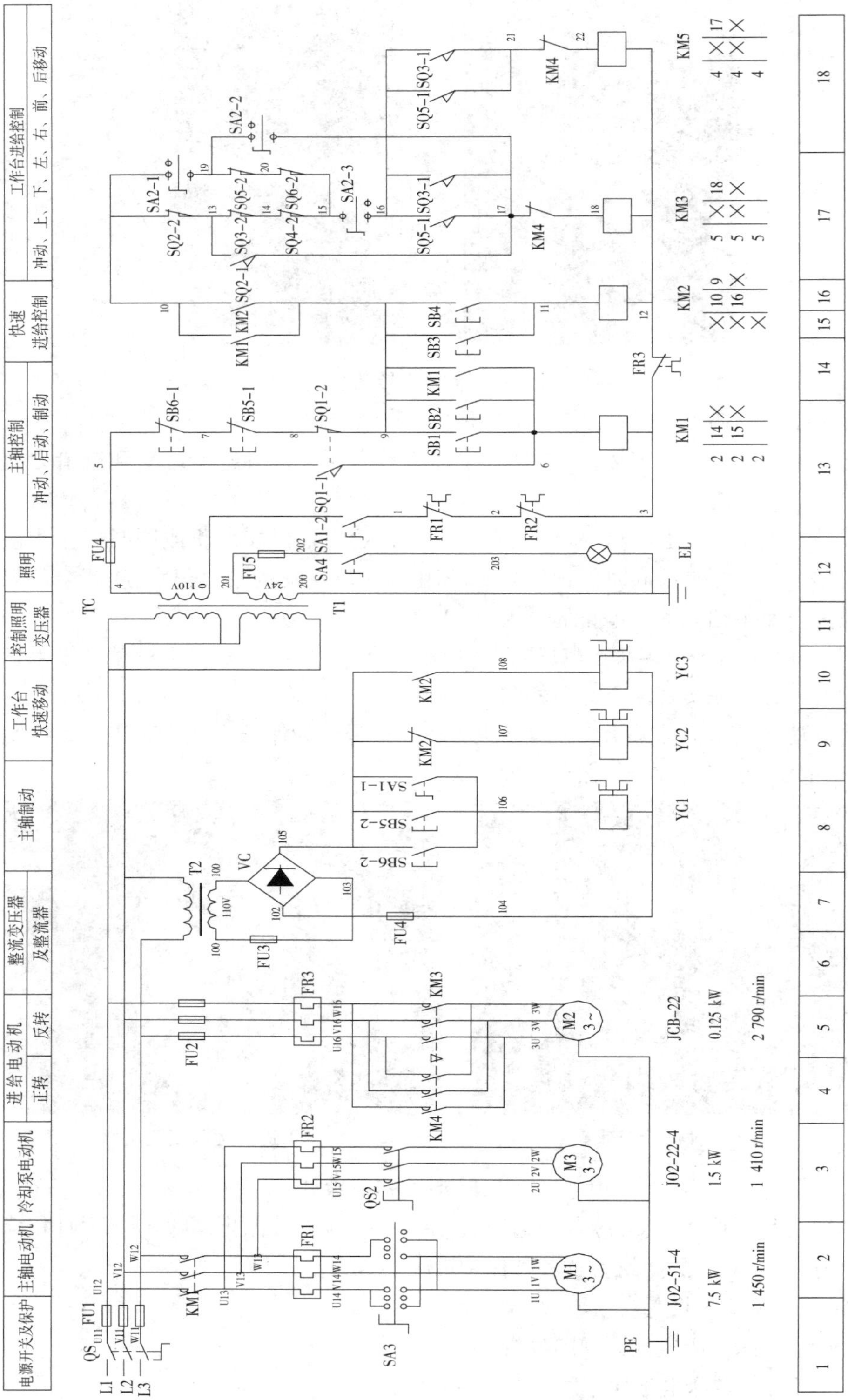

图2-3-9 X62W型万能铣床电气原理图

②主电路分析。

X62W 型万能铣床主电路中共有 3 台电动机。M1 是主轴电动机，如图 2-3-10 所示，拖动主轴带动铣刀进行铣削加工，SA3 作为 M1 的换向开关；M2 是进给电动机，通过操纵手柄和机械离合器的配合拖动工作台前后、左右、上下 6 个方向的进给运动和快速移动，其正反转由接触器 KM3、KM4 来实现；M3 是冷却泵电动机，供应切削液，且当 M1 启动后 M3 才能启动，用手动开关 QS2 控制。3 台电动机共用熔断器 FU1 作短路保护，但分别用热继电器 FR1\FR2\FR3 作过载保护，如图 2-3-11 所示。

图 2-3-10　主轴电动机

2）控制电路分析

控制电路的电源由控制变压器 TC 输出 110 V 电压供电，如图 2-3-12 所示。

图 2-3-11　右侧电气箱内布置图

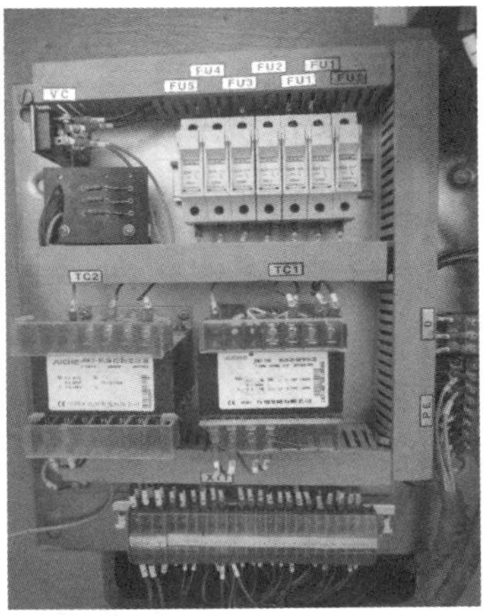

图 2-3-12　控制变压器

①主轴电动机 M1 的控制。

为了方便操作，主轴电动机 M1 采用两地控制方式，如图 2-3-13 所示。一组安装在工作台上；另一组安装在床身上。SB1 和 SB2 是两组启动按钮，并接在一起；SB5 和 SB6 是两组停止按钮，串接在一起。KM1 是主轴电动机 M1 的启动接触器，YC1 是主轴制动用的电磁离合器，SQ1 是主轴变速时瞬时点动的位置开关。主轴电动机是经过弹性联轴器和变速机构的齿轮传动链来实现传动的，可使主轴具有 18 级不同的转速（30～1 500 r/min），如图 2-3-14 所示。

a.主轴电动机 M1 的启动。启动前，应首先选择好主轴的转速，然后合上电源开关 QS1，再把主轴换向开关 SA3（2 区）扳到所需要的转向，如图 2-3-15 所示。SA3 的位置及动作说明见表 2-3-1。按下启动按钮 SB1（或 SB2），接触器 KM1 线圈得电，KM1 主触头和自锁触头闭合，主轴电动机 M1 启动运转，KM1 常开辅助触头（9—10）闭合，为工作台进给电路提供了电源。

b.主轴电动机 M1 的制动。当铣削完毕，需要主轴电动机 M1 停止时，按下停止按钮 SB5（或 SB6），SB5—1（或 SB6—1）常闭触头（13 区）分断，接触器 KM1 线圈失电，KM1 触头复位，电动机 M1 断电惯性运转，SB5—2（或 SB6—2）常开触头（8 区）闭合，接通电磁离合器 YC1，主轴电动机 M1 制动停转，如图 2-3-16所示。

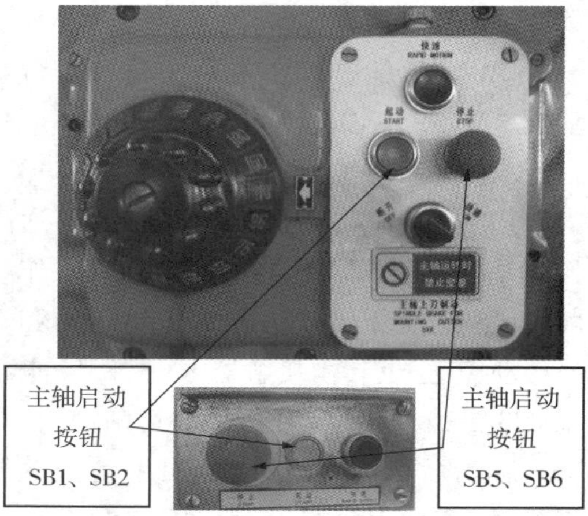

图 2-3-13　主轴电动机启、停按钮

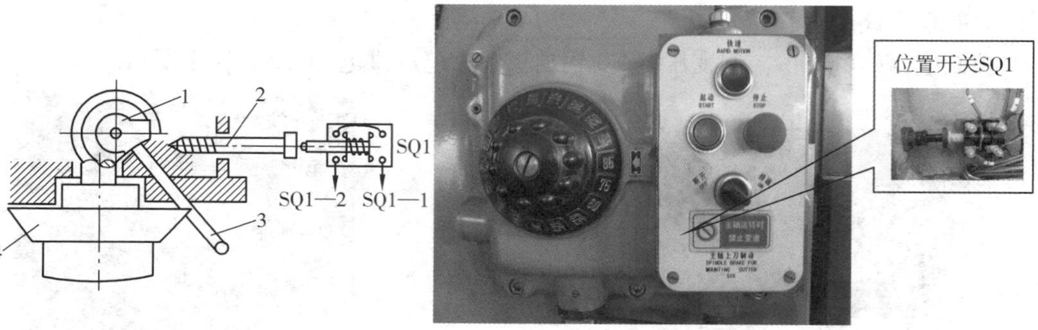

（a）示意图　　（b）外形图

图 2-3-14　主轴变速的冲动控制示意图及外形图

1—凸轮；2—弹簧杆；3—变速手柄；4—变速盘

图 2-3-15　电源开关 SQ1 和主轴换向开关 SA3

c.主轴换铣刀控制 M1 停转后并不处于制动状态，主轴仍可自由转动。在主轴更换铣刀时，为避免主轴转动，造成更换困难，应将主轴制动。方法是将转换开关 SA1 扳向换刀（接通）位置，这时常开触头 SA1—1（9 区）闭合，电磁离合器 YC1 线圈得电，主轴处于制动状态以方便换刀；同时常闭触头 SA1—2（13 区）断开，切断了控制电路，铣床保证了人身安全。

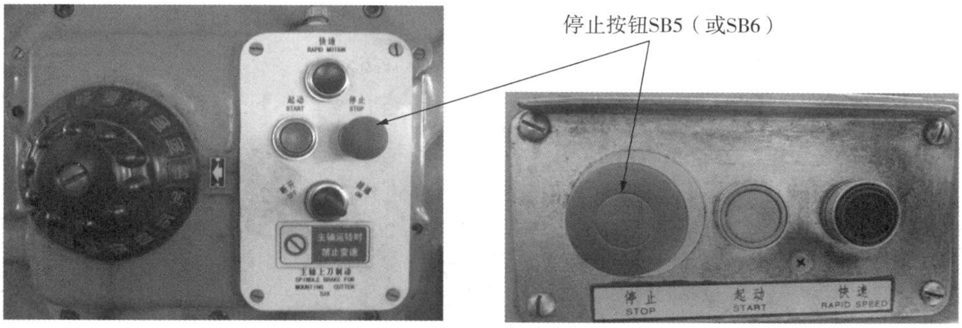

图 2-3-16　**主轴电动机停止按钮 SB5 或 SB6**

表 2-3-1　主轴换向开关 SA3 的位置及动作说明

位　置	正　转	停　止	反　转
SA3—1	−	−	+
SA3—2	+	−	−
SA3—3	−	−	−
SA3—4	+	−	+

d.主轴变速时的瞬时点动（冲动控制）。主轴变速操纵箱装在床身左侧窗口上，主轴变速由一个变速手柄和一个变速盘来实现。主轴变速时的冲动控制，是利用变速手柄与冲动位置开关 SQ1 通过机械上的联动机构进行控制的，如图 2-3-17 所示。变速时，先把变速手柄 3 下压，使手柄的榫块从定位槽中脱出，然后向外拉动手柄使榫块落入第二道槽内，使齿轮组脱离啮合。转动变速盘 4 选定所需转速后，把手柄 3 推回原位，使榫块重新落进槽内，使齿轮组重新啮合（这时已改变了传动比）。变速时，为了使齿轮容易啮合，扳动手柄复位时电动机 M1 会产生一冲动。在手柄 3 推进时，手柄上装的凸轮 1 将弹簧杆 2 推动一下又返回。这时弹簧杆 2 推动一下位置开关 SQ1（13 区），使 SQ1 常闭触头 SA1—2 先分断，常开触头 SQ1—1 后闭合，接触器 KM1 瞬时得电动作，电动机 M1 瞬时启动；紧接着凸轮 1 放开弹簧杆 2，位置开关 SQ1 触头复位，接触器 KM1 断电释放，电动机 M1 断电。此时，电动机 M1 因未制动而惯性旋转，使齿轮系统抖动。在抖动时，将变速手柄 3 先快后慢地推进去，齿轮便顺利地啮合。当瞬时点动过程中，齿轮系统没有实现良好啮合时，可以重复上述过程直到啮合为止。变速前应先停车。

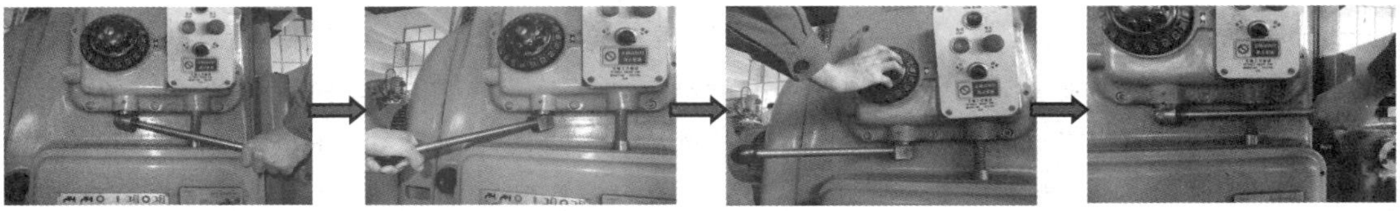

图 2-3-17　**主轴变速流程图**

②进给电动机 M2 的控制。工作台的进给运动在主轴启动后方可进行。工作台的进给可在 3 个坐标轴的 6 个方向运动，即工作台在回转盘上的左右运动；工作台与回转盘一起在溜板上和溜板一起前后运动；升降台在床身的垂直导轨上作上下运动。这些进给运动是通过两个操纵手柄和机械联动机构控制相应的位置开关使进给电动机 M2 正转或反转来实现的，并且，6 个方向的运动是联锁的，不能同时接通。进给变速如流程图 2-3-18 所示。

图 2-3-18　进给变速流程图

a.圆形工作台的控制。为了扩大铣床的加工范围，可在铣床工作台上安装附件圆形工作台，进行对圆弧或凸轮的铣削加工。转换开关 SA2 就是用来控制圆形工作台的，如图 2-3-19所示。当需要圆工作台旋转时，将开关 SA2 扳到接通位置，这时触头 SA2—1 和 SA2—3（17 区）断开，触头 SA2—2（18 区）闭合，电流经 10—13—14—15—20—19—17—18 路径，使接触器 KM3 得电，电动机 M2 启动，通过一根专用轴带动圆形工作台旋转运动。当不需要圆形工作台旋转时，转换开关 SA2 扳到断开位置，这时触头 SA2—1 和 SA2—3 闭合，触头 SA2—2 断开，以保证工作台在 6 个方向的进给运动，因为圆工作台的旋转运动和 6 个方向的进给运动也是联锁的。

图 2-3-19　转换开关 SA2

b.工作台的左右进给运动。工作台的左右进给运动由左右进给操作手柄控制，如图 2-3-20所示。操作手柄与位置开关 SQ5 和 SQ6 联动，有左、中、右三个位置，其控制关系见表 2-3-2。当手柄扳向中间位置时，位置开关 SQ5 和 SQ6 均未被压合，进给控制电路处于断开状态，如图 2-3-20（b）所示；当手柄扳向左或右位置时，手柄压下位置开关 SQ5 或 SQ6，使常闭触头 SQ5—2 或 SQ6—2（17 区）分断，常开触头 SQ5—1（17 区）或 SQ6—1（18 区）闭合，接触器 KM3 或 KM4 得电动作，电动机 M2 正转或反转。由于在 SQ5 或 SQ6 被压合的同时，通过机械机构已将电动机 M2 的传动链与工作台下面的左右进给丝杆相搭合，所以电动机 M2 的正转或反转就拖动工作台向左或向右运动。当工作台向左或向右进给到极限位置时，由于工作台两端各装有一块限位挡铁，所以挡铁碰撞手柄连杆使手柄自动复位到中间位置，位置开关 SQ5 或 SQ6 复位，电动机的传动链与左右丝杆脱离，电动机 M2 停转，工作台停止了进给，实现左右运动的终端保护。

(a) 操作手柄置于左位

(b) 操作手柄置于中位

(c) 操作手柄置于右位

图 2-3-20　工作台的左右进给操作手柄

表 2-3-2　工作台左右进给手柄位置及其控制关系

手柄位置	位置开关动作	接触器动作	电动机 M2 转向	传动链搭合丝杆	工作台运动方向
左	SQ5	KM3	正　转	左右进给丝杆	向　左
中	—	—	停　止	—	停　止
右	SQ6	KM4	反　转	左右进给丝杆	向　右

c.工作台的上下和前后进给。工作台的上下和前后进给运动是由一个手柄控制的。该手柄与位置开关 SQ3 和 SQ4 联动，有上、下、前、后、中 5 个位置，如图 2-3-21 所示，其控制关系见表 2-3-3。当手柄扳至中间位置时，位置开关 SQ3 和 SQ4 均未被压合，工作台无任何进给运动；当手柄扳至下或前位置时，手柄压下位置开关 SQ3 使常闭触头 SQ3—2(17 区)分断，常开触头 SQ3—1(17 区)闭合，接触器 KM3 得电动作，电动机 M2 正转，带动着工作台向下或向前运动；当手柄扳向上或后时，手柄压下位置开关 SQ4，使常闭触头 SQ4—2(17 区)分断，常闭触头 SQ4—1(18 区)闭合，接触器 KM4 得电动作，电动机 M2 反转，带动着工作台向上或向后运动。为什么进给电动机 M2 只有正反两个转向，而工作台却能够在四个方向进给呢？这时因为当手柄扳向不同的位置时，通过机械机构将电动机 M2 的传动链与不同的进给丝杆相搭合。当手柄扳向下或上时，手柄在压下位置开关 SQ3 或 SQ4 的同时，通过机械将电动机 M2 的传动链与溜板下面的前后进给丝杆搭合，当 M2 得电正转或反转时，就又带着溜板向前或向后运动。和左右进给一样，当工作台在上、下、前、后四个方向的任一个方向。进给到极限位置时，挡板都会碰撞手柄连杆，使手柄自动复位到中间位置，位置开关 SQ3 或 SQ4 复位，上下丝杆或前后丝杆与电动机传动链脱离，电动机和工作台就停止了运动了。

由以上分析可见，两个操作手柄被置定于某一方向后，只能压下 4 个位置开关 SQ3、SQ4、SQ5、SQ6 中的一个开关，接通电动机 M2 正转或反转电路，同时通过机械机构将电动机的传动链与三根丝杆(左右丝杆、上下丝杆、前后丝杆)中的一根(只能一根)丝杆相搭合，拖动工作台沿选定的进给方向运动，而不会沿其他方向运动。

（a）SQ3 和 SQ4 安装位置

（b）手柄扳至中间位置

（c）手柄扳至向下位置

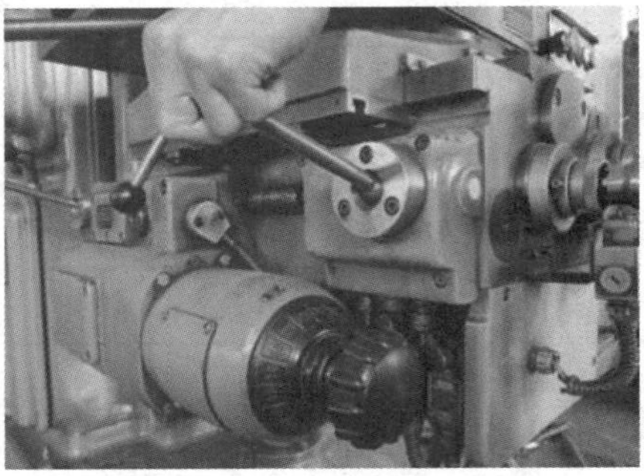

（d）手柄扳至向上位置

（e）手柄扳至向前位置

（f）手柄扳至向后位置

图 2-3-21　工作台上下和前后进给运动时手柄位置

表 2-3-3　工作台上、下、前、后进给手柄位置及其控制关系

手柄位置	位置开关动作	接触器动作	电动机 M2 转向	传动链搭合丝杆	工作台运动方向
上	SQ4	KM4	反转	上下进给丝杆	向上
下	SQ3	KM3	正转	上下进给丝杆	向下
中	—	—	停止	—	停止
前	SQ3	KM3	正转	上下进给丝杆	向前
后	SQ4	KM4	反转	上下进给丝杆	向后

d.左右进给手柄与上下前后进给手柄的联锁控制。即当一个操作手柄被置定在一某进给方向后，另一个操作手柄操作必须置于中间位置，否则将无法实现任何进给运动，这是因为在控制电路中对两者实行了联锁保护。如当把左右进给手柄扳向左时，若又将另一个进给手柄扳向下进给方向，则位置开关 SQ5 和 SQ3 均被压下，触头 SQ5—2 和 SQ3—2 均被分断，断开了接触器 KM3 和 KM4 的通路，电动机 M2 停转，保证操作安全。

e.进给变速时的瞬时点动。进给变速时，为使齿轮进入良好的啮合状态，也要进行变速后的瞬时点动。进给变速时，必须先把进给操作手柄放在中间位置，然后将进给变速盘（在升降台前后）向外拉出，使进给齿轮松开。转动变速盘选定进给速度后，再将变速盘向里推回原位，齿轮便重新啮合。在推进的过程中，挡块压下位置开关 SQ2（17 区），使触头 SQ2—2 分断，SQ2—1 闭合，接触器 KM3 经 10—19—20—15—14—13—17—18 路径得电动作，电动机 M2 启动；但随着变速盘复位，位置开关 SQ2 跟着复位，使 KM3 断电释放，M2 失电停转。这样使电动机 M2 瞬时点动一下，齿轮系统产生一次抖动，齿轮便顺利啮合了。

f.工作台的快速移动控制。为了提高劳动生产率、减少生产辅助工时，在不进行铣削加工时，可使工作台快速移动。6 个进给方向的快速移动是通过两个进给操作手柄和快速移动按钮配合实现的，上、下、前、后快速移动如图 2-3-22 所示，左、右快速移动如图 2-3-23 所示。

（a）工作台快速进给上、下、前、后方向的确定　　（b）工作台快速进给按钮

图 2-3-22　工作台上、下、前、后快速进给运动

安装好工件后，扳动进给操作手柄选定进给方向，再按下快速移动按钮 SB3 或 SB4（两地控制），接触器 KM2 得电，KM2 常闭触头（9 区）分断，电磁离合器 YC2 失电，将齿轮传动链与进给丝杆分离。KM2 两对常开触头闭合，一对使电磁离合器 YC3 得电，将电动机 M2 与进给丝杆直接搭合；另一对使接触器 KM3 或 KM4 得电动作，电动机 M2 得电正转或反转，带动工作台沿选定的方向快速移动。由于工作台的快速移动采用的时点动控制，故松开 SB3 或 SB4，快速移动停止。

③冷却泵及照明电路的控制。

主轴电动机 M1 和冷却泵电动机 M3 采用的是顺序控制，即只有主轴电动机 M1 启动后，

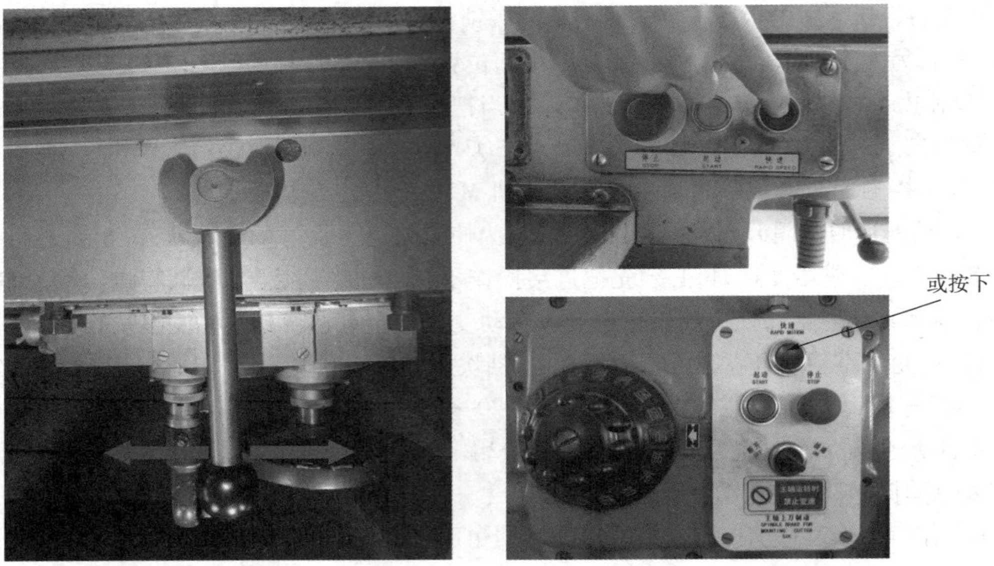

（a）工作台左、右快速进给方向的确定　　（b）工作台快速进给按钮

图 2-3-23　工作台左、右快速进给运动

冷却泵电动机 M3 才能启动。冷却泵电动机 M3 由组合开关 QS2 控制。

铣床照明由变压器 T1 供给 24 V 的安全电压，由开关 SA4 控制。熔断器 FU5 作照明电路的断路保护。图 2-3-24 是 X62W 型万能铣床电箱内电器布置图，通过此图可以了解 X62W 型万能铣床内部电气元件的具体位置，对分析原理有很大的帮助。

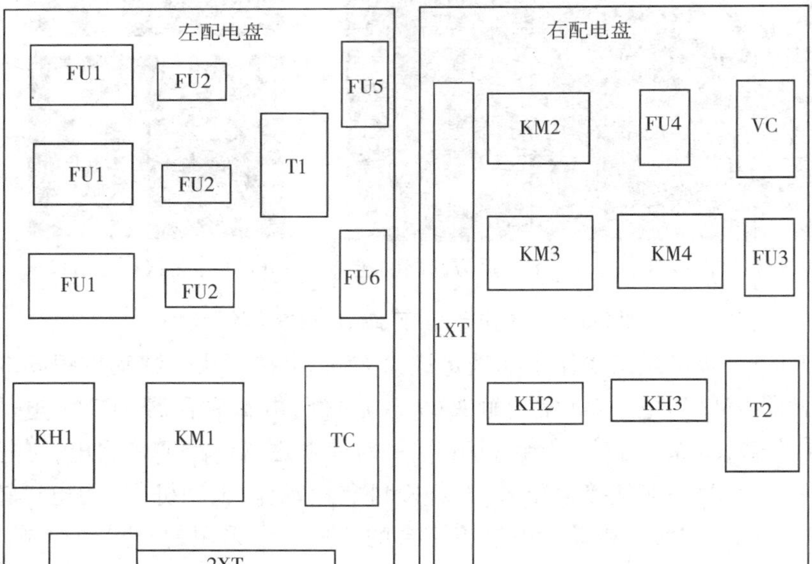

图 2-3-24　X62W 型万能铣床电箱内电器布置图

●能力训练一

X62W 型万能铣床结构和基本操作

(1)训练要求

严格遵守车间安全操作规程,进车间前穿戴好安全防护用品。通过车间现场的对照和操作练习,熟悉 X62W 型万能铣床的主要结构和电器位置,掌握 X62W 型万能铣床的基本操作方法。

(2)训练内容

①通过实物认识 X62W 型万能铣床的主要结构和操纵部件。

②熟悉 X62W 型万能铣床电气、设备位置、型号规格。

③维护保养 X62W 型万能铣床的电器、设备。

④观摩师傅或教师操作示范,在教师的指导下,按 X62W 型万能铣床基本操作方法练习开机操作,随时做好采取应急措施的准备。

(3)工量具、设备与材料

1)工量具

扳手、旋具、万用表、兆欧表、钳形电流表等。

2)设备

X62W 型万能铣床。

3)电气元件明细

X62W 型万能铣床的电气元件见明细见表 2-3-4。

表 2-3-4　X62W 型万能铣床电气元件明细表

代　号	图上区号	名　称	型号规格	数　量	用　途
M1	2	电动机	JO2-51-4,7.5 kW、1 450 r/min	1	驱动主轴
M2	3	电动机	JCB-22,1.5 kW、1 410 r/min	1	驱动冷却泵
M3	5	电动机	JO2-22-4,0.125 kW、,2 790 r/min	1	驱动进给
QS1	1	组合开关	HZ10-60/3J,60 A、500 V	1	电源总开关
QS2	3	组合开关	HZ10-10/3J,10 A、500 V	1	冷却泵开关
SA3	2	组合开关	HZ3-133、	1	M1 换相开关
SA1	9、13	组合开关	LS2-3 A	1	换刀开关
SA2	17、18	组合开关	HZ10-10/3J,10 A、380 V	1	圆工作台开关
FU1	1	熔断器	RL1-60,60 A、熔体 50 A	3	电源短路保护

续表

代　号	图上区号	名　称	型号规格	数　量	用　途
FU2	5	熔断器	RL1-15,15A、熔体 10A	3	进给短路保护
FU3、FU4	6、7	熔断器	RL1-15,15 A、熔体 4 A	2	整流、直流电路保护
FU6	12	熔断器	RL1-15,15 A、熔体 4 A		控制电路保护
FU5	13	熔断器	RL1-15,15 A、熔体 2 A	1	照明电路保护
FR1	2	热继电器	JR0-60/3,整定电流 16 A	1	M1 过载保护
FR2	3	热继电器	JR0-20/3,整定电流 3.4 A	1	M3 过载保护
KH3	5	热继电器	JR0-20/3,整定电流 0.43 A	1	M2 过载保护
TC	12	变压器	BK-150,380/110 V	1	控制电路电源
T2	7	变压器	BK-100,380/24 V	1	整流电源
T1	6	变压器	BK-50,380/36 V	1	照明电源
VC	7	整流器	42CZ	1	整流器
KM1	13	接触器	CJ0-20,20 A、线圈电压 110 V	1	主轴启动
KM2	16	接触器	CJ0-10,10 A、线圈电压 110 V	1	控制 M2
KM3	17	接触器	CJ0-10,10 A、线圈电压 110 V	1	M3 正转
KM4	18	接触器	CJ0-10,10 A、线圈电压 110 V	1	M3 反转
SB1、SB2	10、12	按　钮	LA2	2	M1 启动
SB3、SB4	13、14	按　钮	LA2	2	快速进给点动
SB5、SB6	12	按　钮	LA2	2	M1 停止
YC1	8	电磁离合器	B1DL-Ⅲ	1	主轴制动
YC2	9	电磁离合器	B1DL-Ⅱ	1	正常进给
YC3	10	电磁离合器	B1DL-Ⅱ	1	快速进给
SQ1	13	位置开关	LX3-11K	1	主轴冲动
SQ2	17	位置开关	LX3-11K	1	进给冲动
SQ3	17	位置开关	LX3-131	1	M2 正反转及联锁
SQ4	17、18	位置开关	LX3-131	1	
SQ5	17、18	位置开关	LX3-131	1	
SQ6	18	位置开关	LX3-131	1	
EL	13	铣床工作灯	JC-25,40 W、36 V	1	铣床工作照明

注:“图上区号”为图电气原理图中的区号。

4）材料

加工件。

（4）操作步骤

1）开机前的准备工作

①将主轴制动松紧开关 SA1 置“断开”位置，如图 2-3-25 所示。

②将主轴变速操纵手柄向右推进原位，如图 2-3-26 所示。

图 2-3-25　换刀开关

图 2-3-26　主轴变速操纵手柄

③将工作台横向及升降进给十字操纵手柄置“中间”位置，如图 2-3-27 所示。

④将工作台纵向进给操纵手柄置“中间”位置，如图 2-3-28 所示。

图 2-3-27　工作台横向升降进给十字操纵手柄

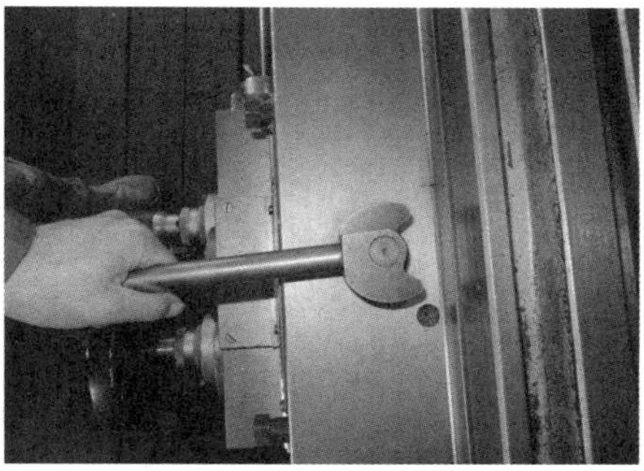

图 2-3-28　工作台纵向操纵手柄

⑤将冷却泵转换开关 QS2 置“断开”位置，如图 2-3-29 所示。

⑥将圆工作台转换开关 SA2 置“断开”位置，如图 2-3-30 所示。

2）开机操作步骤

①合上铣床电源总开关 QS1，如图 2-3-31 所示。

②打开机床工作照明灯 EL 的开关，机床工作灯亮，说明此时机床已处于带电工作状态，同时提示操作者该机床电气部分不能随意用手触摸，防止发生触电事故，如图 2-3-32 所示。

③将主轴换向转换开关置“左转”，反之置“右转”，中间为“停止”，如图 2-3-33 所示。

④将主轴制动上刀转换开关 SA3 扳至所需的旋转方向上（如果主轴需顺势针方向旋转时，将主轴换向转换开关置“左转”；反之置“右转”；中间为“停止”），如图 2-3-33 所示。

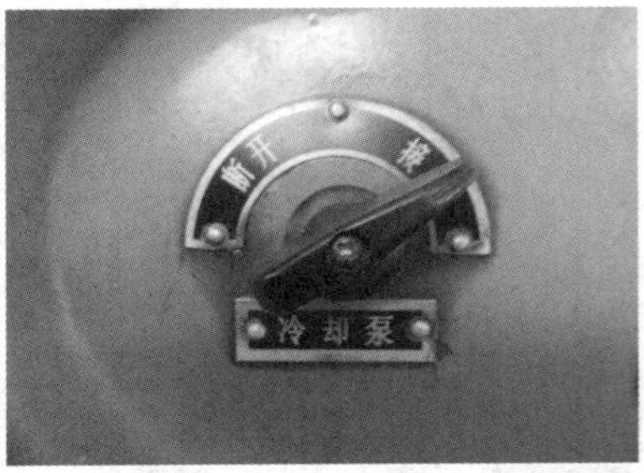

图 2-3-29 冷却泵转换开关 SA3

图 2-3-30 圆工作台转换开关 SA5

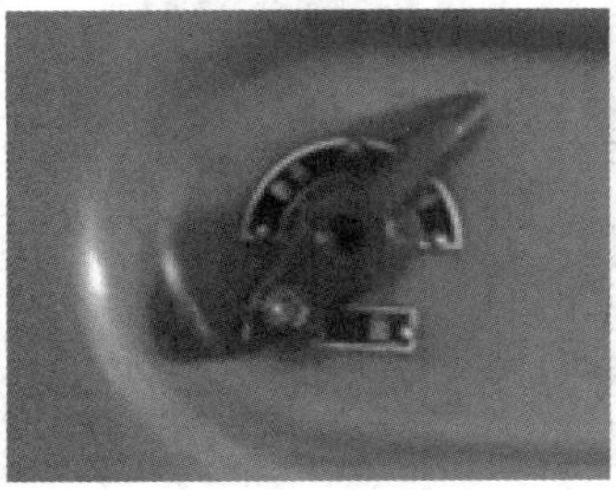

图 2-3-31 电源总开关 SA1

图 2-3-32 工作照明灯开关

图 2-3-33 主轴换向转换开关

⑤调整主轴转速。将主轴变速,使齿轮间相互脱离;手动旋转变速盘使箭头对准变速盘上所需要的转速刻度,再将主轴变速操纵手柄向右推回原位,使改变传动比的齿轮重新啮合。操纵流程如图 2-3-34所示。

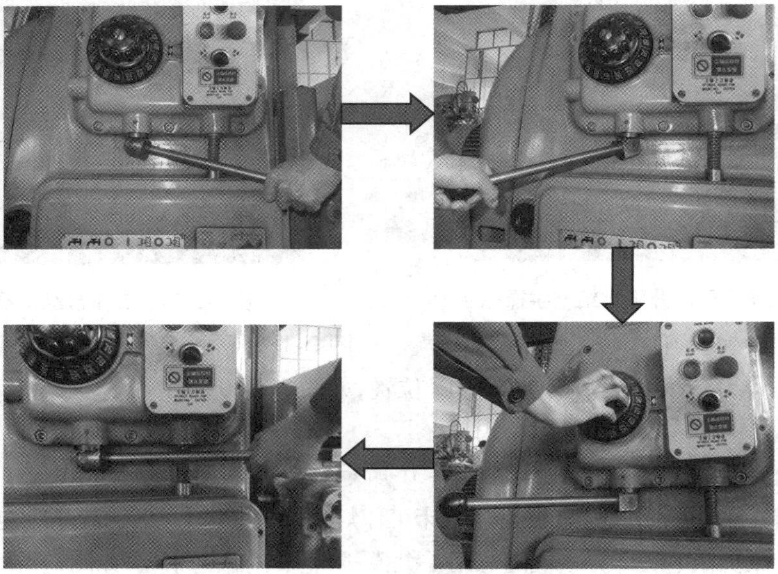

图 2-3-34 主轴变速操纵流程图

⑥按下主轴电动机启动按钮 SB1 或 SB2,主轴电动机 M1 启动,主轴按预定方向、预选速度带动铣刀转动,如图 2-3-35 所示。

图 2-3-35　**主轴电动机启动按钮 SB1 或 SB2**

⑦调整进给转速。

将进给变速操纵手柄(蘑菇形)拉出,使齿轮间脱离,转动工作台进给变速盘至所需要的进给速度档,然后用力将蘑菇形进给变速操纵手柄向外拉到极限位置,再迅速推回原位。进给变速操纵手柄在复位过程中压动瞬时点动,此时进给电动机 M3 作短时转动,从而使齿轮系统产生一次抖动,使齿轮顺利啮合。此过程是工作台进行的一次变速冲动。工作台进行进给变速冲动时,工作台纵向进给移动手柄和工作台横向及升降十字操纵手柄均应置中间位置,如图 2-3-36 所示。

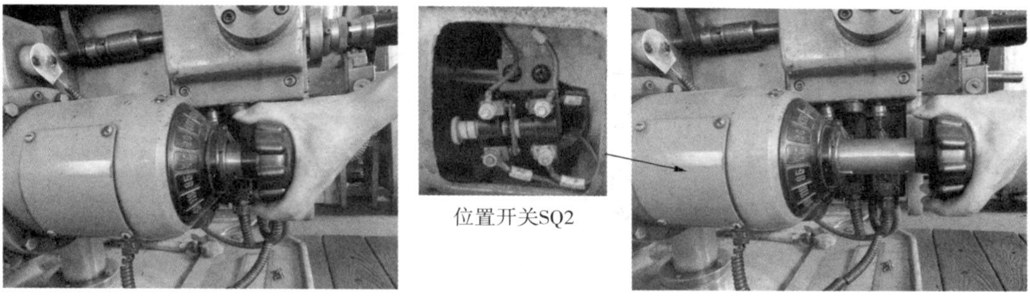

(a)　　　　(b)

图 2-3-36　**进给变速操作手柄**

⑧调整工作台的工件与主轴的相对位置。

工件预先固定在工作台上,根据需要将工作台纵向进给操纵手柄或横向及升降十字操纵手柄置某一方向,按下快速移动按钮 SB3 或 SB4,使工作台按预选方向快速移动,检查工件与主轴所需的相对位置是否到位(这一步也可在主轴不启动的情况下进行)。

⑨将冷却泵转换开关 QS2 置“接通”位置,冷却泵电动机 M2 启动,输送冷却液,如图 2-3-37 所示。

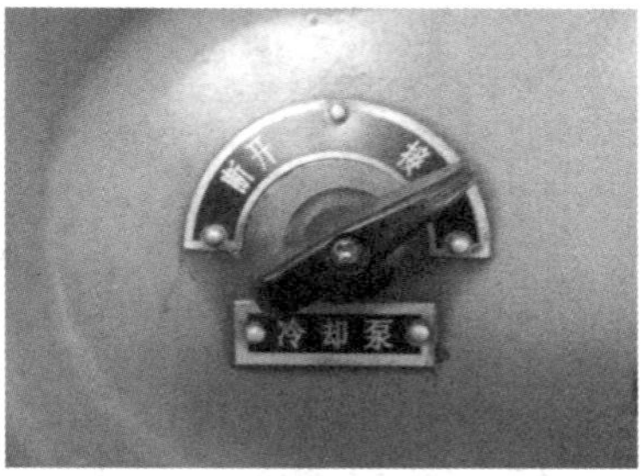

图 2-3-37　**冷却泵转换开关 QS2**

⑩分别操作工作台纵向进给操纵手柄或横向及升降十字操作手柄,可使固定在工作台上的工件随着工作台作 3 个坐标轴 6 个方向(上下、前后、左右)的进给运动;需要时,再按下 SB3 或 SB4 使工作台进行快速进给运动,如图 2-3-38 至图 2-3-43 所示。

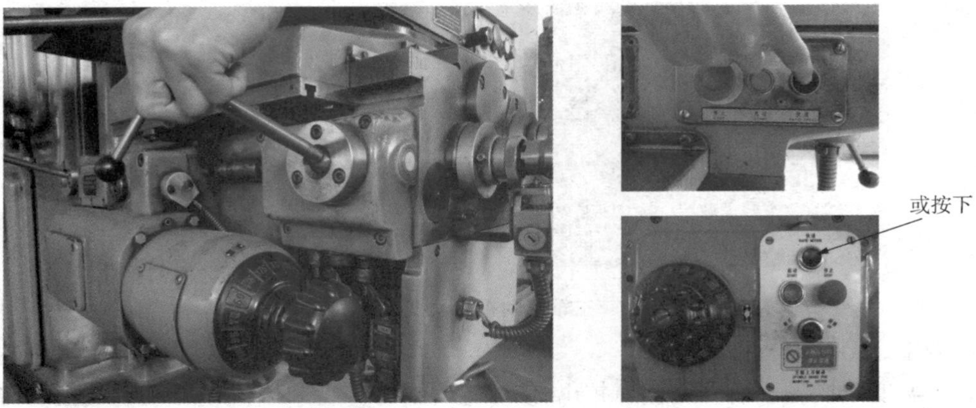

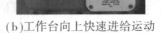

(a)工作台向上进给运动　　(b)工作台向上快速进给运动

图 2-3-38　工作台向上进给运动

(a)工作台向下进给运动　　(b)工作台向下快速进给运动

图 2-3-39　工作台向下进给运动

(a)工作台向前进给运动　　(b)工作台向前快速进给运动

图 2-3-40　工作台向前进给运动

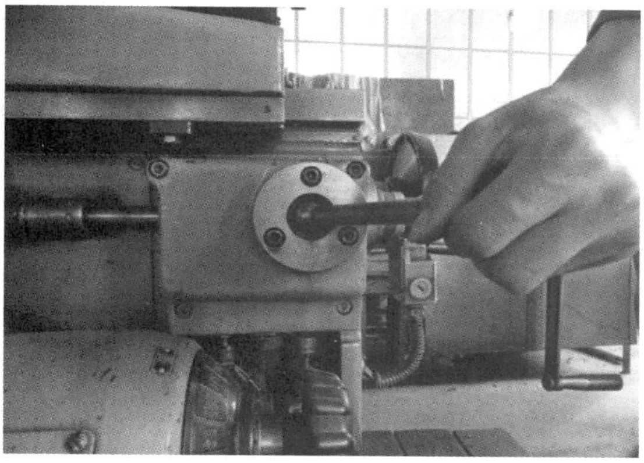

(a)工作台向后进给运动

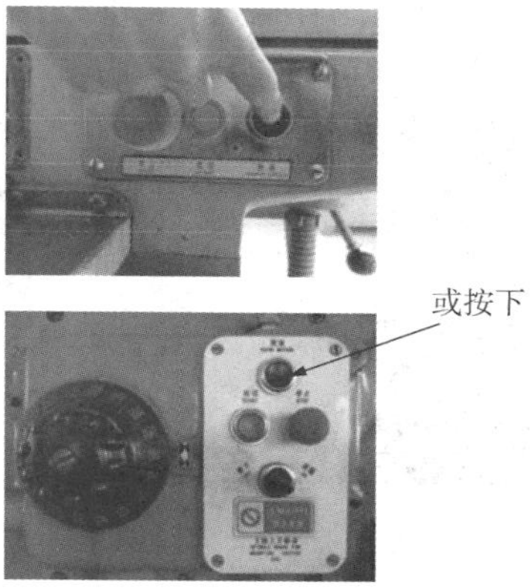

(b)工作台向后快速进给运动

图 2-3-41 工作台向后进给运动

(a)工作台向左进给运动

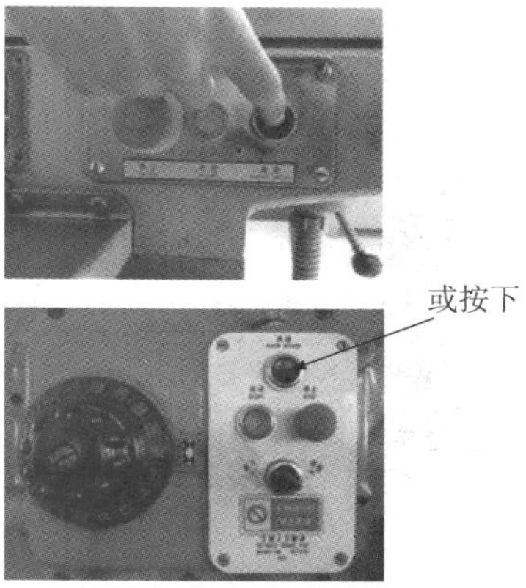

(b)工作台向左快速进给运动

图 2-3-42 工作台向左进给运动

(a)工作台向右进给运动

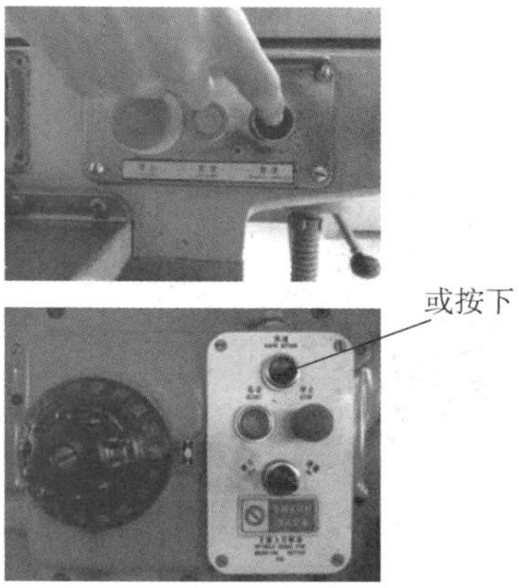

(b)工作台向右快速进给运动

图 2-3-43 工作台向右进给运动

⑪加装圆工作台时，应将工作台纵向进给操作手柄和横向及升降十字操纵手柄置“中间”位置，此时可以将圆工作台转动，如图 2-3-44 所示。

（a）纵向进给操作手置“中间”位置

（b）横向及升降十字操纵手柄置“中间”位置

（c）圆工作台转动“接通”位置

图 2-3-44　圆工作台加装

⑫加工完毕后，按下主轴停止按钮 SB5 或 SB6，主轴将制动停止，如图 2-3-45 所示。

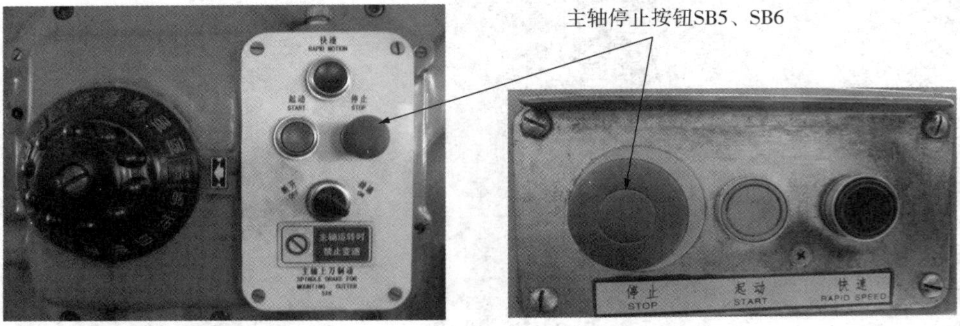

图 2-3-45　主轴电动机停止按钮 SB5 或 SB6

⑬断开机床工作照明灯 EL 的开关，使铣床工作照明灯 EL 熄灭，如图 2-3-46 所示。

⑭断开铣床 QS1 电源开关，如图 2-3-47 所示。

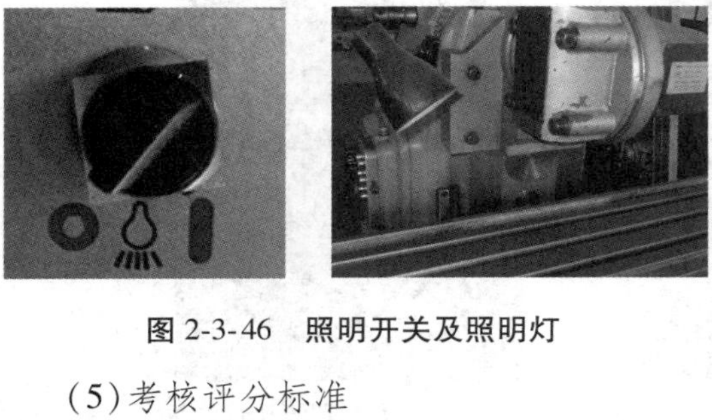

图 2-3-46　照明开关及照明灯

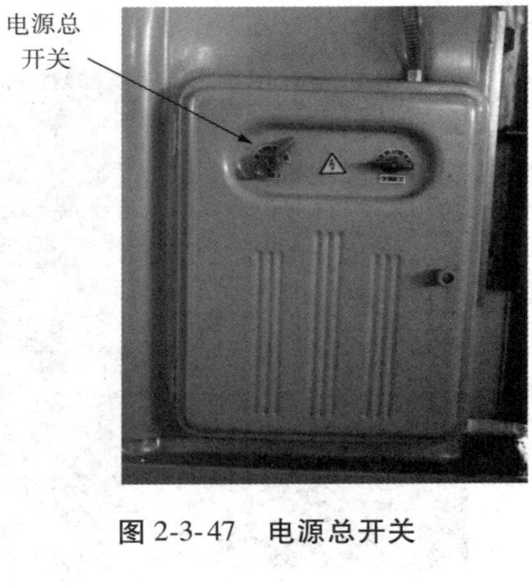

图 2-3-47　电源总开关

（5）考核评分标准

课题技能考核评分标准见表 2-3-5。

表 2-3-5　课题技能考核评分标准表

项　目	配分	评分标准		扣分	得分
识　物	50	1.正确指出各主要结构 2.正确指认电器位置	指认错误,每处扣 5 分		
开机操作	50	按 X62W 型铣床基本操作方法和步骤进行操作	操作方法和步骤错误,每次扣 10 分		
安全文明生产		1.严格遵守车间安全操作规程 2.保持实习环境整洁,操作习惯良好	1.发生安全事故,扣 20 分 2.违反文明生产要求视情况,扣总分 5~20 分		
开始时间			结束时间	成绩	

●能力训练二

X62W 万能铣床电气控制线路的检修

(1)目的要求

掌握 X62W 万能铣床电气控制线路的故障分析与检修。

(2)工具与仪表

1)工具

测电笔、电工刀、尖嘴钳、斜口钳、剥线钳、螺钉旋具、活络扳手等。

2)仪表

MF30 型万用表、5050 型兆欧表、T301-A 型钳形电流表。

(3)电气线路常见故障分析与检修

1)主轴电动机 M1 不能启动(检修流程如图 2-3-48 所示)

主轴电动机 M1 不能启动的故障分析和前面有关的机床故障分析类似。首先检查各开关是否处于正常工作位置,然后检查三相电源、熔断器、热继电器的常闭触头、两地启停按钮以及接触器 KM1 的情况,看有无电器损坏、接线脱落、接触不良、线圈断路等现象。

另外,还应检查主轴变速冲动开关 SQ1,因为由于开关位置移动甚至撞坏,或常闭触头 SQ1—2 接触不良而引起线路的故障也不少见。

2)工作台各个方向都不能进给(检修流程如图 2-3-49 所示)

铣床工作台的进给运动是通过进给电动机 M2 的正反转配合机械传动来实现的。若各个方向都不能进给,多是因为进给电动机 M2 不能启动所引起的。检修故障时,首先检查圆工作台的控制开关 SA2 是否在“断开”位置。若没问题,接着检查控制主轴电动机的接触器 KM1 是否已吸合动作。因为只有接触器 KM1 吸合后,控制进给电动机 M2 的接触器 KM3、KM4 才能得电。如果接触器 KM1 不能得电,则表明控制回路电源有故障,可检测控制变压器 TC 一次侧、二次侧线圈和电源电压是否正常,熔断器是否熔断。待电压正常,接触器

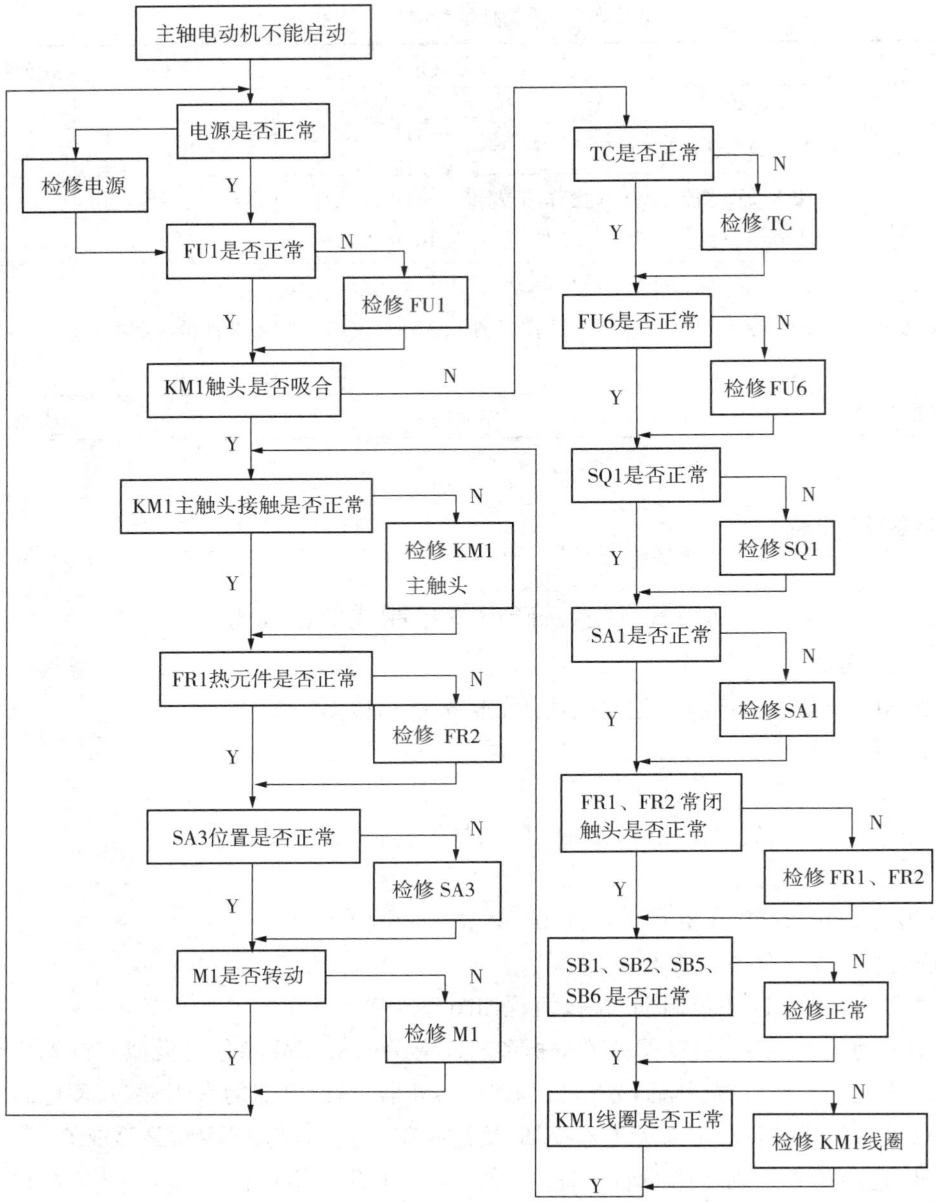

图 2-3-48　X62W 型万能铣床主轴电动机不启动故障的检修流程图

KM1 吸合,主轴旋转后。若各个方向仍无进给运动,可扳动进给手柄至各个运动方向,观察其相关的接触器是否吸合。若吸合,则表明故障发生在主回路和进给电动机上。

3)工作台能向左右进给,不能向前后、上下进给(检修流程如图 2-3-50(a)所示)

铣床控制工作台各个方向的开关是互相联锁的,使之只有一个方向的运动。因此,这种故障的原因可能是控制左右进给的位置开关 SQ5 或 SQ6 由于经常被压合,出现螺钉松动、开关移位、触头接触不良、开关机构卡住等,使线路断开或开关不能复位闭合,电路 19—20 或 15—20 断开。这样,当操作工作台向前后、上下运动时,位置开关 SQ3—2 或 SQ4—2 也被压开,切断了

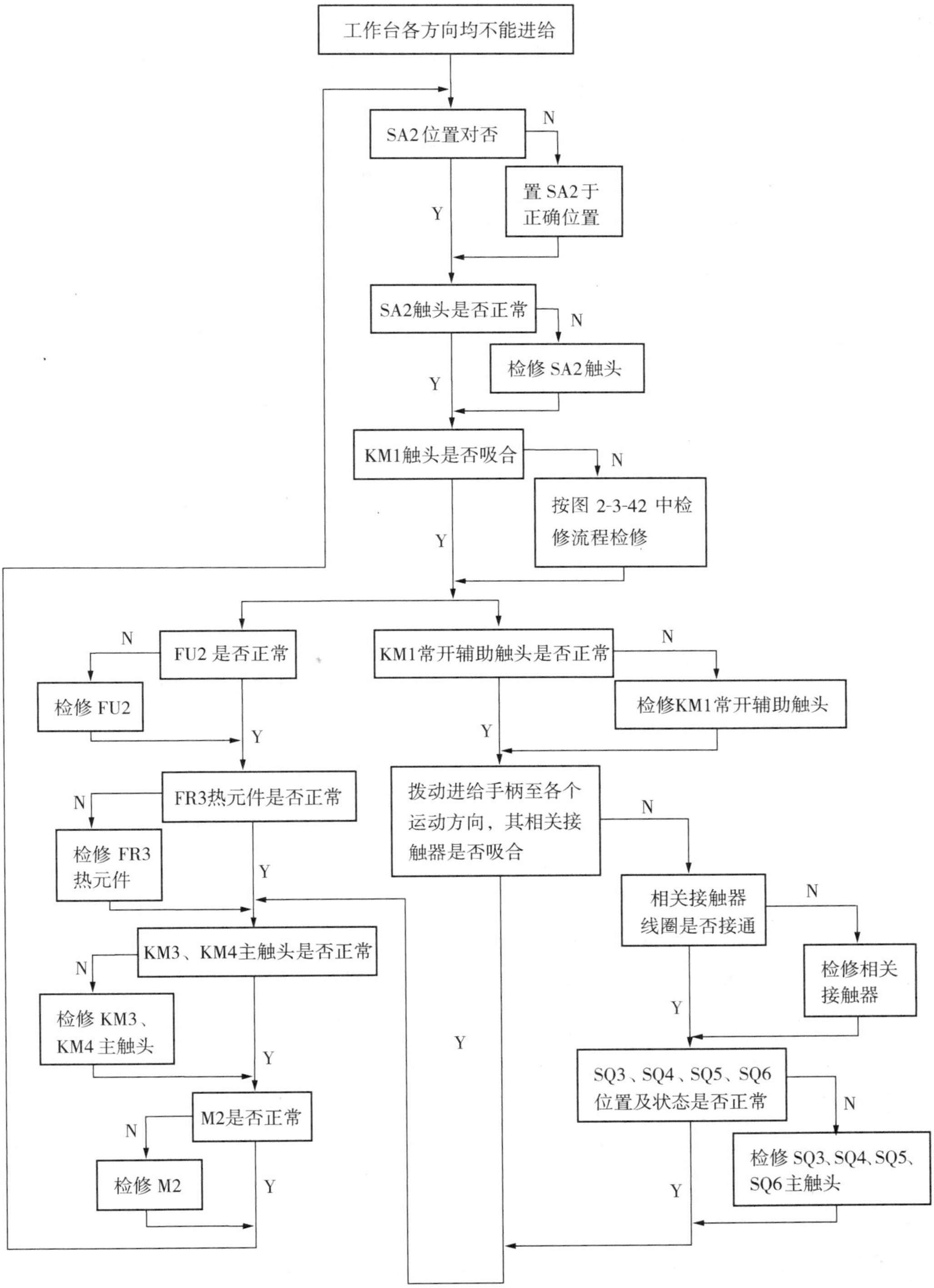

图 2-3-49　XW62 型万能铣床工作台各个方向都不能进给故障检修流程图

进给接触器 KM3、KM4 的通路，造成工作台只能左右运动，而不能前后、上下运动。

检修故障时，用万用表欧姆挡测量 SQ5—2 或 SQ6—2 的接触导通情况，查找故障部位，修理或更换元件,就可排除故障。注意在测量 SQ5—2 或 SQ6—2 的接通情况时,应操纵前后上下进给手柄,使 SQ3—2 或 SQ4—2 断开,否则通过 11—10—13—14—15—20—19 的导通,会误认为 SQ5—2 或 SQ6—2 接触良好。

4)工作台能向前后、上下进给,不能向左右进给(检修流程如图 2-3-50(b)所示)

出现工作台能向前后、上下进给,不能向左右进给的故障原因及排除方法可参照上例说明进行分析,不过故障元件可能是位置开关的常闭触头 SQ3—2 或 SQ4—2。

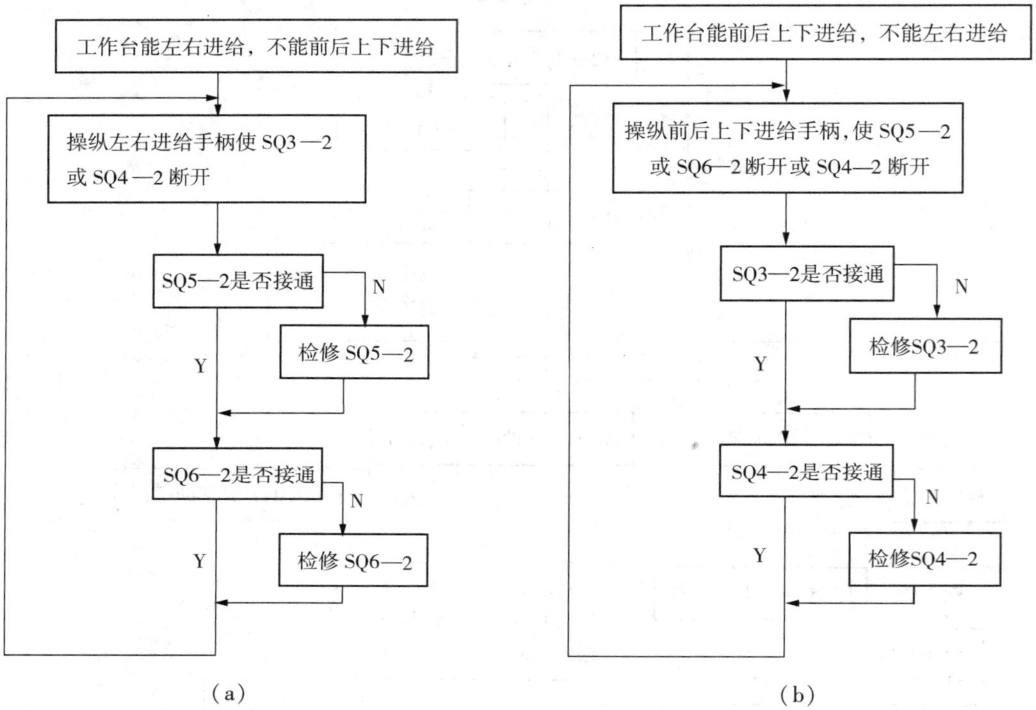

图 2-3-50 XW62 型万能铣床工作台故障的检修流程图

5)工作台不能快速移动主轴制动失灵(检修流程如图 2-3-51 所示)

这种故障往往是电磁离合器工作不正常所致。首先应检查接线有无松脱,整流变压器 T2、熔断器 FU3、FU6 的工作是否正常,整流器中的 4 个整流二极管是否损坏。若有二极管损坏,将导致输出直流电压偏低,吸力不够。其次,电磁离合器线圈是用环氧树脂黏合在电磁离合器的套筒内,散热条件差,易发热而烧毁。另外,由于离合器的动摩擦片和静摩擦片经常摩擦,因此它们是易损件,检修时也不可忽视这些问题。

6)变速时不能冲动控制

这种故障多数是由于冲动位置开关 SQ1 或 SQ2 经常受到频繁冲击,使开关位置改变(压不上开关),甚至开关底座被撞坏或接触不良,使线路断开,从而造成主轴电动机 M1 或进给电动机 M2 不能瞬时点动。出现这种故障时,修理或更换开关,并调整好开关的动作距离,即可恢复冲动控制。

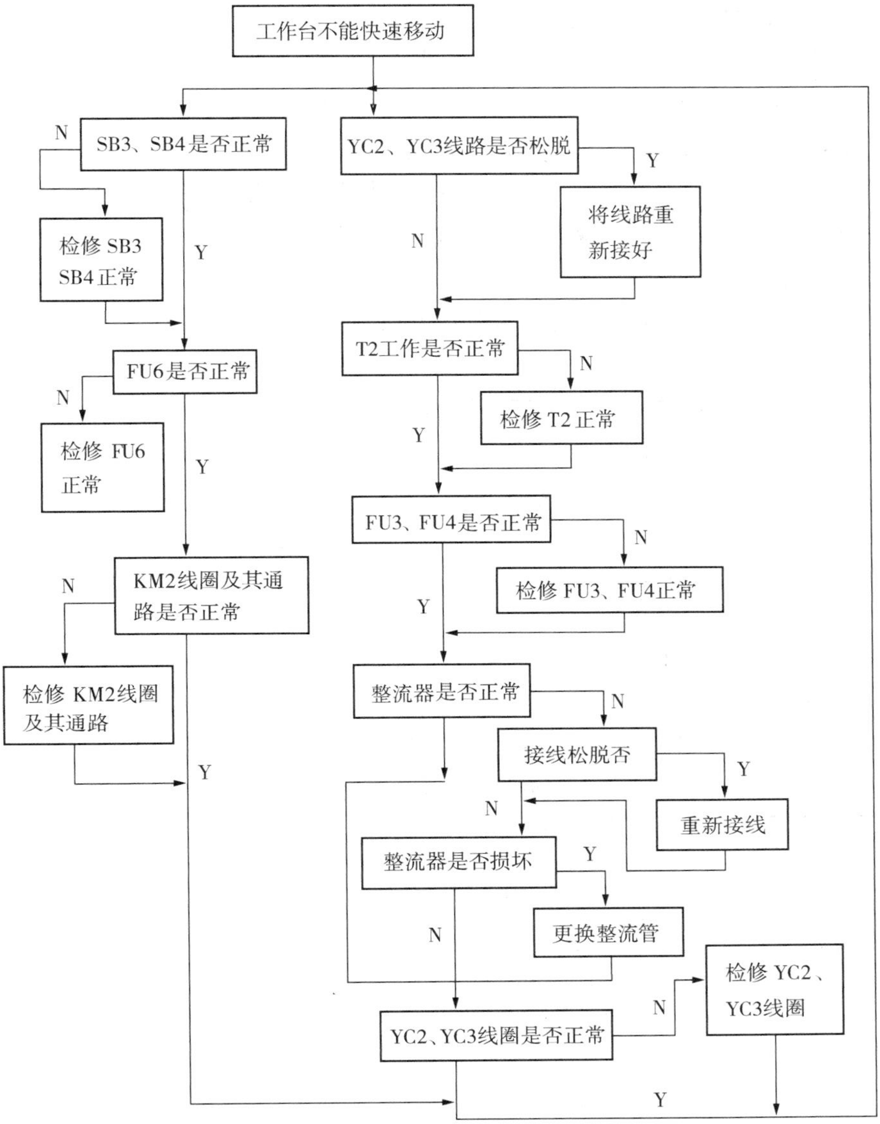

图 2-3-51　XW62 型万能铣床工作台不能快速移动故障检修流程图

(4)检修步骤及工艺要求

①熟悉铣床的主要结构和运动形式,对铣床进行实际操作,了解铣床的各种工作状态及操作手柄的作用。

②熟悉铣床电气元件的安装位置、走线情况,以及操作手柄处于不同位置时位置开关的工作状态及运动部件的工作情况。

③在有故障的铣床上或人为设置故障的铣床上,由教师示范检修,边分析边检查,直至故障排除。

④由教师设置让学生知道的故障点,指导学生如何从故障现象着手进行分析,如何采用

正确的检查步骤和检修方法进行检修。

⑤教师设置人为的故障点，由学生按照检查步骤和检修方法进行检修。其具体要求如下：

a.根据故障现象，先在电路图上用虚线正确标出故障电路的最小范围。然后采用正确的检查排除故障方法，在规定时间内查出并排除故障。

b.排除故障的过程中，不得采用更换电气元件、借用触头或改动线路的方法修复故障点。

c.检修时严禁扩大故障范围或产生新的故障，不得损坏电气元件或设备。

(5)注意事项

①检修前要认真阅读电路图，熟练掌握各个控制环节的原理及作用。认真仔细地观察教师的示范检修。

②由于该类铣床的电气控制与机械结构的配合十分密切，因此，在出现故障时，应首先判明是机械故障还是电气故障。

③修复故障使铣床恢复正常时，要注意消除产生故障的根本原因，以避免频繁发生相同的故障。

④停电要验电。带电检修时，必须有指导教师在现场监护，以确保用电安全。同时要做好训练记录。

⑤工具和仪表使用要正确。

(6)评分标准

X62W 万能铣床电气控制线路检修的评分标准见表 2-3-6。

表 2-3-6 评分标准

<table>
<tr><th>项目内容</th><th>配分</th><th colspan="4">评分标准</th><th>扣分</th></tr>
<tr><td>故障分析</td><td>30</td><td colspan="4">(1)检修思路不正确，扣 5~10 分
(2)标错电路故障范围，每个扣 15 分</td><td></td></tr>
<tr><td>排除故障</td><td>70</td><td colspan="4">(1)停电不验电，扣 5 分
(2)测量仪器和工具使用不正确，每次扣 10 分
(3)排除故障的顺序不对，每个扣 5~10 分
(4)不能查出故障，每处扣 35 分
(5)查出故障点但不能排除，每个扣 25 分
(6)扩大故障范围或产生新故障：
不能排除，每处扣 35 分
能排除，每处扣 15 分
(7)损坏电动机，扣 70 分
(8)损坏电气元件，或排除故障方法不正确，每只(次)扣 5~20 分</td><td></td></tr>
<tr><td>安全文明生产</td><td colspan="5">违反安全文明生产规程，扣 10~70 分</td><td></td></tr>
<tr><td>定额时间 1 h</td><td colspan="5">不允许超时检查，修复故障过程中允许超时，每超时 5 min 扣 5 分</td><td></td></tr>
<tr><td>备　注</td><td colspan="4">除定额时间外，各项内容的最高扣分不得超过配分数</td><td>成　绩</td><td></td></tr>
<tr><td>开始时间</td><td colspan="2"></td><td>结束时间</td><td></td><td>实际时间</td><td></td></tr>
</table>

●知识技能测试

一、填空题

1.铣床的主运动是________运动;进给运动是__________运动。

2.由于铣削加工有顺铣和逆铣两种,所以主轴电动机 M1 要求能____________。

3.X62W 型万能铣床的主轴传动系统中装有免震惯性轮,致使主轴停车较难,故采用________制动使主轴电动机准确停车。

4.X62W 型万能铣床的主轴电动机和进给电动机之间采用的是____________控制。

5.进给电动机 M2 的正反转由__________来实现。

6.主轴电动机 M1 采用两地控制方式:一组安装在________上,另一组安装在________上。

7.填写主轴转向开关 SA3 的位置及动作说明。

位　置	正　转	停　止	反　转
SA3—1 SA3—2 SA3—3 SA3—4			

二、判断题

1.X62W 型万能铣床是立式铣床。　(　　)

2.X62W 型万能铣床工作台的进给运动属于机床的辅助运动。　(　　)

3.主轴电动机的 M1 和冷却泵电动机 M3 发生过载,进给运动应能继续进行。　(　　)

4.SQ1 是进给变速冲动(或称瞬时点动)位置开关。　(　　)

5.SQ3 或 SQ4 用于工作台的上下和前后进给运动控制的终端保护。　(　　)

6.工作台的快速移动是通过电磁铁和机械挂挡完成的。　(　　)

三、选择题

1.主轴电动机 M1 的正反转控制由(　　)实现的。

A.接触器联锁正反转控制线路

B.按钮联锁正反转控制

C.接触器和按钮双重联锁正反转控制线路

2.主轴电动机 M1 和冷却泵电动机 M3 之间的顺序控制是在(　　)中实现的。

A.主回路　　B.控制回路　　C.主回路和控制回路

3.进给电动机 M2 的短路保护是由(　　)完成的。

A.FU1　　B.FU2　　C.FU3

4.工作台的快速移动控制采用的是(　　)。

A.正反转控制　　B.接触器联锁单向运转控制　　C.点动控制

5.当主轴电动机正在运转时,按下停止按钮 SB5(或 SB6),主轴电动机 M1 不能迅速停转,可能的故障原因是(　　)不能正常工作。

A.电磁离合器 YC1　　B.电磁离合器 YC2　　C.电磁离合器 YC3

6.在调试某 X62W 型万能铣床时,发现冷却泵电动机能转动,但不能泵出切削液,则应该检查(　　)是否正常。

A.冷却泵电动机转速　　B.冷却泵电动机转向　　C.冷却泵电动机的启动

7.在调试某 X62W 型万能铣床时,发现工作台在任何方向都不能进给,则可能的故障原因是进给电动机不能(　　)。

A.启动　　B.反转　　C.制动

四、技能考核题

某台 X62W 型万能铣床通电试车时,主轴电动机不能启动,请排除该故障。

参考文献

[1] 王建.常用机床电气设备维修[M].北京:中国劳动社会保障出版社,2006.

[2] 王建.电气控制线路安装与维修[M].北京:中国劳动社会保障出版社,2006.

[3] 周万平.维修电工技能[M].北京:中国劳动社会保障出版社,2006.

[4] 国家标准局.电气制图及图形符号国家标准汇编[M].北京:中国标准出版社,1989.

[5] 赵仁良.电力拖动控制线路[M].北京:中国劳动出版社,1998.

[6] 赵国梁,李显全.维修电工(初、中、高)[M].2 版.北京:中国劳动社会保障出版社,2014

[7] 赵国梁,蒋科华.维修电工(初、中、高)[M].2 版.北京:中国劳动社会保障出版社,2014.

[8] 张惠鲜.维修电工(初、中、高)[M].北京:中国劳动社会保障出版社,2006.

[9] 郝广发.电工工艺学[M].北京:机械工业出版社,1999.

[10] 高玉奎.维修电工问答[M].2 版.北京:机械工业出版社,2006.

[11] 陈宇.维修电工(中)[M].东营:石油大学出版社,2002.

[12] 王仁祥.常用低压电器原理及其控制技术[M].2 版.北京:机械工业出版社,2008.

[13] 李敬梅.电力拖动控制线路与技能训练[M].5 版.北京:中国劳动社会保障出版社,2014.